朱彦鹏　何　伟　单从凯　主编

人力资源和社会保障部社会保障能力建设中心“生成式人工智能（AIGC）技术”职业培训教材

生成式人工智能

AIGC与多模态技术应用实践指南

何　伟　著

中国科学技术出版社
·北　京·

图书在版编目（CIP）数据

生成式人工智能：AIGC 与多模态技术应用实践指南 / 何伟著 . -- 北京：中国科学技术出版社，2024. 9（2025.1 重印）

ISBN 978-7-5236-0963-7

Ⅰ. TP18-62

中国国家版本馆 CIP 数据核字第 2024MA4276 号

策　　划	孔祥宇　高立波
责任编辑	余　君
封面设计	创研设
正文设计	中文天地
责任校对	张晓莉
责任印制	徐　飞

出　　版	中国科学技术出版社
发　　行	中国科学技术出版社有限公司
地　　址	北京市海淀区中关村南大街 16 号
邮　　编	100081
发行电话	010-62173865
传　　真	010-62173081
网　　址	http://www.cspbooks.com.cn

开　　本	787mm × 1092mm　1/16
字　　数	468 千字
印　　张	22
版　　次	2024 年 9 月第 1 版
印　　次	2025 年 1 月第 2 次印刷
印　　刷	北京顶佳世纪印刷有限公司
书　　号	ISBN 978-7-5236-0963-7 / TP · 492
定　　价	99.00 元

人力资源和社会保障部社会保障能力建设中心
“生成式人工智能 (AIGC) 技术”职业培训教材

编 委 会

作者简介

何　伟

北京工业大学元宇宙云图智能研究院执行院长、北京工业大学信息学部智能媒体研究所顾问、硕士研究生导师，全国元宇宙标准化工作组评审专家、中国产学研合作促进会中国元宇宙技术与应用创新平台理事、中国产学研合作促进会中国教育资源协同创新平台学术委员会副主任、中国科技新闻协会大数据与科技传播专业委员会委员、北京信息产业协会元宇宙专家委员会委员、北京星汉云图文化科技有限公司创始人。

从事CG制作和数字可视化工作多年，专注于虚拟现实与多模态数字交互领域的研究与应用，十七年数字领域设计、开发经验，十五年高校教育经验，在北京工业大学、天津美术学院等高校培养本专科学生、研究生千余名。2015年，最早将Unreal_Engine引入国内大学课堂，并出版国内第一本虚幻引擎技术开发类书籍，长期位居UE相关图书开卷数据榜首、UE技术类专业书籍销量第一，并作为院校、企业专业教材使用至今。获国家发明专利、实用新型专利、软著共七十三项，另有五项发明专利已通过实审。主编出版《Unity虚拟现实开发圣典》《VR+：虚拟现实构建未来商业与生活新方式》《Unreal Engine 4从入门到精通》《多模态融合交互（人工智能）技术应用与开发》等行业专著与教材七本，参与制定“国家文化大数据标准体系”《文化体验馆技术要求第一部分：沉浸式教室》标准、工信部AI应用人才从业能力评审标准，参与撰写《中国元宇宙白皮书》《中国数字藏品监管白皮书》，主编由包括院士在内的六十余位专家、学者共同起草的《元宇宙多模态融合交互技术白皮书》，并于 2022 年世界人工智能大会发布。

先后完成数字 CG 项目数十项、数字可视化、军工仿真项目若干，以及博物馆、规划馆、展览展厅等整馆方案设计多项。如上海世博会、世界园艺博览会等标杆性数字设计方案；2013 年《致命闪玩》、2017 年《黑暗迷宫》等院线电影影视后期及视觉特效。2016 年，牵头与内蒙古高校共建数字媒体 VR 方向专业并建立内蒙古第一家 VR 虚拟实验室。同年，接受中共中央宣传部及外交部、文化部、商务部推出的《面孔》纪录片的专题采访，该纪录片在我国及“一带一路”沿线六十五个国家和地区播出。2018 年，作为技术导演，与中国电影家协会等联合摄制、出品全球首部应用虚拟现实沉浸式技术和全息技术拍摄的纪录电影，于加拿大获中加国际电影节“最佳科技奖”，此片献礼内蒙古自治区成立七十年，并被选为第三十一届中国电影金鸡奖颁奖典礼暨第二十六届中国金鸡百花电影节特别展映影片。

2024 年中关村论坛期间，联合北京大学、北京工业大学、中国产学研合作促进会、全国三维数字化创新设计大赛组委会和华为等八家科研院所、机构的代表共同发起成立“AIGC 与多模态技术应用产教融合共同体”。同年 6 月，携公司与人力资源和社会保障部社会保障能力建设中心发起“生成式人工智能（AIGC）技术”职业技能培训项目，积极拓展与各级各类学校、地方政府及行业企业的合作，通过扎实、实用的进阶式培训课程助力各地区各行业 AI 相关领域急需紧缺人才的培养和生成式人工智能（AIGC）技术技能的提升，助力我国新质生产力的培育和经济高质量发展。

2018 年成立北京星汉云图文化科技有限公司，是我国领先的多模态融合交互技术和人工智能国家双高新技术企业。自成立以来，一直从事视觉识别、语音识别、模式识别、生理感知与传感器应用等多种模态融合交互的技术研究，并处于国内前沿水平；积极推动人工智能场景化智能互动产品和行业应用落地，致力于让场景智能互动产品开发更便捷，用多模态融合交互感知美好世界。星汉云图坚持“平台加内容”的发展战略，联合构建全新的智能交互产业生态圈。基于数百项拥有自主知识产权的核心技术，2022 年，在业界率先发布以多模态融合交互技术为核心的人工智能开放平台——云图 AI 开放平台，为开发者提供一站式场景化智能互动产品开发解决方案。至 2023 年 4 月 31 日，云图 AI 开放平台已开放八项交互产品及能力，并聚集了十二所高校三百七十四个开发者团队，总应用数已达五百六十二个，累计覆终端设备数在二百八十万以上，成功链接二十三家运营商及终端厂商。星汉云图以创新设计预见科技未来为理念，助力职业教育和人才培养。在平台基础上，公司不断拓展行业赛道应用和人才梯度的职业规划，现已推出覆盖多个行业的产品服务和解决方案，应用于数字光影，数字文旅，数字文博、数字医疗、元宇宙、数字营销、数字舞台、数字运动、数字教育等领域，重点突破职业教育、智慧家庭、城市更新、智慧景区、数字文博等领域的深度应用，TO B 加 TO C 双轮驱动成果显现。

星汉云图以产教融合、校企协同为宗旨，坚持交叉学科核心技术创新，先后受到中央电视台、北京电视台、加拿大电视台、秘鲁电视台等海内外媒体专访，并与加拿大康考迪亚大学、美国伯克利等高校达成科技研发与共创合作。与科大讯飞携手建设智能交互应用联合创新实验室；与中关村互联网教育创新中心达成“协同培养数字人才创优计划”合作；与中关村数字媒体产业联盟携手共建“产教融合校企联盟共同体”；与攀枝花学院签订“多模态数字交互智能应用实训基地”合作；与浙江艺术职业学院签订“浙江数字文旅应用实验室”合作；与北京大学文化传承与创新研究院合作开发数字媒体专业与文化产业创新应用。开展多种形式的全面产学研用合作，努力实现“校企合作、产学共赢”，构建我国数字化教育生态体系，推进实施国家数字中国战略高质量发展，以数字化手段助力文化强国建设。

推荐语

一直专注于动画领域的探索，看待 AIGC 是喜忧参半。喜的是它带来前所未有的创新契机和效率提升，现阶段其在动画的初步应用已令人瞩目。忧的是可能引发创作的浮躁和文化内涵的缺失。从长远看，我们应当驾驭这股力量，秉持智慧与责任，要善用 AIGC，让其服务于艺术的升华，而非使艺术流于技术的堆砌。

—— 北京电影学院副校长、中国美术家协会理事、中国电影家协会理事　孙立军

随着人工智能、大数据、算力等的蓬勃发展及深度融合，AIGC 和多模态已渗透至工业、医疗、教育、农业等核心领域，成为推动其跨越发展的关键驱动力。此书对相关专业学生极具价值，既能使其明晰 AIGC 的发展态势，又能凭借详实案例洞察其实际应用场景，为学术研究与知识积累提供有力支撑。

—— 北京工业大学国家示范性软件学院教授、博士生导师、智能媒体研究所所长、
教育部软件工程教学指导委员会委员　朱　青

这是一本深入探索 AIGC 及多模态技术的实用指南，它以清晰的结构、丰富的案例和深入浅出的语言，为读者揭示了这些尖端技术的应用潜力。无论你是学者、工程师还是对此感兴趣的学生，这本书都将为你提供宝贵的洞见和实用知识。

—— 科大讯飞集团副总裁　朱家泉

AIGC 和多模态技术为动画和数字媒体专业带来颠覆性影响，它们加速内容生产流程，拓展创意边界，催生全新商业模式。在未来，AIGC 将深度融入视觉创作的各个环节，多模态技术会为作品带来沉浸式、交互式的全新体验。但这也将促使行业竞争加剧，需提前布局，强化人才培养，以适应并引领这一变革浪潮。此书值得研读。

—— 中国传媒大学动画与数字艺术学院党委书记、二级教授、博士生导师、
教育部高等学校动画与数字媒体教学指导委员会秘书长　黄心渊

AIGC 本质上是 AI 赋能，掌握 AI 技术，才有可能从内容与场景的巨大市场中获利。迈入 AIGC 时

代，你需要一本先锋指南来引领前行，这本书涵盖了 AIGC 技术的最新发展和应用实例，无论你是技术小白还是资深专家，都能从中受益匪浅。

——360 集团创始人、董事长　周鸿祎

AIGC 和多模态是工业变革的强大引擎。它们能优化生产流程、创新产品设计，促进工业与智能的深度融合，推动中国工业向高端化、智能化、绿色化发展，提升产业竞争力。作者洞察深刻，为工业发展带来了全新启示，也期待作者的下一次智慧为工业界带来一场思想盛宴，激发工业发展的火花。

——中国工业经济联合会党委书记、执行副会长兼秘书长、国家制造强国建设战略咨询委委员、
国家新材料产业发展专家咨询委委员　熊　梦

在知识产权领域内思考，人工智能尤是 AIGC 与多模态像闪电破空，革新知识创作流程，拓展知识传播渠道等，虽使得知识产权权利主体、保护边界及管理愈加复杂，但也激发新思维，引领知识资产的重新定义与增值，开启了新的价值探索，重塑知识产业格局。虽然此书并未直接聚焦于相关权利事务，但作者的深刻阐述有助于我们前瞻性地思考它们对知识价值体系的颠覆与重塑。

——清华长三角研究院知识产权中心主任、北京反侵权假冒联盟 CAASA 理事长　洪云峰

大语言模型基础上创造的生成式人工智能，取得了极快的发展。当前，各行各业都在加速人工智能应用落地，同时也急需大量懂得人工智能应用的人才。本书正是基于 AI 应用实践和人才的培养而著，契合了这场潮流的需要。

——工信部工业文化发展中心 AI 应用工作组执行组长、
行行 AI 董事长、顺福资本创始合伙人　李明顺

AIGC 标志着人工智能技术从感知、理解世界到生成、创造世界的跃迁。短期来看，AIGC 改变了基础的生产力工具；中期来看，会改变社会的生产关系；长期来看，促使整个社会生产力发生质的突破。本书瞄准前沿应用技术，通过详细介绍使用 AIGC 生成文本、图像、音乐、视频等多种形式的内容，来手把手地教会读者如何第一时间体验这一“新质生产力”。

——“中国 3D 柔性制造之父”、中国科学院博士、北京大学博士后、教授、
中国 3D 科技创新产业联盟副理事长　吴怀宇

生成式人工智能技术不同于传统的信息技术，其关键在于能够模仿人类的创造性思维，从而产生新的想法和解决方案。这种技术对社会发展的影响是多方面的。越来越多的岗位将要求具备相关知识和技能。本书作者以其敏锐的洞察力对这一技术给予了深入阐述，给出了独到的见解。通过学习，有助于提高个人在就业市场中的竞争力，职业岗位复杂问题的解决能力，从而促进社会进步和创新。

——中国虚拟现实与可视化产业创新战略联盟理事长、教育部虚拟现实应用工程研究中心荣誉主任、
北京师范大学虚拟现实与可视化技术研究所所长　周明全

当下，出版 AIGC 相关书籍意义重大且影响深远，不仅可加速 AIGC 技术的广泛传播与深度普及，使更多人深入了解这一引领时代的前沿技术，还能为行业从业者搭建起坚实的知识架构，有力推动行业的创新突破与蓬勃发展。同时与学科大赛相辅相成，有助于将技术成果融入大赛创作，提升作品质量，推动数字艺术创新发展。

——中国电子视像行业协会数字影像创意工作委员会秘书长、中国好创意暨全国数字艺术设计大赛组委会秘书长　谢清风

AIGC 与多模态技术的融合，正成为引领教育范式实现根本性跃迁的关键引擎。这不仅是一场技术的革新，更是教育理念、教学模式乃至整个教育生态的深刻重塑。这是一本探索教育未来变革的“导航手册”，引导我们在浩瀚的人工智能场景中，找到属于自己的方向。

——中国教育技术协会副秘书长、国家开放大学研究员　单从凯

AIGC，这个时代最炙手可热的 AI 技术正逐渐成为企业创新和提高效率的关键工具。它的概念、技术基础及其在不同场景中的应用，已成为所有人的议题。从计算机科学到魔法之间，有一条漫长的道路，相信本书将会是这条道路上的一盏明灯。

——中国科学院微电子研究所研究员、中国科学院大学教授、博导　陈曙东

《生成式人工智能：AIGC 与多模态技术应用实践指南》一书对其发展历史、基本概念、应用领域及多项关键技术进行了比较系统的介绍，适合作为课程的教材或培训的资料，也可以作为科研工作者的参考资料。本书图文并茂，通俗易懂，另外也有一些应用例子，便于读者理解概念和技术。

——南京信息工程大学人工智能学院院长、博士生导师、国际元宇宙期刊《Metaverse》主编　潘志庚

人类文明是一个不断演进、文化传承与创新发展的过程，从农耕文明、工业文明到数智文明，人类文明的进步离不开科技创新的发展。科技创新的日新月异，带领我们进入了一个“ALL IN AI，3D FOR ALL”的数智时代，并将引爆新质生产力革命。数智时代的最大的特点是“智能”，最重要的特征是“创新”。人类智能结合机器智能，让人类变得更加“聪明”。所以说，人工智能赋能所有勇于创新的人，无论贫富，都能从中受益。本书凝聚了作者的智慧和经验，深入浅出讲解了 AIGC 与多模态技术，带来了启示和思考。

——全国三维数字化创新设计大赛组委会副秘书长、全国 3D/VR 技术推广服务与教育培训联盟（3D 动力）秘书长　刘晓青

作为何伟老师多年的朋友，我深知他对人工智能领域的执着与远见。在这个科技飞速发展的时代，《生成式人工智能：AIGC 与多模态技术应用实践指南》正如一阵清新的风，吹进了行业的前沿视野。它不仅以系统化的方式解读了生成式 AI 的最新技术，还通过生动的案例展示了这些技术在多模

态应用中的创新实践。这本书充满了实用性和探索性，必将如同一个创新的源泉，源源不断地为行业从业者和科技爱好者提供着丰富的启迪与灵感。

——中加国际电影节主席、美国艺术科技创新联盟理事长、加拿大康考迪亚大学教授　宋　森

当前，世界范围内正上演新一轮科技革命和产业变革，新技术不断涌现，深刻影响和改变人类社会运行状态。随着近十年计算机技术、图形学、传感器技术、通信技术等的不断进步，相关硬件和软件性能的大幅提升，人工智能、虚拟现实在国内外都呈现出迅猛发展的势头，共同构建了新一代计算机系统，也就是元宇宙系统，将带来全新的学习、工作、生活及社交的形态，成为数字经济、数字社会、数字治理发展的基石。当前生成式人工智能技术的进步，在 3D 数字世界内容生成、生产取得取得长足的进步和丰富的应用，释放人类文明发展的想象力，激发人类对科技加文化无限的创造力，满足人民对美好生活的向往。

——中国虚拟现实技术与产业创新平台秘书长、中关村标准化协会虚拟现实与元宇宙技术委员会秘书长　于文江

作为掌静脉识别技术的创业者，何伟也是我多年的好兄弟，我深感 AIGC 和多模态是突破关键。AIGC 优化客户服务，预测行业趋势。多模态让掌静脉与指纹结合，在智能家居中，主人无需钥匙，伸手即开，为用户带来极致便捷。二者的结合，将为我们开拓更广阔的市场空间。本书观点独到，为融合创新指明道路，宛如科技灯塔，照亮未来创新之路。

——广州手脉智能科技有限公司董事长　段　强

从国家文化建设的大局出发，把握 AIGC 与多模态的发展趋势。通过创新实践，推动文化产业的供给侧结构性改革，为国家培育新型文化业态和文化消费模式，确保文化产业的健康、有序发展，维护国家文化安全。本书为文化产业的科技融合提供宝贵指导。特此推荐，愿为国家数字文化发展贡献一份力量。

——中国数字文化集团、中数（北京）投资发展有限公司执行董事　毛伟洋

数据是燃料，模型是引擎，算力是加速器。让 AIGC 像神奇的魔法师，正在以其独特的魅力，为各个领域带来前所未有的变革，为经济社会的发展注入强劲动力。本书深入浅出，案例生动，是一本值得深入研读的佳作。

——人民网·人民数据副总经理兼技术总监　刘文中

AIGC 是如生成算法、预训练模型、多模态技术等人工智能技术的整体重大突破。本书详细介绍了 AIGC 的基础和应用，读了使人受益匪浅。

——国家市场监督管理总局发展研究中心　张佰尚

序一

在这个信息爆炸、技术革新日新月异的时代，人工智能（AI）已经成为推动社会进步和技术创新的重要力量，并影响着我们生活的方方面面。其中内容生成领域（AIGC）的兴起，更为我们打开了一扇通往无限可能的大门。我有幸向您推荐这本《生成式人工智能：AIGC与多模态技术应用实践指南》，它是一部深入探讨AIGC技术的作品，更是让我们得以窥见未来世界的一扇窗户。

本书从AI的历史脉络讲起，带领我们回顾了AI技术的发展历程，特别是AIGC技术的根基和演化。它为我们提供了一个全面而深入的视角，让我们看到了AIGC技术在各个领域的应用实践。从自动化文本创作到高级图像处理，再到视频内容生成和声音模拟，AIGC技术正在以我们难以想象的速度改变着世界。

我特别推崇本书对AIGC技术在不同行业的应用案例的深入分析。无论是医疗保健、金融服务，还是智能家居、自动驾驶，AIGC技术都展现出了其巨大的潜力和价值。这些案例不仅让我们看到了AIGC技术的实际应用，更激发了我们对未来的无限遐想。

在探索AI技术与城市结合的过程中，本书提出了“城市众脑”的概念，这是一种创新的智能决策网络系统，它超越了传统智慧城市的模式，为城市智能化提供了全新的思路。这种多大脑群落智慧模式，不仅提高了决策效率，更为城市多元主体的协同管理提供了更高级的智能模式。

《生成式人工智能：AIGC与多模态技术应用实践指南》是一本为专业人士、学生和爱好者编写的书籍，它不仅让我们了解AIGC技术的当前状态，更让我们洞察其发展趋势，帮助我们更好地准备迎接一个以AI为核心的未来。我坚信，随着AI技术的不断进步，我们的世界将变得更加智能、高效和人性化。

在这个时代，掌握 AIGC 知识已经成为我们不可或缺的技能。我期待本书能成为您在这个领域探索和成长的坚实基石，让我们一起迎接一个更加美好的未来。

中国工程院院士

同济大学建筑与城市规划学院名誉院长

2024 年 8 月 9 日

序二

随着科技的飞速发展，人工智能已经成为当今时代极具影响力的社会进步。在这一波科技浪潮中，生成式人工智能（AIGC）以其独特的技术特性和广泛的应用前景，正日益受到全球科技界和产业界的关注。并非科技工作者的我也能感觉它的时代意义与实用价值，因此欣然接受邀请，写下一点浅显的话。

生成式人工智能是人工智能领域的一个重要分支，其核心理念在于通过机器学习技术，使计算机能够自动生成具有创新性和实用性的知识，甚至能表达思想。这种技术的出现，极大地提高了知识内容扩展延伸的效率，为文化创意、教育、医疗等多个领域带来了前所未有的创新机遇。正如本书所阐述的，生成式人工智能已经渗透到我们生活的方方面面，改变着我们的工作方式、生活方式乃至思维方式。

回顾历史，我们可以发现，每一次科技革命都深刻地影响了人类社会的发展进程。蒸汽机的出现，引发了工业革命。电力的广泛应用，推动了社会的电气化进程。计算机和互联网的普及，将我们带入了信息时代。如今，生成式人工智能的发展，肯定会引发新一轮的科技变革，推动人类社会迈向一个更加智能化、高效化的新时代。

在此背景下，我认为本书的出版具有重要意义。它系统地介绍了生成式人工智能的基本概念、技术原理和应用领域，深入探讨了这一技术的发展趋势，以及给我们带来的各种挑战。通过阅读本书，读者可以更加全面地了解生成式人工智能，从而更好地把握这一技术带来的无限机遇。

科学技术的创新对国家发展、社会进步具有无可置疑的重要性，这已经是我们的社会共识。作为当今科技的前沿热点领域，生成式人工智能发展潜力巨大，有望在未来成为推动经济社会发展的关键力量。因此，我们需要不断地学习和探索，努力掌握这一先进技术，使其成为国家的发展源源不断的动力。

与此同时，我相信人们已经意识到，任何技术的创新是双刃剑。在享受生成式人工智能带来的便利时，我们也要警惕它可能带来的风险。随着技术的不断进步，生成式人工智能可能会在某些领域取代人的工作，导致失业问题加剧；此外，由于生成式人工智能具有强大的内容生成能力，可能会被用于制造虚假信息、传播谣言等不良行为。因此，在推动生成式人工智能发展的同时，我们也要加强对它的监管和引导。

我由衷地对本书的作者表示祝贺和感谢。何伟老师以其丰富的实践经验和深厚的学术素养，为我们提供了宝贵的启示和建议。他的这本书不仅提供了关于生成式人工智能的教材，更展示出一个科技创新者的担当和追求。我仿佛看到令人鼓舞的前景，这本书将会成为广大读者了解、学习和应用生成式人工智能的重要参考资料，为推动相关领域的发展做出积极贡献。

开国元帅陈毅之子
中央军委办公厅原秘书
共青团中央书记处原书记
北京市原副市长
广电部原副部长
中国人民对外友好协会原会长、党组书记

2024 年 8 月 6 日

序三

在人类历史的长河中，科技的发展不可阻挡，推动着社会不断前行。从火的发现到轮子的发明，从蒸汽机的诞生到电力的普及，每一次科技的飞跃都为人类文明带来了翻天覆地的变化。如今，我们正处于一个崭新的科技时代，生成式人工智能（AIGC）和多模态技术正引领着这一轮的科技革命。

生成式人工智能，融合了深度学习、大数据等前沿技术，正以其惊人的智能生成能力改变着世界。何伟以其敏锐的洞察力和深厚的专业知识，为我们揭示了 AIGC 和多模态技术的奥秘及其对当今社会的重要影响。它不仅能够模拟人类的语言，更能在海量数据中挖掘出隐藏的规律和知识，为各行各业的决策提供有力支持。多模态技术，则以其跨模态的信息融合与处理能力，打破了传统信息处理的限制，它使得文字、图像、声音等多种信息形式能够相互转化、相互补充，极大地丰富了我们的信息获取和交流方式。

这两种技术的崛起，不仅是科技发展的必然趋势，更是人类社会进步的内在需求。我们可以看到这两种技术正在重塑经济、政治和文化生态，引领我们进入一个智能化时代。它们在经济领域推动着各行各业的转型升级，在政治领域为政府决策提供了更加科学的依据，而在文化领域则丰富着我们的精神生活。

然而，科技有时是双刃剑，我们在享受科技带来的便利的同时，也要面对数据隐私泄露、算法歧视等挑战。因此，我们必须加强科技伦理和法规建设，确保科技的发展能够在合理、可控的范围内进行。而 AIGC 和多模态技术的崛起，无疑为我们提供了一个前所未有的机遇。它们不仅将推动社会的全面进步，更将引领我们进入一个更加智能、高效、和谐的新时代。因此，我衷心希望这本书能够激发更多人对科技的兴趣和热情，共同推动我们走向一个更加美好的未来。

何伟的这本书是对当前科技革命浪潮下的技术应用和内容生成的深入剖析和解读。

他以深厚的理论功底和独到的见解，为我们指明了未来科技发展的方向。我相信 AIGC 和多模态技术将在更多领域发挥巨大作用。随着技术的不断进步和应用场景的不断拓展，它们将为我们的生活带来更多便利和创新。同时，我们也需要持续关注技术发展带来的伦理和社会问题，确保技术的健康发展与社会利益的最大化。

我相信，在广大科技工作者和读者的共同努力下，我们一定能够充分利用 AIGC 和多模态技术的优势，共同创造一个更加美好的世界。

刘燕华

中华人民共和国科学技术部原副部长、党组成员

国际欧亚科学院院士、享受政府特殊津贴

国务院参事

2024 年 8 月 10 日

序四

《生成式人工智能：AIGC与多模态技术应用实践指南》即将出版，它仿佛是一扇通往未来的窗户，透过它，我们可以窥见科技与生活的无限可能。身为何长工同志之子，自幼便深受红色文化的熏陶，我见证了新中国从站起来、富起来到强起来的伟大历程，深感父辈们为新中国建设付出的艰辛，我也深知每一代人都肩负着推动社会进步的责任，同时也为我们这一代人能够站在科技的前沿，引领和见证这场技术革命而感到自豪。

从我的个人经历来说，我见证了科技从简单的机械自动化，发展到如今的人工智能与多模态技术的融合。这样的变革速度让人惊叹，同时也让我们对未来充满了期待。我父亲的那一代人，为了新中国的建设和崛起付出了巨大的努力，他们为我们的国家奠定了工业基础，构建了科技体系。如今，我们站在他们的肩膀上，有幸能够见证并参与这一轮科技革命。

作为亚太旅游联合会会长，我更是深切体会到AIGC与多模态技术给旅游业带来的翻天覆地的变化。在过去，我们谈论旅游，可能更多地是关注风景、文化和历史。但如今，借助这些先进技术，我们能够为游客提供更加个性化、智能化的旅游体验。无论是通过虚拟现实体验异国风情，还是利用大数据为游客推荐最合适的旅游路线，AIGC与多模态技术都在不断地推动着旅游业的发展和创新。

当然，这些技术的应用并不仅限于旅游业。从国内外的发展情况来看，AIGC与多模态技术已经渗透到各行各业，推动着社会的全面进步。在制造业，智能化的机器人代替了繁重的人工劳动，提高了生产效率；在医疗领域，人工智能辅助诊断系统为医生提供了更加精准的数据支持；在教育行业，它们让学习资源更加丰富多样，实现了个性化教学和创作的无限可能；在交通领域，它们助力智能驾驶的发展，让我们的出行更加安全便捷。

然而，正如这本书所强调的，技术的进步不仅仅带来了便利和效率，更带来了深刻的社会变革。在这个过程中，我们需要关注每一个被技术影响的个体和群体，确保技术的发展能够真正地造福于人类。我们既要充分利用其带来的好处，又要防范潜在的风险。作为读者，我深感这本书的价值。它不仅为我们提供了丰富的科技知识，更引导我们思考如何更好地利用这些技术来服务社会、造福人类，我希望我们能够继续发挥科技的力量，推动社会的进步和发展，在科技的引领下，我们能够共同创造一个更加便捷、高效、智能的未来社会。

书中的案例和实践经验让我感受到了科技与生活的紧密联系，也让我对未来充满了期待。我也希望自己能够不断学习和进步，更好地理解和应用这些技术，感谢本书作者何伟为我们带来了这样一本深入浅出的著作，它让我更加深入地了解了 AIGC 与多模态技术的内涵和价值，也激发了我对科技未来的无限期待。它不仅拓宽了我们的视野，更激发了我们对科技未来的无限遐想。我希望每一位读者都能从中受益，感受到科技与我们生活的紧密相连。

何长工之子

亚太旅游联合会会长

2024 年 8 月 8 日

前言

在这个迅速发展的数字时代，人工智能（AI）已成为推动社会进步和技术创新的关键力量。特别是，AI 在内容生成领域（AIGC）的应用开启了无限可能，深刻改变了我们创造、交流和消费信息的方式。本书将深入探讨 AIGC 技术的各个方面，为读者提供一个全面而深入的指南，帮助读者理解这一革命性技术的基础知识、应用实践和未来潜力。

从自动化文本创作到高级图像处理，再到视频内容生成和声音模拟，AIGC 技术正迅速渗透我们生活的各个层面，并将开辟新的创造性领域。本书首先从 AI 的历史讲起，带领读者了解 AIGC 技术的根基和演化过程。随后将深入探讨文本、图片、视频和声音等不同类别的 AIGC 应用，解析其在实际工作和生活中的具体应用案例。这样的布局旨在使读者能够迅速掌握 AIGC 技术，并有效地将其融入日常工作与生活中。具体章节如下。

第一章，概论。本章深入探讨人工智能的发展轨迹，着重分析 AIGC 领域的最新进展和资本市场对此的反响。这一部分旨在为读者提供关于 AIGC 技术及其商业价值的全面背景。

第二章，自然语言生成。本章聚焦于文本生成和处理技术的演变，展示这些技术如何在各种行业环境中得到应用，例如自动新闻撰写和创意内容生成。

第三章，图像处理与图像生成。本章介绍图像生成、编辑和识别等领域的 AIGC 技术，阐述这些技术在视觉艺术创作和图像处理中的多种用途。

第四章，视频处理与视频生成。本章探讨用于创造视频内容的 AI 技术，并展示其在直播、数字角色设计等方面的实际应用案例。

第五章，音频处理与音频生成。本章探究在音乐制作和声音模拟方面的AIGC技术，并讨论其在娱乐行业以及其他领域的应用。

第六章，AIGC 静态图像相关实践。本章从平面设计、电商、商业摄影、建筑室内外设计、包装和产品设计多个领域，用项目实例讲解 AI 在其实际工作中的实践应用。

第七章，AIGC 动态影音视频实践。深入讲解 AIGC 在视频创作和生成中的方法和技巧，从短视频到动画，再到影视等多个板块，以案例的形式进行详细讲解，读者不仅可以学会案例中的技巧和方法，还可以深刻理解案例应用的底层逻辑架构，在实际工作中举一反三，独立创作。

总而言之，本书是为那些希望深入理解并运用 AIGC 技术的专业人士、学生和爱好者编写的。我们希望本书不仅能让读者了解 AIGC 技术的当前状态，还能让读者洞察其发展的趋势，从而更好地迎接一个以 AI 为核心的未来。

在这个快速变化的时代，掌握 AIGC 知识是每个人不可或缺的技能。我们期待本书能成为读者在这个领域探索和成长的坚实基石。

目录

第一章　概论

在当今数字化时代，生成式人工智能（artificial intelligence generated content，AIGC）正成为创新和技术进步的新高地。AIGC 通过深度学习和算法优化，模拟人类的创造力与想象力，生成形式多样的内容，极大提升了内容生产效率，并激发了全新的创作灵感。这一技术的崛起，不仅重塑了内容创作和传播的模式，还开启了智能技术引领的内容创作新时代。

在学术研究领域，AIGC 为我们提供了探索人类创造力、认知过程及艺术表现的新视角。通过对 AIGC 生成内容的分析，我们能够深入理解人工智能在内容创作中的角色，以及它如何与人类创造力相互作用，促进文化传承与创新。

一、人工智能

（一）定义

人工智能学科致力于创造能模拟人类智能的计算机系统，包括通过数据获取知识进行学习，并利用这些知识改进自身性能，应用逻辑框架解决问题，以及自我修正。此领域涵盖了机器学习、深度学习、自然语言处理等多种技术，旨在使机器能执行从简单自动化任务到复杂决策过程的各种功能。

（二）历程

人工智能始于 20 世纪 40 年代沃伦·麦卡洛克和沃尔特·皮茨对人工神经网络的探索。艾伦·图灵在 1950 年提出图灵测试也是重要事件。1956 年，约翰·麦卡锡在达特茅斯会议上首次提出“人工智能”（AI）一词，标志着这一学科的正式诞生。此后，AI 经历了多次兴衰，80 年代专家系统的兴起和 90 年代机器学习技术的进步，标志着 AI 技术获得了显著进步。进入 21 世纪，大数据和计算能力飞速发展，深度学习推动了 AI 技术在多个领域的广泛应用和创新，从图像识别到自然语言处理，再到自动驾驶等，彻底改变了人工智能的应用场景。特别是自 2017 年以来，大模型技术兴起，如 Transformer 架构及其衍生的各种模型（例如 GPT 和 BERT），为处理复杂的语言任务和生成任务提供了前所未有的能力，标志着 AI 技术向更高层次的智能迈进。2022 年 ChatGPT 横空出世，对人工智能发展产生较大的积极影响，技术迭代速度不断加快，电力供应、算力短缺逐渐成为人工智能技术发展的最大约束。图 1-1 为深度学习过渡到大模型时代的关键节点。

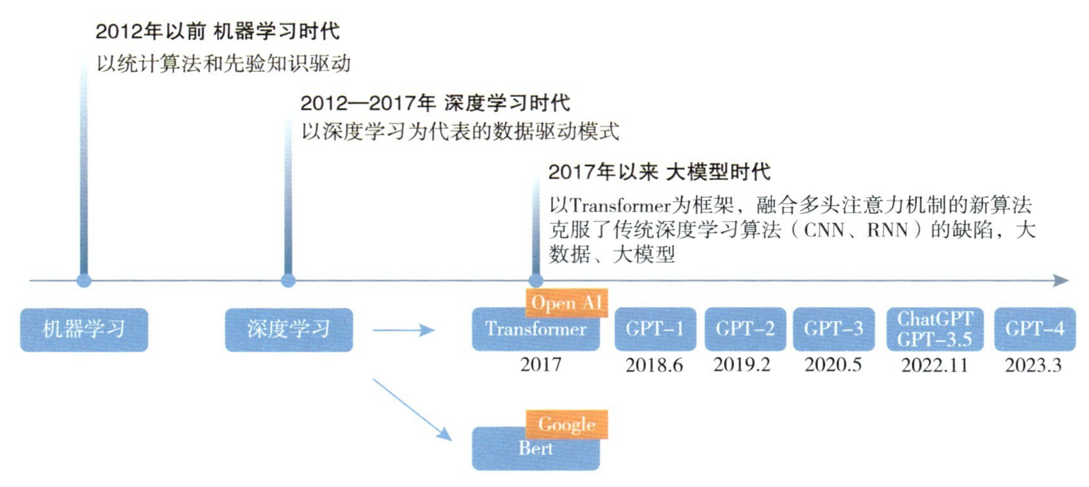

图 1-1 深度学习过渡到大模型时代的时间节点

人工智能从诞生之时起就有“符号主义”和“联结主义”两种不同的流派，后来都取得了一系列阶段性的成果，最终发展成“符号主义”“联结主义”和“行为主义”。

符号主义，也被称为逻辑主义或符号逻辑学派，它的基本假设是可以用一套形式化的符号系统来模拟人类智能。这种思想基于哲学家如莱布尼茨和数学家如图灵的思想，他们认为思维可以像数学运算一样，通过机械过程来实现。符号主义人工智能的代表人物之一是约翰·麦卡锡，他是 LISP 语言的发明者，也是人工智能领域的先驱。麦卡锡对符号主义 AI 有着深刻的见解和贡献，他对符号主义的看法可以从他对人工智能的定义中体现出来。他曾经定义说：“人工智能是制造智能机器的科学和工程，尤其是智能计算程序。”这句话强调了通过程序和计算方法来实现智能的思想，核心在于使用形式化的符号系统来表示知识和推理过程。他认为，通过将现实世界问题转化为符号和逻辑表达，计算机可以模拟人类的推理过程，解决复杂问题。

另一位符号主义的重要人物是艾伦·纽厄尔和赫伯特·西蒙，他们在人工智能和认知心理学领域都做出了重要贡献。他们共同开发了一系列认知模型和程序，如通用问题求解器（general problem solver, GPS）。西蒙曾经说过：“人类的解决问题能力主要表现为在大量可能选择中搜索一个可以解决特定问题的选择。”这反映了符号主义关注于利用逻辑和搜索算法来模拟人类思维过程的观点。

联结主义，或称为神经网络学派，受到生物神经网络的启发，试图通过构建类似大脑的网络结构来模拟人类思维。早期的探索如 1943 年麦卡洛克和皮茨的神经元模型和由罗森布拉特在 1957 年提出的感知机为现代神经网络的发展奠定了基础。联结主义在人工智能领域的代表人物如杰弗里・辛顿、杨立昆和本吉奥都为这一领域的发展做出了显著贡献。杰弗里・辛顿将反向传播算法看作理解大脑可能存在的类似机制的关键。杨立昆认为让机器自行学习是使其理解世界的最有效方式，同时强调深度学习在未来的重要性。本吉奥则强调了现代 AI 的进步归功于更优秀的工具和数据，以及计算能力的增强，认为深度学习能解决之前无法解决的问题。这些观点共同强调了通过模仿人脑来解决复杂问题的巨大潜力，显示了联结主义如何深刻影响和推动现代 AI 技术的前沿发展。

行为主义起源于心理学领域，主张研究可观察的行为而非内部心理状态。在人工智能中，这种观点被转化为研究机器的行为输出而不是内部思考过程。罗德尼・布鲁克斯在 20 世纪 80 年代提出的“昆虫智能”概念就是一种行为主义的体现，强调通过与环境的交互直接生成行为，而非通过复杂的内部世界模型。罗德尼・布鲁克斯，作为行为主义人工智能的代表人物之一，对这一领域有着深刻的影响，是现代机器人学的先驱。布鲁克斯对行为主义人工智能的看法体现在他对机器人设计的方法上，特别是他提倡的“次底层智能”（subsumption architecture）理论。

在许多论文和讲话中，布鲁克斯批评了传统的基于规则的 AI 系统，认为这些系统过于依赖中央控制和复杂的世界模型。他提出，应该从基础行为层次构建机器人系统，让机器人能够直接对环境做出反应，而不是先对世界进行详尽的建模。他有一句著名的话：“世界本身就是最好的模型。”（The world is its own best model.）这句话概括了他的观点：机器人不应该浪费资源去构建和维护一个复杂的内部世界模型，而应该能够利用其感官直接与现实世界互动，实时地从环境反馈中学习和适应。这种方法减少了计算负担，提高了机器人在真实世界中的适应性和效率。这些观点和实践对后来的机器人设计和人工智能研究产生了深远的影响，特别是在自主机器人和智能系统的实用化方面，强调了行为生成和环境交互的重要性，这在现代机器人系统和自动驾驶汽车技术中仍然是核心概念。

图 1–2 为人工智能的发展历程。

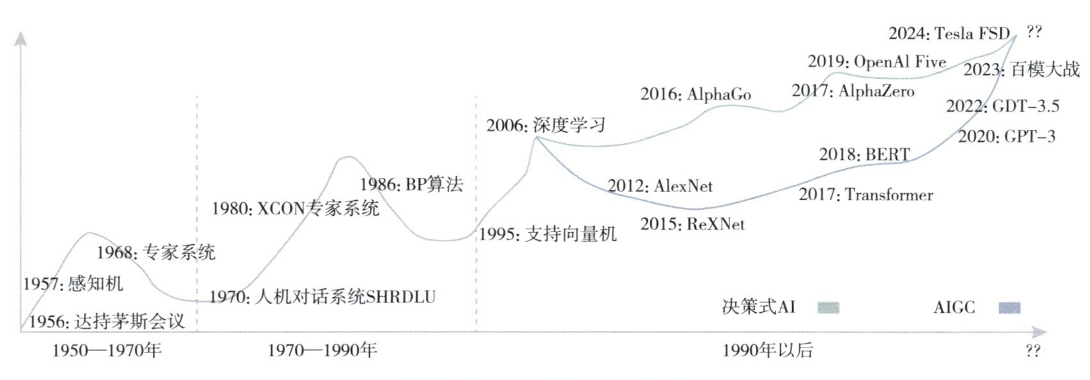

图 1–2　人工智能发展历程

图片来源：《2024 中国 AI 商业落地投资价值研究报告》

（三）我国人工智能发展历程

20 世纪 70 年代末，知识工程和专家系统在欧美迅速发展，我国则处于艰难起步阶段。随着改革开放的推进，我国人工智能的发展走上了快速发展的道路，我国开始派遣留学生赴西方学习人工智能，并成立了中国人工智能学会（CAAI）。2017 年发布的《新一代人工智能发展规划》，明确了到 2030 年人工智能理论、技术与应用总体达到世界领先水平的目标。此外，科技部等六部门在 2022 年联合印发了《关于加快场景创新以人工智能高水平应用促进经济高质量发展的指导意见》，旨在通过场景创新推动人工智能技术的应用和产业的升级。我国在人工智能领域的科研成果数量保持全球领先。2013 年至 2018 年期间，我国发表了 7.4 万篇人工智能领域的论文，在全球居前 1% 的人工智能高被引论文中排名第一。此外，我国在自然语言处理、芯片技术、机器学习等子领域的科研产出水平紧随美国之后，部分领域如多媒体、物联网的论文产出量超过美国，居全球第一。

（四）我国大模型发展历程

我国过渡到人工智能大模型时代得益于多方面的协同推动。首先是政府层面的有力支持，例如《新一代人工智能发展规划》等政策为 AI 的研究与实践提供了坚实的基础和资金保障。技术创新也是关键，国内的科研机构和科技巨头在深度学习、大数据处理等领域不断突破，为处理复杂模型提供了强大的数据支持和计算力。此外，行业对于智能化解决方案的迫切需求催生了大模型技术的广泛应用，从智能制造到金融科技无不体现出 AI 的广泛影响。国际合作和人才培养的持续投入，也为我国在全球 AI 竞争中保持了领先地位。这些因素综合作用，推动了我国在人工智能大模型时代的蓬勃发展，加速了国内外科技进步和产业的深度变革（见图 1–3）。

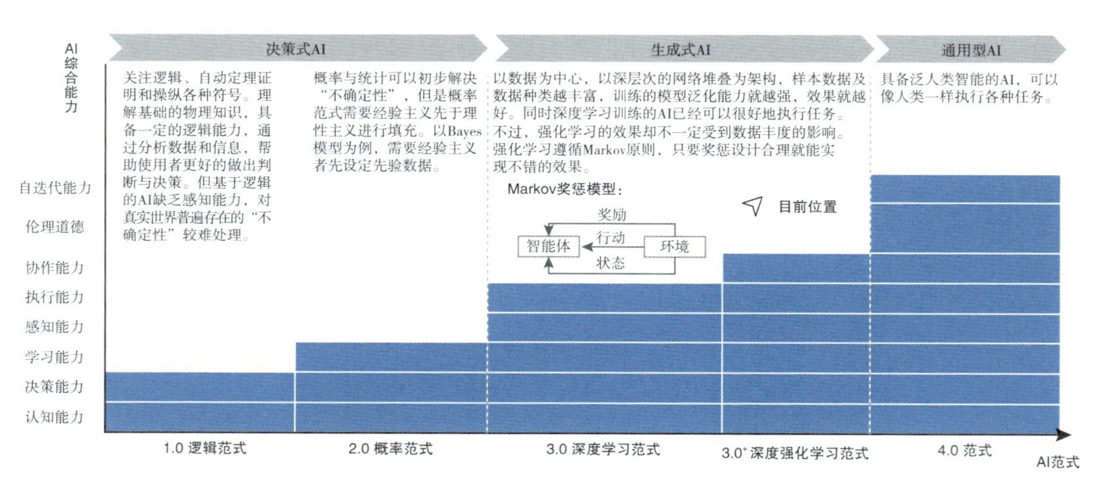

图 1–3　AI 进化历程

图片来源：《2023 中国 AIGC 商业潜力研究报告》

基于百度飞桨、Alibaba AI Platform 等深度学习平台，我国涌现出一批具有世界影响力的模型。2022 年之后，我国大模型正式进入产业化阶段，应用场景不断拓展。受益于我国开发者在自然语言处理、计算机视觉等领域的重要积累，同时海量的数据，为大模型训练提供了重要支撑，我国大模型已经形成了较为完整的产业链。

我国大模型的高速发展也带来了激烈的竞争，如图 1–4 所示，至 2024 年 6 月，国内公布的大模型数量已超过 300 个，市场竞争激烈。

二、机器学习

机器学习是人工智能的一个子领域，它使计算机能够通过经验自我改进，并执行没有明确编程的任务。具体来说，机器学习涉及开发算法，这些算法可以让计算机从数据中学习并做出决策或预测。从简单的任务自动化到复杂的决策支持，机器学习在各种行业中均有应用，例如在金融服务中用于信用评分，在医疗领域用于疾病预测和诊断，在互联网技术中用于个性化推荐和广告定位等。

从 20 世纪 50 年代早期的感知机开始，到 80 年代的反向传播神经网络，再到现在的深度学习革命，机器学习的发展经历了多次波动和突破。特别是在过去的十年中，随着计算能力的增强、数据量的爆炸式增长以及算法的创新，机器学习技术已成为推动技术创新的关键动力。

然而，机器学习也存在一些不足之处。例如，许多机器学习模型需要大量的数据来训练，这可能有侵犯隐私的问题。此外，这些模型有时会缺乏透明度和可解释性，使得用户难以理解模型的决策过程。还有，依赖数据的学习过程使得机器学习模型可能继承或放大训练数据中存在的偏见，导致不公正的结果。因此，研究人员和开发者必须不断探索改进这些技术的方法，确保其安全、公正且高效。

（一）概念

图灵在其论文《计算机器与智能》中首次提出了“机器学习”的概念，他建议与其努力编程来模拟成熟的人类大脑，不如从更简单的儿童大脑着手，并通过奖励和惩罚的教育方法，使机器通过学习过程获得智能。基于这个构想，机器学习逐渐演化成为人工智能领域内一个重要的研究分支，占据了人工智能研究和应用的重要地位。

如图 1–5 所示，机器学习有如下基础步骤：①问题转化：将现实问题转化为机器学习问题；②数据收集与处理：为机器提供用于学习的数据；③模型训练与调整：提取出数据中的有效特征，并进行必要的转换，再进行学习数据，并根据算法生成模型；④监控：将训练好的模应用在需要执行的任务上并监控其表现，如果取得了令人满意的效果就可以投入应用。

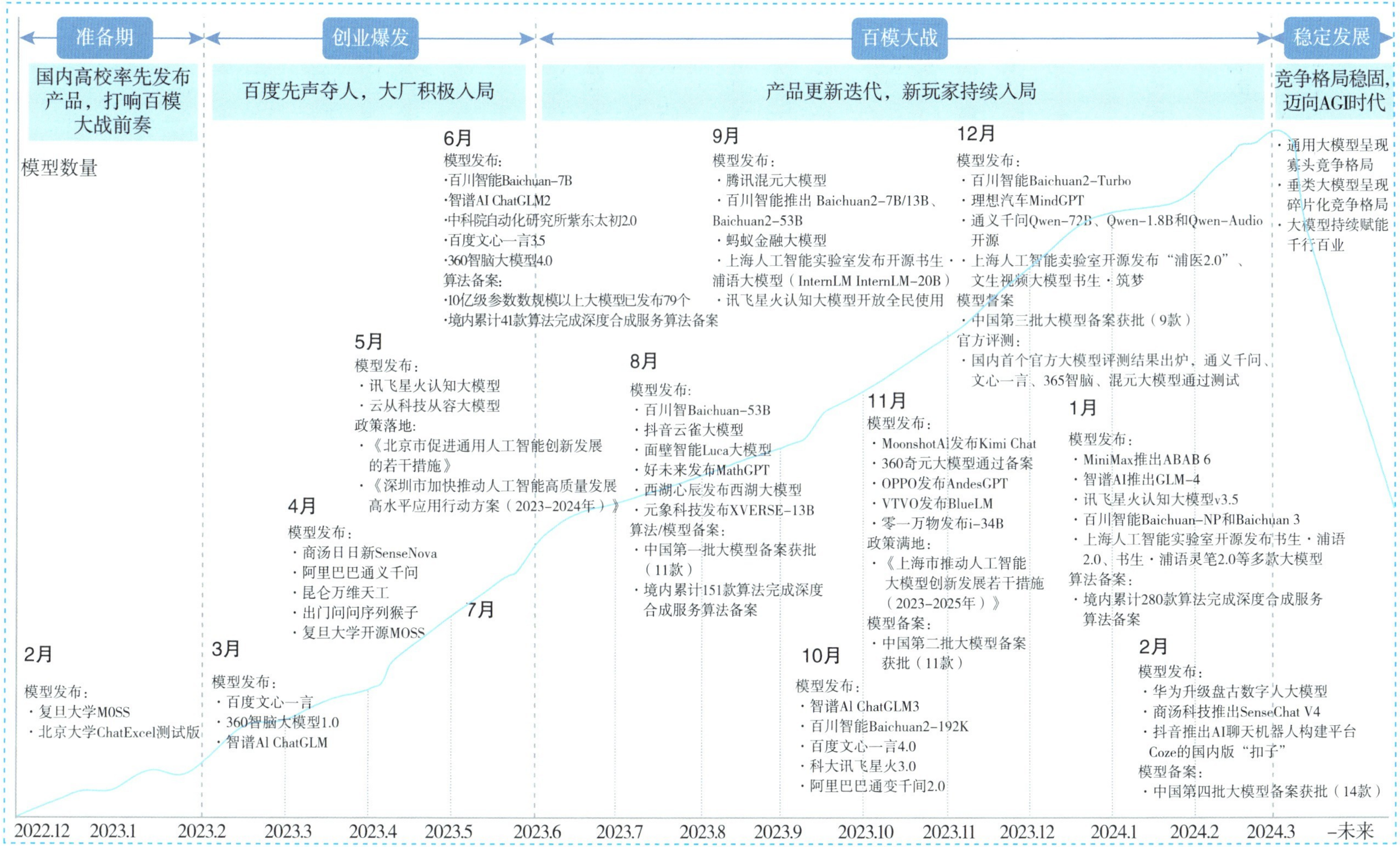

准备期

国内高校率先发布产品，打响百模大战前奏

创业爆发

百度先声夺人，大厂积极入局

百模大战

产品更新迭代，新玩家持续入局

稳定发展

竞争格局稳固，迈向AGI时代

模型数量

2月
模型发布：
· 复旦大学MOSS
· 北京大学ChatExcel测试版

3月
模型发布：
· 百度文心一言
· 360智脑大模型1.0
· 智谱AI ChatGLM

4月
模型发布：
· 商汤日日新SenseNova
· 阿里巴巴通义千问
· 昆仑万维天工
· 出门问问序列猴子
· 复旦大学开源MOSS

5月
模型发布：
· 讯飞星火认知大模型
· 云从科技从容大模型
政策落地：
· 《北京市促进通用人工智能创新发展的若干措施》
· 《深圳市加快推动人工智能高质量发展高水平应用行动方案（2023-2024年）》

6月
模型发布：
·百川智能Baichuan-7B
·智谱AI ChatGLM2
·中科院自动化研究所紫东太初2.0
·百度文心一言3.5
·360智脑大模型4.0
算法备案：
·10亿级参数数规模以上大模型已发布79个
·境内累计41款算法完成深度合成服务算法备案

7月

8月
模型发布：
· 百川智Baichuan-53B
· 抖音云雀大模型
· 面壁智能Luca大模型
· 好未来发布MathGPT
· 西湖心辰发布西湖大模型
· 元象科技发布XVERSE-13B
算法/模型备案：
· 中国第一批大模型备案获批（11款）
· 境内累计151款算法完成深度合成服务算法备案

9月
模型发布：
· 腾讯混元大模型
· 百川智能推出 Baichuan2-7B/13B、Baichuan2-53B
· 蚂蚁金融大模型
· 上海人工智能实验室发布开源书生·浦语大模型（InternLM InternLM-20B）
· 讯飞星火认知大模型开放全民使用

10月
模型发布：
· 智谱AI ChatGLM3
· 百川智能Baichuan2-192K
· 百度文心一言4.0
· 科大讯飞星火3.0
· 阿里巴巴通变千间2.0

11月
模型发布：
· MoonshotAI发布Kimi Chat
· 360奇元大模型通过备案
· OPPO发布AndesGPT
· VTVO发布BlueLM
· 零一万物发布i-34B
政策满地：
· 《上海市推动人工智能大模型创新发展若干措施（2023-2025年）》
模型备案：
· 中国第二批大模型备案获批（11款）

12月
模型发布：
· 百川智能Baichuan2-Turbo
· 理想汽车MindGPT
· 通义千问Qwen-72B、Qwen-1.8B和Qwen-Audio开源
· 上海人工智能实验室开源发布“浦医2.0”、文生视频大模型书生·筑梦
模型备案
· 中国第三批大模型备案获批（9款）
官方评测：
· 国内首个官方大模型评测结果出炉，通义千问、文心一言、365智脑、混元大模型通过测试

1月
模型发布：
· MiniMax推出ABAB 6
· 智谱AI推出GLM-4
· 讯飞星火认知大模型v3.5
· 百川智能Baichuan-NP和Baichuan 3
· 上海人工智能实验室开源发布书生·浦语2.0、书生·浦语灵笔2.0等多款大模型
算法备案：
· 境内累计280款算法完成深度合成服务算法备案

2月
模型发布：
· 华为升级盘古数字人大模型
· 商汤科技推出SenseChat V4
· 抖音推出AI聊天机器人构建平台Coze的国内版“扣子”
模型备案：
· 中国第四批大模型备案获批（14款）

· 通用大模型呈现寡头竞争格局
· 垂类大模型呈现碎片化竞争格局
· 大模型持续赋能千行百业

2022.12 2023.1 2023.2 2023.3 2023.4 2023.5 2023.6 2023.7 2023.8 2023.9 2023.10 2023.11 2023.12 2024.1 2024.2 2024.3 -未来

图 1-4 我国大模型竞争态势图

资料来源：《中国大模型“百模大战”态势图》

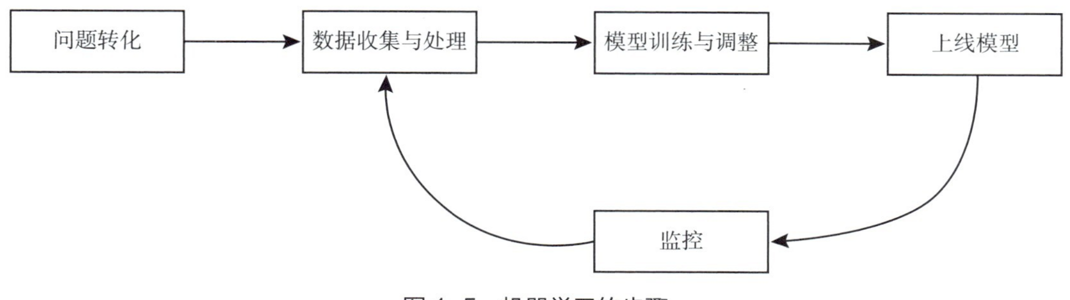

图 1-5　机器学习的步骤

（二）分类

如图 1-6 所示，机器学习可以根据学习方式的不同被分为四种主要类型，包括监督学习、非监督学习、深度学习和强化学习。

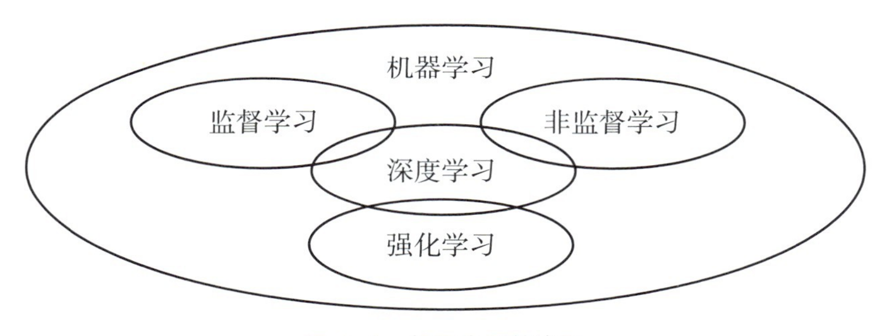

图 1-6　机器学习的类型

AIGC 标志着机器学习领域的一个综合成就。随着 21 世纪的到来，机器学习领域经历了显著的演变，特别是向深度学习（deep learning）的转变。深度学习技术通过深入挖掘数据的内在特征，发展出一系列算法，这些算法在处理更为复杂的应用场景时表现出更高的效率。2014 年，生成对抗网络的诞生，为深度学习在 AIGC 领域的快速发展提供了新的动能。这一创新技术不仅推动了 AIGC 的发展，也进一步巩固了机器学习在当代技术进步中的核心地位（见图 1-7）。

监督学习

监督学习是最常见的机器学习形式，其中模型通过带有标签的训练数据来学习预测结果。这种学习方式在 20 世纪五六十年代逐渐发展，随着统计学方法的引入，特别是在八九十年代，如决策树、支持向量机（SVM）和线性回归等方法的普及，监督学习得到了显著的发展。它广泛应用于分类和回归问题，如邮件过滤、金融预测和医疗诊断等。

图 1-7　机器学习常用算法

图片来源:《AIGC 智能创作时代》

利用现有的数据集，识别输入数据与输出结果之间的内在联系。通过这种识别构建一个优化的模型。在监督学习框架下，训练数据集包含了详尽的特征集和相应的标签。通过这一训练过程，机器学习算法能够自主探索并建立特征与标签之间的映射关系。当面对仅含特征而缺少标签的新数据时，该模型能够预测并推断出相应的标签。简而言之，机器学习可以被视作一个教育过程，我们通过提供数据和示例来训练机器，使其学会如何执行特定的任务。

经典的监督学习算法有以下七种。

①线性回归：线性回归是一种用于预测连续值输出的算法，例如房价、温度等。它假设输入变量和输出变量之间存在线性关系，并通过最小化实际输出和预测输出之间差异的平方和来找到最佳拟合直线。

②逻辑回归：逻辑回归通常用于二分类问题，如判断邮件是否为垃圾邮件。它通过使用逻辑函数（sigmoid 函数）将线性方程的输出映射到 0 和 1 之间，从而预测概率。

③决策树：决策树是一种树形结构算法，每个内部节点代表一个属性上的测试，每个分支代表测试的结果，最终的叶节点代表类别或数值。它直观、易于理解，能够自动学习数据的决策规则。

④支持向量机（SVM）：支持向量机是一种强大的分类技术，用于二分类和多分类问题。它通过找到一个超平面来最大化两个类之间的边界距离，从而实现分类。

⑤随机森林：随机森林是一种集成学习技术，它构建多个决策树并将它们的预测结果合并来提高整体预测准确性。它在处理过拟合问题和提高模型准确性方面表现出色。

⑥K- 最近邻（K-NN）：K- 最近邻是一种简单但效果显著的分类和回归算法。它根

据给定点最近的 K 个邻居的类别（通过投票）或数值（通过平均）来预测该点的类别或数值。

⑦朴素贝叶斯：朴素贝叶斯基于贝叶斯定理，假设所有特征在给定输出类别的情况下相互独立。这种算法在文本分类（如垃圾邮件和情感分析）中尤其有效。

非监督学习

非监督学习涉及未标记数据的学习，其中学习算法试图在没有明确指导的情况下从数据中找出结构。它主要用于聚类和关联规则学习，如市场篮子分析和社会网络分析。自 20 世纪 90 年代以来，随着计算能力的提升和大数据的出现，如 K-means 聚类、主成分分析（PCA）和隐马尔可夫模型等技术开始流行。

在无监督学习中，面对的是一个未知的领域，其中数据集的特征与数据之间的关系尚未明确。通过聚类分析或应用特定的模型能够揭示这些隐藏的关系。与监督学习不同，无监督学习可以被视为一种自我驱动的学习过程，它允许机器在没有预设标签的情况下自主探索和学习。这种学习方式能够在缺乏明确结果预期或对结果一无所知的情况下，对问题进行探索和解决。无监督学习使我们能够从数据中提取结构，即使我们并不了解各个变量之间的具体影响，通过分析数据中变量间的相互作用，我们可以对数据进行有效的聚类，从而揭示其内在结构。在无监督学习过程中，我们不会根据预测结果接收到任何形式的反馈，这要求算法必须能够独立地识别和利用数据中的模式。

经典的非监督学习算法有以下八种。

①K- 均值聚类（K-means clustering）：K- 均值是一种广泛使用的聚类算法，目的是将数据分成 K 个集群，使得同一集群内的数据点尽可能相似，而不同集群间的数据点尽可能不同。该算法通过迭代地选择聚类中心和分配数据点到最近的聚类中心来优化聚类。

②层次聚类（hierarchical clustering）：层次聚类通过构建一个聚类树（树状图）来组织数据，可以是自底向上的聚合方式（合并相似的聚类）或自顶向下的分裂方式（将聚类分解为更小的聚类）。用户可以根据需要切割树状图来获得不同数量的聚类。

③主成分分析（PCA）：PCA 是一种技术，用于数据降维，通过保留数据中最大方差的方向来减少数据集中的特征数量，从而找到数据的主要成分和简化数据结构。

④独立成分分析（ICA）：独立成分分析用于发现数据中的独立源信号，它假设数据是几个信号的混合，目标是将这些混合信号分离为统计独立的源信号。这种方法常用于音频处理和图像分析中。

⑤ t- 分布随机邻域嵌入（t-SNE）：t-SNE 是一种强大的数据可视化工具，主要用于高维数据的降维。它通过保留数据点之间的相似性来在低维空间中有效地表示高维数据，特别适用于复杂数据集的可视化。

⑥自组织映射（SOM）：SOM 是一种无监督的神经网络，通过训练来创建一个从高

维空间到二维或三维的映射，从而帮助我们理解数据的内在结构和分布。

⑦高斯混合模型（GMM）：GMM 是一种概率模型，假设所有数据点都是从有限数量的高斯分布中生成的。每个高斯分布对应一个聚类，算法的目的是确定这些分布的参数，从而对数据进行软聚类。

⑧密度基聚类（如 DBSCAN）：DBSCAN 是一种基于密度的聚类算法，能够在带有噪声的数据集中识别任意形状的聚类。它根据数据点的紧密程度来形成聚类，不需要事先指定聚类数量。

强化学习

强化学习是一种学习策略，模型通过与环境交互来学习如何实现目标。这种方法的早期版本可以追溯到 20 世纪 50 年代，但它在 20 世纪 90 年代后期和 21 世纪初，尤其是在沃顿和其他人引入 Q 学习和时间差分学习方法之后，才开始成型。近年来，随着 AlphaGo 等应用的成功，强化学习在游戏、机器人技术和自动驾驶汽车等领域得到了广泛的应用。

强化学习作为机器学习领域内的一个重要分支，代表了多学科交叉融合的成果。其核心目标在于解决决策制定问题，即实现自动化的决策过程，并能够连续不断地做出决策。

强化学习系统由智能体（agent）、环境状态、行动（action）和奖励（reward）四个基本组成部分构成。该学习过程的终极目标是最大化累积奖励，以此引导智能体在复杂环境中做出最优的行动选择。

强化学习与监督学习的差异在于它们的学习过程、反馈机制和应用场景。监督学习通过使用带有明确标签的数据集来训练模型，目标是学习输入到输出的直接映射，并通过最小化预测输出与实际标签之间的差异来优化模型。相反，强化学习不依赖于标签数据，而是通过智能体与环境的交互来学习，目标是发现能够获得最大累积奖励的行为策略，反馈通常以奖励的形式呈现，侧重于长期的目标优化而非立即的错误修正。监督学习适用于如分类和回归的问题，而强化学习适合于需要序列决策和策略优化的复杂环境，如游戏和自动驾驶等领域。

经典的强化学习算法有以下五种。

① Q-learning：一种基于值的强化学习算法，用于学习在给定状态下执行特定动作的预期效用。它使用一个称为 Q-table 的表格来存储每个状态 - 动作对的 Q 值，这些 Q 值表示在特定状态执行特定动作所能获得的预期奖励。算法的目标是找到最大化预期奖励的策略，这通过不断更新 Q 值并选择具有最高 Q 值的动作来实现。

② SARSA（state-action-reward-state-action）：SARSA 也是一种基于值的强化学习方法，与 Q-Learning 类似，但它是在策略内更新其值函数，即它使用当前策略下的行为来更新其 Q 值。这意味着 SARSA 考虑了当前策略的影响并遵循一个更保守的更新策

略，因而通常避免了高风险的行动。

③深度 Q 网络（deep Q-network，DQN）：DQN 是一种将深度学习与 Q-Learning 结合的方法，通过使用深度神经网络来近似 Q 值函数，它可以处理更高维度的状态空间。DQN 的一个关键创新是经验回放机制，这使得算法可以从之前的经验中随机抽取并学习，以此减少样本间的相关性并提高学习稳定性。

④策略梯度方法（policy gradient）：策略梯度方法直接对策略函数进行优化，而不是像 Q-Learning 那样优化值函数。通过优化策略本身，这种方法可以直接学习到概率性的策略，这对于处理高维动作空间或需要复杂策略的问题尤其有效。它通过计算奖励的预期返回来调整策略参数，以此推动学习过程。

⑤ actor-critic：actor-critic 方法结合了值函数和策略的优点。在这种框架下，“actor”生成动作，“critic”评估这些动作并提供反馈。actor 根据 critic 的评估来更新其策略，而 critic 则评估当前策略的好坏。这种结合利用了策略梯度方法的优势和 Q-Learning 的稳定性，有效地平衡了探索与利用。

深度学习

深度学习是机器学习的一个子集，它使用多层神经网络来模拟人类大脑处理数据的方式，可以从大量数据中自动学习高层次的抽象特征。虽然神经网络的概念可以追溯到 20 世纪四五十年代，但直到 2006 年，深度学习才因杰弗里·辛顿和其他研究者的工作而重新获得关注。随后，随着硬件能力的提升和大数据的可用性，深度学习迅速成为处理复杂问题如图像和语音识别的首选方法。

深度学习神经网络与一般神经网络的主要区别在于网络结构的复杂性和深度。深度学习网络包含多个隐藏层，能够捕捉数据中的复杂和高层次特征，适用于处理如图像识别、自然语言处理等复杂问题，但需要大量的训练数据和强大的计算资源。相比之下，一般神经网络通常只有少数隐藏层，适用于解决较简单的问题，其训练和运行对硬件的要求较低，数据需求也相对较小。因此，深度学习神经网络在现代 AI 应用中更为普遍，尤其是在需要从大量未结构化数据中提取信息的场景中。

经典的强化学习算法有以下六种。

①卷积神经网络（CNNs）：CNN 是特别设计用于处理图像数据的深度学习算法。通过使用卷积层，它可以自动捕获图像中的局部特征，并通过层层抽象提取更复杂的图形特征。CNN 广泛应用于图像识别、视频处理和医学图像分析等领域。

②循环神经网络（RNNs）：RNN 特别适用于序列数据处理，如时间序列分析、语言建模和文本生成。它的核心特性是网络中存在循环连接，使得网络能够维持一个内部状态，从而捕获时间动态信息。长短时记忆网络（LSTM）和门控循环单元（GRU）是 RNN 的两种常见变体，能够解决传统 RNN 在长序列上训练时的梯度消失问题。

③生成对抗网络（GANs）：GAN 由一个生成器和一个判别器组成，通过对抗过程

来训练。生成器生成尽可能接近真实数据的假数据，而判别器的任务是区分生成的数据和真实数据。GANs 广泛用于图像生成、图像编辑和新内容创作等领域。

④自编码器（autoencoders）：自编码器是一种无监督学习技术，用于学习数据的压缩表示。它包括两部分：编码器将输入数据压缩成一个潜在空间中的编码，解码器则从这个编码重构输入数据。自编码器常用于数据降维、特征提取和去噪。

⑤变分自编码器（VAEs）：VAEs 是自编码器的一种扩展，它们通过引入概率分布来生成编码，使模型能够生成新的、与输入数据类似的数据点。VAEs 常用于生成模型，特别是在图像和文本领域。

⑥ Transformer 模型：依靠自注意力机制处理序列数据，与 RNN 和 CNN 不同，它可以并行处理所有数据点，提高了训练效率。最初用于自然语言处理领域的任务，如翻译和文本摘要，现在已广泛应用于多模态任务，如图像和视频处理。

三、AI 工具与技术

AI 工具与技术的发展是为了应对人工智能领域的复杂性、管理庞大的数据以及满足高效处理和分析的需求。从 20 世纪 50 年代初期的简单模型到现代的高级机器学习框架和全面的自动化平台，这些工具和技术经历了从初步的算法实验到复杂的系统集成的演变。这一发展过程被数据革命和计算能力的显著提升推动，尤其是随着 2000 年大数据的兴起和开源运动的普及，诸如 TensorFlow 和 PyTorch 这样的框架开始广泛应用，极大地提升了开发效率，改善了模型性能。这些工具不仅简化了 AI 项目的技术要求，使非专家也能接触和利用先进的 AI 技术，还推动了 AI 技术的普及和创新，帮助企业和研究者更好地利用 AI 解决实际问题，从而在全球范围内推动了人工智能技术的快速发展和应用。

（一）AI 开发框架和库

这些框架和库为开发复杂的 AI 模型提供了底层算法支持和高级 API。例如，TensorFlow、PyTorch 和 Keras 等框架支持深度学习算法的开发，提供自动化的微分技术（自动求导）、优化器和预定义的多种层结构，这让开发者可以轻松实验和部署新模型。这些框架通常具备良好的社区支持、广泛的文档和丰富的教程，使得它们成为学习和实践 AI 的重要工具。

TensorFlow

TensorFlow 是由 Google Brain 团队开发的一个开源深度学习框架，首次发布于 2015 年。它支持广泛的计算任务并专注于大规模的机器学习模型。TensorFlow 的核心是使用数据流图来表示计算任务，其中节点代表运算，边代表在节点间流动的多维数据（张量）。它支持多种语言的 API（最常用的是 Python），并可在多种平台和设备上运行，包括服务器、个人电脑和移动设备。TensorFlow 强大的分布式计算能力使其在工业和研究领域非常受欢迎，尤其适合处理具有复杂数据流的大型系统。

PyTorch

PyTorch 是由 Facebook 的 AI 研究团队开发，并在 2017 年开源。它是一个用 Python 编写的开源机器学习库，受到科研社区的广泛欢迎，因为它主要强调灵活性和速度。PyTorch 提供了强大的 GPU 加速支持，并且以其动态计算图（称为自动微分系统）著称，使得在调试过程中可以更加直观地看到数据和参数是如何流动的。PyTorch 也支持即时编译（JIT）功能，能够将模型转换为可以在没有 Python 依赖的环境中运行的格式，方便了模型的部署。

Keras

Keras 最初由 François Chollet 在 2015 年开发，现已成为 TensorFlow 的一个官方接口，同时也支持其他的后端执行程序如 Microsoft Cognitive Toolkit（CNTK）和 Theano。Keras 以其用户友好性著称，提供了高层次、易于使用的抽象，使得快速实验成为可能。它特别适合初学者用来快速搭建和测试新的神经网络模型，而且 Keras 也经常被用在快速原型开发中，由于其简洁性和模块化，Keras 让深度学习模型的构建和实验变得非常直观和简单。

这三个框架各有所长：TensorFlow 提供了强大的可扩展性和灵活性，适合大规模和复杂的应用；PyTorch 以其动态计算图和优秀的社区支持，成为科研人员的首选；而 Keras 则以简洁易用著称，非常适合初学者和需要快速开发的场景。

（二）机器学习平台

提供从数据处理到模型部署的全流程服务。平台如 AWS Machine Learning、Azure Machine Learning 和 Google Cloud AI 提供了数据存储、模型训练、自动调参、模型评估和部署等集成服务。这些平台还提供了可扩展的计算资源，包括 GPU 和 TPU 支持，使得处理大规模数据集和复杂模型变得可行和经济。

AWS Machine Learning

AWS Machine Learning 提供了一个完整的端到端机器学习服务平台，包括各种预建的 AI 服务以及支持自定义模型的工具。AWS 的机器学习服务包括但不限于 Amazon SageMaker，这是一个完全托管的服务，可以帮助开发者和数据科学家快速构建、训练和部署机器学习模型。SageMaker 提供了一种高度集成的界面，支持 Jupyter 笔记本，让用户可以直接在云端编写代码、一键部署模型。此外，AWS 还提供广泛的 API，支持文本分析、语音识别、图像处理等 AI 功能。

Azure Machine Learning

Azure Machine Learning 是微软提供的一个全面的机器学习服务，支持模型从构建到部署的整个生命周期。它提供了一个基于 Web 的工作室界面，用户可以在其中使用可视化工具或编写代码来构建机器学习模型。Azure Machine Learning 支持各种开源框架和工具，例如 TensorFlow、PyTorch 和 scikit-learn，并集成了自动化机器学习（AutoML）和模型管理的能力，使其易于优化模型性能和管理生产环境中的模型。Azure 还提供了 ML Ops（机器学习运维），帮助用户实现模型的版本控制、监控和维护。

Google Cloud AI

Google Cloud AI 提供了一系列机器学习和 AI 工具，帮助用户利用 Google 的先进技术，包括自然语言处理、语音识别和图像分析。Google Cloud AI 的核心产品之一是 AutoML，它允许开发者无需深入机器学习知识就能自动构建高质量的模型。此外，Google Cloud AI Platform 是一个完整的端到端开发平台，支持模型构建、训练和部署，支持 TensorFlow、PyTorch 等框架，并提供了大规模的训练和调优服务。Google 的 AI Hub 提供了预训练模型和开源项目的共享平台，方便开发者找到适合自己项目的资源和灵感。

（三）可视化工具

在 AI 项目中，可视化是理解数据特征、模型行为和结果解释的关键。工具如 Tableau、Power BI、Matplotlib 和 Seaborn 提供了强大的数据可视化功能，帮助用户通过图形和图表直观地展示分析结果。特别是在深度学习项目中，TensorBoard 等工具能够实时显示训练进度和模型性能，助力模型调优和决策制定。

Tableau

Tableau 是一款强大的数据可视化工具，广泛用于商业智能领域。它使用户能够创建交互式和可分享的仪表板，这些仪表板能够揭示数据中的洞见和趋势，而无需任何编程知识。Tableau 支持从各种数据源中抽取数据，包括本地数据库、云数据库以及 Excel 文件等。它的拖拽界面使用户可以轻松地创建复杂的图形和整合的分析报告。

Power BI

Power BI 是由微软开发的一个商业分析服务，提供数据聚合、数据可视化、仪表板创建和报告功能。它允许用户将来自不同数据源的数据进行集成，并通过使用各种图表、图形和仪表板来展示数据。Power BI 强调易用性和集成，特别是与其他 Microsoft 产品（如 Excel 和 Azure）的高度整合，使其成为企业环境中的首选工具。

Matplotlib

Matplotlib 是一个广泛使用的 Python 绘图库，用于创建高质量的二维图形。作为 Python 数据科学生态系统的核心库之一，它提供了一个非常灵活的接口，用于绘制各种静态、动态和交互式图表。Matplotlib 是科学计算和数据分析中图形呈现的基石，支持各种标准的图表类型，如条形图、直方图、折线图和散点图等。

Seaborn

Seaborn 基于 Matplotlib，提供了一个更高级的接口来绘制更加吸引人和信息丰富的统计图形。它是专门为统计数据可视化设计的，与 Pandas 数据结构集成良好，使得数据处理和图形绘制更加方便。Seaborn 支持复杂的可视化类型，如热图、时间序列可视化和分类图，非常适合用于探索性数据分析。

TensorBoard

TensorBoard 是与 TensorFlow 深度学习框架配套的可视化工具，用于展示 TensorFlow 网络训练过程中的各种指标。它可以追踪和视图模型训练的指标如损失和准确率，以及更复杂的结构，如权重和激活图。TensorBoard 帮助用户通过图形界面直观地理解和调试复杂的神经网络模型，是深度学习研究和应用中不可或缺的工具。

（四）自然语言处理工具

NLP 工具库如 NLTK、spaCy、Transformers 库提供了从基本的文本处理功能到复杂的语言理解和生成模型的实现。这些工具支持语言模型的训练、句法分析、实体识别、情感分析等功能，极大地简化了语言相关应用的开发过程。

NLTK

NLTK（natural language toolkit）是一个为 Python 语言编写的领先库，专门用于人类语言数据的符号和统计自然语言处理（NLP）。它在 2001 年首次发布，自那以来一直是学术和教育界教授和学习 NLP 的首选工具。NLTK 包含超过 50 个语料库和词汇资源，如 WordNet，以及一套广泛的文本处理库，用于分类、标记、语法分析、语义推理、机器学习等。尽管 NLTK 可能不适合生产环境中的高性能应用，但它的教育和研究价值使其在初学者和教育者中非常受欢迎。

spaCy

spaCy 是另一种高性能的自然语言处理库，专为生产设计，强调速度和效率。自 2015 年首次发布以来，spaCy 迅速成为工业界使用的首选，支持多种语言的核心 NLP 任务，如标记化、词性标注、命名实体识别和依存语法分析。spaCy 的另一个特点是它的设计哲学，该库鼓励开发者使用只有一个最佳方法执行任务的方法，这与 NLTK 提供多种方法的策略形成对比。此外，spaCy 还可以轻松集成深度学习，并提供了一个可扩展的管道处理框架，用于构建复杂的 NLP 应用。

Transformers

Transformers 是由 Hugging Face 公司开发的一个现代库，它提供了数以千计的预训练模型，主要是基于 Transformers 架构（如 BERT、GPT-2、T5 等），这些模型在多种 NLP 任务上表现优异。自 2018 年推出以来，Transformers 库已成为执行高级 NLP 任务的标准工具，支持多种语言和多种深度学习框架（如 PyTorch、TensorFlow 和 JAX）。该库的核心功能是提供简单易用的接口来下载和使用这些预训练模型，使得开发者可以轻松利用最先进的 NLP 技术，而无需从头开始训练复杂的模型。

四、AIGC 概述

生成式人工智能（artificial intelligence generated content，AIGC）是基于 GAN、预训练大模型、多模态技术融合的产物，通过已有的数据寻找规律，并通过泛化能力形成相关内容。从商业角度看，AIGC 是一种赋能技术，通过高质量、高自由度、低门槛的生成方式为内容相关场景及生产者提供服务。

（一）AIGC 的关键技术

AIGC 技术中，GAN（生成对抗网络）、Diffusion 模型和 Transformer 模型因其独特的方法和强大的生成能力而成为关键技术。这些技术各有其特点，使它们在生成高质量、高复杂度的内容方面特别有效。

生成对抗网络

生成对抗网络（generative adversarial networks，GAN）是一种由伊恩・古德费洛及其同事在 2014 年提出的人工智能算法。它包含两部分：生成器（generator）和判别器（discriminator），这两个网络通过对抗的方式共同进化，从而能够生成高质量的、接近真实的数据。

GAN 的核心作用是生成新的数据样本，特别是在图像、视频、音频和文本等领域。它通过学习真实数据集的分布特征，能够创造出极具真实感的假数据。这种模型在艺术创作、视频游戏、电影特效、数据增强等领域有着广泛的应用。

（1）GAN 的组成部分

生成器（generator）：负责生成尽可能真实的数据。它接收随机的噪声信号，通过学习真实数据的分布，试图产出与真实数据几乎无法区分的假数据。

判别器（discriminator）：负责鉴别输入的数据是真实的还是由生成器产生的。其目标是准确识别出真实数据和生成数据，从而指导生成器改进其生成质量。

GAN 的工作机制可以通过一个警察与伪钞制造者的比喻来形象说明。生成器像是一个伪钞制造者，努力制造出越来越难以被辨认的假币，希望能够欺骗市场。判别器则像是警察，其任务是识别出哪些是真钞，哪些是假币。在不断的训练过程中，伪钞制造者（生成器）通过警察（判别器）的反馈学习如何制造更逼真的假币，而警察（判别器）则学习如何更好地识别假币。这种对抗过程使得生成器和判别器都不断进化，生成器生成的假数据质量越来越高，判别器的鉴别能力也越来越强。

（2）GAN 的发展历程

自 2014 年提出后，GAN 迅速成为 AI 领域内最受关注的研究领域之一。研究人员提出了多种变体，如条件 GAN（可以指定生成数据的类别）、CycleGAN（用于风格迁移）、Pix2Pix（适用于图像到图像的转换）等，极大地扩展了 GAN 的应用范围和效果。

GAN 的发展对人工智能领域的影响深远，尤其是在内容生成方面。例如，GAN 技术可以用于生成高质量的虚构人脸、动画角色或任何图像；在电影行业中，它可以用来创建复杂的视觉效果或增强老旧影片的质量；在游戏开发中，GAN 可以用于生成独特的游戏环境或角色，增强游戏的多样性和吸引力。此外，GAN 还在医学成像、卫星图像分析等领域展示了巨大的应用潜力。

Diffusion 扩散模型

Diffusion 模型是一种生成模型，它通过模拟物理过程中的扩散和反扩散步骤来生成数据。这种模型的核心是逐步将结构化数据转化为无结构的随机噪声，并在生成过程中逆转这一过程，逐步从噪声恢复出结构化的数据。在实际应用中，Diffusion 模型特别擅长生成高质量的图像、音频和文本，使其在内容生成、图像处理、声音合成等领域具有广泛的应用潜力。

（1）Diffusion 模型的核心组成

扩散过程，将原始数据逐渐转化为噪声的过程。

反扩散过程，从噪声中逐步恢复出有意义的数据的过程。

想象有一张精美的画作。如果你将这幅画逐渐加上一层又一层的白色雾霭，直到画面完全变成白雾，这个过程类似于扩散过程。然后，如果你逐步去除这些雾霭，恢复画面的细节，直到完全复原为原始画作，这个过程则类似于 Diffusion 模型的反扩散过程。在这个过程中，Diffusion 模型学习如何有效地去除雾霭并准确恢复画面的每一个细节，从而在没有原始画作的情况下，也能从一片雾霭中“重新创造”出这幅画。这种能力使得 Diffusion 模型在生成新的、高质量的图像或其他类型的数据方面表现出色。

（2）Diffusion 模型的发展历程

Diffusion 模型最初受到物理学中扩散过程的启发。最早的理念可以追溯到 2015 年，但直到 2020 年左右，随着计算能力的提升和算法的改进，这一模型才开始显示出其强大的生成能力。它的主要发展包括：改进训练技术，如引入条件变量来控制生成过程；通过算法改进减少生成所需的步骤数以优化效率。

（3）Diffusion 模型在人工智能领域的作用

Diffusion 模型在 AI 领域的作用通过其强大的生成能力体现。它可以生成高度逼真的图像、清晰可懂的文本和生动的音频。这使得它在艺术创作、虚拟现实、游戏开发、教育模拟和更多领域成为一种重要的技术。

Transformer 模型

Transformer 模型是一种基于注意力机制（attention mechanism）的深度学习模型，最初由瓦斯瓦尼等人在 2017 年的论文（*Attention is All You Need*）中提出。它主要用于处理序列数据，如文本、音频或时间序列，特别擅长处理大量数据中的长距离依赖问题。Transformer 模型的核心特点是其能够同时处理输入数据中的所有元素，这一点与传统的递归神经网络（RNN）和长短时记忆网络（LSTM）等序列模型有显著不同，后者需要按时间顺序逐步处理数据。

（1）Transformer 模型的组成部分

自注意力机制（self-attention）：允许模型在处理某个元素时，同时考虑序列中的其他元素，这有助于模型捕捉数据中的内部关系。

多头注意力（multi-head attention）：通过并行处理多组注意力机制，可以让模型从不同的子空间学习信息，增强模型的表达能力。

位置编码（positional encoding）：由于 Transformer 不使用递归或卷积结构，位置编码被用来给模型提供关于单词在句子中位置的信息。

前馈网络（feed-forward networks）：每个 Transformer 的编码和解码层中都包含一个前馈网络，用于处理注意力层的输出。

以机器翻译为例，假设你需要将一句英文翻译成中文。在使用 Transformer 模型之前，传统的序列模型可能会因为句子长度较长而难以捕捉到句子开始处的词与句子末尾处的词之间的关系。而 Transformer 模型通过自注意力机制，可以在处理每一个词时同时考虑到句子中的所有其他词，从而有效地理解和翻译涉及长距离依赖的复杂句子结构。这使得翻译出来的中文句子更加流畅和准确，无论原句有多长。

（2）Transformer 模型的发展历程

自 2017 年提出以来，Transformer 模型迅速成为自然语言处理（NLP）领域的核心技术。其后，基于 Transformer 的架构，如 BERT（bidirectional encoder representations from transformers）、GPT（generative pre-trained transformer）等变体相继出现，并在多种语言任务中取得了突破性的表现，如文本分类、问答系统、机器翻译及文本生成等。这些模型通过大量的预训练，能够捕捉语言中的深层语义和结构，从而在下游任务中展现出优异的性能。

（3）Transformer 模型在人工智能领域的作用

Transformer 模型通过其高效的并行处理能力和对长距离依赖的有效捕捉，极大地推动了自然语言处理技术的发展。它不仅提高了机器翻译的质量，还使得聊天机器人、文本生成和其他复杂语言理解任务的性能得到了显著提升。

（二）AIGC 的应用领域

AIGC 技术的核心特征是其高度创造性，它能够自主地生成新内容，如文本、图像、音乐和视频，这与传统 AI 的数据分析和模式识别功能形成了鲜明对比。AIGC 不仅模仿人类的创作过程，而且在许多情况下能达到甚至超越人类的创作水平。与传统 AI 主要关注于优化和预测不同，AIGC 突破这些限制，展现了独特的原创性和自主性。这使得 AIGC 在需求大量个性化和创新内容的行业中具有无可比拟的应用价值和潜力。通过其高效的自动化能力和出色的可扩展性，AIGC 正定义新一代的内容创作和个性化服务，开辟了 AI 技术的新前景。

在医疗保健领域，AIGC 用于生成高质量的医学图像和模拟，帮助医生进行更精确的诊断。例如，AIGC 可以用于增强 MRI 或 CT 扫描的图像质量，使得难以觉察的细节更加清晰。此外，AIGC 还被用来模拟复杂的手术过程，帮助医生预测手术结果和潜在风险。

在金融服务行业，AIGC 能够生成实时的金融报告和市场分析，帮助分析师和投资者做出更加明智的投资决策。此外，AIGC 也被用于创建复杂的风险模型，通过模拟各种市场情景来预测和评估潜在的财务风险。

在智能家居领域，AIGC 技术通过生成个性化的用户互动体验增强了设备的智能化。例如，智能助手可以通过学习用户的行为和偏好自动生成提醒和建议，使得家居管理更加智能和便捷。

零售业中，AIGC 用于创建个性化的购物体验。通过分析消费者的购买历史和行为模式，AIGC 能够生成个性化的产品推荐和促销信息。此外，AIGC 还能够帮助零售商设计商店布局和库存管理策略，以最大化销售和客户满意度。

在自动驾驶技术中，AIGC 被用来生成模拟交通场景进行测试和训练。这些模拟帮助改进自动驾驶算法，确保车辆能够在各种复杂的交通环境中安全行驶。

教育领域中，AIGC 用于自动生成教学内容和资源，如讲义、测验和教学视频，根据学生的学习进度和理解能力进行个性化调整。这些应用不仅提高了教学效率，也增强了学生的学习体验。

在泛娱乐行业，AIGC 被广泛用于生成新闻文章、视频内容和音乐。例如，AIGC 可以自动撰写标准新闻报道，如天气预报和体育赛事结果，释放编辑资源用于更复杂的报道任务。此外，AIGC 也被用于电影和视频制作，生成逼真的视觉效果和动画。

（三）AIGC 的优势与挑战

AIGC 的优势主要体现在其生成性和自动化的特点上，这些特点与过去的人工智能应用相比，标志着 AI 技术的一大进步。

（1）高度自动化的内容创造

与传统 AI 主要关注于分析和优化不同，AIGC 能够自动生成新的内容，如文本、图像、音频和视频等。这种自动化能力极大地提升了内容生产的效率和规模，尤其适用于需要大量内容输出的行业。

（2）创新性和创造性

AIGC 不仅复制现有数据模式，还能创造前所未有的内容，这在艺术和设计领域尤为重要。通过模仿和学习多种风格和技巧，AIGC 可以帮助设计师和艺术家开拓新的创意领域。

（3）个性化和定制化

AIGC 能够基于用户的个性化数据生成定制内容，从而提供更加个性化的用户体验。这一点在电子商务、在线教育和数字营销等领域尤为突出，可以大幅提升用户满意度和用户黏性。

（4）解决传统 AI 的局限

传统 AI 在处理创造性任务时常受限于算法的灵活性和适应性。AIGC 通过引入生成模型，如 GAN 和 Transformer，提供了一种更为动态和灵活的方式来处理和生成复杂的数据模式。

尽管 AIGC 在多个方面显示出显著优势，但其发展和应用也面临着一系列挑战。

（1）质量控制和一致性问题

尽管 AIGC 可以生成大量内容，但如何确保生成内容的质量和一致性仍是一个挑战。特别是在生成复杂内容（如技术文章或详细的图像）时，保持高质量输出需要精细的调整和优化。

（2）伦理和道德问题

AIGC 能够生成逼真的内容，这在未经用户同意的情况下可能涉及伪造和欺骗的问题，如“深度伪造”技术。确保技术的合理使用，防止滥用，是当前面临的一大伦理挑战。

（3）数据和隐私问题

为了生成个性化内容，AIGC 系统需要收集和处理大量用户数据。如何在保护用户隐私的同时有效使用这些数据，是另一个需要解决的关键问题。

（4）资源消耗

训练高效的 AIGC 模型通常需要大量的计算资源和数据，这可能导致高昂的成本和能源消耗。寻找更高效的算法和优化现有模型成为提升可持续性的关键路径。

五、AIGC 与全球竞争力的关系

AIGC 正成为推动全球竞争力的关键动力，它通过激发跨行业的创新、提高生产效率、加速产品开发，为企业提供了强大的竞争优势。这种技术使企业能够在短时间内以更低的成本生产大量定制化和个性化的内容，满足市场对快速反应的需求。同时，AIGC 的应用也促进了对高技能人才的培养和吸引，加强了国家间在数据治理和技术伦理方面的国际合作，提升了各参与国在全球科技竞争中的地位，推动了全球经济的长期健康发展。目前全球已涌现出 OpenAI 的 GPT 系列、Google 的 Bert 和 T5 等知名的大模型。

（一）AIGC 全球竞争情况概览

不同国家的大模型的崛起与该国信息产业的成熟度紧密相连，从芯片制造、云服务到高质数据资源等产业基础设施以及模型设计和算法应用的深厚经验，加之利用才能共同塑造了这些国家 AI 大模型的成就。

以云计算为例，各国大模型的开发进度与该国云计算份额相关，主要因为云计算提供了必需的高性能计算资源、可扩展性、成本效益以及支持全球协作的能力。云平台能够处理和存储大量数据，使得更多的企业和研究机构能够参与到复杂的模型训练中。因此，云计算的发展水平很大程度上反映了一个国家在人工智能大模型领域的竞争力和技术进展速度。如图 1–8 所示，排行前八的云计算企业均为中美企业，其中美国占据的优势更大一些。

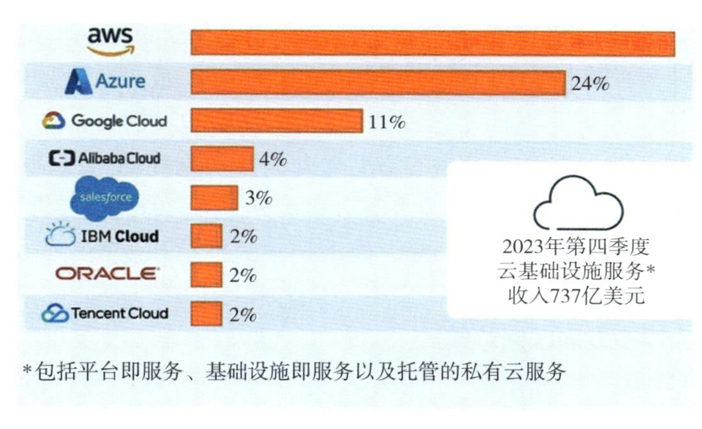

图 1–8　2023 年全球云计算市场份额

图片来源：Synergy Research Group

美国

美国在大模型领域拥有明显的竞争优势，得益于其顶尖科技公司如 Google、Microsoft 等的技术领先和创新，以及庞大的云计算基础设施支持。活跃的学术研究，尤其是斯坦福、麻省理工学院等高等教育机构的深入研究，与工业界的紧密合作，共同推动了大模型技术的快速发展。此外，美国的资金投入充足，风险投资活跃，政策和市场环境也极大地支持了 AI 和大模型的商业化及规模化应用。学术界认为大模型是科学技术创新的关键，而工业界则视其为提升业务效率和竞争力的重要工具，尽管这也带来了数据隐私和安全性的挑战。总的来说，美国在全球大模型技术的推动和应用方面处于领导地位，对未来技术标准的制定产生深远影响。

中国

中国在大模型领域具有显著的竞争优势，这得益于其庞大的互联网用户基数提供的丰富数据资源、政府对人工智能重点支持的政策环境以及技术创新能力。中国的科技巨头如百度、阿里巴巴、腾讯和华为等在大模型技术上不断取得突破，并已将其应用于多个商业场景，推动技术的商业化和行业落地。同时，中国的学术界对大模型持积极态度，顶尖大学和研究机构在基础研究和技术开发上与工业界紧密合作，共同探索模型的高效性、可解释性和伦理问题。工业界则视大模型为提升企业竞争力的关键，积极投资研发并快速实现技术应用，但是数据安全和隐私保护问题也受到了重视。这些因素使中国在全球大模型技术的发展中占据了重要地位。

欧洲

欧盟在大模型和人工智能领域展现出其独特的竞争优势，主要体现在其对数据保护和 AI 伦理的严格标准、跨国合作和政策支持，以及强大的学术和研究基础。通过实施通用数据保护条例（GDPR）等法规，欧盟确保了 AI 开发的安全性和可信度。同时，欧盟的顶尖大学和研究机构如牛津、剑桥和马普学会在 AI 基础研究和伦理问题上取得了重要进展，与工业界的密切合作也促进了技术的商业化。此外，欧盟委员会通过“数字欧洲”和“地平线欧洲”等计划，积极资助 AI 技术的发展，推动成员国之间的技术合作和知识共享。学术界对大模型的态度是开放且批判性的，强调技术创新与社会责任的平衡；工业界则侧重于技术的经济效益和实际应用，特别是在健康护理、制造业和金融服务等领域。总之，欧盟在全球大模型技术的推动和伦理引导方面发挥着重要作用。

中、美、欧大模型发展区别总结

在全球大模型和人工智能技术的发展中，美国、中国和欧盟各有其独特优势。美国凭借其创新生态系统，包括技术巨头如 Google 和 Microsoft、活跃的风险投资市场以及世界级的学术研究机构，持续推动技术的前沿发展并快速实现商业化。中国则依托政府的强力支持和海量的数据资源，加速 AI 技术的产业化，特别是在智慧城市和电子商务等领域的应用。欧盟的优势在于其对数据隐私和 AI 伦理的严格法规，如 GDPR，这不仅增强了消费者信任，也推动了全球 AI 伦理和安全标准的制定，确保技术发展的可持续性和负责任性。

（二）OpenAI 的 GPT 系列

OpenAI 的 GPT（Generative Pre-trained Transformer）是一款先进的自然语言处理工具，以其独特的模型架构和强大的语言生成能力著称。GPT 系列的开发始于 2018 年，最初的版本即展示了利用预训练和微调相结合的方法在多种语言任务上取得显著成效的潜力。随后，OpenAI 持续迭代，发布了 GPT-2 和 GPT-3，后者特别以其 1750 亿个参数的规模和在语言理解及生成方面的突破性表现而引起广泛关注。

GPT 模型使用 Transformer 架构能够处理大规模数据集并捕获文本数据中长距离的

依赖关系。GPT 的训练方法包括在广泛的文本数据上进行无监督学习，随后通过有监督的微调来适应特定的任务，这种方法极大地提高了模型的适用性和灵活性。

尽管 OpenAI 未公开具体的市场数据，如收入和用户数量，但 GPT-3 已被广泛应用于多种商业和研究场景，显示出其在实际应用中的广泛影响力。在语言处理方面，GPT 被用于自动文本生成、对话系统和内容推荐，能够提供准确和流畅的语言输出。此外，通过进一步的开发，GPT 模型也被扩展到图像识别和生成领域，例如通过 DALL-E 这一变体在创造高质量图像内容上展现了卓越能力。

在商业应用中，GPT 能够帮助企业自动化客户服务，优化内容创作过程，提高操作效率，同时通过生成个性化内容来增强用户体验。在社会层面，GPT 的高效文本处理和生成能力在教育、健康医疗和媒体行业中被用来支持信息的普及和知识的共享，显著提升了这些领域的服务质量和可达性。

总之，OpenAI 的 GPT 不仅以其规模和技术先进性改变了人工智能领域的竞争格局，更通过其广泛的应用实例证明了大模型在推动商业创新和社会进步中的关键作用。

（三）Google 的 Bert 和 T5

Google 的 BERT（Bidirectional Encoder Representations from Transformers）是一种革命性的自然语言处理（NLP）模型，自 2018 年由 Google AI 研究团队推出以来，它以其深度双向训练策略重塑了文本处理的多个领域。BERT 的设计利用了 Transformer 的架构，特别是其注意力机制，允许模型在处理每个单词时都同时考虑到整个文本序列的上下文，这与之前的模型大不相同，后者通常只能从左到右或从右到左单向处理文本。

BERT 快速地被整合进了 Google 的搜索引擎，提升了搜索结果的相关性和精确性，并在此基础上演化出多种变体，以适应更广泛的语言和任务，特别是在提升搜索引擎、内容推荐系统和语音识别技术方面。

BERT 的技术特点和创新之处在于其训练方法和数据处理能力。通过预训练大规模文本数据集上的掩码语言模型和下一句预测，BERT 能够捕捉丰富的语言细节和深层语义关系，这极大提高了模型在自然语言理解任务上的表现。实际应用中，BERT 已被广泛应用于文本分类、问答系统、情感分析和机器翻译等领域，展示出其卓越的性能和灵活性。企业能通过 BERT 优化客户服务聊天机器人，提供更精确的用户意图识别和响应；在学术领域，BERT 加速了研究文献的分析和信息提取，助力科研人员更有效地获取知识。社会媒体公司利用 BERT 改进内容监控和过滤机制，提高了平台内容的质量和安全性。

谈及 Google 的另一项重要模型 T5（text-to-text transfer transformer），与 BERT 的主要不同在于其通用性和灵活性。T5 被设计为一个统一的框架，可以处理所有文本相关的任务，将输入和输出均视为文本。这种设计简化了不同NLP任务之间的迁移学习，允许同一个模型直接在各种任务上进行训练和微调，如摘要、翻译、分类等。这使得T5不仅在性能上与BERT相媲美，而且在适应不同任务的能力上更具优势。

（四）百度的文心一言和飞桨

百度的文心一言（ERNIE 3.0）是一款高级的语言处理和多模态理解大模型，标志着百度在人工智能领域的技术积累与创新。自2021年发布以来，文心一言通过整合和优化先前版本的技术，已发展成为处理中文信息的领先大模型，在中国市场中的应用广泛，影响深远。

文心一言的技术特点在于其采用了混合模态预训练技术，能够同时处理文本、图像及语音数据，这使得该模型不仅在文本理解方面表现出色，还能有效进行图像和语音的语义解析。其训练方法涉及海量数据集和先进的算法优化，尤其是在中文文本处理方面进行了大量的语言特定优化，以提高模型的性能和适应性。

在实际应用方面，文心一言已被广泛用于自然语言处理、图像识别、语音识别和生成等多个领域。例如，在智能客服系统中，它能够理解并生成自然对话；在内容推荐系统中，能够分析用户行为，提供个性化推荐。此外，文心一言在图像和视频内容分析中也显示了强大的功能，如通过图像和文本的联合理解，提高图像搜索的准确性和相关性。

百度的飞桨（PaddlePaddle）是百度自主开发的开源深度学习平台，支持广泛的商业级和研究级应用，在大模型开发中扮演了重要角色，为模型提供了强大的计算资源和易于使用的开发工具。它不仅支持文心一言等模型的训练和优化，还促进了机器学习技术的民主化，使更多开发者能够轻松地开发和部署先进的AI模型。通过提供这样一个平台，百度加速了AI技术的创新和应用，推动了整个行业的进步。

（五）月之暗面的Kimi

月之暗面科技有限公司开发的Kimi，是一款集多项人工智能技术于一身的先进智能助手。自2023年10月问世以来，Kimi以其强大的语言处理能力和丰富的功能，迅速在市场上占据了一席之地。Kimi的发展历程虽然时间不长，但其进步速度和取得的成就令人瞩目。Kimi的规模和用户基础在市场中的影响力和用户活跃度持续攀升。

在技术特点上，Kimi采用了与大型语言模型类似的架构，通过预训练和微调相结合的方法，在多种语言任务上展现出色的表现。Kimi的模型架构支持大规模参数，能够处理复杂的语言理解和生成任务。训练方法上，Kimi采用了无监督学习与有监督学习相结合的策略，使其在适应特定任务时更加灵活高效。数据处理能力是 Kimi 的另一大创新点。Kimi 能够处理大规模数据集，并有效捕捉数据中的长距离依赖关系，这得益于其采用的 Transformer 架构。此外，Kimi 在模型性能提升技术上也不断取得突破，如通过模型优化和算法改进，显著提升了其在语言处理和图像识别等方面的能力。

在实际应用方面，Kimi 在语言处理领域表现出色，能够进行自动文本生成、对话系统构建和内容推荐。在图像识别和自然语言理解方面，Kimi 同样展现了强大的能力，能够理解和处理复杂的图像和语言信息。文本生成和图像生成是 Kimi 的另外两大应用领域，它能够生成高质量的图像和文本内容，满足不同场景下的需求。

（六）阿里巴巴的通义千问

阿里巴巴的通义千问是其旗下达摩院倾力打造的一款先进的人工智能预训练模型，自 2023 年首次亮相以来，便以其卓越的自然语言处理能力和广泛的应用潜力在 AI 领域内迅速崭露头角。这款大模型不仅代表了阿里巴巴在人工智能研究与开发的深厚积累，也是其致力于推动 AI 技术普及化、实用化进程中的重要一环。通义千问自问世之初便备受瞩目，经历了从初代到 2.5 版本的快速迭代，尤其是在 2024 年 1 月发布的通义千问 2.5 版本，在理解能力、逻辑推理、指令遵循和代码能力等方面均实现了不同程度的进步，具体来说，理解能力提升了 9%，逻辑推理能力提升了 16%，指令遵循能力提升了 19%，而代码能力也提升了 10%。凭借其在理解能力、逻辑推理、指令遵循和代码能力等方面的显著提升，以及在中文处理能力上的绝对优势，成功追平乃至在某些方面超越了国际顶尖模型如 GPT-4 Turbo，标志着阿里巴巴在自然语言处理（NLP）技术领域迈入全球领先地位。

借助阿里巴巴全系产品的接入、与钉钉等生产力工具的融合，以及对企业和开发者开放的 API 接口，其用户基础和影响力正在迅速扩大，也从侧面反映了通义千问在市场上的积极接纳度和潜在的巨大商业价值。

通义千问之所以能在众多大模型中脱颖而出，得益于其独特的技术架构和创新训练策略。该模型构建于阿里巴巴达摩院庞大的多语言文本数据库之上，该数据库涵盖中文、英文、日文、法文、西班牙文、德文等多种语言，横跨文学、历史、科学、艺术等多个领域，确保了模型具有丰富的知识背景和文化多样性。在模型架构上，通义千问采用先进的深度学习算法，结合自研的优化技术，有效提升了模型的学习效率和泛化能力。特别是在数据处理和训练方法上，通义千问引入了创新的数据清洗与增强机制，以及细粒度的指令微调策略，确保模型能够更准确地理解和生成高质量文本，同时具备良好的逻辑连贯性和创造性。此外，针对中文的特殊性，进行了针对性的优化，使其在中文场景下的表现尤为突出。

（七）中国 AIGC 市场竞争分析

中国大模型市场正以迅猛的速度发展，2023 年，中国语言大模型的市场规模已突破 100 亿元人民币，预计未来将继续保持高速增长的态势。随着机器视觉、多模态大模型等前沿技术的不断成熟，大模型市场的规模有望进一步扩大。

尽管 2023 年人工智能领域的资本热度有所下降，但 AIGC 大模型在资本市场的关注度却持续上升。市场见证了智谱 AI、百川智能等企业融资额超过 20 亿元人民币的显著事件，反映出投资者对这一领域的信心和期待。科技领域中，FOMO（错失恐惧症）效应尤为显著，加之大模型已成为一个备受瞩目的热门赛道，吸引了众多 AI 企业、科技公司、初创企业和研究机构的积极参与。自 2023 年 6 月以来，国内大模型的数量已从不足 80 个激增至 2024 年 2 月的 300 多个，市场竞争日趋激烈。

这一现象表明，大模型技术正成为推动中国人工智能产业发展的重要力量。随着技术的不断进步和市场规模的持续扩大，如图 1–9 所示，预计未来将有更多的创新应用和商业模式涌现，进一步推动整个行业的繁荣发展。

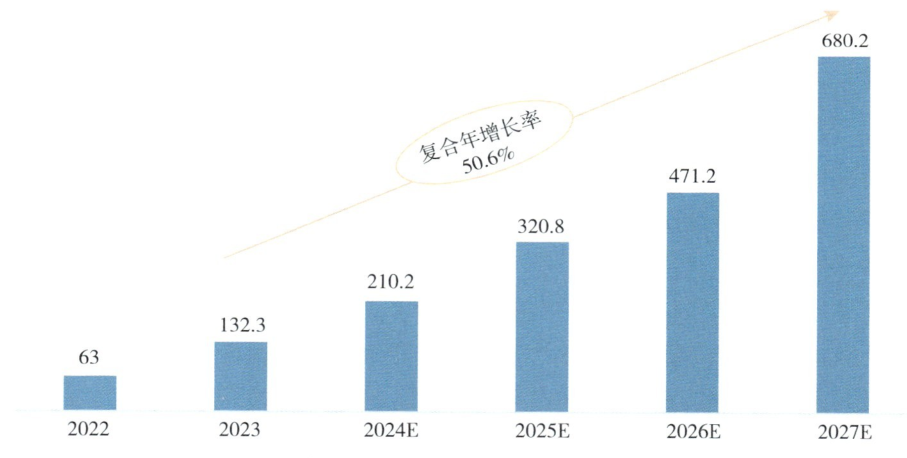

图 1–9　中国大语言模型市场规模（亿元）及增速

图片来源：亿欧智库

2023 年至 2024 年，中国大模型产业快速发展，科技大厂、AI 公司、创业公司和研究机构等先后入局。如图 1–10 所示，各类玩家在产品迭代、官方备案、基础设施建设、生态建设、用户建设和融资方面积极推进并取得进展。

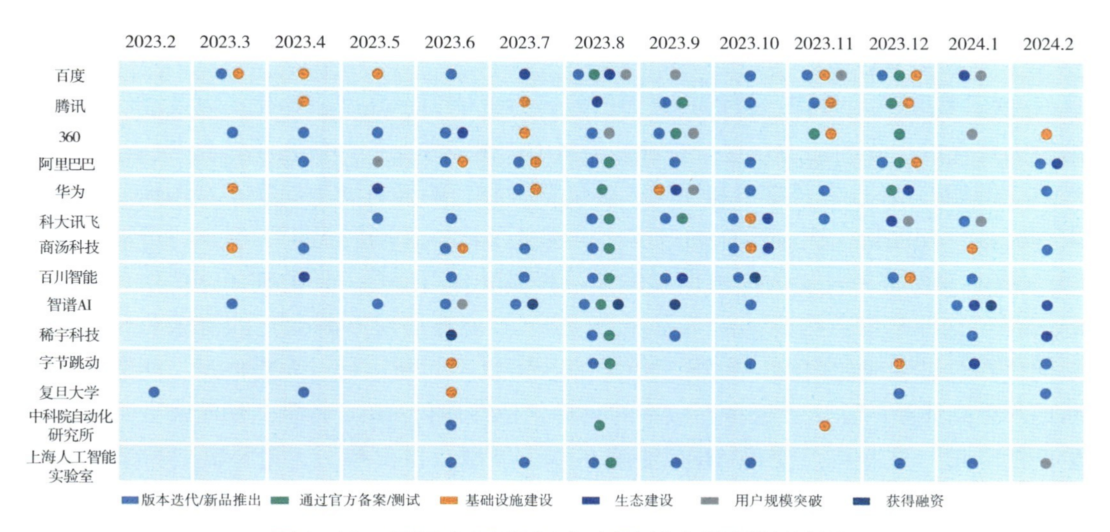

图 1-10　2023 年至 2024 年中国 AI 大模型关键进展

图片来源：亿欧智库

（八）中国 AIGC 市场份额和增长数据

中国的 AIGC 市场正经历快速发展，主要由科技巨头如阿里巴巴、百度和腾讯主导，这些企业在自然语言处理、图像生成和音频生成等方面进行了大量投资，推动了技术的进步和应用创新。这些公司不仅占据了市场的大部分份额，还在电商推荐、智能助手和内容生成等多个领域展示了 AIGC 技术的广泛应用。尽管市场潜力巨大，但数据隐私、算法伦理和高质量数据获取等挑战也日益显现，同时，政府对 AI 技术的支持和逐步加强的监管也对行业的健康发展起到了关键作用。总体而言，中国 AIGC 市场的迅猛发展和企业的积极投入使其在全球 AIGC 领域占据了重要地位。根据 Similarweb 公开数据显示，中国 AIGC 产品访问量已经由初期的科技巨头例如阿里巴巴、百度、腾讯主导，转向初创型小公司崭露头角。如图 1-11 所示，2024 年 4 月 Kimi 以两千多万次的访问量超越了文心一言，打破了文心一言在中国 AIGC 访问量的大幅领先地位。

产品名	分类	4月上榜访问量	4月上榜变化
Kimi（Moonshot）	AI ChatBots	20.04M	60.20%
百度文心一言	AI ChatBots	16.91M	13.91%
360AI搜索	AI Search Engine	11.88M	1303.09%
秘塔AI搜索	AI Search Engine	10.86M	54.56%
阿里通义千问	AI ChatBots	6.9M	33.33%
天工AI（昆仑万维）	AI ChatBots	4.08M	122.58%
AiPPT.cn	AI Presentation Maker	3.53M	32.46%
火山方舟	Model Trainig & Deplo	3.46M	3.56%
抖音豆包	AI ChatBots	3.45M	27.11%
清化智谱清言	AI ChatBots	2.82M	−4.11%

图 1-11　2024 年 4 月中国 AIGC 访问量

图片来源：AI 产品榜

六、AIGC 应用案例

AIGC 技术的主要特点包括其强大的内容生成能力、高度自动化，以及能够处理和解析大规模数据集的能力。这些特性使得 AIGC 在多种业务和研究领域具有广泛的应用潜力。例如，AIGC 通过学习和模拟人类创造过程，能够自动生成文本、图像、音乐等内容，这不仅加快了内容生产的速度，也降低了成本，同时提供了创新的可能性。同时，AIGC 系统能够从庞大的数据集中学习和提取有用信息，随后利用这些信息生成新的内容。这种基于数据驱动的学习能力使 AIGC 能够适应不断变化的需求和环境，不断优化和改进生成的内容。另外，AIGC 系统可以不间断运行，无需休息，能够持续不断地产生高质量的输出。这种高效率的自动化特性使得 AIGC 特别适用于需要大量内容生产的环境。这些特点使得 AIGC 能够在多个领域提供支持，无论是需要持续创新内容的媒体行业，还是需要处理大量数据并从中提取有价值信息的科研和商业分析领域。AIGC 的通用性和适应性让它成为跨行业应用的有力工具，推动各行各业的自动化和智能化进程。

（一）医疗保健

AIGC 在医疗保健领域的应用正逐渐成为推动该行业技术进步和提高服务质量的关键因素。通过利用先进的机器学习模型和自然语言处理技术，AIGC 能够在多个层面上优化医疗服务，包括电子病历管理、医疗机器人的操作、医疗影像分析以及药物研发等方面。这些技术不仅提高了医疗服务的效率，还增强了其精确性和个性化水平，极大地改善了患者的治疗经验和医疗结果。

目前众多高校启动了关于中文医疗健康 AI 大模型的研发并在 Github 上发布源代码，增加了商业企业对于医疗健康 AI 产品研发的技术支持。从研发模型的功能分析，大多围绕问诊对话、病历结构化等文字处理相关的功能（见图 1–12、1–13）。

研发高校信息	模型名称	模型功能
哈尔滨工业大学社会计算与信息检索研究中心健康智能组	本草BenTaso	通过医学知识图谱和GPT3.5 API构建了中文医学指令数据集，并在此基础上对LLaMA进行了指令微调，提高了LLaMA在医疗领域的问答效果。 此外，项目还尝试利用GPT3.5 API将医学文献中的【结论】作为外部信息融入多轮对话中，在此基础上对LLaMA进行了指令微调。
华东师范大学计算机科学与技术学院智能知识管理与服务团队	ChatMed	医疗问诊
	ShenNong-TCM-LLM - 神农中医药大模型	医疗问诊
澳门理工大学	CareLlama关怀羊驼中文医疗大模型	通用大模型
	MedQA-ChatGLM	医学对话
	XrayGLM	首个会看胸部X光片的中文多模态医学大模型
华南理工大学未来技术学院广东省数字孪生人重点实验室合作单位包括广东省妇幼保健院、广州市妇女儿童医疗中心和中山大学附属第三医院等	BianQue扁鹊 - 中文医疗对话大模型	中文医疗对话
	SoulChat灵心健康大模型	中文医疗对话
华东理工大学信息科学与工程学院	孙思邈中文医疗大模型	医疗问诊
	Mindchat漫谈中文心理大模型	中文医疗对话-心理咨询、心理评估、心理诊断、心理治疗
浙江大学、网新数字健康联合研究中心	QiZhenGPT启真医学大模型	药品知识问答，医患问答、病历自动生成
上海人工智能实验室、上海交通大学-清源研究院、华东理工大学-自然语言处理与大数据挖掘实验室	PULSE中文医疗大模型	健康教育、医师考试问题、报告解读、医疗记录结构化以及模拟诊断和治疗
上海交通大学未来媒体网络协同创新中心和上海人工智能实验室智慧医疗中心	MING	基于共计28科室的中文医疗共识与临床指南文本，从而生成医疗知识覆盖面更全，回答内容更加精准的高质量指令数据集。
上海交通大学	DoctorGLM	中文问诊模型
中国科学院自动化研究所	紫东太初2.0	智能化疾病管理、医疗多模态鉴别诊断
上海人工智能实验室	Open-MEDLab	医疗多模态基础模型群

图 1–12　开源中文医疗健康 AI 大模型研发相关信息

AIGC 与电子病历管理

在电子病历管理方面，AIGC 技术能够自动化病历的编纂和更新过程。利用自然语言处理（NLP）技术，AIGC 系统可以从医生的口述或手写笔记中提取关键信息，自动生成结构化的病历记录。这不仅减少了医务人员在记录管理上的工作负担，还提高了记录的准确性和可访问性，使医生可以更快地访问和分析病人的历史健康信息，从而做出更加准确的诊断和治疗决策。

AIGC 与医疗机器人

AIGC 在医疗机器人领域的应用主要体现在提高机器人的自主性和交互能力。通过深度学习算法，医疗机器人能够学习执行复杂的手术操作，或在护理环境中提供辅助服务。这些机器人能够通过分析患者的表情、语音和生理信号来理解患者的需求，并生成适当的响应，如调整治疗方案或提供情感支持，从而在提高操作精度的同时，也增强了患者的舒适度和满意度。

AIGC 与医疗影像分析

在医疗影像分析领域，AIGC 技术通过训练深度神经网络模型来识别和解释 X 光片、CT 扫描和 MRI 等医学影像。这些高级模型能够从复杂的影像数据中检测出极其微小的异常变化，如肿瘤的早期形成，提供比人眼更精确的诊断。此外，AIGC 还能自动生成诊断报告，提供临床决策支持，大幅度提高诊断的速度和准确性。

AIGC 与药物研发

在药物研发领域，AIGC 通过模拟药物分子与生物靶标的相互作用，加速新药的发现和预临床评估过程。利用生成对抗网络（GANs）和其他深度学习技术，研究人员可以预测药物的活性和毒性，优化分子结构，从而缩短药物开发周期并降低研发成本。同时，AIGC 技术还能在个体化医疗中发挥作用，通过分析个人的遗传信息生成定制化的治疗方案。

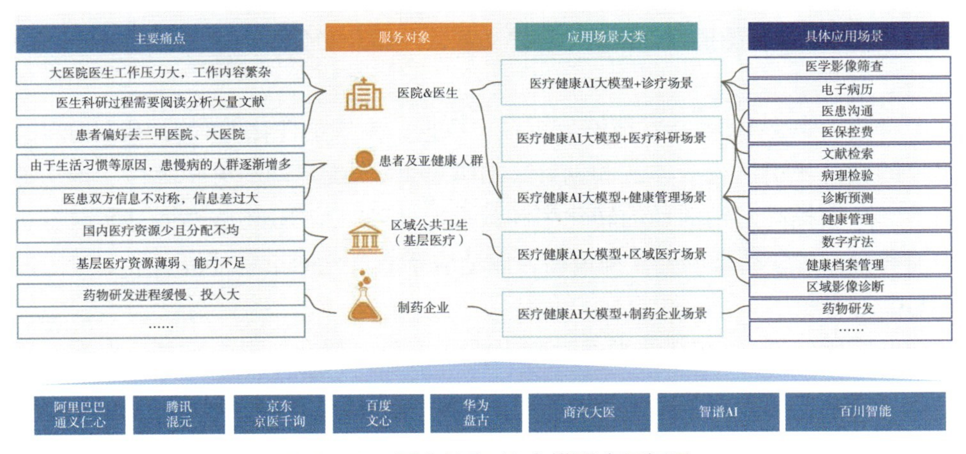

图 1-13　医疗健康 AI 大模型应用场景

图片来源：《2023 医疗健康 AI 大模型行业研究报告》

AIGC 在医疗保健的应用案例

（1）Cerner 电子病历的自动化处理

Cerner，一家大型的医疗信息技术公司，已经开始使用 AI 技术来处理和分析电子健康记录（EHR）。他们的系统能自动从病历中提取关键信息，并使用自然语言处理技术帮助医生快速查找和整理病人信息。这种应用大大减少了医生在电子健康记录系统上的时间投入，提高了工作效率和病人护理的质量。

（2）Intuitive Surgical 医疗机器人在手术中的应用

Intuitive Surgical 的达芬奇手术系统（Da Vinci Surgical System）是一种广泛使用的机器人手术系统，它通过高精度的机械臂辅助进行微创手术。该系统利用 AI 增强了手术精确性，通过分析手术数据来优化机器人臂的运动，确保手术的安全性和成功率。

（3）GE Healthcare 医疗影像分析

GE Healthcare 开发了使用深度学习技术的医疗影像分析工具，这些工具能够自动识别 CT 扫描中的肺结节，提供初步的诊断建议。这种自动化的图像识别技术支持医生进行更快速和准确的诊断，特别是在处理大量影像数据时，可以显著提高诊断的效率。

（4）Atomwis 药物研发

Atomwise 使用 AI 技术进行药物分子的研发。它们的系统使用深度学习模型来预测分子和蛋白质之间的相互作用，这有助于加速新药的发现过程和优化药物的分子结构。此技术已被用于搜索治疗多种疾病的潜在药物，包括癌症和埃博拉病毒。

（二）金融服务

在金融服务领域，AIGC 技术正在引领一场革命，通过自动化和智能化的解决方案优化业务流程、提升客户体验，并增强风险管理能力。金融机构利用 AIGC 技术可以处理大量数据，生成洞察力强的报告，自动化客户交互，并提升安全性。

AIGC 与营销

在金融营销中，AIGC 技术能够分析客户数据，生成个性化的营销内容和推广策略。利用客户的交易历史、行为模式和偏好，AIGC 可以创建定制的电子邮件、推送通知和广告内容，从而提高营销活动的转化率和效率。此外，AIGC 还能够通过实时分析市场趋势和消费者行为，动态调整营销策略，以适应不断变化的市场环境。

AIGC 与客服

在金融客服领域，AIGC 技术通过聊天机器人和虚拟助理提升服务效率和客户满意度。这些智能系统能够理解和处理自然语言查询，提供账户信息、交易详情和财务建议。AIGC 驱动的客服工具不仅能随时响应客户需求，还能通过学习对话历史不断优化回答的准确性和相关性，减少人工介入，降低运营成本。

AIGC 与风控

在风险控制方面，AIGC 技术通过深度学习模型和大数据分析帮助金融机构评估和管理风险。例如，AIGC 可以分析历史交易数据、市场动态和宏观经济指标，预测贷款违约率、市场风险和操作风险。此外，通过模拟不同经济场景，AIGC 还能帮助金融机构制定应对策略，提前准备面对潜在的金融危机。

AIGC 与身份识别

AIGC 在金融安全领域，特别是在身份验证和欺诈检测方面，发挥着重要作用。利用生物识别技术（如面部识别、指纹识别等），结合机器学习算法，AIGC 能够快速准确地验证客户身份，防止身份盗用和交易欺诈。同时，AIGC 还能实时监控异常交易行为，通过模式识别技术及时发现并阻止欺诈行为，保障客户资金安全。

AIGC 在金融服务的应用案例

（1）JP Morgan 的 COiN 平台 – 合同智能分析

JP Morgan Chase 开发了一个名为 COiN（Contract Intelligence）的平台，它利用自然语言处理技术来自动分析法律文件。COiN 平台可以在几秒钟内完成审查大量复杂合同所需的工作，这项任务通常需要法律团队花费数千小时才能完成。例如，COiN 被用来审查贷款协议，确保条款符合公司政策。这种自动化处理大大提高了效率，减少了人力成本，并降低了因人为错误导致的合规风险。

（2）美国银行客户服务与交互

美国银行推出了一个虚拟助理 Erica，这是一个基于 AI 的聊天机器人，用于提供全天候的客户服务。Erica 可以处理各种客户请求，包括查询账户余额、推荐理财产品、追踪支出甚至协助进行账单支付等功能。通过自然语言处理和机器学习技术，Erica 不断从客户互动中学习，以提供更准确、个性化的服务。Erica 的引入显著提升了客户满意度，并优化了美国银行的客户服务流程。

（3）Mastercard 欺诈检测

Mastercard 开发了名为 Decision Intelligence 的系统，该系统采用机器学习算法分析交易数据，以实时检测和预防信用卡欺诈行为。该系统评估每笔交易的风险水平，分析客户的购买习惯、地点偏好和消费行为等多种因素，从而在异常交易发生时及时发出警报并采取行动。这种智能化的风险评估工具帮助 Mastercard 显著减少了欺诈损失，同时提高了交易的安全性和客户的信任度。

（4）花旗银行的自动化财报分析

花旗银行利用自然语言生成技术自动化生成财务分析报告。该技术能够从大量的财经数据中提取关键信息，自动生成包含趋势分析、预测和投资建议的详细报告。通过 AI 技术的应用，花旗能够为其客户提供更加快速和精确的市场分析，辅助投资决策，同时提高了分析师的工作效率。

（三）智能家居

AIGC技术在智能家居领域的应用正在彻底改变我们与居住空间的互动方式，提供更智能、自动化和个性化的居家体验。通过利用大数据分析和机器学习模型，AIGC技术可以理解用户的行为模式和偏好，自动生成响应的动作或建议，优化家庭环境管理。

AIGC与个性化推荐

AIGC系统能够通过分析用户的历史活动数据、偏好设置以及环境变量，自动调整家居环境以适应用户的喜好。例如，在娱乐系统中，AIGC可以根据用户以往的观看习惯和喜好，推荐电视节目或电影；在音乐系统中，根据用户的心情和活动推荐相应的音乐播放列表。这种个性化服务大大增强了用户的居家体验，使得每个家庭成员都能享受到定制化的环境。

AIGC与家居安全

在安全领域，AIGC通过集成的监控系统进行实时的视频流分析，使用面部识别和行为分析技术识别可疑行为或非法入侵。此外，智能安全系统还能学习并识别家庭成员的行为模式，从而在异常行为发生时生成及时的警报，并通过智能手机应用即时通知家庭成员，确保家庭安全。

AIGC与能源管理

AIGC技术在能源管理方面能够优化家庭能源消耗，降低电费开支同时减少环境影响。通过分析家庭成员的生活习惯和实时天气情况，智能系统可以自动调整空调、照明和其他电器的运行状态，如根据室外温度和室内活动自动调节恒温器设置，或在无人时关闭不必要的照明和设备，从而实现能源的最优化使用。

AIGC与家居自动化服务

通过AIGC，家居自动化服务能够将家中的智能设备如灯光、窗帘、电视、音响等联网在一起，实现场景化的智能控制。用户可以通过语音命令或手机应用来控制这些设备，或设置自动化的家居场景，如“离家模式”自动关闭所有电器和灯光，或“电影模式”调暗灯光并开启家庭影院系统。这种集成化的智能控制大大提升了居家便利性和舒适性。

AIGC与健康监测

在健康监控领域，AIGC技术通过与穿戴设备和健康监控设备的数据集成，实时监控家庭成员的健康状况。这包括睡眠质量跟踪、心率监测、活动量记录等。系统能够分析这些数据，识别潜在的健康问题并生成健康报告或建议，甚至在紧急情况下自动通知医疗服务提供者，为家庭成员提供及时的医疗援助。

AIGC在智能家居的应用案例

（1）小米音箱个性化推荐

小米AI音箱采用了先进的语音识别和自然语言处理技术，能够理解用户的语音指令并执行相关操作。更进一步的是，它能根据用户的历史使用习惯和偏好，推荐音乐、新闻或者广播节目。例如，如果系统识别到用户在晚上经常听轻音乐放松，那么它会在相似时间主动推荐类似风格的音乐，从而提供非常个性化的用户体验。

（2）Ring 智能门铃家居安全

Ring Video Doorbell 使用 AIGC 技术来增强家庭安全。该设备配备了视频摄像头，可以进行实时视频录制，通过运动检测技术和面部识别功能自动识别访客并发送通知到用户的智能手机上。Ring 的系统通过学习特定的行为模式，能够区分常规访客和潜在的威胁，从而提前预警家庭成员。

（3）Nest 智能恒温器能源管理

Google Nest Thermostat 利用 AIGC 技术优化能源消耗，通过学习用户的温度偏好和日常出入时间自动调节家中的温度。Nest 恒温器监测天气变化和季节性模式，并自动调整室内温度，以确保能效最大化同时保持居住舒适。此外，它还提供能源消耗报告，帮助用户了解能源使用情况并作出调整。

（4）Philips Hue 智能灯光家居自动化

Philips Hue 系统通过 AIGC 技术允许用户控制家中的灯光设置，包括颜色温度调节和场景设置。用户可以通过手机应用或语音助手设定特定的灯光模式，如“电影之夜”或“起床模式”。Philips Hue 可以学习用户的偏好，并根据时间和场合自动调整灯光。

（5）华为智能手表

华为智能手表可以实时跟踪用户的心率、血氧饱和度、睡眠质量等重要指标。通过分析收集到的健康数据，智能手表能够生成健康报告并提出改善建议，如调整睡眠习惯、增加运动量等，帮助用户更好地管理自己的健康。

（四）零售业

在零售行业中，AIGC 技术的应用正日益扩展，带来革命性的变革，特别是在提升客户体验、优化营销策略和增强市场洞察力方面。通过分析大量数据并自动生成有用的内容和见解，AIGC 帮助零售商提高效率，增强与消费者的互动，并实现更精细化的市场策略。

AIGC 与智能销售聊天机器人

在零售业中，智能聊天机器人通过使用 AIGC 技术，能够提供全天候的客户服务，处理查询、推荐产品和处理交易。这些聊天机器人通过自然语言处理（NLP）技术理解和生成人类语言，能够与消费者进行自然对话，提供个性化的购物建议和促销信息。此外，这些系统能够学习消费者的行为和偏好，随着时间的推移不断优化其响应，从而提高客户满意度和转化率。

AIGC 与营销内容生成

AIGC 在零售营销中的应用极大地提高了内容创建的速度和相关性。通过分析目标市场的数据，AIGC 可以生成吸引特定客户群的定制化广告文案、产品描述和营销邮件。例如，基于消费者的购买历史和浏览行为，AIGC 可以创建个性化的营销消息，这些消息不仅更有可能引起消费者的兴趣，还能通过提供更符合其需求的产品信息来提高购买意愿。

AI 可以在创意与生成上赋能产品的制作与展示，使其搭配全新的“货”要素与“场”要素，从而产生新型的消费者关联与互动。图 1-14 为 AI 创意与生成对制作与展示的赋能。

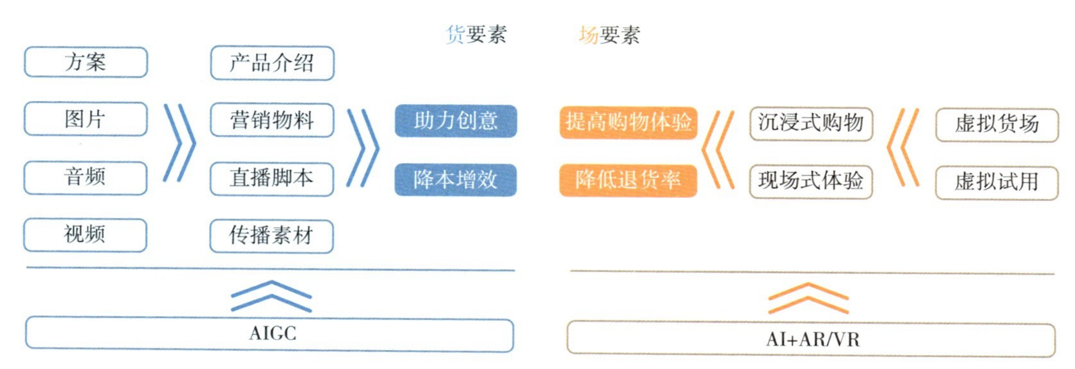

图 1-14　AI 创新与生成对制作与展示的赋能

图片来源:《AI 电商行业展望与价值分析》

“货”要素：随着 AIGC 工具的丰富与成熟，多模态、跨模态生成文案、图片、音频、视频的效率与效果均会显著提升，从产品介绍、物料生成、直播脚本到广泛的传播素材，AI 均可助力创意、降本增效。

“场”要素：借助 AI 与 AR/VR 技术，商家搭建全新的虚拟货场可以为消费者提供更为沉浸式购物的体验，通过虚拟试用服务也可以使消费者享受亲临现场的体验，从而降低退货率。

AIGC 与趋势预测和市场分析

AIGC 技术通过高级数据分析和模式识别，为零售商提供关于市场趋势、消费者行为和竞争动态的深入洞察。这包括使用机器学习模型来预测未来的市场变化，识别潜在的增长机会或风险。例如，通过分析社交媒体数据和在线客户反馈，AIGC 可以帮助零售商捕捉新兴的消费趋势，从而在竞争中保持先机。此外，这种技术可以分析不同市场策略的效果，提供基于数据的反馈，帮助零售商优化其营销活动。

从需求的角度看，AI 的预测能力将呈现三个阶段的发展趋势，通过不断预测与洞察消费者需求，AI 将协调供应链更自主、更敏捷、更聪明。图 1-15 为 AI 对需求预测的赋能。

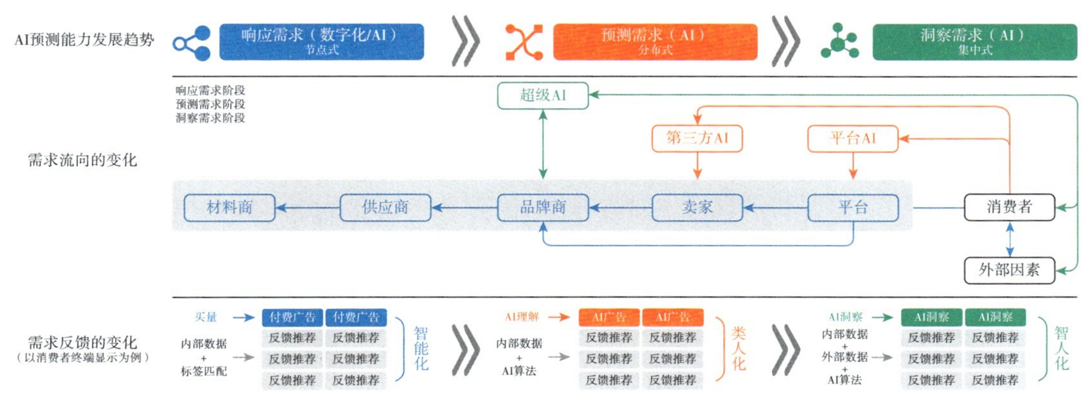

图 1-15　AI 对需求预测的赋能

图片来源:《AI 电商行业展望与价值分析》

响应需求阶段：该阶段与目前的数字化供应链的工作方式类似，AI 作为工具嵌入部分环节，需求仍然以节点式向供应链上游逐级传递；AI 更为准确的分析与预测，将显著降低生产与库存风险。

预测需求阶段：电商平台与供应链部分企业将布局入口级 AI，通过 AI 算法来匹配需求与供给；电商广告将不再仅局限于买量与标签，也将基于 AI 理解做出更适配的推荐。

洞察需求阶段：未来，AI 产品将有望建立新的入口，超越电商平台现有入口而占据话语权；电商广告形态将从单一型向复合型转变，AI 具备洞察能力，以点带面，全方位覆盖每个消费者的衣食住用行。

借助 AI 相关技术，同时赋能各类型电商与行业模块，通过各类 AI 相关落地应用，从而对行业产生流量逻辑、用户体验、行业效率、企业成本、职能替代、市场机遇等影响价值。图 1-16 为 AI 电商从技术到价值的模块化落地与赋能图谱。

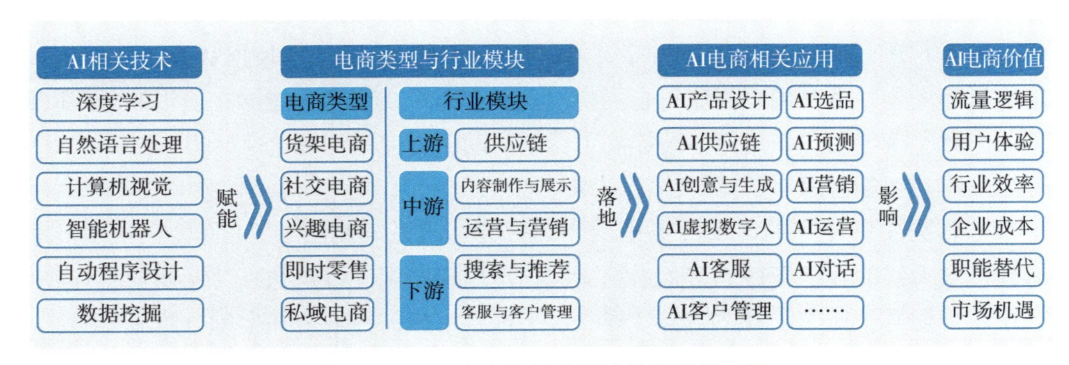

图 1-16　AI 电商从技术到价值的赋能逻辑

图片来源:《AI 电商行业展望与价值分析》

将电商用人、货、场来解构后发现，以往，选品一般由“场”来决策：平台通过算法、广告位售卖、流量售卖等方式，提前将细分化需求与推荐进行供需匹配，并通过数据积累进行技术性优化或迭代，以达到“千人千面”的效果。直播电商兴起时期，选品的决策者由平台转向明星达人，但底层逻辑相似，选品依然由“场”来决策。

AI 电商时代，选品将展现两方面的进化。除赋能传统选品外，AI 也将服务于 C 端，从工具进化为助手。图 1-17 为 AI 对选品的赋能图示。

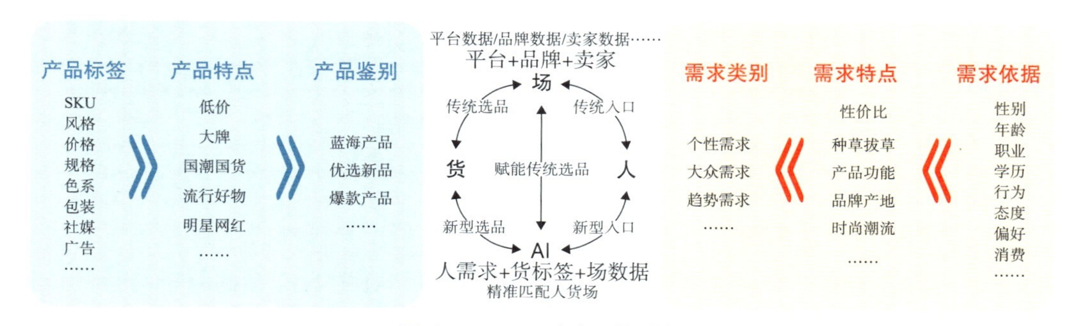

图 1-17　AI 对选品的赋能

图片来源:《AI 电商行业展望与价值分析》

赋能传统选品：以更精确、细致的数据与更智能的算法，极致细化需求与供给，更高效、更有效进行供需匹配，拉动选品逻辑链，“千人千面”有望进化为“亿人亿面”。

创造新型选品：AI 电商时代，理论上有望出现新的电商 AI 对话入口，由新的 AI 算法驱动供需两侧，选品决策权由传统“场”入口过渡到“AI”入口，AI 从幕后走向台前，从 B 端走向 C 端，从工具进化为助手。

AIGC 在零售业的应用案例

（1）天猫精灵营销活动

天猫精灵在推广期间利用 AIGC 技术生成了大量个性化营销内容，包括针对特定用户群体的推广邮件、个性化广告和社交媒体帖子。通过分析用户数据和行为，AIGC 系统能够创建内容，这些内容不仅符合用户的兴趣和需求，而且还能够在适当的时间以最合适的方式呈现给用户，从而显著提高了营销活动的响应率和转化率。

（2）京东智能客服

京东作为中国领先的电子商务平台，其智能客服系统使用了人工智能生成内容技术来提供全天候的客户支持。这个系统能够处理用户查询、订单状态、退换货服务等问题。京东智能客服使用了自然语言处理技术来理解用户的查询，并生成自然流畅的语言回复。此外，该系统还能够根据用户的购物历史和偏好提供个性化的购物建议和促销信息，极大地提高了客户满意度和销售效率。

（3）沃尔玛的库存管理优化

沃尔玛利用机器学习和预测分析技术优化其库存管理系统。通过 AIGC，公司能够更准确地预测各个店铺的需求波动，合理调整库存量以减少积压和缺货情况。这种技术的应用不仅提高了供应链的效率，还帮助沃尔玛降低了运营成本。

（4）星巴克的趋势预测与市场分析

星巴克使用 AIGC 技术来分析和预测消费者的购买行为和市场趋势。通过深度学习模型，公司能够洞察哪些因素影响消费者决策，并据此调整他们的市场战略。星巴克还利用 AIGC 进行价格优化和新产品开发，确保其产品和服务始终符合市场需求

（五）自动驾驶

在自动驾驶技术领域，AIGC 技术正成为关键的驱动力，特别是在增强车辆的感知、决策制定和行为预测能力方面。AIGC 技术通过模拟复杂的交通环境，训练和优化自动驾驶系统，确保车辆能够在各种场景下安全有效地运行。

AIGC 与模拟与训练

自动驾驶技术的开发和测试依赖于高度复杂和精确的模拟环境。AIGC 技术在此方面发挥着至关重要的作用，通过生成逼真的交通场景和各种驾驶条件，帮助系统学习如何应对真实世界中可能遇到的挑战。利用 AIGC 生成的数据，自动驾驶算法能够在模拟环境中进行数百万次的迭代训练，从而学习识别各种对象，如其他车辆、行人、交通标志和道路边界。这种训练是通过使用深度学习模型进行的，模型能够从大量的输入数据中学习复杂的特征和模式。此外，AIGC 还可以用于生成极端天气或罕见事件的模拟数据，确保自动驾驶系统能够在各种情况下都保持鲁棒性和可靠性。

AIGC 与车辆与行人行为预测

在自动驾驶领域，准确预测其他车辆和行人的行为是至关重要的。AIGC 技术通过分析大量的历史行为数据和实时环境数据，生成行为预测模型，这些模型能够预测其他交通参与者的可能动作。例如，通过对交通流数据的分析，AIGC 可以预测在特定路口车辆可能的转向行为或行人可能的过街行为。这种预测能力使自动驾驶车辆能够提前做出反应，调整速度或改变路线，从而避免事故并保证行车安全。

AIGC 与实时动态调整

自动驾驶车辆必须能够根据实时的道路和交通情况快速做出决策和调整。AIGC 技术在这一过程中提供了强大支持，通过持续分析来自车载传感器和外部数据源（如交通管理系统）的数据，实时生成最佳行驶策略。例如，如果检测到前方道路发生事故或交通堵塞，AIGC 系统可以即时计算出一条避开拥堵的备用路线。此外，AIGC 还能够根据道路条件的变化（如天气变坏或能见度降低）动态调整车辆的行驶速度和驾驶模式，确保安全驾驶。

AIGC 在自动驾驶的应用案例

（1）百度 Apollo 模拟训练

百度 Apollo 是中国最具代表性的自动驾驶项目之一，其平台利用 AIGC 技术进行高级模拟和训练，以及实时的车辆行为预测。Apollo 平台的模拟系统可以生成各种驾驶场景和条件，帮助自动驾驶系统学习如何在复杂的道路环境中安全行驶。此外，Apollo 还运用深度学习和大数据分析来优化其决策引擎，提高预测其他车辆和行人行为的准确性。百度 Apollo 的这些技术不仅在中国国内广泛应用，也在国际市场上展示了其先进性。

（2）特斯拉的预测行为模型

特斯拉在其 Autopilot 系统中利用 AIGC 技术预测其他车辆的行为。通过分析从其车队收集的大量数据，特斯拉的机器学习模型能够识别和预测其他驾驶者的潜在动作，如变道或突然刹车，从而提前调整自己的驾驶策略。特斯拉还开发了名为“Dojo”的超级计算机，专门用于训练这些复杂的行为预测模型，以实现更加流畅和安全的自动驾驶体验。

（3）Mobileye 和实时动态调整

Mobileye，作为领先的自动驾驶技术公司，开发了高级的视觉感知系统，这些系统能够实时解释交通标志、信号和道路状况。Mobileye 的技术使用 AIGC 生成的实时数据来动态调整车辆的行驶策略，响应周围环境的即时变化。例如，如果系统检测到前方道路有行人穿行，它会自动减速或停车以避免事故，确保所有道路使用者的安全。

（4）Uber 的机器学习优化路线

Uber 使用 AIGC 技术优化其自动驾驶车辆的路线选择和乘客服务。通过分析城市交通流量、道路工程信息和历史行程数据，Uber 的 AIGC 系统能够预测交通拥堵点并实时生成最优路线。这不仅减少了行程时间，还提高了燃油效率和乘客满意度。

（六）教育

AIGC 在教育领域的应用正引领一场教学和学习方式的革命。通过利用人工智能来生成教学内容和提供个性化学习体验，AIGC 技术不仅能够提高学习效率，还能够适应每个学生的独特需求。这些技术通过数据驱动的方法优化教育资源分配，提高教育质量，同时减轻教师的负担。

AIGC 与智能辅导

AIGC 系统能够提供实时、个性化的学习辅导，通过智能聊天机器人或虚拟助教形式与学生进行互动。这些系统使用自然语言处理技术来理解学生的查询和响应，能够根据学生的进度和理解水平提供定制化的解释、提示和学习资源。例如，智能辅导系统可以分析学生在数学题目上的错误，即时提供针对性的数学概念解释和解题步骤，从而加深学生的理解和应用能力。

AIGC 与个性化学习规划

AIGC 技术可以根据学生的学习历史、能力水平和偏好生成个性化的学习计划。这一过程涉及对大量学习数据的分析，以识别学生的强弱项，并据此调整教学内容和难度。例如，系统可以为学生设计一个学期的学习路线图，包括推荐的课程、关键的学习里程碑和定期的评估计划，旨在最大化学习效率和成果。

AIGC 与自动化备案

在教学活动和行政管理方面，AIGC 可以自动化生成教学日志、学生出勤记录和成绩册等。通过自动收集和处理学习管理系统中的数据，AIGC 减轻了教师在日常管理任务上的负担，使他们能够更多地专注于教学和学生支持。此外，自动化备案系统还能提高数据记录的准确性和可访问性，便于学校进行长期的教育规划和评估。

AIGC 与评估和反馈

AIGC 技术改进了学生评估过程，提供更为精确和全面的学习反馈。这些系统可以自动评分学生的作业和测试，甚至能够分析学生的答题模式来评估其理解深度和概念掌握情况。基于这些分析，AIGC 系统能生成详细的反馈报告，指出学生的优势和需要加强的领域，提供定制的复习建议和进一步学习的资源。

AIGC 在教育的应用案例

（1）Carnegie Learning 的数学教学工具

Carnegie Learning 开发了一套基于 AIGC 的数学教学工具，该工具利用复杂的数据模型来提供个性化的数学学习体验。这套工具通过动态调整问题的难度和类型，实时反馈学生的答题情况，并提供针对性的辅导和解释，有效提升学生的数学能力。Carnegie Learning 的系统已经在全美多个学区实施，显示出显著的学习成效提升。

（2）作业帮的自动化备案与评估系统

作业帮是一款广受欢迎的教育应用，提供作业帮助和在线一对一辅导服务。该应用利用 AIGC 技术自动记录每次辅导的详细信息，包括学生的提问、教师的解答和相关的教学资源。通过这些数据，作业帮可以评估学生的学习进度和教师的教学效果，进而生成改进建议和反馈。此外，AIGC 还用于自动评分客观题和生成学习报告，帮助学生和家长了解学习成果。

（3）Jill Watson：佐治亚理工学院的虚拟助教

佐治亚理工学院在其在线课程中引入了名为“Jill Watson”的虚拟助教。这是一个基于 IBM Watson 平台的 AIGC 系统，能够自动回答学生在课程论坛上的问题。Jill Watson 通过分析历史问答数据来不断学习和改进其回答的准确性，有效减轻了人类教师的工作负担，提高了学生满意度和互动效率。

（七）泛娱乐

AIGC 在泛娱乐行业的应用正在迅速扩展，为内容创作、用户互动和娱乐体验带来了革命性的变化。

AIGC 与视频游戏和虚拟环境

在视频游戏领域，AIGC 技术被用来生成复杂的游戏环境、动态情节和角色行为。例如，游戏开发者可以使用 AIGC 生成无限的地图和关卡，每个玩家的体验都是独一无二的。此外，AIGC 可以生成 NPC（非玩家角色）的对话和行为，使得游戏的互动更加自然和有趣。这种技术还能够根据玩家的行为和喜好实时调整游戏难度，提供更加个性化的游戏体验。

AIGC 与音乐创作

AIGC 技术也被用于音乐产业，帮助曲作者创作新曲目。通过分析大量的音乐数据和风格，AIGC 可以生成旋律、和声和节奏，甚至完整的曲目。音乐家可以使用这些生成的内容作为创作的起点，或者进一步发展和完善它们。此外，AIGC 还能根据特定的情绪或主题生成音乐，为广告、电影和其他媒体提供定制化的背景音乐。

AIGC 与电影和动画制作

在电影和动画产业，AIGC 被用来生成复杂的视觉效果和动画元素。利用深度学习模型，AIGC 可以创建逼真的动画人物、自然环境或未来城市景观。这些技术减少了传统动画制作中的人工工作量，使得内容创作更加高效。同时，AIGC 技术还可以帮助编剧生成剧本草稿或对话，加快创作过程。

AIGC 与个性化娱乐体验

AIGC 技术使得提供个性化的娱乐体验成为可能。在视频流媒体服务中，AIGC 可以分析用户的观看习惯和偏好，推荐定制化的内容播放列表。此外，AIGC 还能生成个性化的新闻摘要、书籍推荐和其他媒体内容，满足用户的个人喜好和兴趣。

AIGC 与社交媒体和在线互动

在社交媒体领域，AIGC 技术被用于生成引人入胜的内容和互动体验。例如，AIGC 可以自动生成有趣的社交媒体帖子、响应用户评论或创建互动式的在线活动。这不仅提高了用户参与度，也为社交媒体平台带来了更多的流量和活跃度。

AIGC 在泛娱乐的应用案例

（1）Hello Games 的《无人深空》

《无人深空》是一款开放世界的探索游戏，其开发公司 Hello Games 利用 AIGC 技术生成了一个几乎无限大的宇宙。每个星球的地形、生态系统和气候都是通过算法生成的，保证每个玩家的探索体验都是独一无二的。这种技术不仅大大扩展了游戏的可玩性，也提供了一种前所未有的沉浸式体验。

（2）网易云音乐的 AI 作曲技术

网易云音乐推出了名为“AI Lab”的项目，其中包括利用 AIGC 技术创作音乐。该平台使用人工智能分析大量音乐数据，学习不同音乐风格和节奏，从而自动生成新的音乐作品（见图 1–18）。例如，网易云音乐的 AI 作曲家“陆林”就能够创作出符合特定风格和情感的音乐，帮助音乐家在创作过程中获得灵感，或者直接为用户提供新的音乐体验。

图 1–18 网易云音乐音 AI 音乐创作工具

（3）Disney 的自动化动画

迪士尼研究使用 AIGC 技术生成动画内容，特别是在人物动画方面。通过运用深度学习和运动捕捉技术，AIGC 系统能自动生成复杂的人物动作和表情，从而减少动画师的手工绘制工作量，加快生产速度。这种技术在制作复杂场景和表情丰富的角色时尤为有效。

（4）Netflix 的推荐算法

Netflix 使用 AIGC 技术来优化其内容推荐系统，通过分析用户的观看历史、搜索习惯和评分行为，自动推荐用户可能感兴趣的电影和电视剧。这不仅提升了用户体验，还增加了用户的观看时长和订阅忠诚度。Netflix 的推荐系统是 AIGC 在个性化媒体消费方面的典型应用。

（5）Twitch 的自动化内容审核

Twitch 使用 AIGC 技术来自动监控和审查直播内容，确保遵守社区准则。AIGC 系统能够实时分析视频和音频流，自动检测不当内容并作出响应，比如警告主播或暂停直播。这种自动化的内容监控系统极大地提高了管理效率，确保了平台环境的健康和安全。

七、未来发展

（一）AIGC 未来发展的四个边界

如图 1–19 所示，AIGC 的未来发展及商业潜力与四个边界相关，技术可行性边界衡量技术因素导致 AIGC 真实市场规模与市场需求规模的差距；经济价值边界衡量应用 AIGC 的价值；认知谬误边界衡量 AIGC 生成内容的价值观对齐；基础设施边界衡量 AIGC 进行商业化落地的最大容量。

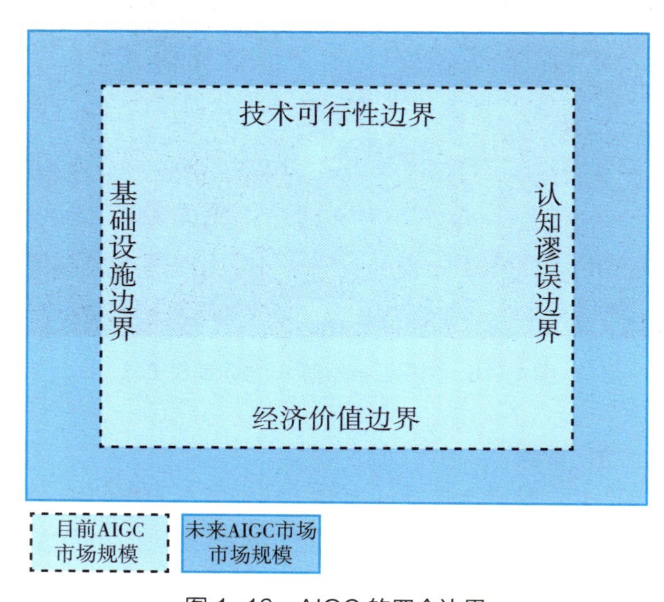

图 1–19　AIGC 的四个边界
图片来源：《2023 中国 AIGC 商业潜力研究报告》

1. 技术可行性边界发展趋势：平衡创造性与精准性，以及可解释能力是 AIGC 技术突破的核心

首先，生成能力是 AIGC 的关键功能之一，它涉及模型根据输入提示或上下文生成连贯、意义明确且语法正确的文本或其他类型的内容。其次，可解释性是 AIGC 的另一重要方面，它能够增强用户对生成内容的信任度。当用户能够理解内容生成的过程和决策逻辑时，他们更倾向于接受和信任这些内容，这在广告、推荐系统和新闻报道等领域尤为关键。

AIGC 模型算法竞争激烈化。生成内容的空间缩减及二级混沌导致算法优先级和重要性提升，尤其是专业领域的模型算法将会面临激烈竞争。其中，能拥有无损降维、可以快速迭代、完成自主价值筛选的模型才能平衡生成的创造性和精准度，进而获得大部分市场份额（见图 1–20）。

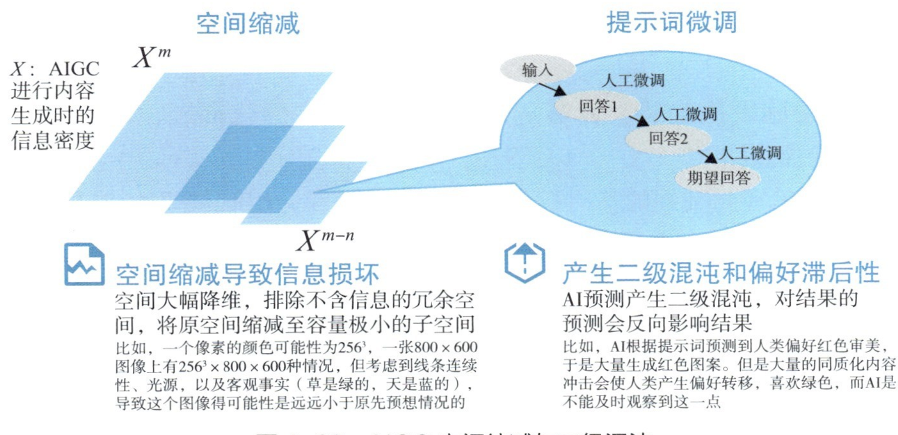

图 1-20 AIGC 空间缩减与二级混沌

图片来源:《2023 中国 AIGC 商业潜力研究报告》

可解释性或成场景准入标准。AI 可解释能力是强化 AI 鲁棒性的关键之一，对推动 AI 应用规模化产生积极影响，长尾场景（专用场景）将会持续得到收益。未来可解释路径可能分为：①基于知识图谱、思维链；②通过高低配版本形式对 AI 内容进行解释与推理（见图 1-21）。

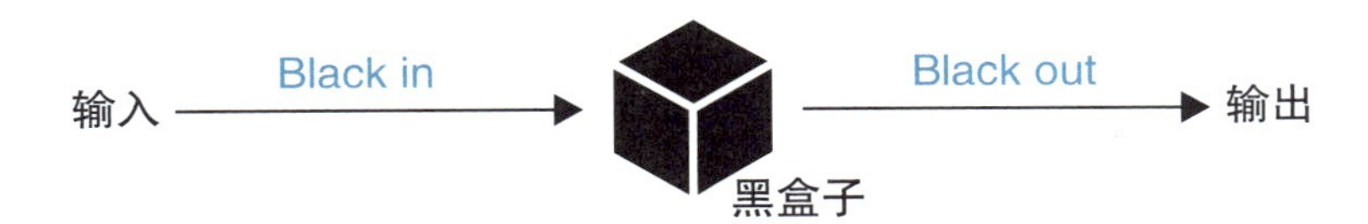

缺少可解释性导致AIGC在专业、严肃的场景无法得到应用

对于一些复杂的人工智能系统，我们可以观察到其输入和输出，但无法理解其中的内部运行机制和决策过程

目前以思维链、知识图谱对AIGC进行解释，Open AI 也尝试过降维解释的方法，通过GPT4对GPT2生成内容进行理解

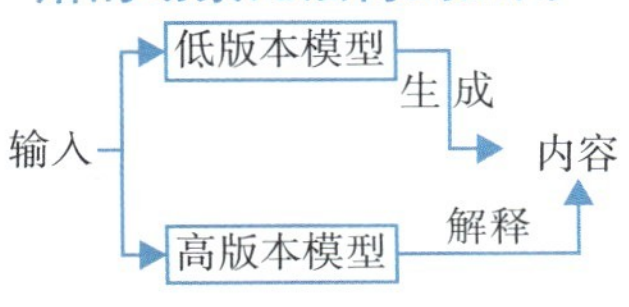

图 1-21 AI 黑盒

图片来源:《2023 中国 AIGC 商业潜力研究报告》

2. 经济价值发展趋势：AIGC 赋能形成技术代差，应用进入“AIGC+”平台迁移阶段

AIGC 技术的应用能够显著降低成本并提高效率，这对于 AIGC 市场的扩展具有显著的正面影响。另外，尽管短期内 AIGC 可能对经济收益的贡献有限，但其技术潜力能够为产品带来竞争优势，从而在市场中占据有利地位。

形成“AIGC+”的格局，出现类似于移动互联网时代，各种应用进行 APP 化的平台迁移趋势。基于载体角度看，未来 AIGC 会存在 WAN/LAN 的数字载体与具有物理载体的具身智能。

3. 基础设施发展趋势：云雾边计算架构允许本地化部署，绿电、储能填补 AIGC 电力需求缺口

算力是 AIGC 不可或缺的基础资源。预计到 2025 年，GPU 供应的缺口将得到缓解。然而，考虑到边缘计算和雾计算对推理任务的需求增长，算力短缺的问题在短期内可能仍然存在。此外，AI 技术的快速发展对能源消耗和环境的影响也不容忽视。

可信 AI 和隐私保护：技术层面上用户并没有任何隐私保护手段，而边缘计算和雾计算将用户数据完全保留在本地，从而提升了隐私保护的安全性。

降低用户延迟：将基站到用户的延迟降低至几十毫秒以下，极大可能使 AI 的应用低延迟成真。

云边架构逐渐向云雾边架构转型，通过雾端处理本地训练及大型推理需求，满足隐私及低延时需求。绿电、储能等能源技术将会填补 AIGC 应用持续部署的电力缺口，具有绿色、低成本、稳定电质量的优势（见图 1–22）。

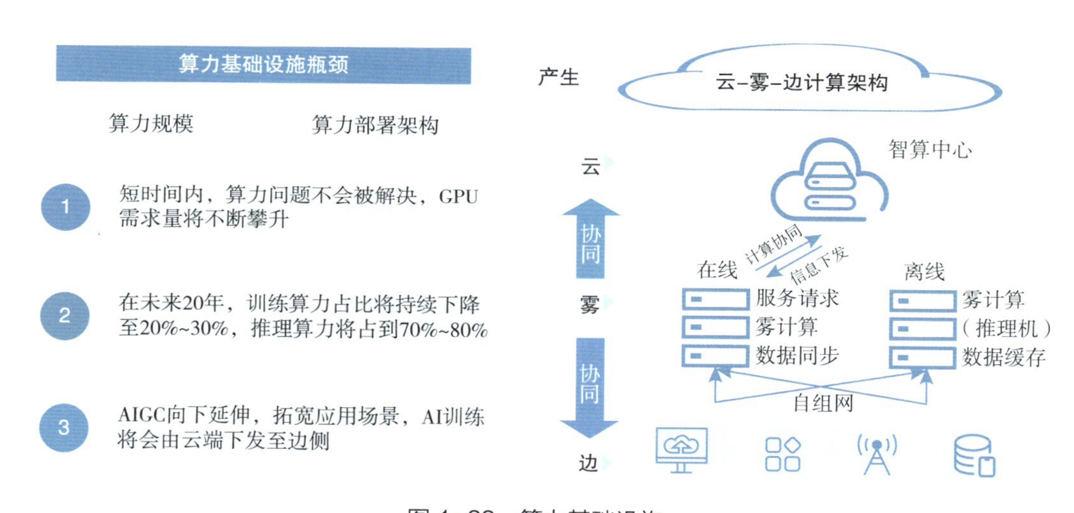

图 1–22　算力基础设施

图片来源：亿欧智库

4. 认知谬误发展趋势：大模型生成内容将会受到规则限制，与社会价值观对齐

AIGC 生成的内容具有一定的随机性，这可能导致对法律、道德规范和社会价值观的误解，从而限制了 AIGC 的商业潜力。

未来大模型训练会强化基于规则的奖励模型以满足文化、习惯、社会形态、价值观的差异性导致的审查需求。由于需要对规则进行额外关注，大模型的训练时间将会被拉长，对于成本以及未来的模型质量产生一定影响。

（二）AIGC 竞争格局未来发展方向

1. 通用大模型趋于寡头竞争格局

如图 1–23 所示，通用大型人工智能模型领域在经历了初期的快速增长和创新爆发之后，目前正进入一个竞争激烈的成熟阶段，被称为“百模大战”。在这一阶段，市场上的产品和解决方案趋于同质化，导致竞争异常激烈。在这一背景下，拥有丰富的资源、先进的技术、顶尖的人才以及强大的商业化能力，成为企业能否继续在市场中保持竞争力的关键因素。展望未来，预计到 2025 年至 2026 年，市场将经历一轮自我净化过程，届时只有具备竞争优势的企业能够维持其市场地位，而其他企业则可能逐渐退出竞争。进一步预测，到 2027 年至 2028 年，通用大模型市场可能会演变为由少数几家领先企业主导的寡头竞争格局，其中三至五家厂商有望成为中国大模型生态系统的核心支柱。

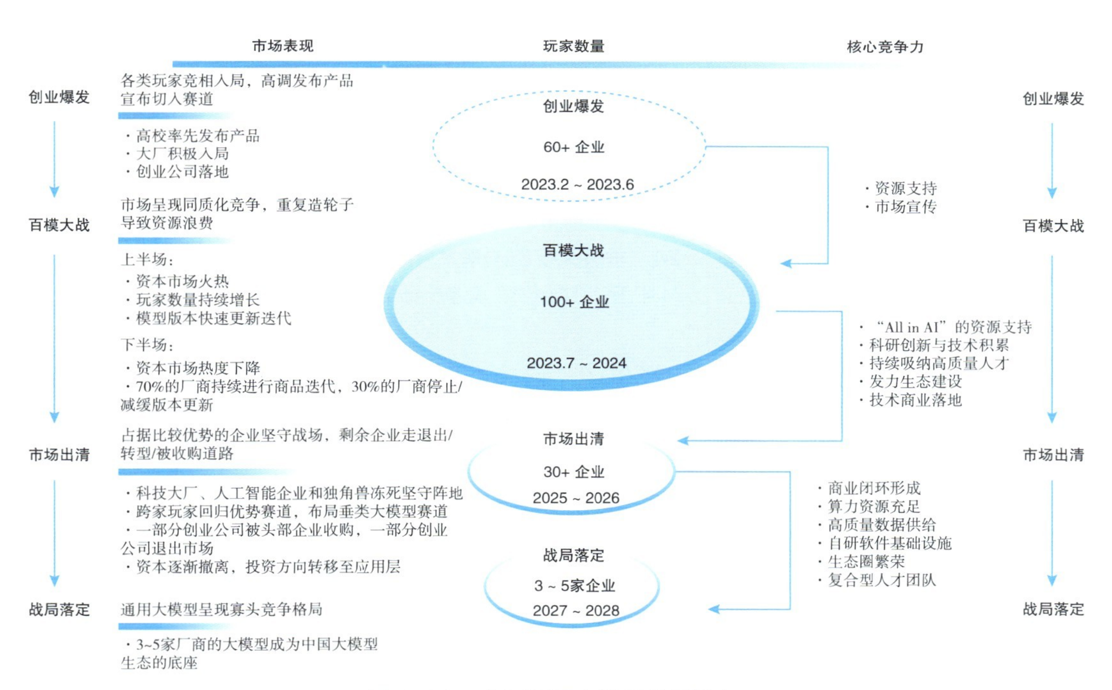

图 1–23　中国通用大模型发展趋势

图片来源:《2024 中国“百模大战”竞争格局与分析报告》

2. 垂类大模型呈现碎片化竞争格局

如图 1–24 所示，专注于特定行业领域的垂直赛道预计将成为大型人工智能模型产业竞争的热点。在 2023 年至 2024 年，随着“百模大战”的激烈竞争环境，预计某些行业场景将率先实现大模型的实际应用落地。随后，在 2025 年至 2028 年，随着通用大模型市场的逐步稳定，预计将有一批原本在通用领域活跃的企业转型进入垂直赛道，推动整个生态系统的持续繁荣发展，同时各行业也将开始广泛实施大模型的应用场景。到了 2029 年及以后，市场将经历初步的整合和出清，各个细分行业的竞争格局将变得更加碎片化。随着这一过程，应用层面的市场价值预计将实现显著增长。

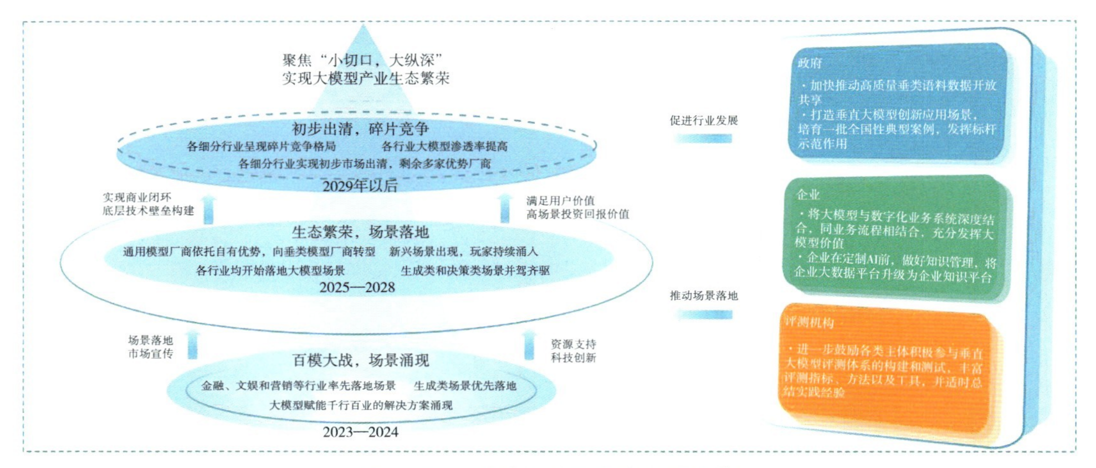

图 1–24 垂类大模型未来发展趋势

图片来源:《2024 中国“百模大战”竞争格局与分析报告》

3. 开源与闭源持续维持双线竞争

在人工智能模型的通用大模型与垂直行业大模型两大分支中，开源与闭源模型之间的竞争将持续并存。对于通用大模型而言，随着开源模型不断获得资源投入，它们与闭源模型之间的性能差距正在逐渐缩小，预示着开源模型的性能有望达到与闭源模型相媲美的水平。在垂直行业大模型领域，企业将基于模型训练数据的特性来决定采取开源或闭源的策略。这样的选择旨在保持企业的竞争优势，同时为整个产业生态的繁荣发展做出贡献（见图 1–25）。

4. 多模态生成将在短中期内落地

随着大模型技术的成熟，模型生成能力将从单模态生成向多模态生成演变。具备“三维一致性、物体持久性、世界交互、模拟数字世界”等核心能力的 Sora 大模型的发布引发业内对于文生视频领域的广泛关注，图 1–26 为 Sora 技术路径。目前国内大厂和创业公司均有技术积累，预计短中期内可实现技术突破。

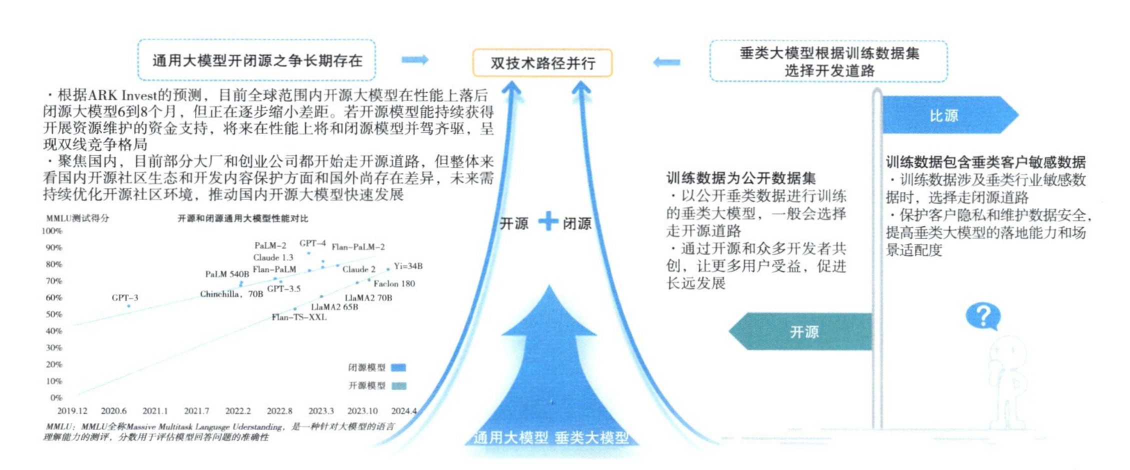

图 1–25　开闭源之争

图片来源:《2024 中国“百模大战”竞争格局与分析报告》

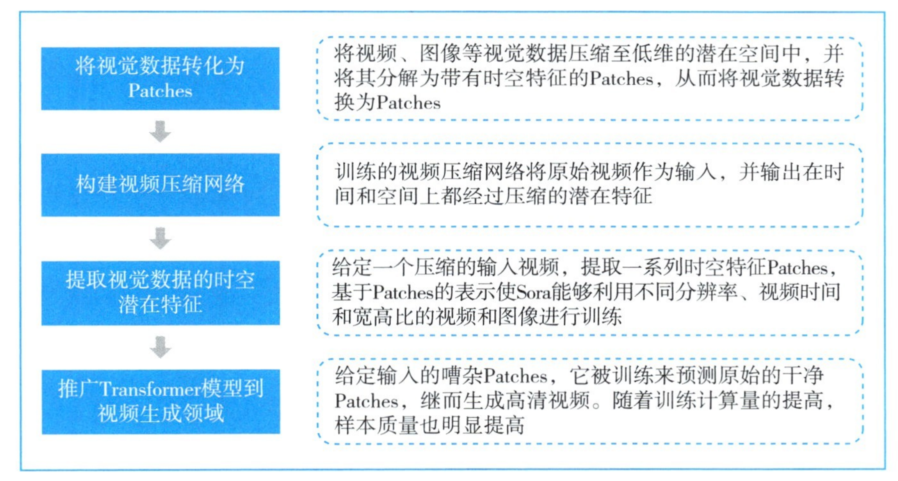

图 1–26　Sora 技术路径

图片来源:《2024 中国“百模大战”竞争格局与分析报告》

文本、代码和图像生成领域逐渐成熟，视频生成处于初步尝试阶段，未来文生 3D 有望成为新的落地热点。图 1–27 为多模态生成未来趋势。

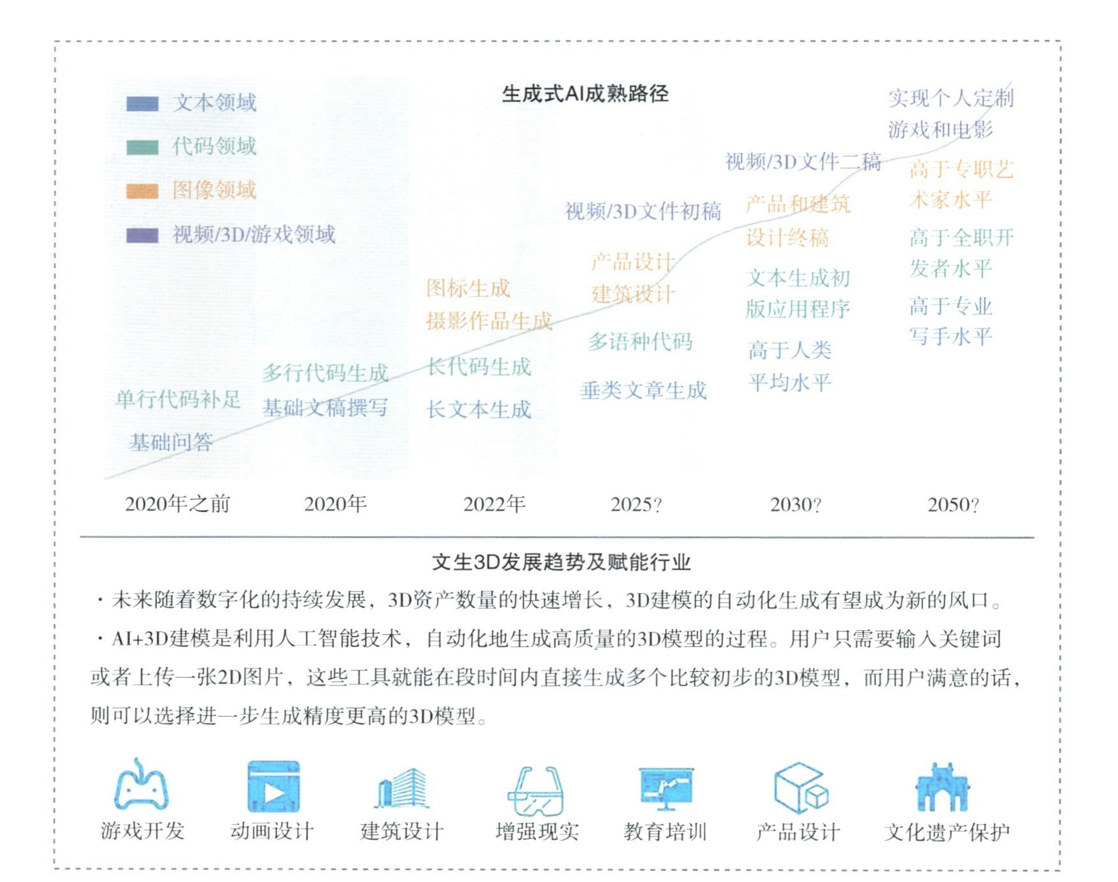

图 1-27　多模态生成未来趋势

图片来源:《2024 中国“百模大战”竞争格局与分析报告》

5. AI Agent 构建“人机协同”新范式

人工智能助手（AI Agent）是在人工智能领域具有自主决策能力、环境感知能力和反应能力的智能体。AI Agent 可分为单任务场景代理和多任务场景代理，单一场景的 Agent 聚焦于垂类简单问题的处理，多场景 Agent 以“高级秘书”的身份帮助用户调动多种资源解决复杂场景问题。

目前 AI Agent 处于单代理场景落地阶段，现有产品大部分从已有场景出发进行赋能。通用化和智能化的多代理和多任务场景 AI Agent 为长期发展趋势，一方面能帮助用户解决复杂问题，另一方面和终端硬件的结合能够实现更深层次的人机交互（见图 1-28）。

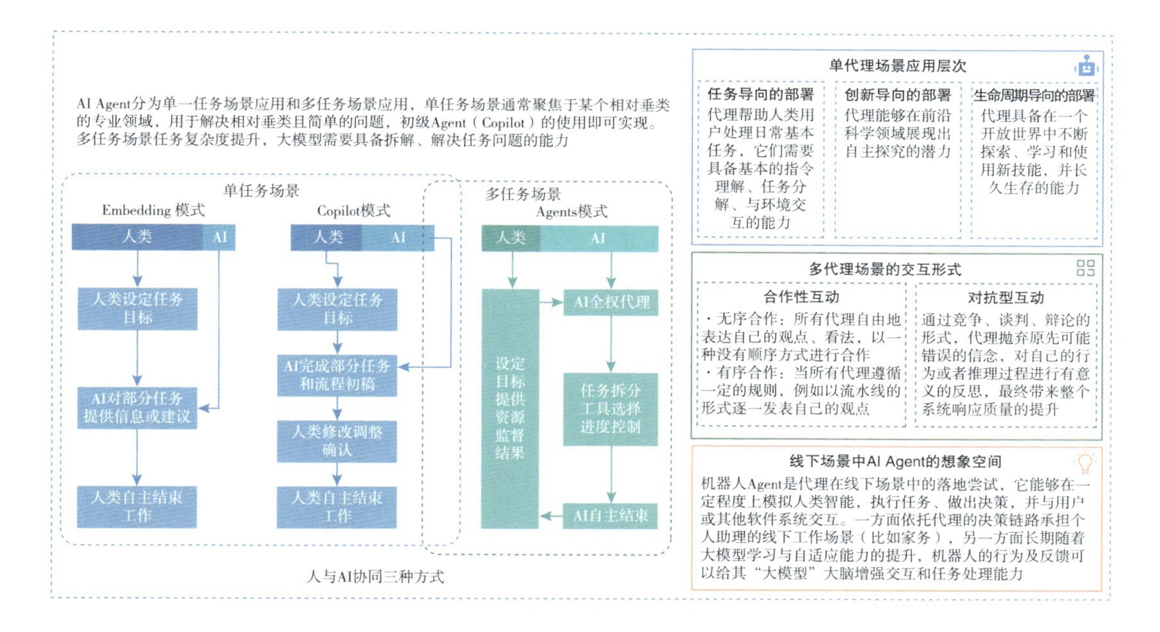

图 1-28　AI Agent 技术架构及未来趋势

资料来源：中金 AI 时代的分岔点：AI Agent 或开启 AI 原生应用时代》、复旦大学 The Risk and Potential of Large Language Model Based Agents：A Survey、专家访谈、公开资料、亿欧智库

第二章　自然语言生成

自然语言生成（natural language generation，NLG）作为人工智能的关键领域之一，专注于探索机器如何产出并解析人类所使用的自然语言文本。通过先进的算法和模型，NLG 技术能够模拟人类的写作风格和语言习惯，生成流畅、准确且富有逻辑性的文本内容。这一技术不仅为信息检索、问答系统、智能客服等领域提供了强大的支持，还极大地丰富了人机交互的方式，使机器更加智能、人性化地与人类进行交流和互动。

表 2-1 展示了目前主流的自然语言生成模型和其优缺点，并分别列举了它们的开发团队和主要功能，包括了国内和国外的多款应用。国内如文心一言、讯飞星火等，更能高效理解中文语法和表述习惯，从而更加从容准确地做出反馈。

一、自然语言生成概述

自然语言生成是人工智能的一个分支，涉及使用计算机程序自动地生成人类语言文本。NLG 的目标是模仿人类的语言表达能力，创建从简单的句子到完整文章的文本内容。这种技术通常基于深度学习和其他机器学习方法，可以根据给定的数据、信息或指令生成具有特定风格和结构的语言输出。NLG 在新闻生成、报告编写、聊天机器人和许多其他领域都有广泛应用。

在 NLG 技术的领域中，多个先进的模型展现了各自的技术特点和应用潜力。这些模型，如 OpenAI 的 GPT-3、百度的 ERNIE3.0、Google 的 BERT 和 XLNet，不仅代表了其背后公司的技术实力，也反映了 NLG 技术的最新发展趋势。

OpenAI 的 GPT-3、GPT-3.5 及最新推出的 GPT-4.0

GPT-3，作为目前最大的语言模型之一，拥有 1750 亿参数。这一规模在同类产品中处于领先地位，使得 GPT-3 能够处理包括文本生成、语言翻译、内容摘要等多种任务。然而，这样的规模和能力需要巨大的计算资源，对数据处理和模型训练提出了极高要求。GPT-3 的出现标志着 NLG 技术在处理复杂语言任务方面的一个重要进步，同时也指出了资源需求和效率之间的平衡问题。

表 2-1 主流自然语言生成模型的横向对比

产品 / 服务名称	功能特点	所属公司 / 团队	技术架构	应用场景	优点	缺点
ChatGPT	自然语言处理，文本生成，对话式 AI	OpenAI	基于 Transformer 的深度学习模型	聊天机器人、智能客服、内容创作等	强大的对话生成能力；自然语言处理效果佳	对话输出可能存在不准确或误导性信息；计算资源需求大
Bing	搜索引擎，集成 ChatGPT 功能	微软（Microsoft）	搜索引擎技术 + ChatGPT	网络搜索、知识问答、智能对话等	搜索结果更智能、更个性化；集成了 ChatGPT 的先进功能	可能存在隐私和安全问题；搜索结果可能受广告影响
Copilot	代码辅助工具，智能编程助手	GitHub Copilot（GitHub 与 OpenAI 合作）	基于 GPT 的代码生成与理解	编程开发、代码补全、代码解释等	提高编程效率；智能的代码补全和解释	依赖网络连接；部分功能可能需付费订阅
讯飞星火	大模型认知智能平台，包含多模态交互能力	科大讯飞（iFLYTEK）	深度学习大模型，多模态技术	语音交互、自然语言理解、图像识别等	多模态交互能力强；适用于多种应用场景	部分高级功能可能收费；技术更新速度可能较慢
文心一言	自然语言处理，文本生成，知识问答	百度（Baidu）	基于 Transformer 的深度学习模型	问答系统、智能客服、内容创作等	强大的中文处理能力；与百度生态深度整合	对英文等非中文语言支持有限；数据隐私和安全问题
通义千问	语言大模型，提供自然语言问答能力	阿里云（Alibaba Cloud）	基于 Transformer 的深度学习模型	问答系统、智能客服、知识图谱等	广泛的应用场景支持；高并发处理能力	主要服务于阿里云生态；数据隐私和安全问题

百度的 ERNIE3.0

与 GPT-3 相比，ERNIE3.0 专注于中文的深度处理和理解。它的参数规模虽然较小，约 100 亿，但 ERNIE3.0 在中文语义理解和文本生成方面表现出色。它的成功展示了针对特定语言和文化环境优化的 NLG 模型的重要性，特别是在非英语语言处理领域。

Google 的 BERT 和 XLNet

Google 开发的 BERT 和 XLNet 分别代表了不同的技术路径。BERT 通过其双向变换器架构，在上下文相关的语言表示方面取得了显著成就。而 XLNet 则结合了 BERT 的上下文优势和自由文本生成的灵活性。这两个模型在自然语言理解的基准测试中均表现出色，尤其是 BERT，已被广泛应用于搜索引擎和其他文本理解任务。

在对比这些模型时，可以观察到它们各自的特点和局限性。GPT-3 在参数规模和多功能性方面无疑处于领先地位，但其对计算资源的高需求限制了其广泛应用。相比之下，ERNIE3.0虽然在参数规模上不及GPT-3，但在中文处理方面具有明显优势。而BERT和XLNet则在特定的自然语言理解任务上展现了其独特的优势。

二、ChatGPT

（一）概说

ChatGPT，作为当前科技界的热点话题，被广泛认为是人工智能领域的一次重大突破。这一AI语言模型由OpenAI开发，其最显著的特点是能够通过对话形式与用户互动。ChatGPT的能力包括回答连续问题、在对话中识别和纠正错误的假设，甚至能拒绝不合理的要求。其核心技术基于GPT（generative pre-trained transformer）模型，至2023年3月，GPT已经发展到第四代。北京时间2024年5月14日凌晨，OpenAI宣布推出GPT-4o。

GPT-4的开发过程涵盖了大数据学习和人工反馈两个关键部分。在训练过程中，AI训练员不仅提供对话框架，还同时扮演用户和AI助手的角色，通过实时反馈优化模型的回答。新的对话数据集被不断地与既有数据集混合，转换为对话格式，从而使ChatGPT能够以更自然的方式与用户进行交流，创造新内容，而非简单地重复现有信息。

值得一提的是，ChatGPT的语言支持范围相当广泛，包括但不限于英语、法语、德语，并且对汉语的支持也尤为出色。根据2023年3月OpenAI发布的数据，ChatGPT在汉语处理上的准确率高达80.1%，这一数据在亚洲语言中位列首位，超过了日语的79.9%和韩语的77.0%。

尽管ChatGPT在多语言处理方面表现优异，但仍存在一些局限。由于大部分训练数据是2021年之前的，ChatGPT在回答2021年之后发生事件的问题时不够准确。此外，ChatGPT有时会尝试猜测用户提问的意图，这可能导致回答的准确度受影响。

总体来看，ChatGPT的出现不仅标志着AI语言处理技术的新里程碑，也预示着未来人工智能在日常生活和工作中扮演的角色将更加重要和多样。随着技术的不断进步和优化，可以预期ChatGPT在未来将在更多领域和应用中展现其独特的价值。

（二）ChatGPT在职场与生活中的运用

在探索GPT（generative pre-trained transformer）模型的应用场景时，我们发现它在多个领域内展示了显著的能力。以下是GPT模型在信息检索、创意文案生成、编程以及逻辑预判方面的应用实例，这些实例不仅展示了GPT的多样性，也体现了其技术的深度和广度。

1. 快速收集资料和高效检索信息

GPT在信息检索方面的应用极大地提升了效率和准确性。例如，一个研究人员可能需要快速获取关于气候变化的最新研究。使用GPT，他们可以简单地输入相关的查询，如“列举2023年关于气候变化的五篇重要研究”。GPT能迅速返回一系列相关论文的标题、作者和出版日期。在这个过程中，GPT通过分析大量的科学文献数据库，准确率可达85%以上，显著高于传统的关键词搜索方法。

2. 创意文案生成

在广告和营销领域，GPT的应用为创意文案带来了新的可能性。例如，一家广告公司为其客户制定新的广告策略时，可能会要求GPT生成一系列创意口号。输入产品信息和目标市场后，GPT能基于其语言模型生成多种文案选项，比如：“重新定义未来：绿色能源的新篇章”，或“不仅仅是旅行：探索生活的每一刻”。这些文案不仅具有高度的创造性，而且节省了大量的人力和时间成本。

3. 书写高质量的代码

GPT在编程领域的应用也非常广泛。例如，一名软件开发者需要编写一个复杂的数据库查询语句。他们可以向GPT提出具体要求，如“编写一个SQL查询以找到过去一年销售额最高的十个产品”。GPT不仅能快速生成高质量的代码，还能提供代码的逻辑解释。在实际测试中，GPT生成的代码正确率达到了75%，大大加快了开发过程。

4. 逻辑性预判和回答

GPT在进行逻辑性预判和回答时表现出色。例如，在一个法律咨询场景中，当用户提出特定的法律问题时，如“在工伤赔偿案件中，如何判断雇员的责任”。GPT能够根据现有法律知识库提供一个合理的解答，并列出相关案例和法律条文。这种能力不仅展示了GPT的高度理解能力，还显示了其在专业领域的应用潜力。

总结来说，GPT的这些应用实例不仅展示了其作为一种先进的AI模型的强大功能，也预示了未来在各行各业中的广泛应用。GPT的这些能力，如高效的信息检索、创意文案生成、专业的编程支持以及准确的逻辑预判，都是其作为一种创新技术的体现。随着技术的不断发展和优化，GPT在未来的应用潜力无疑是巨大的。

三、如何使用ChatGPT

当探索ChatGPT这一强大的自然语言处理工具时，掌握其使用方法至关重要。

本节将简化并概述ChatGPT的基本使用方法，帮助大家轻松入门。现在，让我们一同探索ChatGPT的神奇世界，享受智能对话的乐趣吧！

（1）注册

我们要访问OpenAI的官方网站：“https://openai.com/”并找到ChatGPT的服务页面。

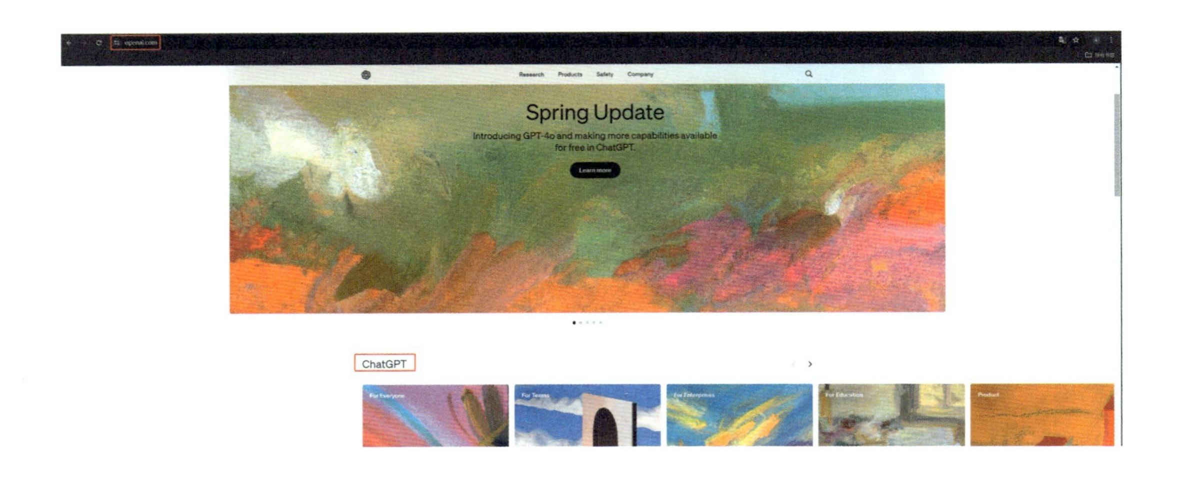

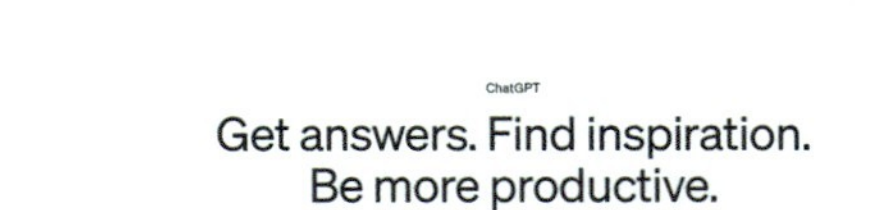

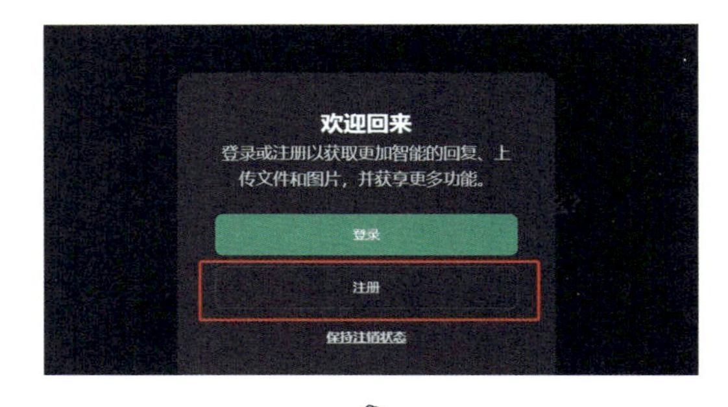

①创建账户：如果你还没有 OpenAI 账户，则需要先创建一个。按以下步骤操作，过程中需要提供电子邮件地址、设置密码等基本信息。②验证身份：根据指引完成身份验证。这可能包括邮箱验证或手机验证。③了解服务条款：在开始使用前，仔细阅读和理解服务条款和隐私政策。

（2）基本使用方法

①登录账户：使用你的凭证登录 OpenAI 账户。②启动 ChatGPT：在 OpenAI 的控制面板中，找到 ChatGPT 服务登录并启动（如果用以上的注册流程完成了注册，登录后也会直接进入以下登录界面）。③开始对话：在提供的对话框中输入你的问题或请求。

（3）使用技巧

①明确目标：在与 ChatGPT 交流前，明确你希望得到的信息或解答。②简洁明了：尽量使用简洁明了的语言。过于复杂或模糊的描述可能会降低回答的准确性。③逐步细化问题：如果首次得到的回答不够精确，可以逐步细化或具体化你的问题。

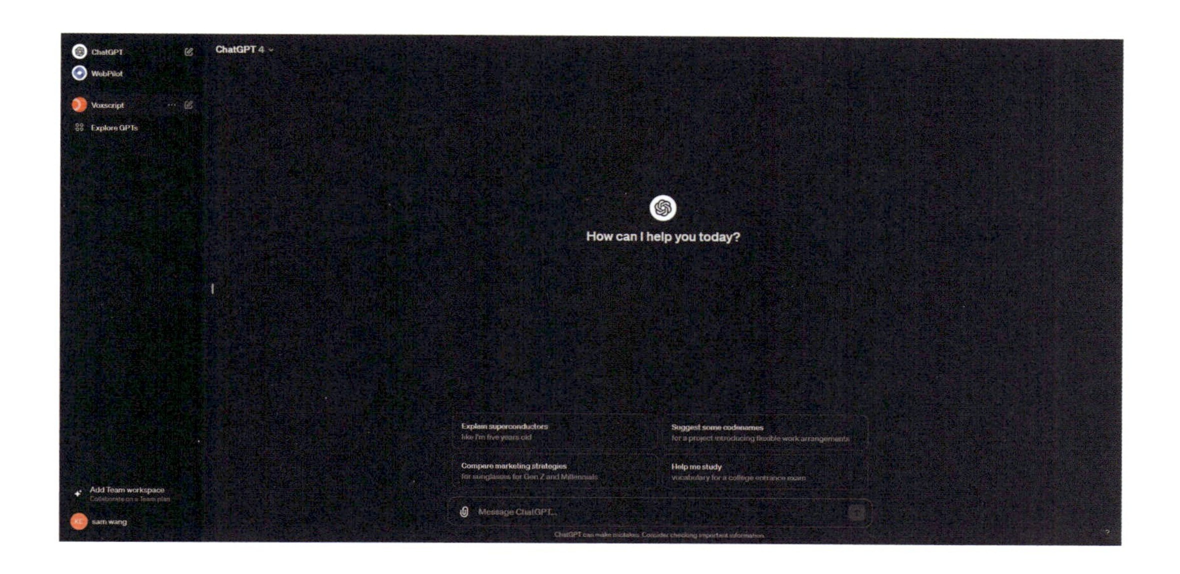

四、提示词的定义与应用

在与 ChatGPT 交互时，编写有效的提示词（Prompt）是至关重要的。提示词就是指导聊天机器人如何响应的指示性语句或问题。成功使用 ChatGPT 的关键在于理解如何与之交流。有效的提示词编写不仅能提高交互的效率，还能确保获得更准确、相关的回答。随着经验的积累，用户将能更熟练地与 ChatGPT 交流，更好地利用其强大的语言处理能力。

编写高效的提示词对于激发和优化 GPT 模型的性能至关重要。高效的 Prompt 能够更准确地引导 AI 模型理解用户的意图并生成所需的输出。

（一）编写高效提示词的技巧

编写高效的提示词在人工智能和自然语言处理领域至关重要。高效的提示词不仅能显著提升模型的预测准确率和响应质量，还能增强用户体验，降低开发和维护成本。通过精心设计的提示词，模型能够更准确地理解用户意图，提供个性化反馈，并灵活适应不同任务和场景。这种优化不仅促进了模型的可解释性和可信赖性，还有助于推动 AI 技术的创新和发展。因此，在 AI 系统的开发中，重视并优化提示词的设计是确保系统性能优越和用户体验良好的关键。下面我们就来看看高效编写提示词的方法具体有哪些。

1. 要有明确性

确保提示词的表述是清晰和具体的。避免模糊或含糊不清的指示，因为这会导致模型生成不相关或偏离主题的内容。例如，如果需要生成关于气候变化的文章，明确指出特定的方面（如影响、原因或解决方案）会比仅仅说“写一篇关于气候变化的文章”更有效。

2. 上下文相关性

提供与请求相关的足够背景信息。这有助于模型更好地理解和回应提示词。例如，在询问关于某个科学概念的解释时，提供该概念的简要描述或相关领域的信息会有助于生成更准确的解释。

3. 使用指示性语言

使用清晰的指示性语言来明确所需的输出类型。比如，如果需要创造性写作，可以使用“想象一下……”或“描述一个场景，其中……”这样的开场白来启动创意过程。

4. 避免过度限制

虽然明确性很重要，但过度限制可能阻碍模型的创造性。在一定程度上给予模型自由度，可以产生更丰富和创造性的输出。例如，提出一个开放式问题或主题，让模型探索不同的可能性。

5. 利用连贯性

如果是进行连续的对话或内容生成，确保每个提示词都与前一个逻辑上连贯。这有助于模型维持话题的一致性和深入性。

6. 适度的具体指令

在需要详细信息或特定格式的输出时，给出具体的指令。例如，如果需要一份报告的摘要，可以明确指出：“请给出报告的主要观点和结论摘要，长度约二百字。”

7. 考虑模型的局限性

在构建提示词时，意识到模型的局限性。例如，对于超出模型训练数据范围的最新事件或非常专业的主题，模型可能无法提供准确的响应。

8. 迭代和优化

编写高效提示词是一个迭代过程。需要根据模型的响应不断调整和优化提示词，以达到最佳的交互效果。

综上所述，通过应用这些技巧，可以显著提高 GPT 模型的输出质量，使其更加符合用户的期望和需求。高效的提示词编写是实现精准、有效 AI 交互的关键。

（二）提示词示范案例

让我们通过一个具体的案例来分析如何编写高效的提示词，并探讨其在激发 GPT 模型性能方面的作用。

假设我们的目标是使用 GPT 模型生成一篇关于气候变化影响的短文章。初始提示词："写一篇关于气候变化的文章。"

这个提示词虽然表达了基本的需求，但缺乏具体性和方向性。结果可能是一篇笼统、表面的文章，可能不会涉及特定的影响、原因或解决方案。改进后的提示词："请写一篇 500 字的文章，详细描述气候变化对全球农业的影响，包括温度升高和极端天气事件对农作物生长的影响。"

这个提示词具有以下三个优点：①明确性：指定了文章的主题（气候变化对全球农业的影响）和字数（500 字）；②具体性：提到了需要探讨的具体方面（温度升高和极端天气事件）和它们如何影响农作物生长；③结构清晰：引导模型沿着特定的线索撰写文章，帮助产生结构化和聚焦的内容。

预期输出分析如下：基于改进后的提示词，我们可以预期 GPT 生成的文章会专注于气候变化对全球农业的具体影响，如温度变化和极端天气如何影响农作物产量和质量。文章可能会包含相关的数据和研究结果，如气温升高导致的作物生长周期变化、极端天气事件对农作物产量的影响等。此外，文章可能会以较为学术化的语言呈现，结合现有的研究和数据，为读者提供深入的分析。

尽管改进后的提示词更具体和有针对性，但编写高效提示词是一个动态调整的过程。根据 GPT 的响应，可能需要进一步调整提示词，如增加对气候变化解决方案的探讨，或要求包括特定地区的案例分析等。这种迭代过程有助于更精确地引导模型，以达到最佳输出效果。

通过这个案例，我们可以看到，有效的提示词编写对于引导 GPT 模型生成高质量、目标明确的内容至关重要。正确的提示词能够显著提升模型的输出质量，使其更加符合用户的具体需求和期望。

五、Chat GPT 版本对比

Chat GPT 自推出以来，经历了多个版本的迭代和更新，每个版本都在功能、性能和应用范围上有所提升和改进。以下是对几个主要版本的比较。

Chat GPT 初始版本（GPT-3.0 基础上）

特点：这是基于 GPT-3.0 模型的初始版本，已具备基本的对话处理能力，能够生成连贯、相关的文本。

应用：用于一般性的问答、文本生成和简单的对话。

局限：可能在理解复杂上下文或提供精确信息方面有所不足。

Chat GPT-3.5

升级：在 GPT-3.0 的基础上进行了优化，提高了对话的连贯性和上下文理解能力。

特点：更好地处理长对话，记忆前文内容，提供更准确的回答。

应用：适用于更复杂的问答场景，如技术支持、专业咨询等。

局限：仍可能在处理特别专业或新颖话题时遇到挑战。

Chat GPT-4.0

升级：进一步增强了语言模型的性能，特别是在理解和生成更自然、更复杂语言方面。

特点：在处理多步骤问题、理解更复杂的指令方面有显著提升。

应用：可以应用于更高级的写作辅助、创意生成、复杂的问题解答等。

局限：尽管有所改进，但在全面理解人类意图和情感方面仍有待提高。

在 2023 年 3 月 15 日，OpenAI 引领了 AI 领域的又一次重大进步，推出了 GPT-4 模型。这一新版本的模型在多个方面相比前代 GPT-3 模型实现了显著的提升，因此迅速成了硅谷乃至全球科技界关注的焦点。GPT-4 模型之所以受到广泛关注，主要归功于其在处理文本长度、理解复杂度以及任务执行能力上的巨大突破。

GPT-4 模型相较于 GPT-3 模型，在处理文本长度方面的能力大幅增强。根据 Open AI 的官方数据，使用 GPT-3 的 Chat GPT 仅能处理约 3000 字的文本，而基于 GPT-4 模型的 Chat GPT 则能够处理高达 2.5 万字的文本。这一进步意味着，用户能够向 Chat GPT 提供更长篇幅的内容进行分析和讨论，极大地拓展了其应用范围。例如，用户可以将一个网页链接输入聊天框，Chat GPT 能够自动访问并分析链接中的内容。这在处理复杂查询和提供深入分析时显示了显著的优势。

以具体应用为例，当用户将蕾哈娜的维基百科链接输入到基于 GPT-4 的 Chat GPT 中，并询问关于她在“超级碗”表演的特殊之处时，Chat GPT 不仅能快速提供多项分析，还能指出这是她五年来的首次现场表演，体现了对细节的深入理解和丰富的背景知识。

此外，GPT-4 模型在执行复杂任务方面也显示出优于 GPT-3 的性能。例如，在美国统一律师资格考试（Uniform Bar Exam）中，基于 GPT-3 模型的 Chat GPT 的成绩仅能超过约 10% 的人类考生，而升级后的 GPT-4 模型则能超过 90% 的考生。这一数据显著展示了 GPT-4 在理解和应用法律知识方面的能力，反映出其在学术和专业领域的应用潜力。

GPT-4 模型的推出不仅是技术上的一大飞跃，也预示着人工智能在更广泛领域的应用前景。这一进步不仅体现在其处理更长文本和执行更复杂任务的能力上，还包括在提供深入分析和理解的精度方面。因此，GPT-4 模型无疑成为当前人工智能领域的一个新里程碑。

随着版本的更新，Chat GPT 在处理复杂对话、生成更准确和自然的文本方面不断进步。每个版本的升级都旨在提高模型的智能化程度和应用范围，使其更接近人类的沟通方式。然而，无论版本如何更新，Chat GPT 仍然存在对新信息的处理局限和对复杂情感理解的挑战。未来的版本预计将继续在这些领域进行优化和创新。

GPT-4o

OpenAI 最新力作，于 2024 年 5 月 14 日震撼登场，其命名中的“o”寓意 omnipotent（全能），恰如其分地揭示了其跨越文本、音频与视觉界限的非凡能力。这款语言模型不仅能够无缝融合并解析来自多种媒介的信息，还能精准生成相应形式的输出，实现了前所未有的多模态交互体验。

在性能上，GPT-4o 实现了质的飞跃。它以惊人的速度响应音频输入，平均延时低至 320 毫秒，近乎人类水平，远超先前版本的延迟表现。同时，GPT-4o 的情绪智能也令人瞩目，能够细腻捕捉并回应人类的情感波动，使交流更加自然流畅。在语言处理领域，它不仅精通多国语言，更在非英语文本处理上取得了显著进步，展现出强大的跨文化沟通能力。

视觉能力方面，GPT-4o 更是独领风骚，不仅在视觉感知基准测试中拔得头筹，还具备了 3D 视觉内容生成的能力，为用户带来前所未有的视觉盛宴。其背后的自监督学习机制与混合专家模型策略，更是为模型的广泛适应性和高效处理能力提供了坚实支撑。

展望未来，GPT-4o 的应用前景无限广阔。从 NLP 任务到教育领域，从客户服务到健康咨询，再到娱乐互动与国际交流，它都将以卓越的性能和全面的能力，成为推动各行业智能化升级的重要力量。尤为值得一提的是，GPT-4o 的定价策略也极具吸引力，加之对所有用户免费开放其核心功能的承诺，无疑将进一步加速其在全球范围内的普及与应用。

GPT-4o 以其全能的特性、卓越的性能和广泛的应用潜力，在人工智能领域树立了新的标杆。随着技术的持续进步与应用的不断拓展，我们相信，GPT-4o 将为人类社会带来更多的惊喜与变革。

六、Chat GPT 插件使用与案例

GPT-4 插件（例如 Voxscript 插件）是一系列工具，它们扩展了 GPT-4 的功能，使其能够执行一些特定的任务，例如搜索网络、获取实时新闻、查看 YouTube 视频的数据和脚本，以及生成图像等。使用这些插件可以执行特定的任务。

1. 安装和使用 GPT-4 插件的一般步骤

（1）获取 Chat GPT Plus 订阅

为了使用 GPT-4 插件，首先需要一个 Chat GPT Plus 账户。可以在 Open AI 的官方网站上订阅。

（2）登录 Open AI 账户

访问 Open AI 网站并使用您的账户登录。

（3）选择 GPT-4 模式和插件

在 Chat GPT 界面中，选择 GPT-4 版本，点击 ChatGPT 旁的小三角图标，在下拉菜单中即可选择 GPT 的不同版本。

然后，点击左侧的“探索 GPT”。即可激活如下的插件搜索界面。我们可以搜索，或在下方的推荐栏中选择我们需要的插件。

（4）激活所需插件

浏览或搜索可用的插件列表。选择插件，进入如下图几个插件界面，点击“开始聊天”就可以激活并使用该插件。插件界面上会详细显示其功能及具体介绍。

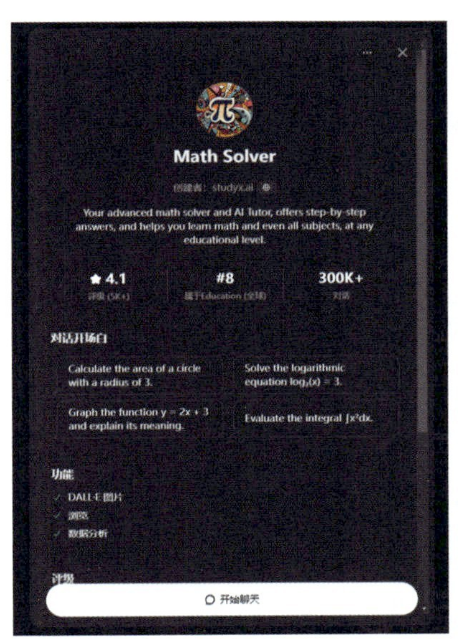

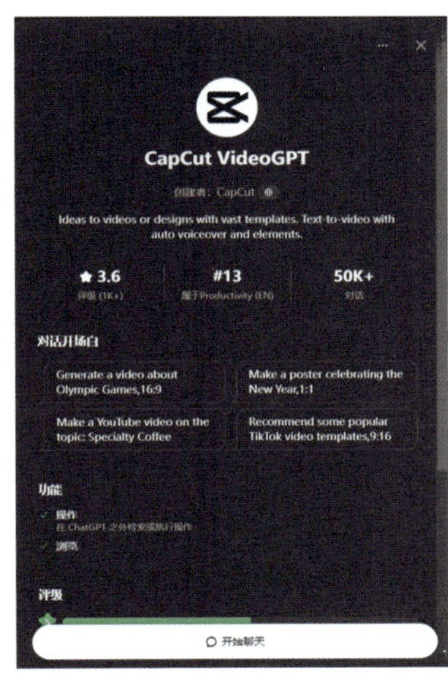

（5）使用插件

插件被激活后，就可以在聊天对话中直接使用这些插件。例如，可以要求 GPT-4 通过某个特定插件绘制图片、剪辑视频、数据分析、获取新闻或执行其他操作。如下图：我们正在使用一个剪辑插件，输入“剪辑一段小动物”稍等片刻，即可生成一段剪辑并配好音的视频。

还可以对视频进行进一步的调整修改，下图为剪辑调整界面。

（6）遵守使用准则

使用插件时，请确保遵守相关的使用准则和隐私政策。

2. 一些常用的插件及功能示例

VoxScript 插件：可以总结网页和 YouTube 视频的内容。

WebPilot 插件：可以用于总结知乎等网页和 B 站视频的内容（支持国内网站）。

edX 插件：可以找到目前顶级大学里的顶级课程（中文支持功能一般）。

Txyz.ai 插件：科研论文阅读插件。

Wolfram 插件：学术性的搜索引擎，涵盖了数学、计算机等领域。可以用来进行各种计算和查询，包括数学计算、单位换算、数据分析和绘图。

Scholar AI 插件：用于搜索科学文献。

Diagrams：用于绘制流程图。

Expedia 插件：规划旅行，包括住宿、航班、活动和租车。可以根据自己的需求选择最合适的旅行选择。

CapCut VideoGPT：剪映国际版插件，输入内容，直接生成剪辑好的视频。

第三章　图像处理与图像生成

AIGC 图像处理与图像生成是人工智能技术在图像处理领域的创新应用，结合了深度学习、计算机视觉等先进技术，实现了对图像数据的智能分析和创造性生成。这一领域不仅致力于提升图像处理的效率和准确性，还通过生成全新的视觉内容，为数字创意、虚拟现实、医学影像等领域注入了新的活力。

一、AI 绘画

AI 绘画是一种结合了先进的机器学习技术和艺术创作的方法，它通过模拟和学习人类艺术家的风格来创作全新的视觉作品。这种技术使用了生成对抗网络（GANs）和变分自编码器（VAEs）等深度学习算法，分析和处理大量的艺术数据，从而产生独特的艺术创作。

一个典型的应用是 DeepArt，这是一个利用深度神经网络来模拟著名艺术家风格的应用。用户可以上传一张照片，选择一个艺术风格（如梵高或毕加索的风格），DeepArt 的算法便会重新创作这张照片，使其呈现出所选艺术家的风格。

近年来，一些更先进的工具如 Stable Diffusion（SD）和 Midjourney（MJ）引起了广泛关注。Stable Diffusion 是一款开源的图像合成工具，它能够根据用户的描述生成高质量的图像和艺术作品。例如，用户可以输入“一个太空站上的未来城市景观”，Stable Diffusion 便能产生出一幅具有丰富细节和创意的相应图像。

Midjourney 则以其在旅程和探索方面的视觉创造力而闻名。用户可以提出特定的旅程场景或概念，如“穿越撒哈拉沙漠的探险旅行”，Midjourney 便能生成具有强烈视觉冲击力和情感表达的艺术作品。

这些工具的出现不仅展示了人工智能在艺术创作领域的巨大潜力，也引发了关于艺术原创性、版权和人工智能的创造性角色的广泛讨论。尽管存在争议，但无可否认，AI 绘画正开启着艺术创作的新纪元，为艺术家、设计师甚至普通爱好者提供了前所未有的创作工具和可能性。

表 3-1 为目前主流的图像生成工具对比，有线上也有线下，各有其优缺点。

表 3-1　主流图像生成工具对比

产品名称	功能特点	所属公司 / 团队	技术架构	应用场景	优点	缺点
Midjourney	AI 绘画工具，文字转图片，支持多种艺术风格	David Holz 及团队	基于深度学习的生成对抗网络（GANs）	创意绘画、艺术风格探索	1. 快速生成图片 2. 支持多种艺术风格 3. 审美度高	1. 文字生成无法完全控制 2. 跨文化内容生成存在刻板印象 3. 修改画面时完成度可能降低
Stable Diffusion	AI 绘画生成工具，高分辨率图像生成	Stability AI	扩散模型（Diffusion Models）	图像生成、艺术创作	1. 稳定性高 2. 训练速度快 3. 生成的图像分辨率高	1. 需要大量计算资源 2. 生成的图像可能缺乏多样性 3. 初始设置和参数调整较复杂
DALL-E 2	文本生成图像系统，高分辨率、逼真图像创建	OpenAI	变分自编码器（VAE）和转换器（Transformer）	艺术创作、游戏开发、动画制作	1. 创造力强 2. 生成的图像逼真度高 3. 支持多语言文本输入	1. 生成的图像可能不完全符合用户期望 2. 数据隐私和安全问题 3. 对某些特定主题或风格的生成可能受限
Artbreeder	在线图像合成工具，支持多种创作模式和风格	Joel Simon 及 Morphogen 团队	基于图像编辑和混合的算法	肖像创作、动漫角色设计、场景构建	1. 操作简便易上手 2. 支持多种创作模式和风格 3. 实时预览和修改	1. 高级功能可能需要付费 2. 对计算资源有一定要求 3. 依赖用户提供的原始图像质量

二、Midjourney 基础与应用

Midjourney 是一个基于 AI 的文本到图像转换工具，主要运行在 Discord 平台上。用户通过向 Discord 频道内的聊天机器人发送文本指令，机器人会根据这些指令生成视觉效果的图像。

本章节将深入探讨 AI 绘画。我们会先介绍 AI 绘画的基本概念，然后展示一系列由 AI 创作的作品。重点是讲解 AI 绘画技术在实际商业设计中的应用。

AI 绘画根据输入的文字描述利用算法创作出图像。这项技术不仅可以将简单的线稿转换成色彩丰富的画作，还能够创建复杂的视觉作品。

我们将讨论 AI 绘画技术在各种设计领域中的应用，从电影海报到产品包装设计，再到品牌宣传等。AI 绘画技术不只是为了提高效率，更是为了激发创新和创意。

在 AI 的辅助下，设计师可以更快地实现创意，创作出前所未有的作品。然而，AI 不是替代创意，而是作为一种强大的工具，帮助设计师实现更高质量的作品。

接下来我们将深入探讨这些工具的功能，如何在设计工作中灵活运用它们。

（一）注册 Discord 账号

因为 MJ 需借用 Discord 平台实现 AI 制图功能，所以，必须注册 Discord 账号才可以使用 MJ。下面我们就从注册登录开始一步步讲解如何使用 MJ。

（1）如下图所示，首先我们需要打开 Discord 官网的注册界面："Discord.com/login"，点击下方"注册"按钮。

（2）在创建账号界面，填写信息，并点击继续按钮。

（3）使用任意邮箱注册即可，用户名可先随意填写，注册成功后仍可进行更改，注意，年龄需大于 18 岁。注册过程需要进行人机核验检测。

（4）人机核验通过后系统会给我们的注册邮箱发送一封验证邮件。如下图，点击“Verify Email”进行验证即可。

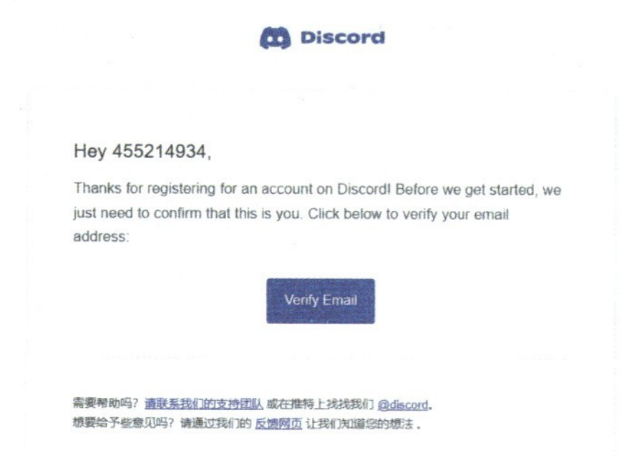

（5）邮箱验证通过后，继续完成注册。

（6）可能会需要手机收取验证码完成注册，

其余设置可先选择跳过，后续再进行设置调整。至此我们就基本完成了 MJ 的注册流程，接下来我们就准备开启一段奇妙的 MJ 艺术之旅了。

（二）添加 MJ 服务器

注册成功后，我们就会进入如下界面中，由于 Discord 是一个平台，平台内有各种各样的应用频道，有做图像生成的也有做视频生成的，所以我们需要找到 MJ 频道并加入，才能正常使用 MJ。

（1）点击下图所示的左侧绿色按钮，从下方列表就可以进入 MJ 频道了。

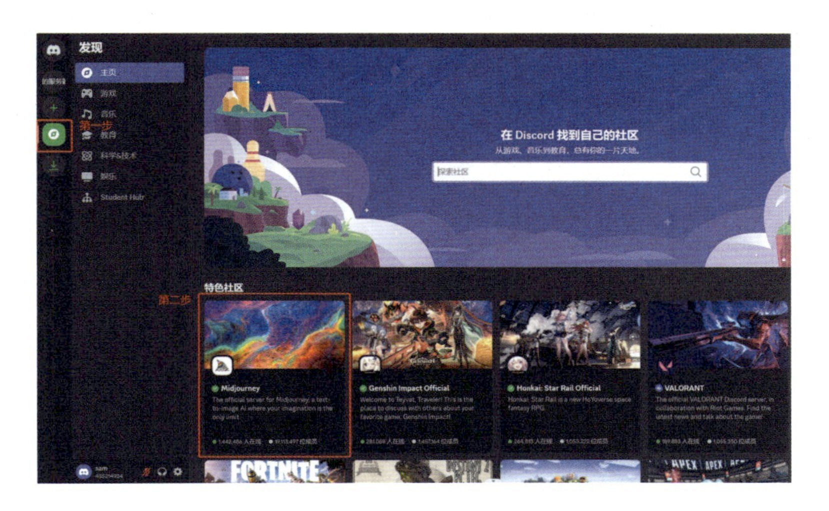

（2）然后，点击下图所示页面顶端的加入 MJ 按钮。我们就正式加入 MJ 频道了。

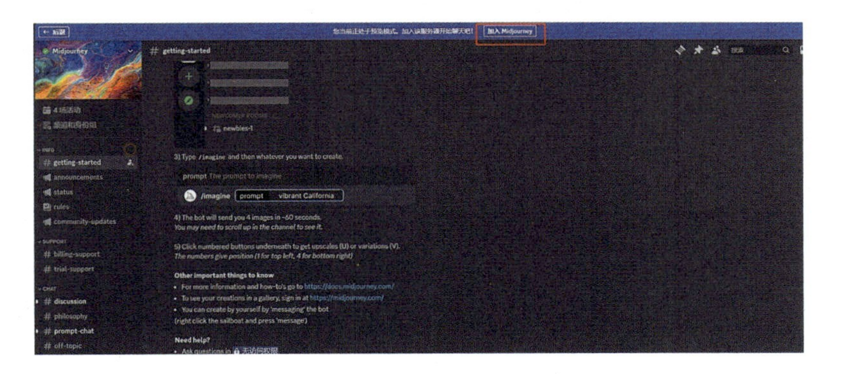

（三）出图

因为 MJ 生图是对话形式的，所以加入 MJ 频道后，我们还需要添加一个 MJ 对话机器人，才能正式开始出图。

（1）添加 MJ 机器人。按下图所示步骤依次操作：①点击左侧图标入口进入 MJ 服务器；②单击顶部成员图标展开成员列表；③点击 MJ 机器人一栏；④在弹出对话框里输入任意内容并发送，即完成机器人的添加。

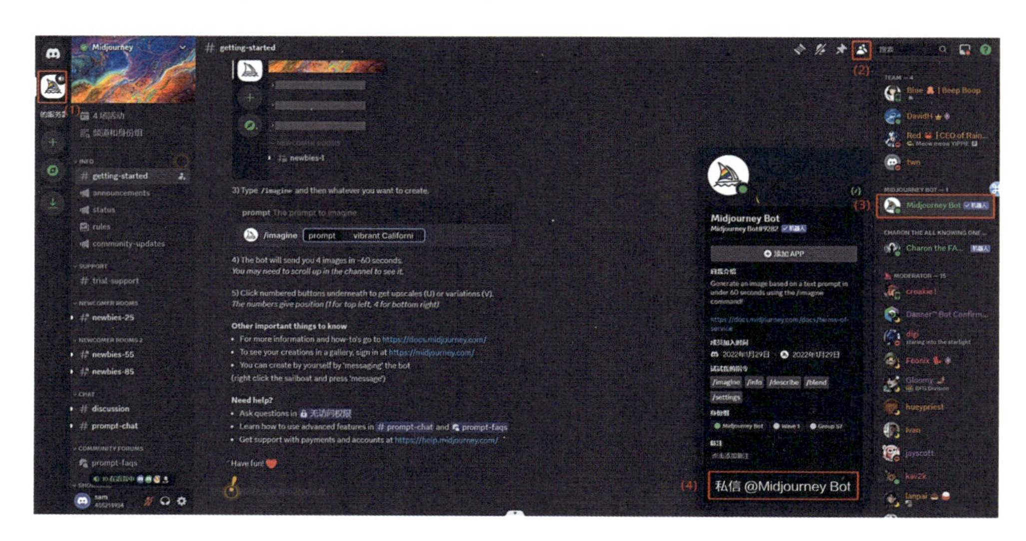

（2）接下来就是正式生图的步骤了，既然是对话形式，我们就要学习如何正确地与 MJ 机器人对话交流，让它能顺利地根据我们的指令生成我们想要的作品。

同样，按照如下图的四个步骤进行操作：①点击左侧私聊入口；②点击 MJ 机器人进入对话；③这里为视图区是显示对话内容和出图结果的；④菜单及对话框为作图区域（用于输入指令信息及提示词等）。

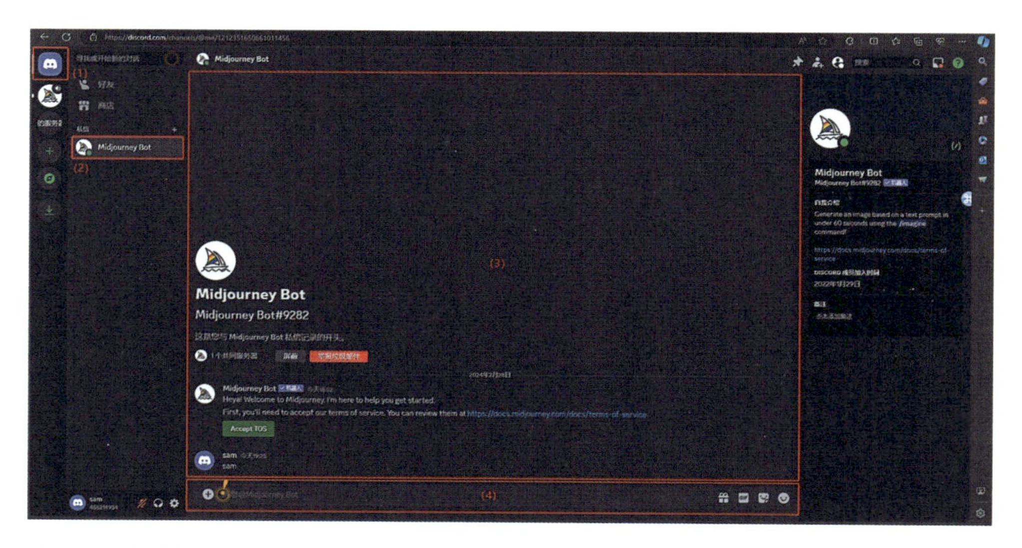

（3）生成我们的第一幅作品。如下图：

①点击输入框，输入 /，用于激活菜单选项。

② /imagine 代表文生图指令，我们选择这一个。

③在 prompt 后面输入描述词，这里要注意一定要在 prompt 的框内输入，用英文书写。这里我们尝试输入“a dog”即“一只狗”，然后按回车键发送。

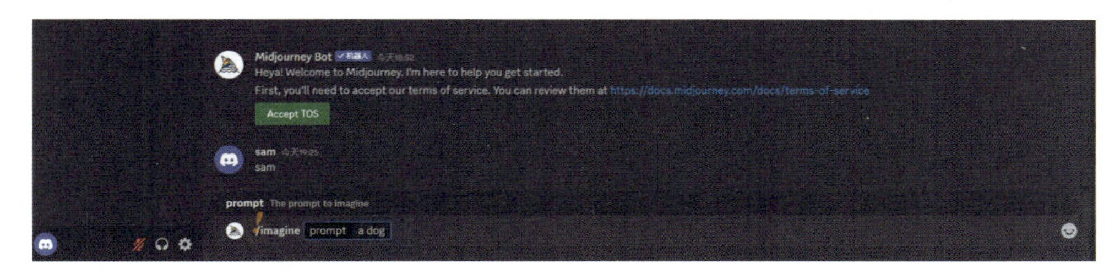

这一功能是需要付费的，如果未付费会弹出付费信息，按照流程支付完成后便可以正常出图了。

（4）等待机器人生成放大、微调与重构图。

①作图需占用官方资源，所以有时会需要排队。

②最终 MJ 帮我们生成了一组四张狗的图片。

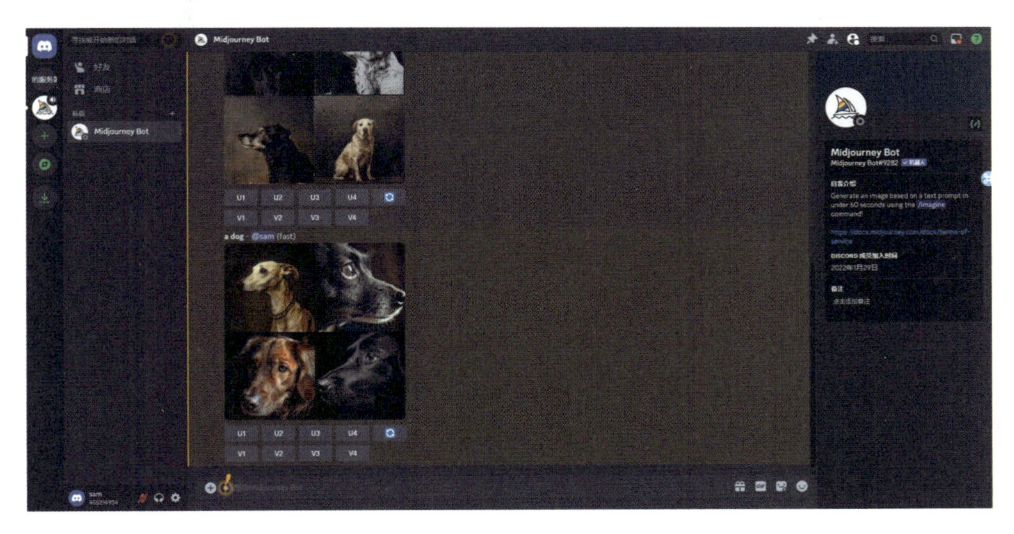

（5）放大、微调与重构。

如下图所示，在生成的四张图片下方有一组菜单，下面我们着重介绍一下这组菜单的用法。

①蓝色框区域的图片序号为（1）、（2）、（3）、（4），对应下方的 U1–U4，以及 V1–V4。

②其中“U”按钮表示放大图片，例如点击按钮“U1”即放大左上角（1）号的图片。

③ V 菜单表示在现有的画面基础上微调，例如点击按钮“V1”，就是在图片（1）基础上再出一组同类型风格的图片。点击“U1”，便得到了放大清晰版本的（1）号图片。

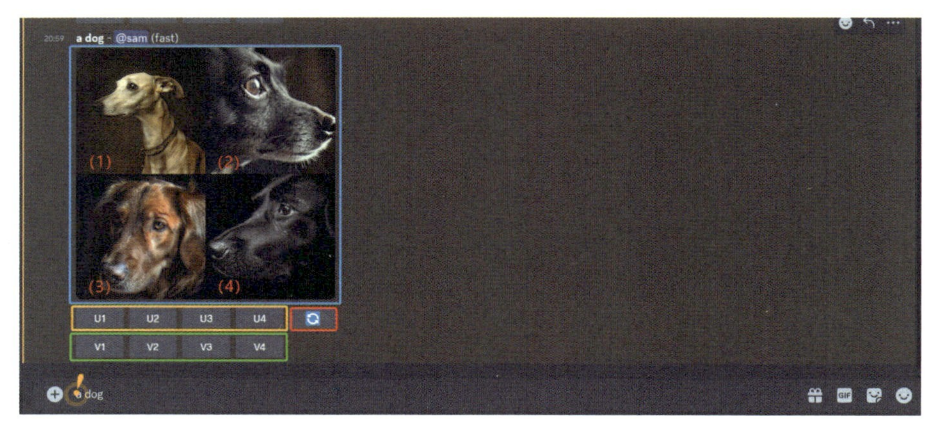

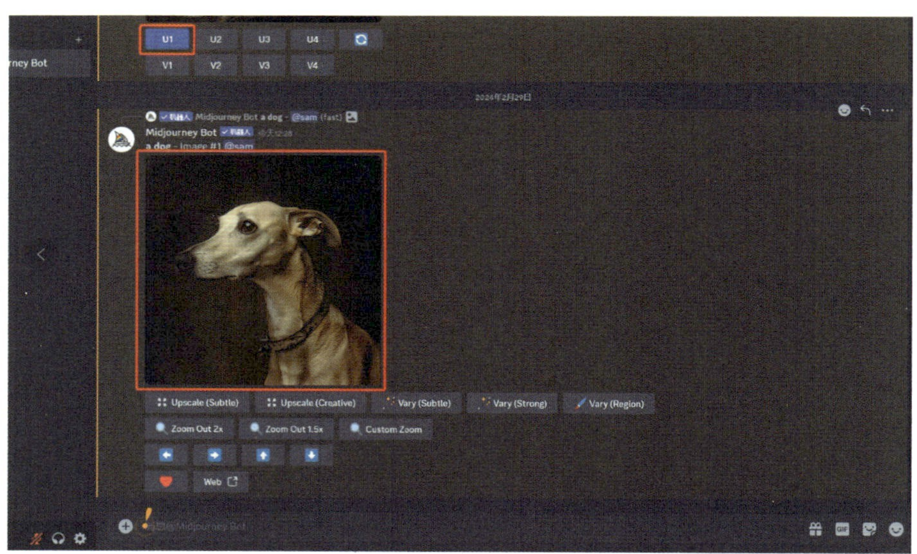

而点击“V1”后，我们便得到了如下图所示的一组和图（1）风格类型很相似的图像。

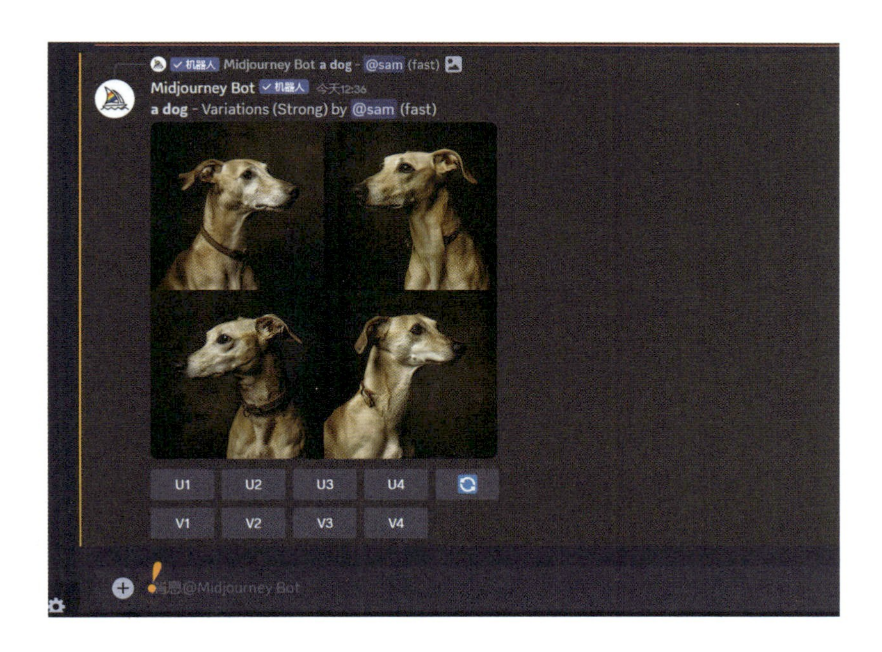

另外，如下图红框内所示的为刷新按钮，即，用上述同样的关键词，重新生成一组风格和样式均会有所不同的图片。

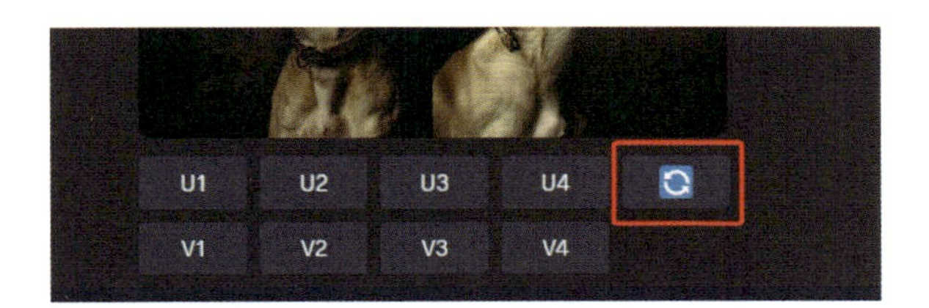

（四）MJ 所有指令对应功能

通过第一张图的生成，我们不难发现与 MJ 机器人对话时，都是需要预先输入特殊指令的，输入特殊指令后才能进行生成内容的描述或填入提示词。接下来，我们就来学习一下这些特殊指令的用法。

（1）“/imagine”出图指令。正如上一节中演示的内容，“/imagine”就是文生图的指令。

（2）“/settings”则是调出如下图所示的设置页面。这里主要是用于设置绘图的模式，选择不同的模型，生成不同风格的图像等，具体的操作方法，我们会在后续实战应用章节中进行详细的讲解和演示。

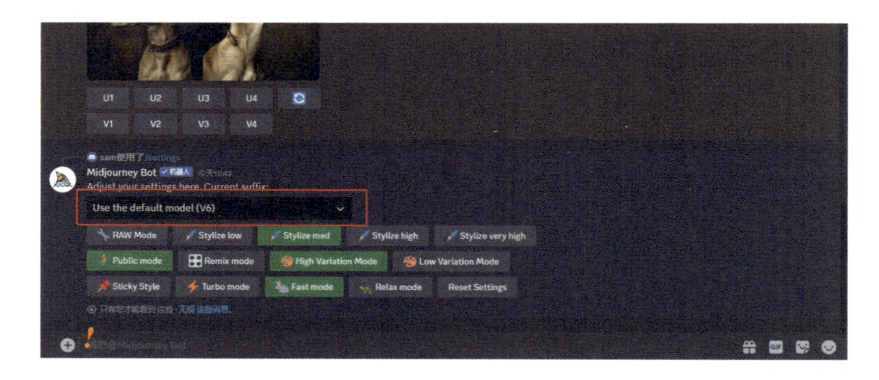

（3）“/ask”提问，输入“/ask”在下图中的“question”后输入问题内容。

这里的问题主要指一些比较简单的例如，某个功能在哪里？怎样打开某某功能？诸如此类的问题，如果是比较复杂的问题，在这里问是得不到一个很明确的答案的。

（4）“/relax”切换至慢速模式，慢速模式是指图片生成的速度比较慢。

（5）“/fast”切换至快速模式，快速模式是指图片生成的速度比较快。

（6）“/prefer remix”就是打开或者关闭图片微调的模式。如下图所示，现在微调模式是关闭状态，我们再次输入它时就是打开状态。同样，这个模式在 settings 里也可以设置。

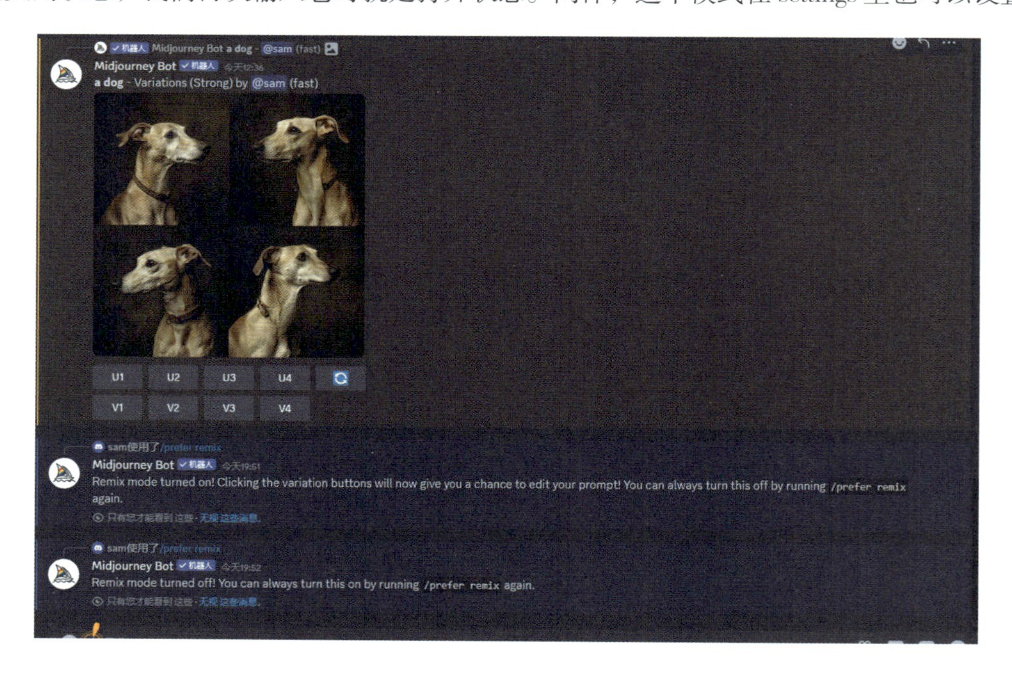

（7）“/blend”融图指令。即图片混合、图片融合，这里的图片融合可以同时融合五张图片，如下图所示，我们可以选“image”来进行添加，至少可以融合两张图片并应用提示词。

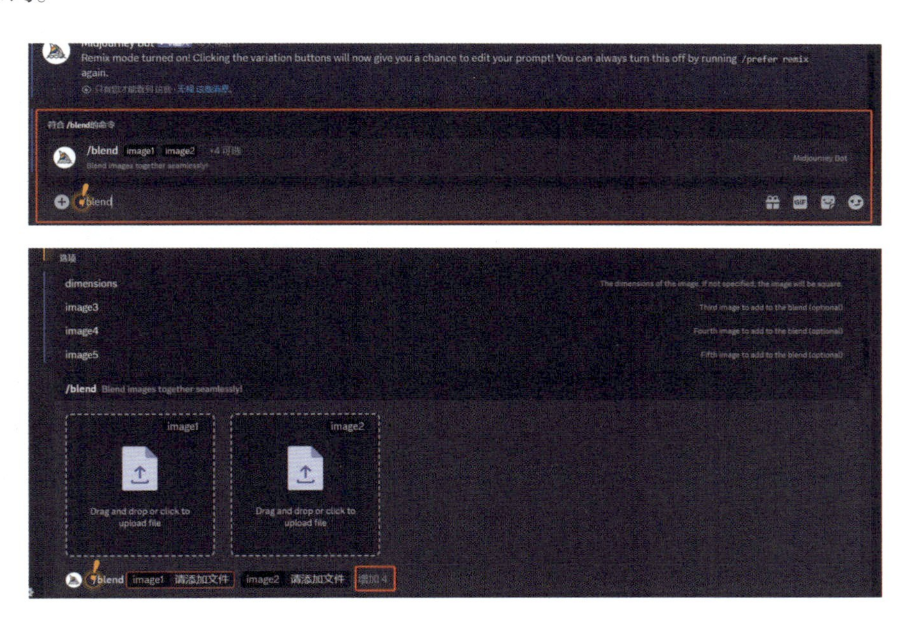

如下图，选择融合两张图片，我们选一张樱花树图片，再选一张小兔子的图片。

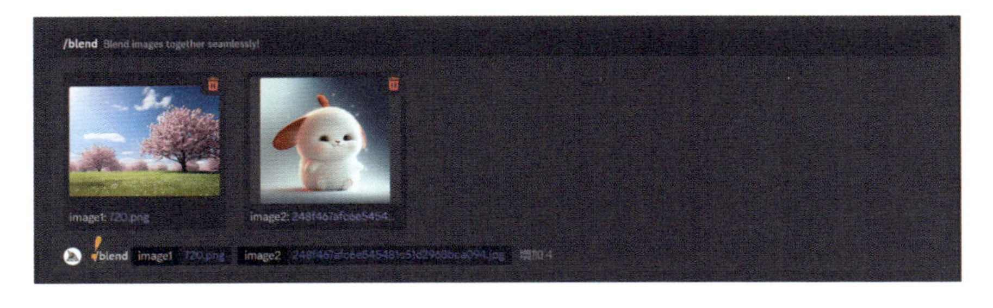

点击生成后，我们看到如下图，这两张图片已经融合成功了。

（8）“/subscribe”如下图，调出订阅信息页面，查看订阅情况。

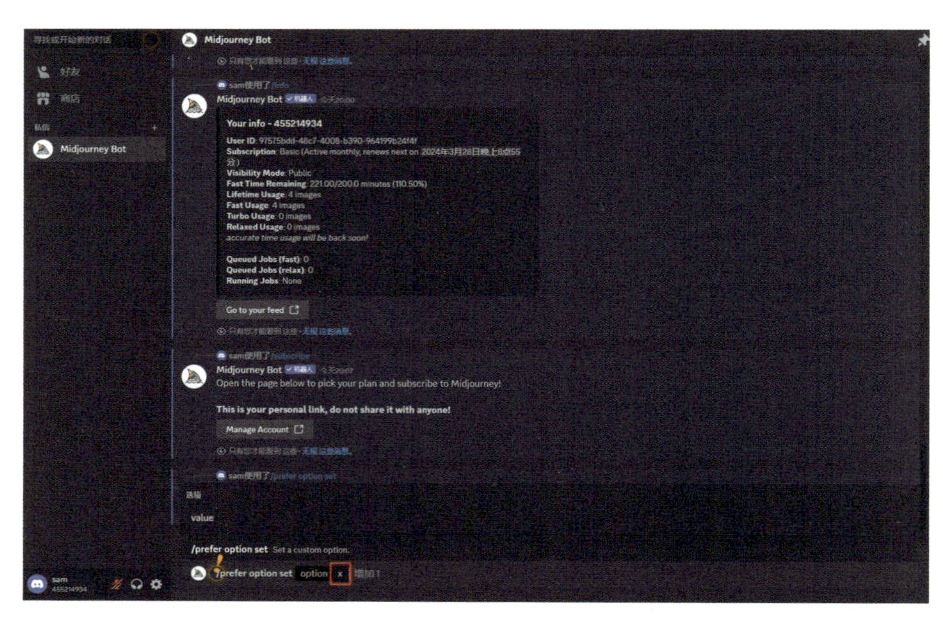

（9）“/prefer option set”偏好设置。这个口令的含义是可以创建一个自定义变量，并为这个变量赋值及很多图片设置参数。在每次使用时，输入变量的名称，就可以随时调用那些已经设定好的参数了。如下图，我们尝试给这个变量取名为“xyz”。

如下图，设置这个变量之后点击“value”，然后为它赋值，如我们设置图片的尺寸是 4∶3 输入指令代码为“—ar4∶3”，然后设置它的风格化程度为 0，它的指令代码为“—s0”，这里所谓风格化程度，就是画面风格的一致性程度，如卡通风格、写实风格或是国画风格等等，（100 为默认值，0 为关闭值，1000 为最大值）。最后点击 enter 确认。

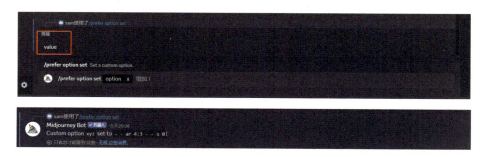

下面我们用一个提示词来应用尝试一下，如下图，输入一段提示词“a cup”，然后输入我们自定义的变量“xyz”，回车。可以看到，自定义变量就直接转化成了我们设定

的参数。在这里生成的图片的长宽比就是 4∶3，风格化的程度是 0。

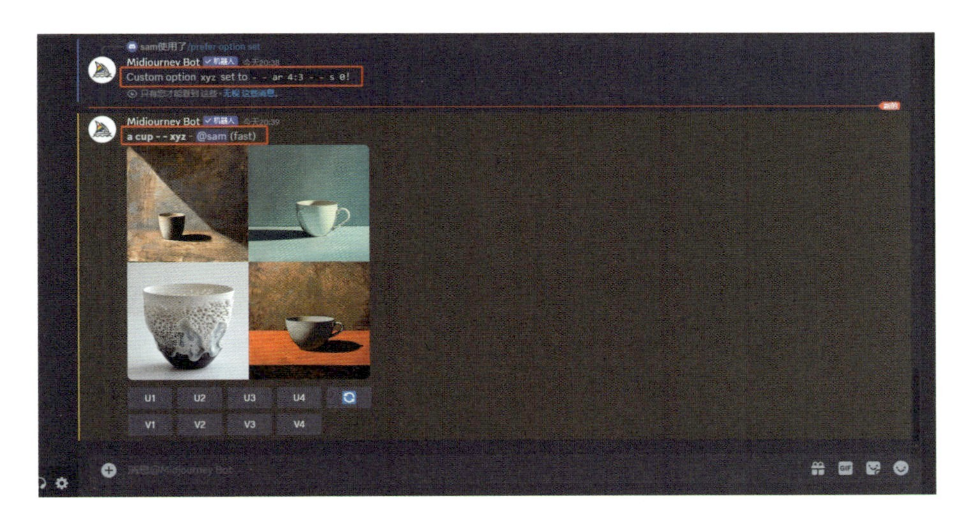

（10）“/prefer option list”调出偏好列表。这里可以查看我们设置过的所有偏好设置内容，包括我们刚才设置了变量的，如下图，“xyz”里面的参数情况也会被显示，如果设置了很多个参数，也都在这里显示。

（11）“/info”调出账户信息。如下图，调出用户账户信息的选项就是查看基本信息，比如 user ID，订阅的状况，剩多少快速出图时间，等等。如下图所示。

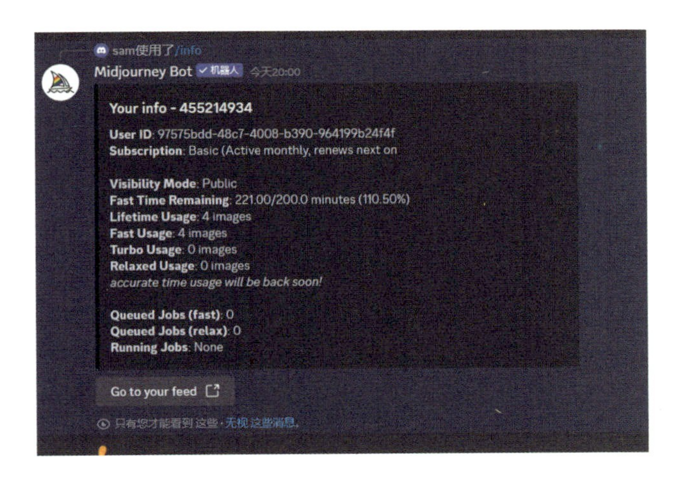

三、Stable Diffusion 基础与应用

（一）概说

Stable Diffusion 是一项在人工智能生成图像领域的重要技术。

Stable Diffusion 是一种深度学习模型，它采用了扩散过程，通过逐步去噪技术生成高质量图像。该模型由多个组件构成，包括文本理解组件和图像生成器，使得它能够根据文本描述创建出精细的图像。Stable Diffusion 在图像生成领域展现了显著的进步，其生成的图像质量更高、运行速度更快，同时资源消耗和内存占用更小。这一技术的出现，不仅提升了 AI 图像生成的效率和质量，还推动了生成建模领域的发展，为用户提供了一个全新、高效的创作工具。

WebUI 是为 Stable Diffusion 模型而开发的一个用户友好的交互平台，WebUI 界面设计得直观且易于使用，这意味着用户无需具备深厚的技术背景或编程知识，就可以轻松地使用它来操作 Stable Diffusion 模型。这种界面简化了操作流程，使得用户能够快速地输入文本描述，并通过模型生成相应的图像。虽然 WebUI 界面简化了操作流程，但用户仍然需要理解一些基本概念和技巧，以便更有效地使用 Stable Diffusion 模型。例如，用户需要知道如何编写清晰、具体的文本描述，以便生成符合预期的图像。此外，用户还可以通过调整模型的参数来优化生成结果的质量。

ComfyUI 是另一种为 Stable Diffusion 设计的用户界面。它是一个基于节点的界面，允许用户通过链接不同的模块（节点）来构建图像生成的工作流程。这种方式提供了更多的灵活性和对生成过程的控制，尽管它比 WebUI 更复杂一些。据报道，Stable Diffusion 的创造者 StabilityAI 在内部测试 Stable Diffusion 时使用了 ComfyUI，并且后来聘请了 ComfyUI 的开发者。

相比之下，Midjourney 通常通过聊天机器人来操作，如在 Discord 上通过发送文本命令来生成图像。这种方法虽然简单直接，但可能在灵活性和定制化方面不如 Stable Diffusion。Midjourney 生成的图像通常具有更强烈的艺术风格，这使得它在视觉上更具创意性和表现力，尽管这可能意味着在某些情况下牺牲了细节的精确度。因此，Midjourney 特别适合那些寻求快速、直观和具有创意的图像生成工具的用户。总的来说，这两种工具在技术实现、用户体验和图像风格上有着明显的区别。Stable Diffusion 的技术深度和灵活性使其成为专业用户的理想选择，而 Midjourney 的简单交互方式和强烈的艺术风格则更适合寻求快速和直观图像生成的普通用户。这些差异反映了人工智能图像生成领域的多样性和广泛应用潜力。

在 Stable Diffusion 的应用领域中，WebUI 是最为直观易用的图形用户界面，相对简化了操作过程，使得用户能够直观地调整参数、选择模型设置，并实时预览生成结果，

从而高效地进行图像创作。下面我们就来详细介绍一下 Stable Diffusion WebUI 的具体使用方法和操作流程。

（二）Stable Diffusion WebUI 的安装部署

安装 Stable Diffusion WebUI 的本地硬件，建议使用不少于 16GB 内存，来保证操作和运行的顺畅。因为安装文件及后续需要导入大量模型文件会占用硬盘使用空间，所以安装盘符中建议至少 60GB 空间。另外由于需要用到 CUDA 架构（CUDA 架构是 NVIDIA 的 GPU 并行计算平台，加速通用计算），所以推荐使用 N 卡（目前已经有了对 A 卡的相关支持，但运算的速度依旧明显慢于 N 卡）。

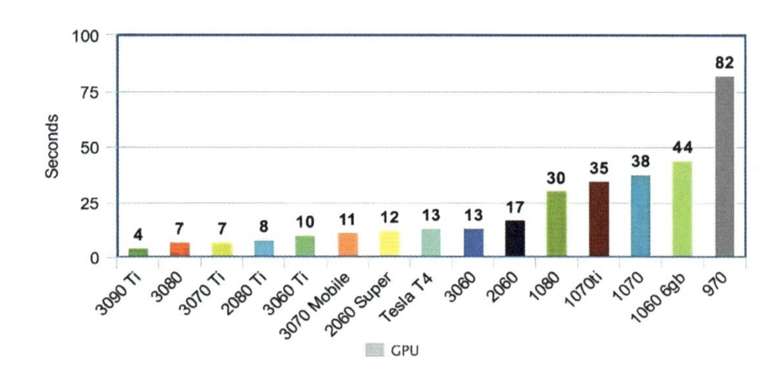

那么如何查看自己的显卡硬件信息呢。如下图，按 win+R 键输入“dxdiag”然后回车后，会弹出以下窗口，点击“是”。

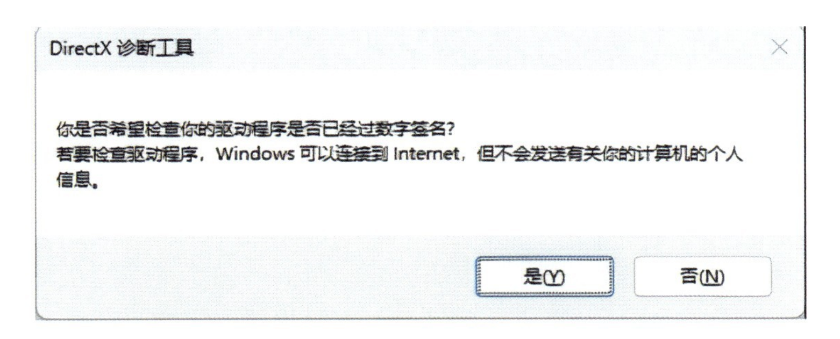

如下图所示，选择系统可查看当前系统及基础硬件信息，选择“显示”可查看当前显卡具体信息。

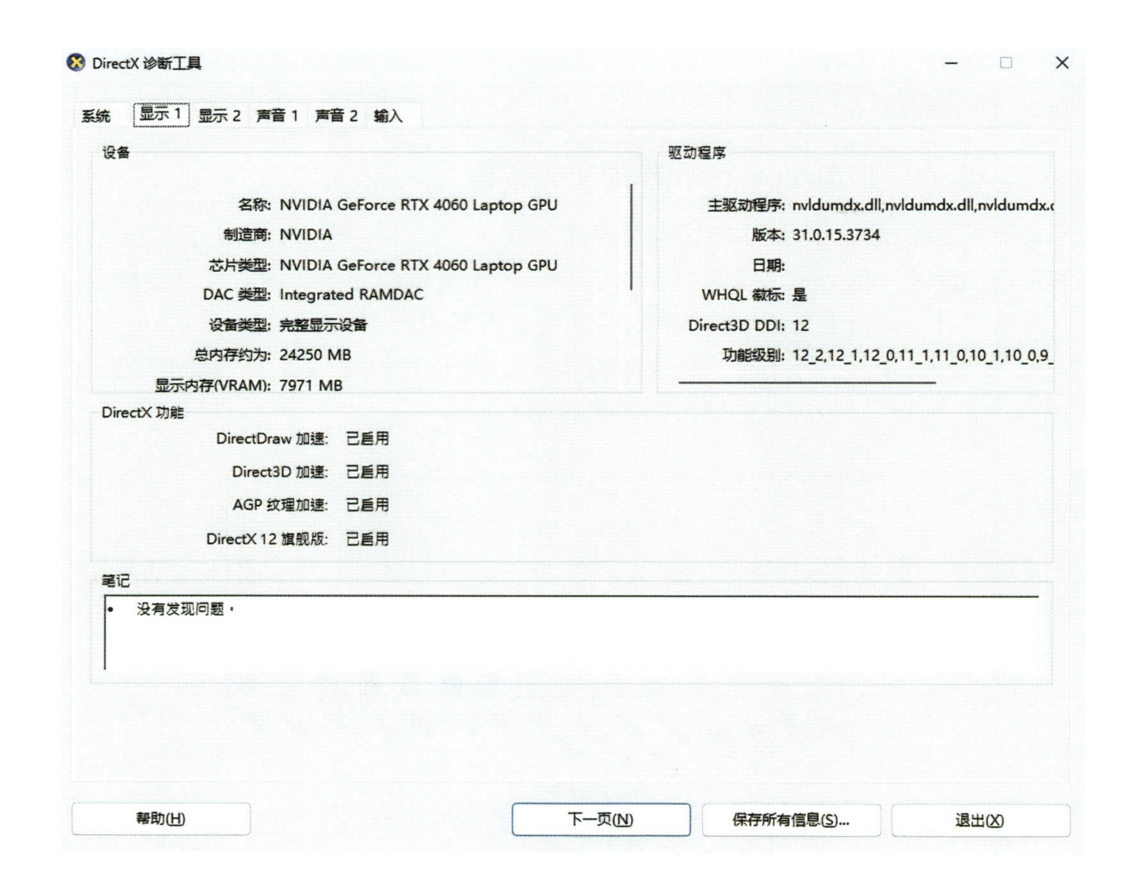

（三）Stable Diffusion WebUI 安装的两种方法及优缺点

1. 手动部署 Stable Diffusion

适合人群：计算机基础较好，对于代码认识深，理解代码，并且有代理网络环境的人群。

优点：能够获得最纯净的 WebUI 程序。可以按自己的需求安装插件，一步步了解安装步骤便于以后找到错误根源和处理方法。

缺点：安装过程相对麻烦，需要一些经验，容易出错、报错，还需要自行找到模型和插件下载和安装。

相对而言，我们会更倾向于选择第二种整合包的方式安装使用，节省大量时间精力，用于学习插件的使用，同时降低入手学习的门槛，但是我们仍应该了解手动安装的基础逻辑，下面就来简单介绍一下这一安装方式的方法和流程。

下图是 webui 的官方 wiki 部署页面“Home AUTOMATIC1111/stable-diffusion-webui Wiki（github.com）stable diffusion”，我们可以简单了解一下。同时，webui 需要联网下载安装大量的依赖，在境内的网络环境下下载很慢，最好有境外网络环境。

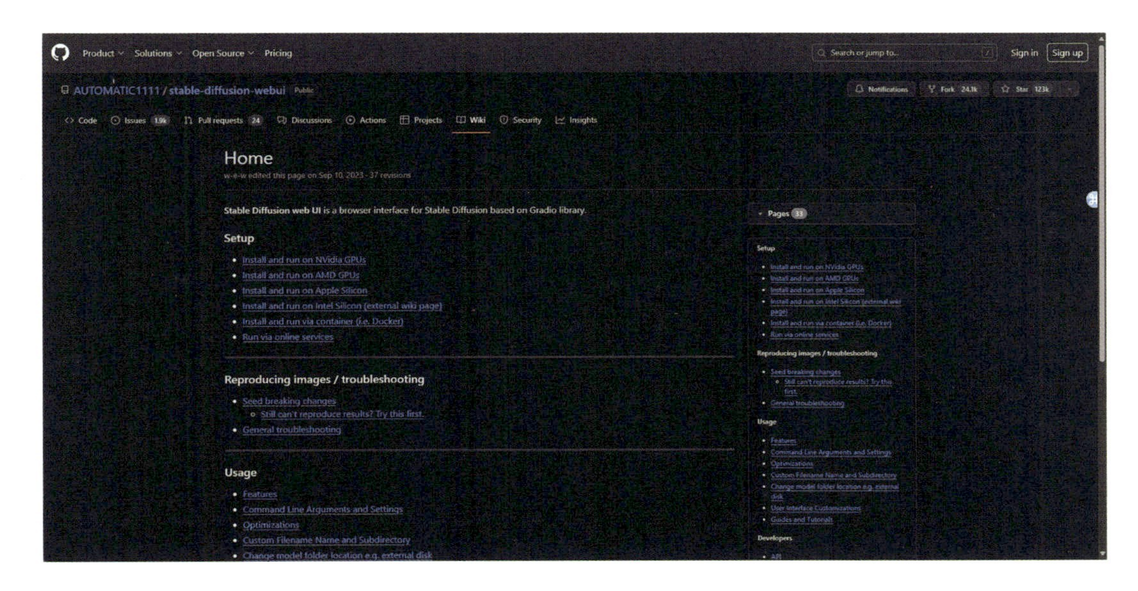

（1）安装 Python

搜索 python 找到其官方网站，“https://www.python.org/downloads/” 选择下图中的 “Downloads” 按钮，选择安装 Python 3.10.6 或 3.10.11 版本，不必下载最新版本，一般我们都会选择下载最稳定、兼容性最好的版本。

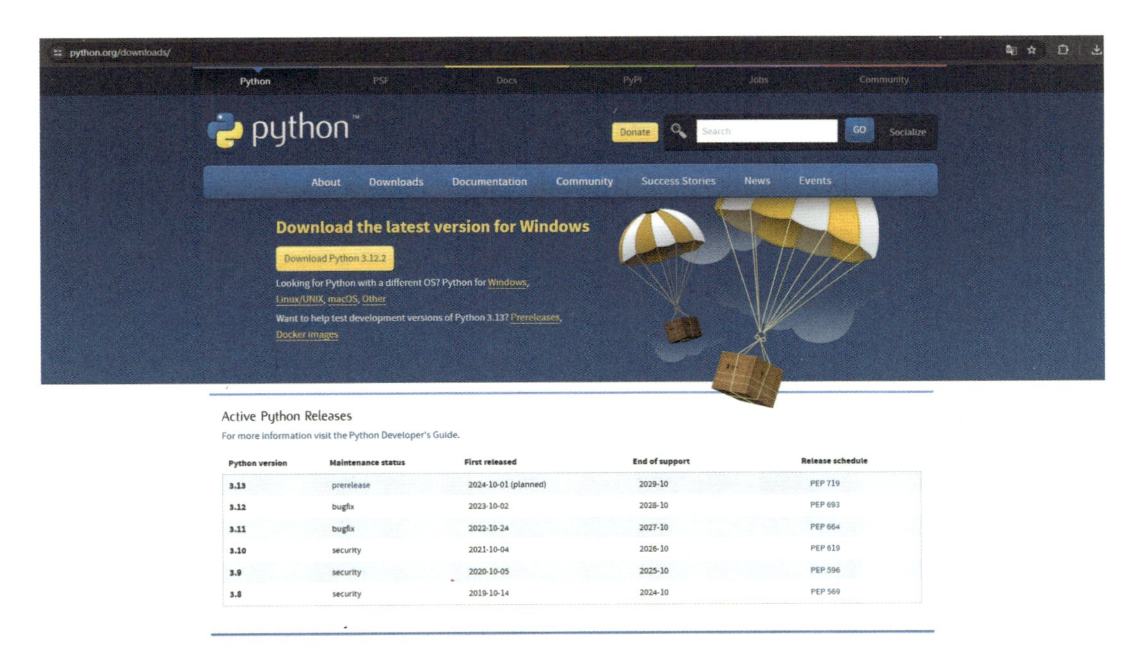

Python version	Maintenance status	First released	End of support	Release schedule
3.13	prerelease	2024-10-01 (planned)	2029-10	PEP 719
3.12	bugfix	2023-10-02	2028-10	PEP 693
3.11	bugfix	2022-10-24	2027-10	PEP 664
3.10	security	2021-10-04	2026-10	PEP 619
3.9	security	2020-10-05	2025-10	PEP 596
3.8	security	2019-10-14	2024-10	PEP 569

在如下页面下方找到下载栏，下载对应版本并安装。

Looking for a specific release?

Python releases by version number:

Release version	Release date		Click for more
Python 3.11.8	Feb. 6, 2024	Download	Release Notes
Python 3.12.2	Feb. 6, 2024	Download	Release Notes
Python 3.12.1	Dec. 8, 2023	Download	Release Notes
Python 3.11.7	Dec. 4, 2023	Download	Release Notes
Python 3.12.0	Oct. 2, 2023	Download	Release Notes
Python 3.11.6	Oct. 2, 2023	Download	Release Notes
Python 3.11.5	Aug. 24, 2023	Download	Release Notes

View older releases

下拉找到 Windows installer（64–bit）下载安装。

The Navier–Stokes equations are partial differential equations which describe the motion of viscous fluid substances, named after the French engineer and physicist Claude-Louis Navier and Anglo-Irish physicist and mathematician George Gabriel Stokes. They were developed over several decades of progressively building the theories, from 1822 (Navier) to 1842-1850 (Stokes).

The Navier–Stokes equations mathematically express momentum balance and conservation of mass for Newtonian fluids. They are sometimes accompanied by an equation of state relating to pressure, temperature and density. They arise from applying Isaac Newton's second law to fluid motion, together with the assumption that the stress in the fluid is the sum of a diffusing viscous term (proportional to the gradient of velocity) and a pressure term—hence describing the viscous flow. The difference between them and the closely related Euler equations is that Navier–Stokes equations take viscosity into account while the Euler equations model only inviscid flow. As a result, the Navier–Stokes are a parabolic equation and therefore have better analytic properties, at the expense of having less mathematical structure (e.g. they are never completely integrable).

Full Changelog

Files

Version	Operating System	Description	MD5 Sum	File Size	GPG	Sigstore
Gzipped source tarball	Source release		7e25e2f158b1259e271a45a249cb24bb	24.9 MB	SIG	.sigstore
XZ compressed source tarball	Source release		1bf8481a683e0881e14d52e0f23633a6	18.7 MB	SIG	.sigstore
macOS 64-bit universal2 installer	macOS	for macOS 10.9 and later	f5f791f8e8bfb829f23860ab08712005	39.1 MB	SIG	.sigstore
Windows installer (64-bit)	Windows	Recommended	a55e9c1e6421c84a4bd8b4be41492f51	27.7 MB	SIG	.sigstore
Windows help file	Windows		52ff1d6ab5f300679889d3a93a8d50bb	9.0 MB	SIG	.sigstore
Windows embeddable package (64-bit)	Windows		f1c0538b060e03cbb697ab3581cb73bc	8.2 MB	SIG	.sigstore
Windows embeddable package (32-bit)	Windows		fee70dae06c25c60cbe825d6a1bfda57	7.3 MB	SIG	.sigstore
Windows installer (32 -bit)	Windows		83a67e1c4f6f1472bf75dd9681491bf1	26.6 MB	SIG	.sigstore

注意：安装时须选中下图中的“Add python to PATH”。

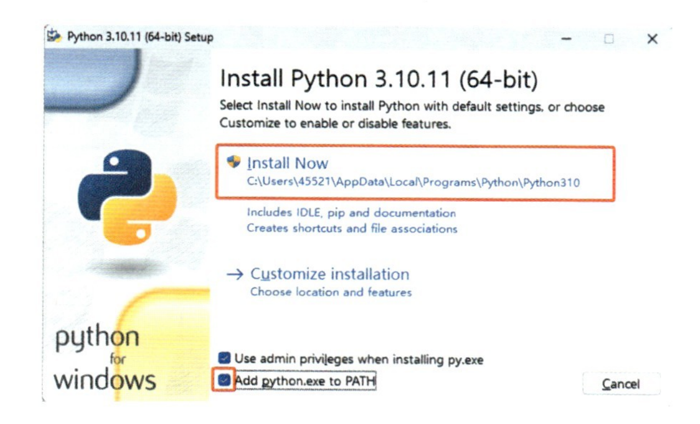

安装过程中一直选择下一步，按默认操作，即可完成安装。

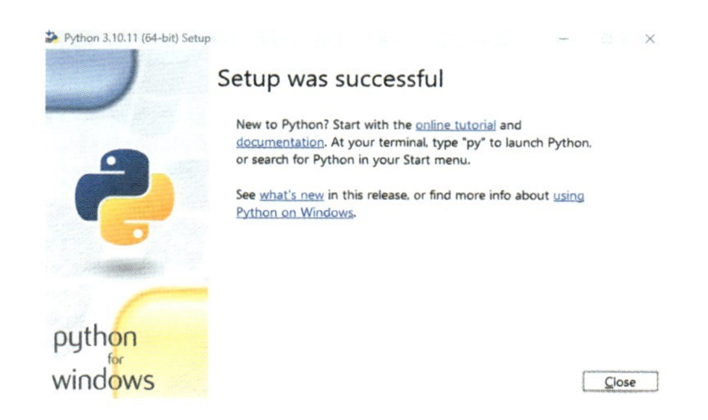

（2）安装 Git

在如下网站“Git-scm.com”界面中下载 Git 安装包并安装。

选择“Downloads”打开下载页面。

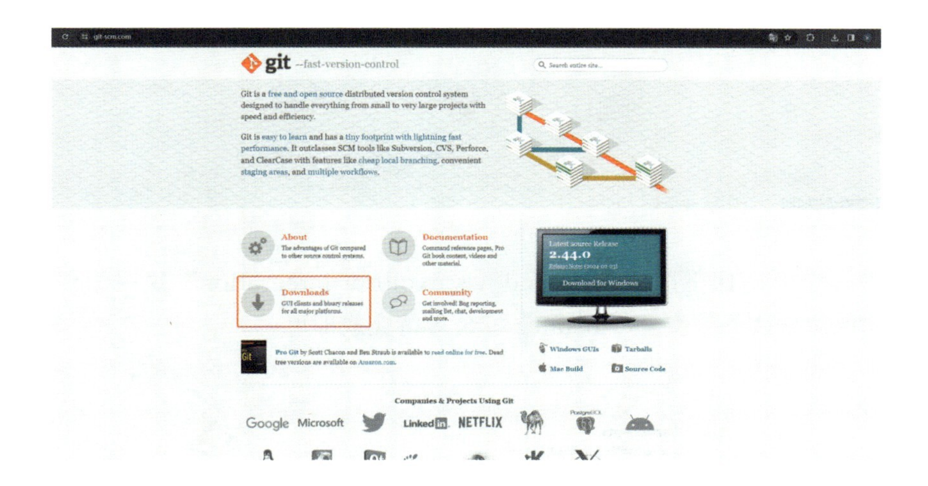

选择对应系统版本进行下载，这里就以选择下图中的 windows 版本进行演示。

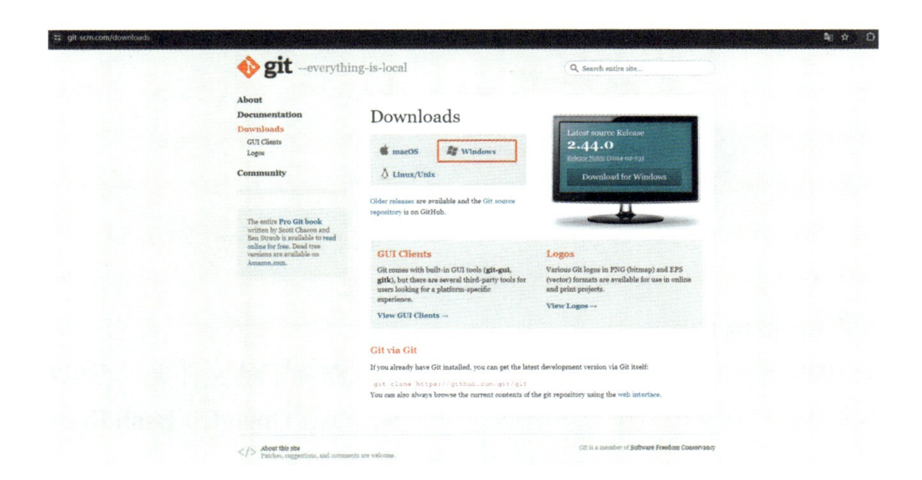

选择“64-bit Git for Windows Setup”进行下载安装。

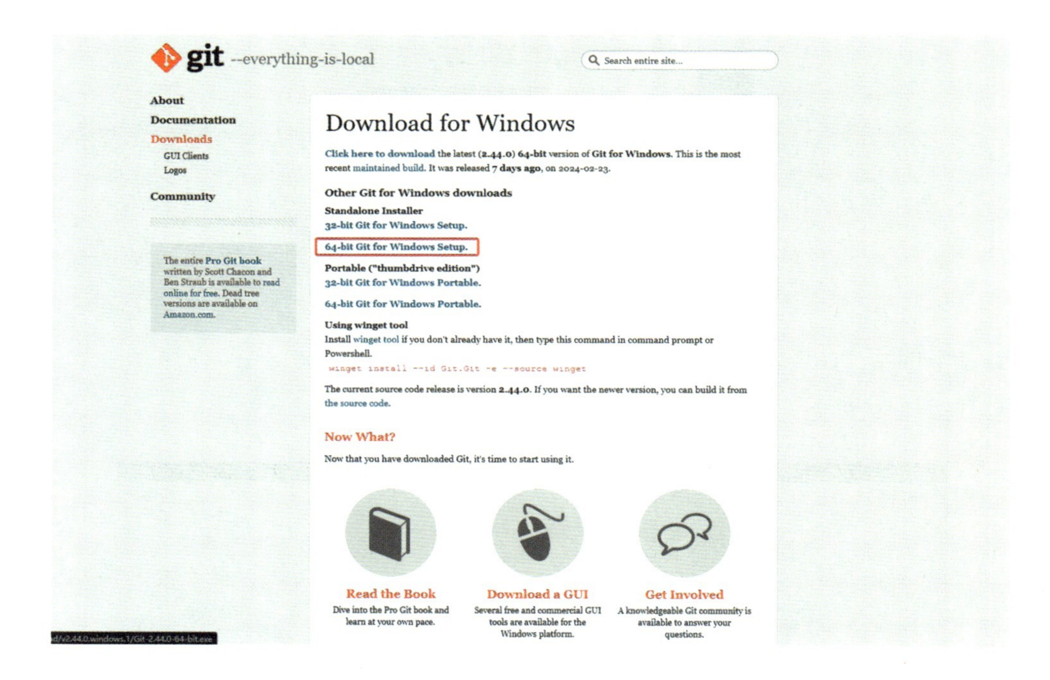

安装时一定要确保下图中的“windows explorer integration”这一组保持勾选状态，其他均保持默认下一步至“install”安装等待完成即可。

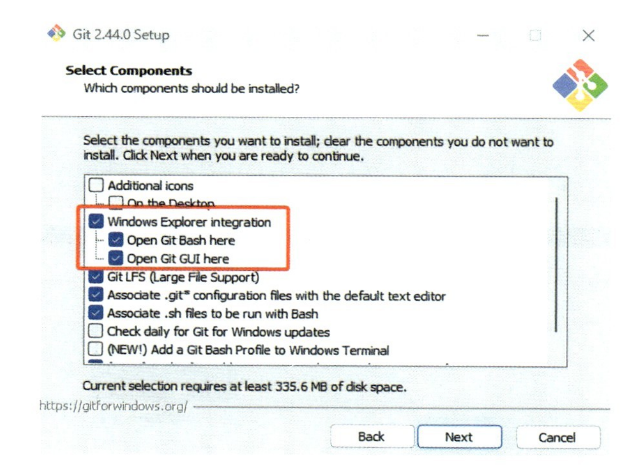

（3）下载 webui 的 github

在大于 100G 可用空间的盘符中创建一个纯英文路径下的文件夹，可以起名为 SD 或者其他英文名称。在文件夹中点击右键，如下图，点击 Open Git Bash Here。

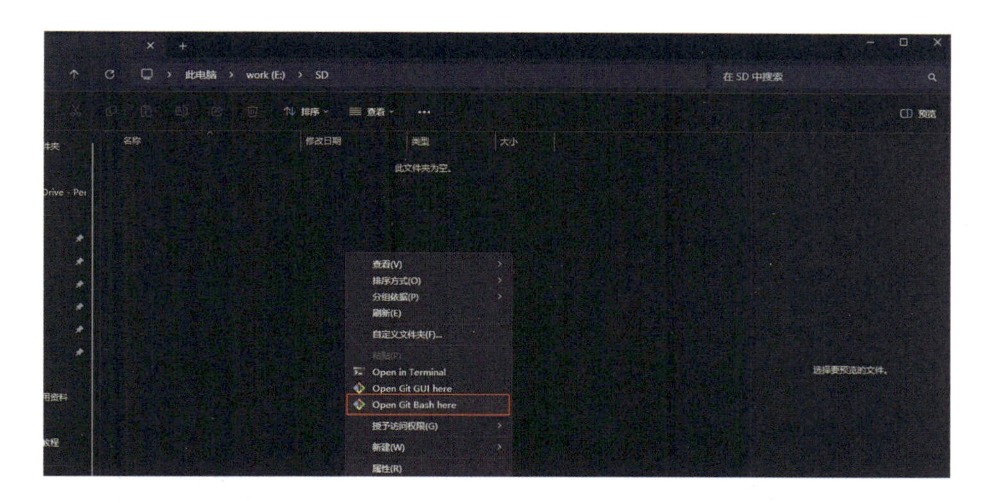

如下图，在弹出的对话框内输入“git clone”然后复制这个网址“https://github.com/AUTOMATIC1111/stable-diffusion-webui”然后点击回车。

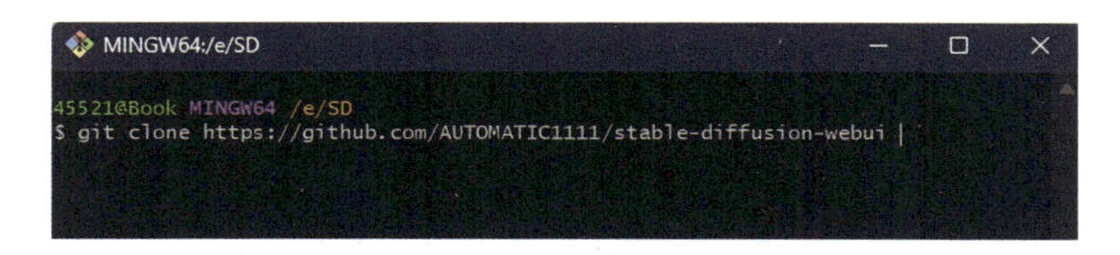

双击运行下图中的 webui-user.bat 脚本会自动下载依赖，等待一段时间（可能需要较长时间）。

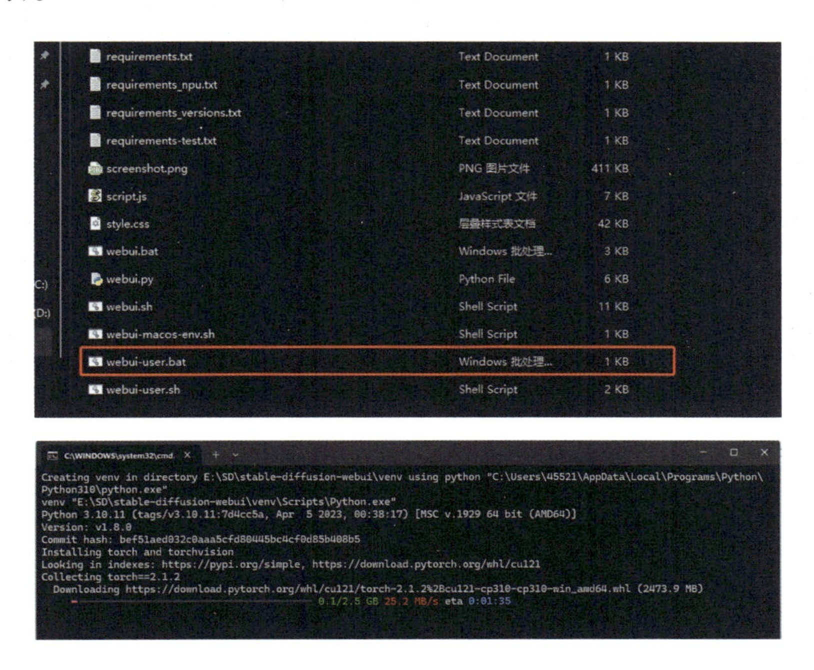

安装成功后程序框中会输出一个类似如下图中“http://127.0.0.1：7860/”的地址，在浏览器中输入这个链接，打开即可。

```
C:\WINDOWS\system32\cmd.
Python 3.10.11 (tags/v3.10.11:7d4cc5a, Apr  5 2023, 00:38:17) [MSC v.1929 64 bit (AMD64)]
Version: v1.8.0
Commit hash: bef51aed032c0aaa5cfd80445bc4cf0d85b408b5
Installing requirements
Launching Web UI with arguments:
no module 'xformers'. Processing without...
no module 'xformers'. Processing without...
No module 'xformers'. Proceeding without it.
Downloading: "https://huggingface.co/runwayml/stable-diffusion-v1-5/resolve/main/v1-5-pruned-emaonly.safetensors" to E:\
SD\stable-diffusion-webui\models\Stable-diffusion\v1-5-pruned-emaonly.safetensors

100%|████████████████████████████████| 3.97G/3.97G [14:17<00:00, 4.97MB/s]
Calculating sha256 for E:\SD\stable-diffusion-webui\models\Stable-diffusion\v1-5-pruned-emaonly.safetensors: Running on
local URL:  http://127.0.0.1:7860

To create a public link, set `share=True` in `launch()`.
Startup time: 1188.2s (prepare environment: 314.1s, import torch: 4.2s, import gradio: 1.1s, setup paths: 1.1s, initiali
ze shared: 2.0s, other imports: 0.8s, list SD models: 863.8s, load scripts: 0.6s, create ui: 0.3s, gradio launch: 0.2s).
6ce0161689b3853acaa03779ec93eafe75a02f4ced659bee03f50797806fa2fa
Loading weights [6ce0161689] from E:\SD\stable-diffusion-webui\models\Stable-diffusion\v1-5-pruned-emaonly.safetensors
Creating model from config: E:\SD\stable-diffusion-webui\configs\v1-inference.yaml
vocab.json: 100%|████████████████████████| 961k/961k [00:00<00:00, 1.21MB/s]
merges.txt: 100%|████████████████████████| 525k/525k [00:00<00:00, 827kB/s]
special_tokens_map.json: 100%|███████████████████| 389/389 [00:00<?, ?B/s]
tokenizer_config.json: 100%|█████████████████████| 905/905 [00:00<?, ?B/s]
config.json: 100%|███████████████████████████| 4.52k/4.52k [00:00<?, ?B/s]
Applying attention optimization: Doggettx... done.
Model loaded in 12.5s (calculate hash: 4.4s, create model: 5.0s, apply weights to model: 1.8s, calculate empty prompt: 1
.3s).
```

浏览器就会显示如下图的 webui 界面了，到此我们第一种安装方式就基本完成了。

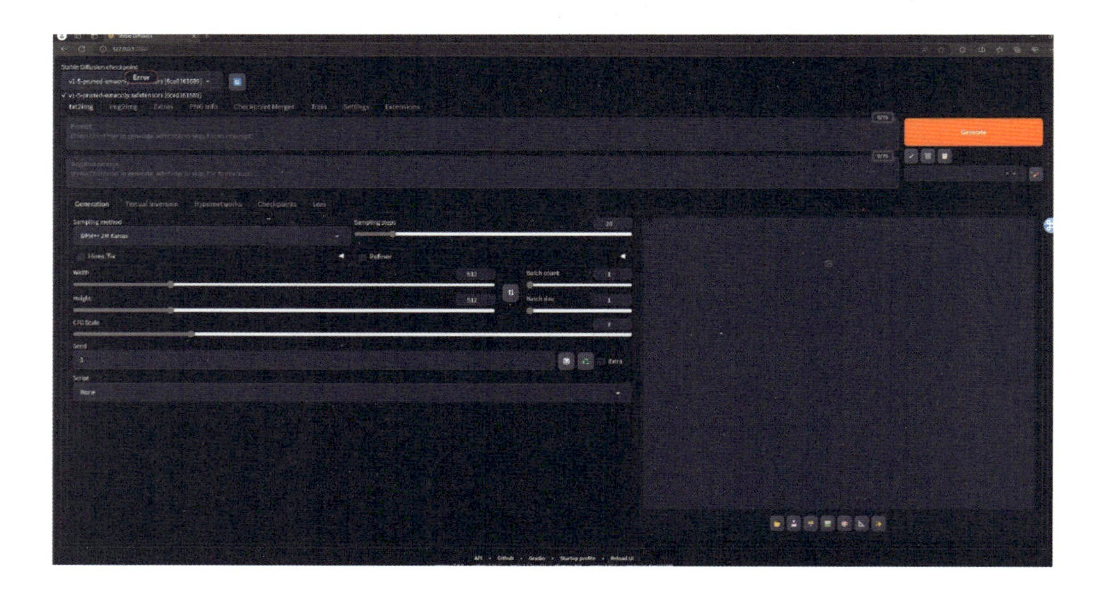

2. Stable Diffusion Webui 整合包安装

Stable Diffusion Webui 整合包适合绝大部分人群，不需要境外网络环境。

硬件条件：系统要求 Win10 或者 Win11，硬件方面，显卡需要 RTX2060 以上，6GB 显存以上，内存 8GB 以上，推荐 16G 以上，硬盘预留 20G 至 100G 空间，当然更高的硬件配置效果会更好。

表 3-2 Stable Diffusion WebUI 两种安装方式对比

对比项	整合包安装	手动安装
安装简便性	整合包通常提供一键安装脚本，安装过程简单快捷	需要手动下载 Webui 和相关依赖项，配置环境变量，安装步骤相对烦琐
前置条件	无需安装 Python 等前置部件，整合包中通常包含所需的所有依赖	需要自行安装 Python、CUDA（如果适用）、相关库和依赖项
启动方式	整合包通常提供一键启动脚本，方便快速启动 WebUI	需要手动启动命令行，输入相应的启动命令
自动更新	整合包可能提供自动更新功能，方便获取最新功能和修复	需要手动检查更新，并手动下载和安装更新补丁
整合模型与插件	整合包通常会包含一些常用的模型和插件，方便用户直接使用	用户需要自行下载和安装所需的模型和插件
灵活性	整合包的配置可能较为固定，不易进行自定义	手动安装可以根据用户需求进行自定义配置，包括选择模型、插件和参数设置
兼容性	由于整合包可能集成了多个版本，可能存在版本兼容性问题	手动安装可以根据具体需求选择兼容的版本
安全性	需要从可靠来源下载整合包，避免安全风险	手动安装可以逐个验证组件的安全性，但也需要用户具备一定的安全意识
学习曲线	对于初学者而言，整合包可能更容易上手	手动安装需要用户具备一定的技术基础和对 WebUI 的理解

市面上推荐的整合包主要有秋叶 aaaki 以及独立研究员 - 星空等，它们的内核都是一样的，使用上没什么区别，新人推荐使用秋叶 aaaki 整合安装包。

由于网上的安装包集成插件和各种模型 Lora 版本各不相同，我们先以一款集成插件相对全面的版本为例进行安装。如下图下载完成，解压缩后一般会有对应的安装提示，运行文件一般都在“sd-webui-aki- 版本号”形式的文件夹中，并且一般都会搭配一个“启动器运行依赖”。注意，我们下载安装的路径要尽可能为全英文并且相对简单的路径。

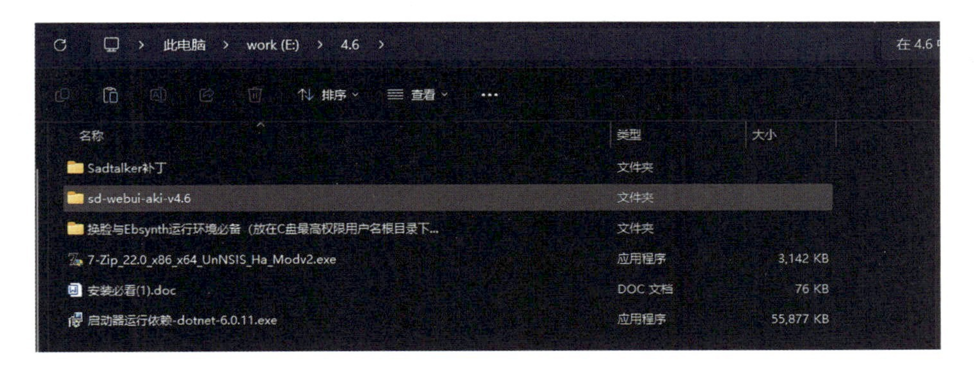

首先要安装“启动器运行依赖”按照安装提示一直默认下一步即可完成安装，接下来我们在解压缩的 sd-webui-aki-v4.6 文件夹中找到如下图的“A 绘世启动器 .exe”双击安装，等待安装完成。

安装完成后会弹出如下图所示的秋叶启动器界面，点击右下角的一键启动按钮，即可在浏览器中自动弹出 webui 的操作界面。

下图为 Stable Diffusion 运行页面。

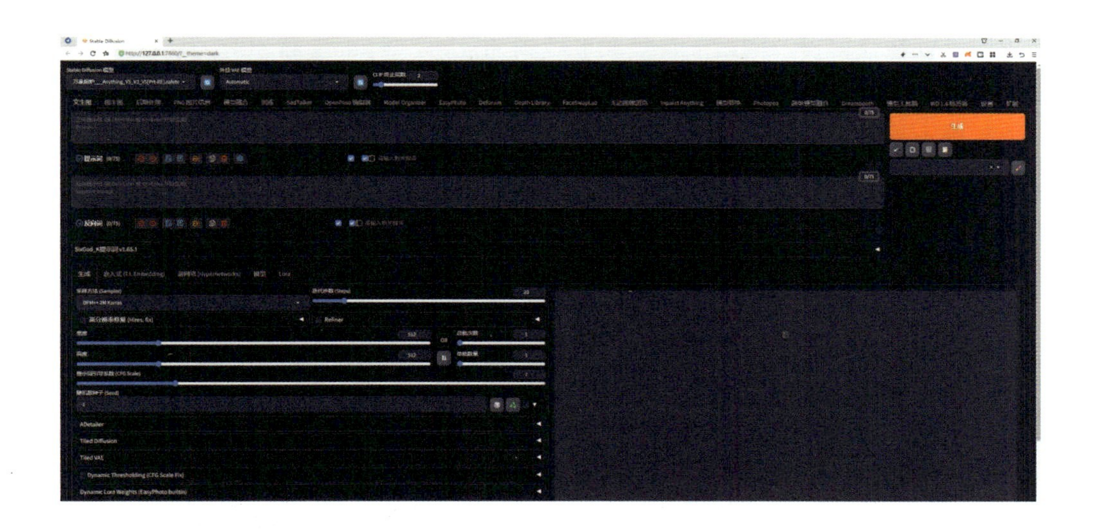

（四）Stable Diffusion 大模型

Stable Diffusion（SD）大模型以其技术创新和应用广泛性，成为图像生成领域的重要突破。该模型基于潜在扩散模型（LDMs），能够在消费者级 GPU 上运行，高效生成高质量图像，为广告、媒体、设计等领域带来新的创作方式和商业机遇。Stable Diffusion 不仅展示了图像生成技术的进步，还推动了创意产业的发展，具有重要的商业和社会价值。

大模型生成的原理通常涉及复杂的深度学习技术和算法。具体到 SD 大模型，其生成原理主要是基于扩散过程的局部平衡理论。Stable Diffusion 首先将图像数据压缩到隐式空间，并在该空间中执行多步的扩散过程，通过 UNet 模块进行去噪处理，最终将处理后的数据解码回像素空间，生成高质量的图像。

在使用 SD 大模型进行图像生成等操作时，需要注意以下四个方面。

（1）模型选择与关键词理解：不同的 SD 大模型具有不同的画风和擅长的领域，因此在使用前需要详细了解模型的特性和适用场景。同时，每个模型的关键词也可能不同，需要仔细阅读作者说明和关键词，以充分利用模型的功能。

（2）计算资源需求：SD 大模型需要一定的计算资源来运行，包括高性能的 GPU 等硬件支持。因此，在使用前需要确保具备足够的计算资源，并根据实际情况调整模型参数和配置，以获得最佳的性能和效果。

（3）数据预处理与后处理：在输入数据到 SD 模型之前，需要进行适当的数据预处理，如缩放、裁剪、归一化等。同样，在模型输出后，可能还需要进行后处理操作，如色彩调整、细节增强等，以进一步优化生成的图像质量。

（4）版权与合规性：在使用 SD 模型生成的图像时，需要注意版权和合规性问题。确保生成的图像不侵犯他人的版权，并遵守相关的法律法规和道德规范。

我们可以在很多资源网站上收集和下载到 SD 大模型、lora 和相应的插件等，帮助我们完成 Stable Diffusion 的安装配置。

装配模型推荐在如 Civitai（网站地址：https://civitai.com）上下载标注有 CKPT 的模型（大模型是 SD 出画的必要条件）。下载的模型文件，需放入安装目录文件路径下的 models/stable-diffusion 目录中。大模型一般为后缀名为“.safetensors”的文件。文件容量一般都会相对比较大。下图即 Civitai 的网站首页。需要注意的是，这个网站需要境外网络环境。

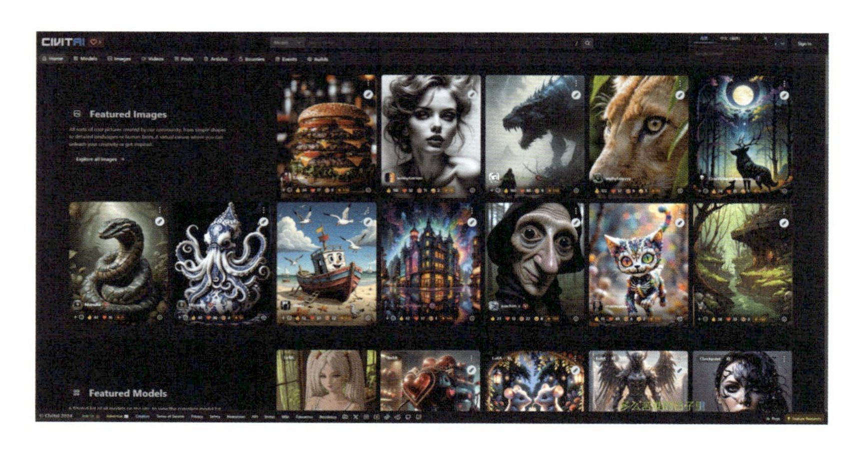

下面推荐一些国内的 SD 大模型下载地址，无需特殊的网络环境即可下载。

（1）哩布哩布 AI（liblibai.com）：哩布哩布 AI 是国内的 SD AI 模型分享社区，收录了各类流行的 checkpoint、lora 模型和小众 AI 模型，资源丰富。网站内容和布局与 Civitai 相似，包括模型分享下载和图片灵感两个模块，非常适合新手用户找资源和学习。无需注册即可下载，网站还提供了作者详尽的模型介绍和使用教程，便于用户更深入理解每个模型，便于二次开发和应用。下图为网站的首页界面。

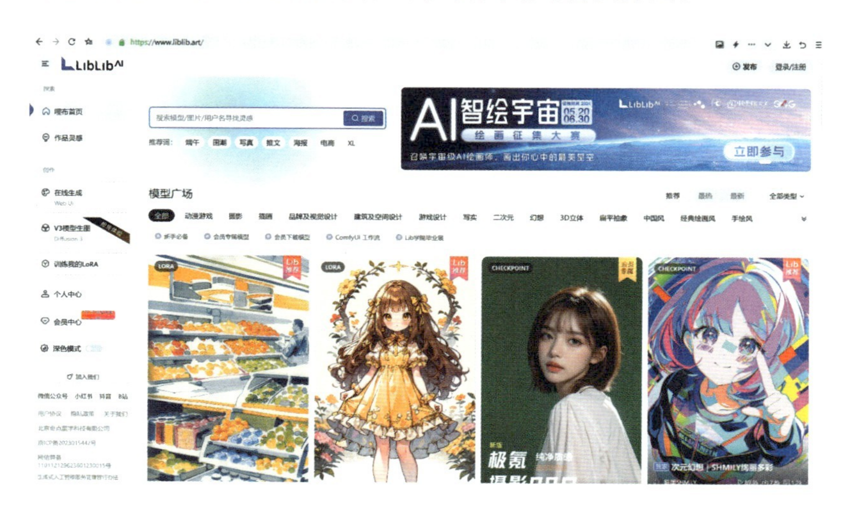

（2）吐司（Tusi.Art）："tusiart.com/" 吐司是一个 AI 模型分享平台，支持 Stable Diffusion 模型的下载和运行。用户可以直接在平台上下载模型，并免费在线运行模型进行图像生成。提供了丰富的模型资源和一键生成图像的功能，方便用户快速尝试和体验 Stable Diffusion。

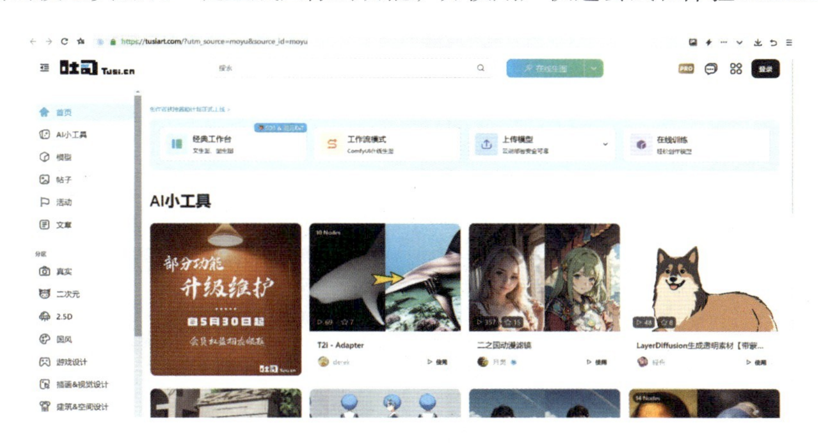

（五）Stable Diffusion WebUI 文生图参数界面详解

Stable Diffusion Webui 文生图的基本流程如下：选择适合的大模型并准备提示词（描述性文本），包括正向和反向提示词，以明确生成图像的内容和风格。接着，通过调整参数和选择种子，控制生成过程的细节和随机性。然后，将提示词输入模型并启动生成，Stable Diffusion 会解析文本并经过多次迭代优化生成图像。最后，用户可以查看生成结果，并根据需要进行后期处理和分享。

接下来，我们就对如下图的文生图界面进行详细的讲解。

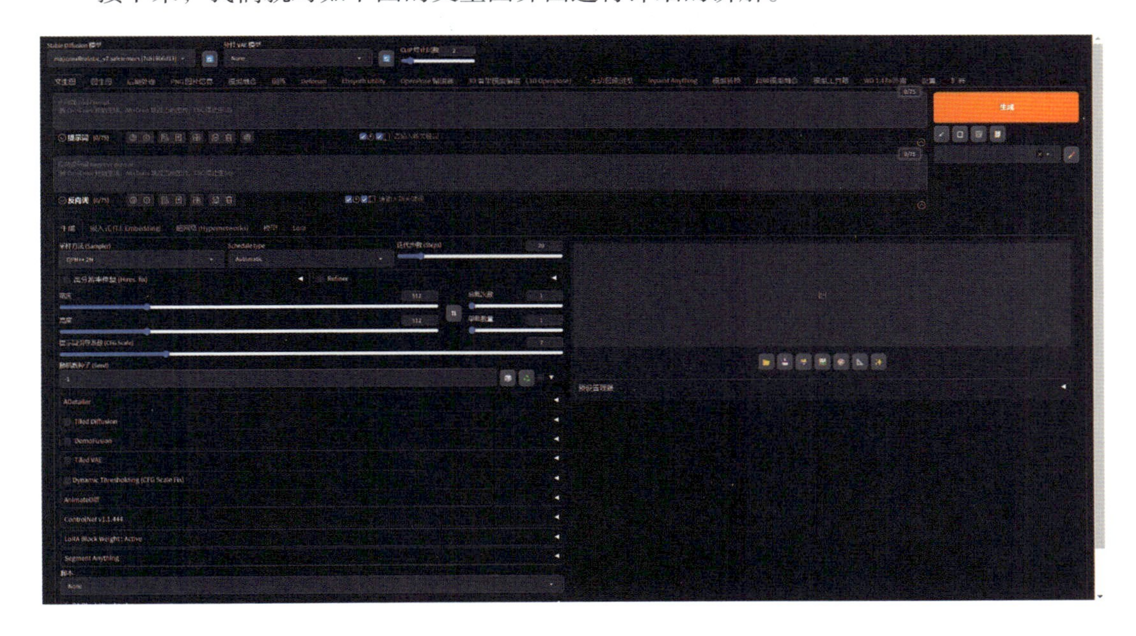

（1）采样方法（sampler）。简单解释就是执行去噪的方式，Stable Diffusion 内置有了很多种采样器，每种采样器对图片的去噪方式都不太一样，均各有所长，根据他们的特点，可以大致区分为：①速度快的 Euler 系列、LMS 系列、DPM++2M、DPM fast、DPM++2M Karras、DDIM 系列；②质量高的 Heun、PLMS、DPM++ 系列；③ tag 利用率高的 DPM2 系列、Euler 系列；④适合动画风格的 LMS 系列、UniPc；⑤适合写实风格的 DPM2 系列、Euler 系列、DPM++ 系列。

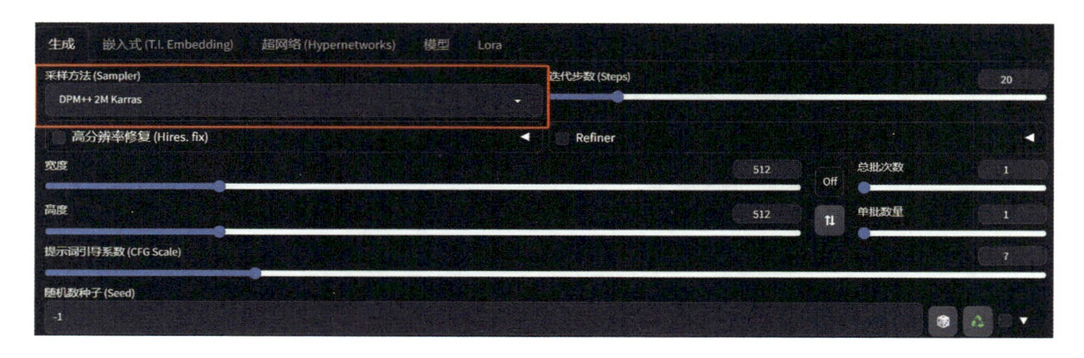

下图即可选采样方法列表。

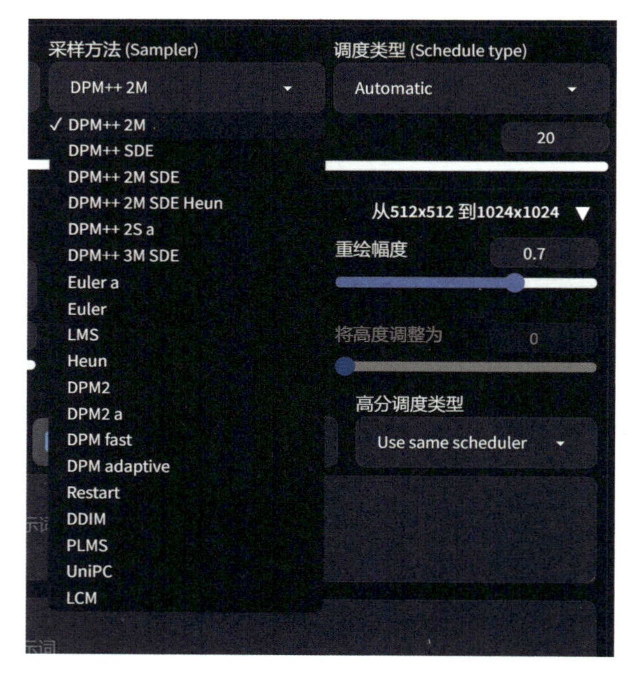

（2）迭代步数（steps）。指的是生成图片的迭代步数，每多一次迭代都会给 AI 更多的机会去比对 prompt 和当前结果去调整图片，步数越多图片越精细但也需要消耗更多的时间，建议选择 30 左右即可。

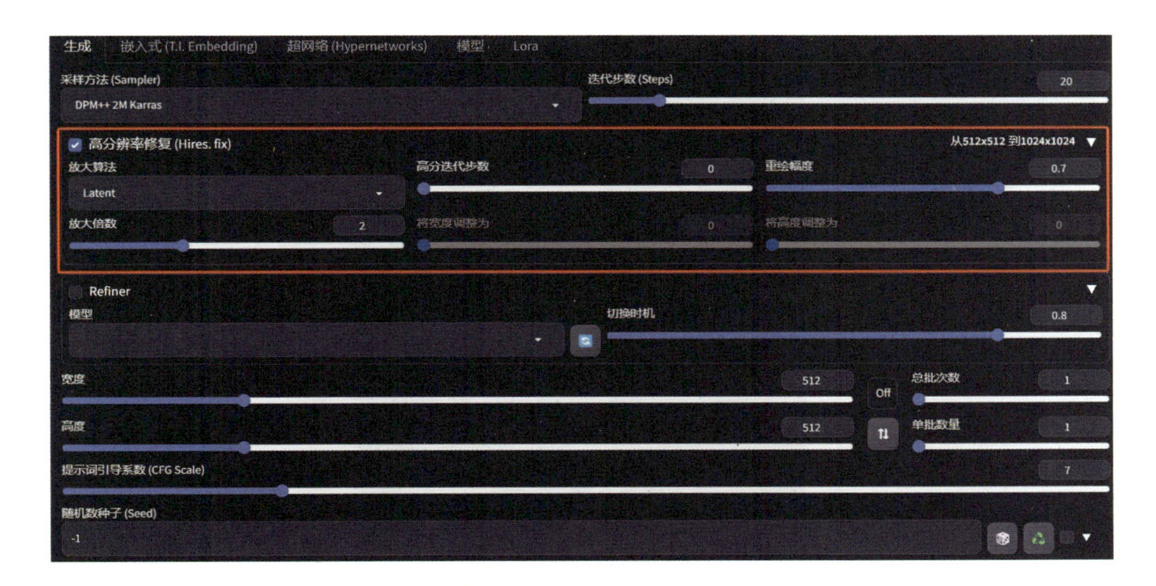

（3）高分辨率修复（HiRes.Fix）。高分辨率修复是 SD 依据你设置的宽高尺寸，按照放大倍率进行等比例放大，如果图像宽度、高度尺寸设置小一些，如 512×512，开启高分辨率修复，把放大倍数调为 2，此时就会生成两倍大的图像，即 1024×1024 的图像，并且不会占用过多的显存。这里的放大算法，系统默认提供了很多模型选择，如“R-ESRGAN 4x+”适用于真实风格，“R-ESRGAN 4x+ Anime 6B”则适用于动漫风格。

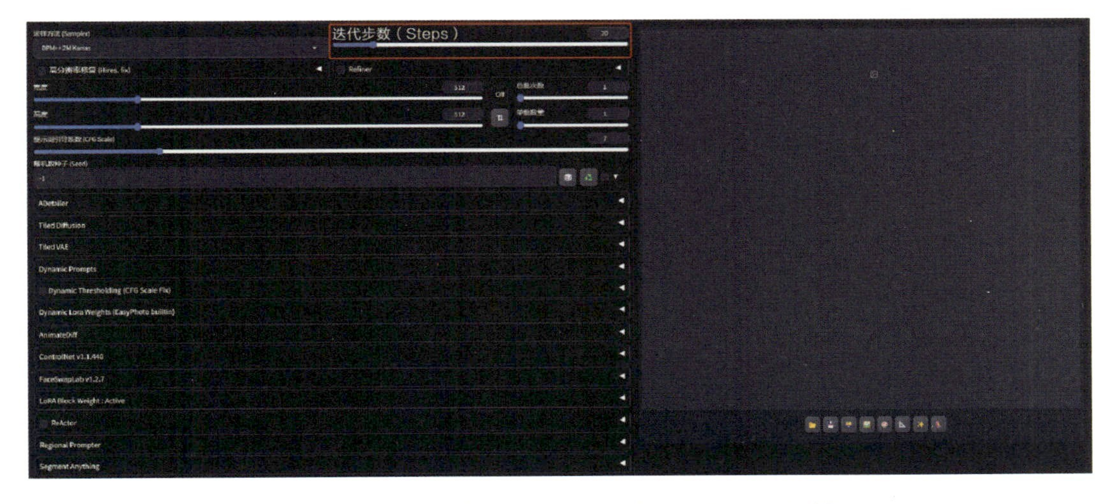

如下图所示，点击放大算法右侧的小箭头即可弹出所有放大算法。

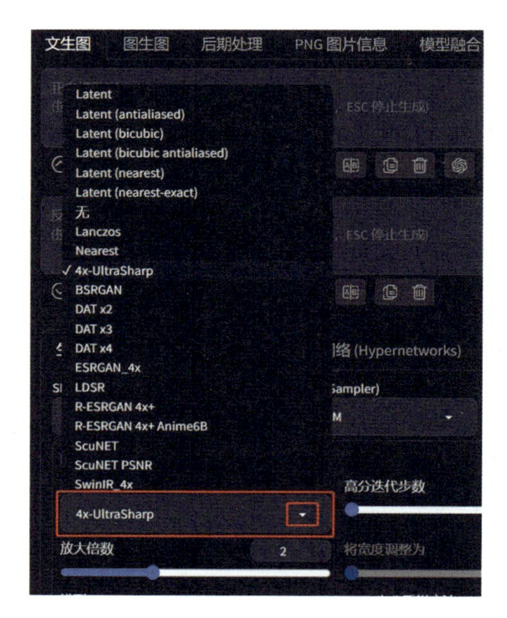

如果需要效果更好的放大算法，也可以另行下载，如：4x-UltraSharp、4x NMKD-Superscale-SP 178000G、8x NMKD-Superscale 150000G 等等，这些都是比较常用的放大算法。这些算法文件都可以在网上找到并下载。

下载对应算法文件放到 sd-webui-aki-v x.x > models > ESRGAN 文件夹中，即可调用（x.x 为你所安装的 sd 版本号）。如下图。

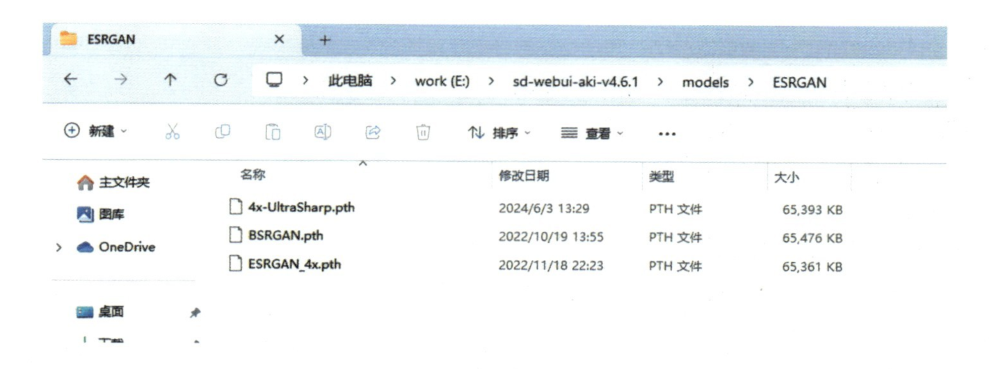

高分迭代步数：高分迭代步数是在给定图像质量和计算资源的情况下，通过调整迭代步数来平衡生成图像的质量和速度，当迭代步数较少时，生成图像的速度会较快，但图像质量可能会较差，当迭代步数更多时，生成图像的质量会更好，但计算时间会增加。因此，需要根据实际情况进行选择和调整。如果对画面细节要求不严苛的话，一般默认设置为 0 即可。

重绘幅度：重绘幅度的大小会对生成图像的质量和速度产生影响。如果重绘幅度较小，算法对图像的修改程度较低，生成图像的质量可能会较差；如果重绘幅度较大，算法对图像的修改程度较高，但可能会失真或初始生成的图像出入较大。推荐参数是一般写实风格模型 0.1–0.2 漫画风格模型 0.3–0.5。

Refiner：在 Stable Diffusion WebUI 1.6.0 版本中，新增了一个名为 Refiner 的功能，此功能允许用户在文生成图模式下直接利用 Refiner 模型来产生图像。与传统的文本生成图像方式相比，Refiner 模型在图像生成过程中的控制更为精确，从而能够生成更贴近用户期望的图像。

使用 Refiner 功能非常简单，只需在文生图模式下选择使用 Refiner 模型，并设置切换时机参数（表示从多少步开始切换到 Refiner 模型）。在生成图像的过程中，Refiner 模型将根据设置的参数和提示词，对图像的生成过程进行更精细的控制，从而生成更符合我们期望的图像。下图即 Refiner 的调用界面。

上图中的模型就是参与修复的模型。这里可以调用任何的大模型，不一定和主模型保持一致。切换时机数值越小修复越早，修复效果越明显。

应用场景举例：用二次元模型做底图，真实模型做细节修复。如下图所示，左图为二次元大模型直接生成的图，右图为启用 Refiner 加入写实大模型后生成的图。

右图会增加很多真实的人物和场景细节。

（六）Stable Diffusion WebUI 图生图参数界面详解

Stable Diffusion 的图生图操作流程和文生图基本相同。首先，需要选择一个适合的大模型，并根据模型文档了解该模型的特点和适用场景。接着，同样编写提示词（描述性文本），明确要生成的图像内容、风格等要求。不同的是图生图的主要参照是图片。我们同样可以调整一些生成参数，如图像分辨率、迭代次数等，以满足自己的需求。启动图像生成过程。模型会同时解析提示词和参考图片生成图像。

下图为图生图的基础界面，图生图的基本操作流程如下：上传图像、反推提示词、编辑参数、生成图像。

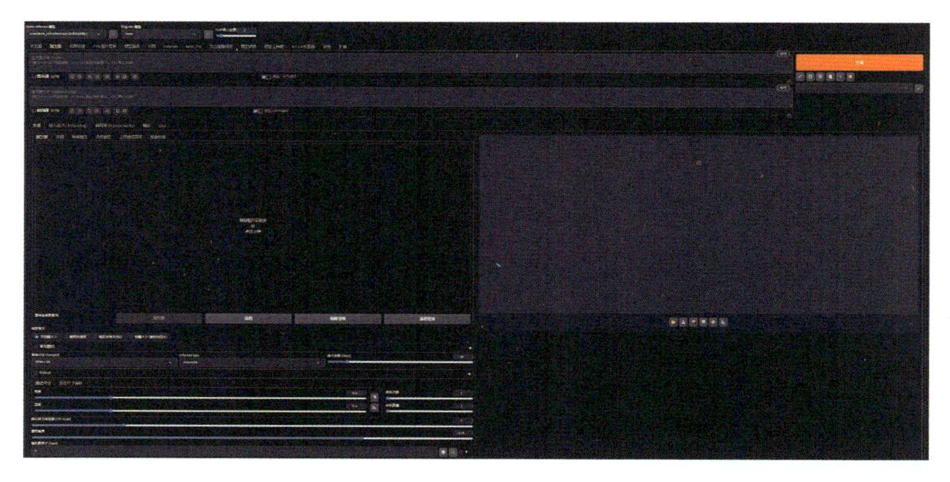

图生图与文生图参数基本相同，我们重点简介以下与文生图不同的部分。

（1）缩放模式。缩放模式一般是搭配重绘幅度使用的，在我们需要改变图生图画面比例时，例如，我们要将（参考图像）画面比例从 512×768 的图，生成调整为 768×512，需要适当调高重绘幅度（0.5 或以上）以保证生成图不会变形扭曲，系统能自动生成原来画面中没有的图像信息或匹配新的画面比例的内容。

如下图所示，我们将画面比例为 512×768 的参考图，用图生图模型生成为 768×512 画幅时，在重回幅度为 0.3 时，生成的图像会严重拉伸变形。

而在重绘幅度调整为 0.8 时，横向画幅生成的内容就会很和谐。如下图。

（2）涂鸦。如下图所示，我们可以将自己手绘或我们通过其他一些软件绘制的图像上传到涂鸦界面中，然后让 SD 进行相应生图操作，如下图，可以用他自带的画笔，调整笔刷大小、颜色，在线稿图像上直接绘制，也可以在空白画布上随意绘制，当然，如果画错了，这里也可以进行撤销和擦除等操作。

我们把人物的衣服、头发、皮肤、腕带等，都涂上对应的颜色。

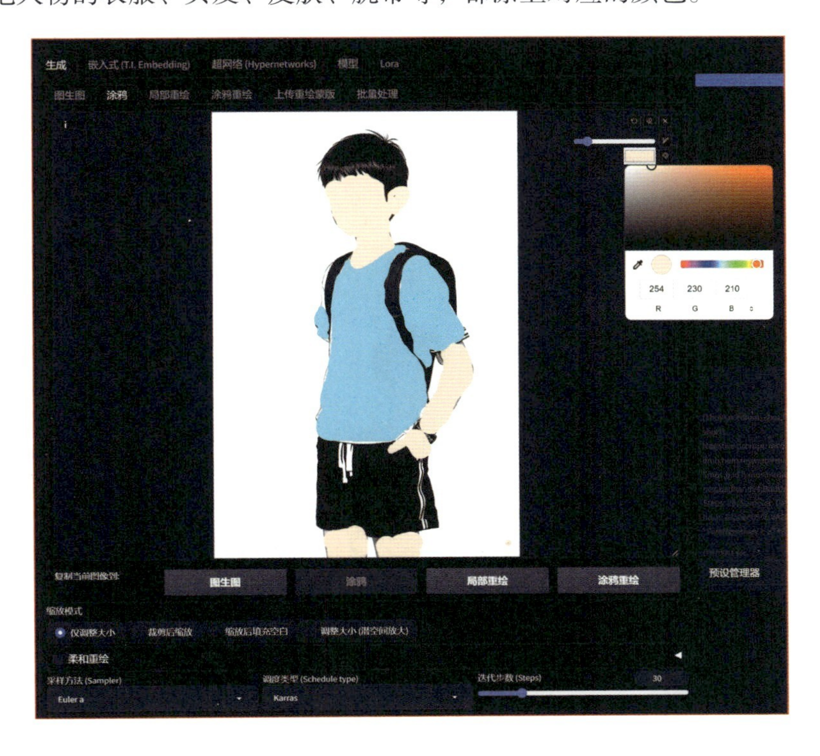

在使用图生图的过程中，尽量使我们上传的图片比例与我们生成的图片比例保持相同。最好是画面的宽高度完全一致，比如这张画面里上传的白板图片，是 1024 × 1536，生成图片也是 1024 × 1536 的，这时生成后的图片就不会有任何缩放和裁剪。

接下来，输入正向和反向提示词，简单描述画面上的人物性别、年龄以及服饰道具等，尽可能用提示词把想要的形象描述清楚。我们想生成的是和线稿人物轮廓相同，衣服颜色搭配与我们涂鸦相同或接近的效果，重绘幅度不要太高（0.5 左右以上）这样可以使我们生成的图像更接近我们想要的结果。

正向提示词：(A boy), medium shot, backpack, (white background), (simple background), short haired boy, red wristband, black shorts, light blue T-shirt,

反向提示词：Inconsistent body structure, incorrect composition, incorrect facial features, twisted torso, multiple hands, multiple feet, extra fingers, extra limbs, humanity, watermarks, multiple people, poor health, body length, fat, neck length, skin blemishes, extra limbs, missing fingers, broken limbs, poor hands, hand and finger variations, cockfighting eyes, poor feet, multiple legs, extra arms, fused fingers, excessive fingers, NSFW, username, monochrome, poor proportion .....

注意：每个提示词结尾必须用 “,” 隔开，结尾的单词也需要有 “,”。

正向提示词的中文含义就是“(一个男孩)，中景镜头，背包，(白色背景)，(简单背景)，短发男孩，红色腕带，黑色短裤，浅蓝色 T 恤”。这其中的括号是增加词组权重值的（权重即这些描述词的重要程度）在后面的章节中，我们还会详细介绍。

反向提示词的中文含义是：“不协调的身体结构、错误的构图、错误的面部特征、扭曲的躯干、多只手、多只脚、多余的手指、多余的肢体、人性、水印、多人、身体不好、身体长、脂肪、脖子长、皮肤瑕疵、多余的四肢、手指缺失、断开的四肢、双手不好、手和手指变异、斗鸡眼、双脚不好、多条腿、多余的手臂、融合的手指、过多的手指、NSFW、用户名、单色、比例不好”等等。

这里我们使用的是写实人物风格的大模型“MoyouArtificial_v1080None”。

通过不断测试生成（抽卡），得到了一些接近预期效果的图片，基本与我们的涂鸦线稿相符。手部、脸部等错误后期可以通过局部重绘或 PS 合成等方式解决。

（七）Stable Diffusion 提示词的应用

在 Stable Diffusion 中，提示词的重要性不言而喻，它们是塑造理想图像的关键所在。为了更好地控制 AI 生成的图像，我们需要正确选择和运用提示词。

首先，我们需要明确的是，提示词包括了图像的主体、场景、构图以及质量等多个方面。这些提示词为我们提供了向 AI 传达具体需求的途径。通过精心挑选的提示词，我们可以引导 AI 创造出更加符合我们心意的图像。

提示词分为正向和反向两种。正向提示词是那些我们希望 AI 在图像中呈现的内容，它们如同指南，帮助 AI 明确生成的方向。例如，如果我们想要生成一幅春天的风景画，那么"鲜花盛开""绿树成荫"等词汇就是典型的正向提示词。而反向提示词则是我们不希望 AI 在图像中出现的元素。这些词汇像是一道禁令，帮助 AI 避免生成我们不想要的内容。比如，如果我们不希望图像中出现人物，那么"无人物"就是一个有效的反向提示词。

值得一提的是，反向提示词在提高图像质量方面也扮演着重要角色。通过排除一些不相关或影响观感的元素，反向提示词可以帮助 AI 更专注于生成我们期望的内容，从而提升图像的整体质量。

由于 Stable Diffusion 只支持英文输入，这对于一些英文不太熟练的用户来说可能会带来一些困难。但幸运的是，我们可以借助翻译工具来输入合适的提示词。通过翻译工具，我们可以将中文的需求转化为英文的提示词，从而实现对 AI 的精准控制。

总之，在 Stable Diffusion 中，正确选择和运用提示词是创造理想图像的关键。通过精心挑选的正向和反向提示词，我们可以引导 AI 生成出更加符合我们心意的图像。同时，借助翻译工具的帮助，我们也可以克服语言障碍，实现与 AI 的顺畅交流。

1. Stable Diffusion 提示词插件的运用

在填写一份优秀的提示词之前，我们先了解一下 SD 提示词相关的插件。提示词插件是 SD 用户的得力助手，其功能丰富多样，全面提升了用户体验和创作效率。除了中英文自动转换、一键调整权重和反向提示词支持外，这些插件还具备快速创建和编辑多个提示词组合的能力，以及提供详细的教程和指南来帮助用户充分利用插件功能。此外，插件还支持历史记录和常用提示词库的建立，方便用户随时回顾和重用之前的设置。通过智能推荐和联想功能，插件能够预测并推荐用户可能需要的提示词，进一步加快创作过程。总之，SD 的提示词插件以其多样化的功能，为用户带来了更为便捷、高效的 SD 使用体验。

下面我们来介绍几款常用的插件推荐给大家安装学习。

（1）sd-webui-prompt-all-in-one

这款插件非常实用，秋叶整合包现已整合了这款翻译插件。我们也可以在以下页面中安装这款插件，插件的开源地址链接是 https://github.com/Physton/sd-webui-prompt-all-in-one。

页面上也有详细的使用教程和操作说明，用动态图展示了使用的具体方法和步骤，我们可以在这里学习使用。

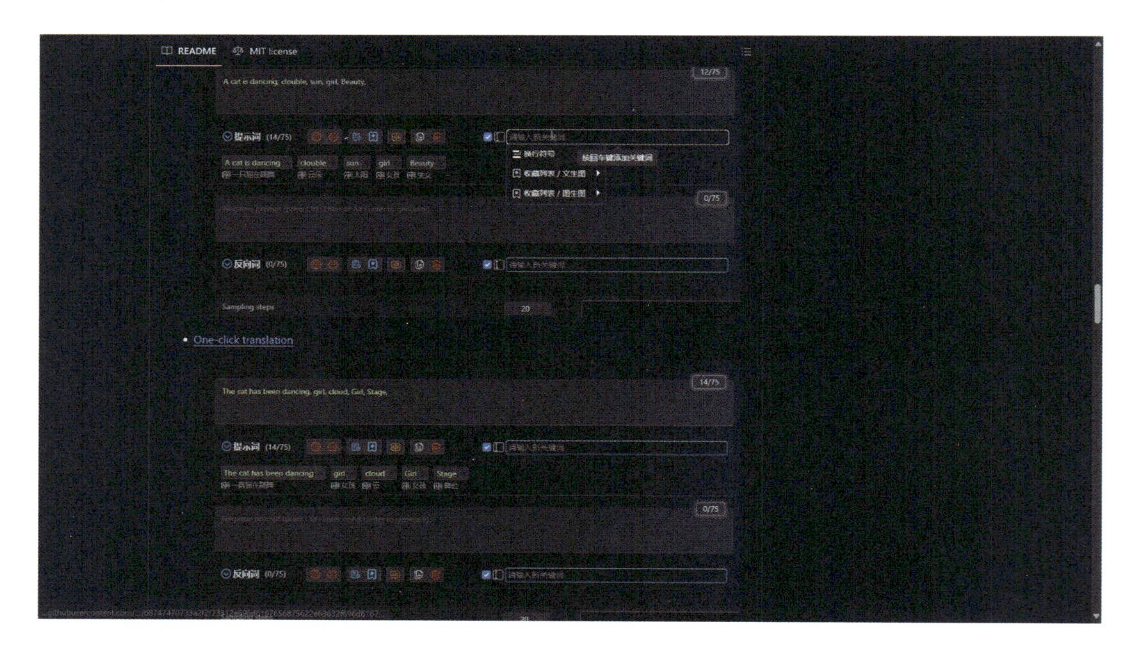

安装也非常简单，我们可以在 webui 插件安装界面搜索安装，也可以在下图中直接复制代码地址回到 webui 界面中安装。

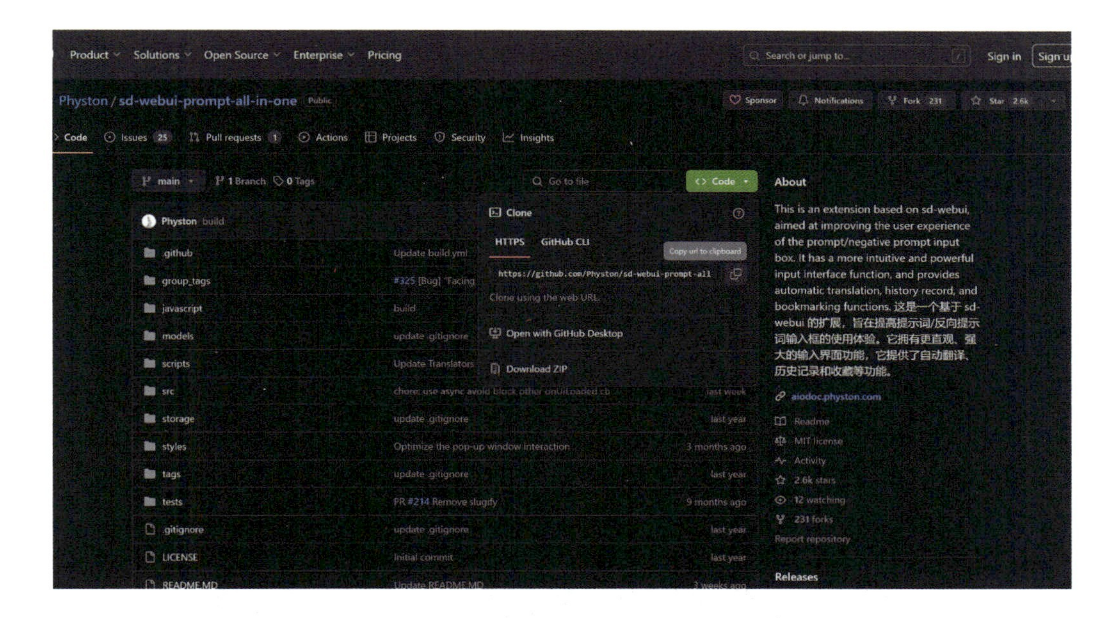

安装 webui 插件的方法我们在下一节中会详细讲解。

安装完成 Prompt-all-in-one 插件后，正向提示词和反向提示词下面会多出一排标签和按钮。如下图所示，1–4 分别对应图上的标注。①我们可以直接在提示词上面输入中文提示词，点击“一键翻译所有关键词”，中文提示词就翻译成英文了。②删除清空输入的全部提示词。③在右侧框内直接输入中文提示词，有些词库中包含的词组就可以直接生成英文提示词，并回车后输入到提示词。点击垃圾桶图标，即删掉所有的关键词。④右侧小三角点击后可以打开面板，这里面有非常丰富的全品类关键词，可以直接点选调用。

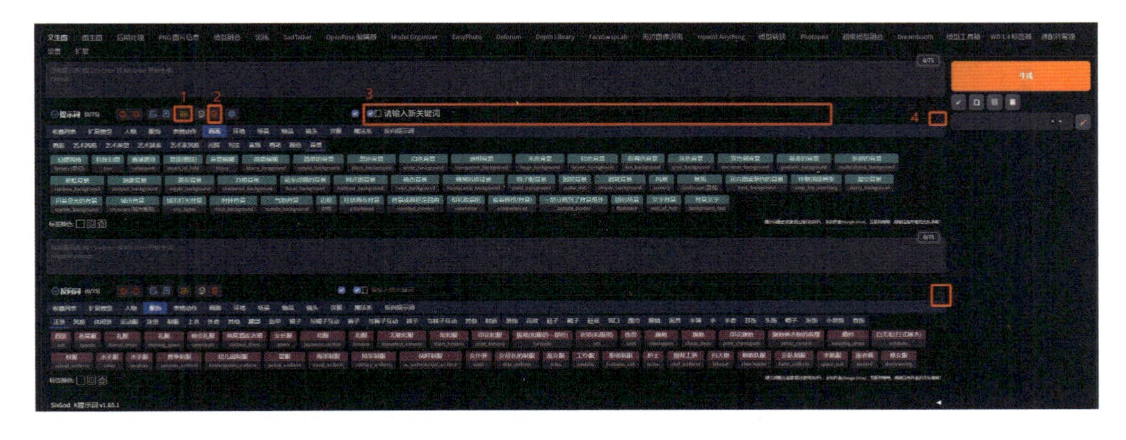

（2）X/Y/Z 图表

X/Y/Z 图表功能是一项高级工具，是系统自带的插件，无需另行安装。它允许用户通过在一个三维空间内配置不同的参数组合，来快速生成和对比图像。用户可以选择在 X 轴上设置不同的随机种子、提示词变化或模型迭代次数，Y 轴上则可以选择采样方法或采样迭代步数等参数，而在更高级的版本中，Z 轴可以进一步探索第三个维度的参数变化。通过配置好这些参数后，运行脚本将自动生成一系列图像，并按照参数组合展示在网格中，使得用户可以直观地比较不同参数设置下的图像效果。这种功能不仅为用户提供了快速对比和优化图像质量的途径，还增加了参数探索的灵活性和直观性，是 Stable Diffusion 中一项非常实用的工具。

以下是关于该功能的详细使用和介绍：如下图，X/Y/Z 图表功能在 SD 的 Web UI 中，位于“脚本”（Script）下拉菜单下。

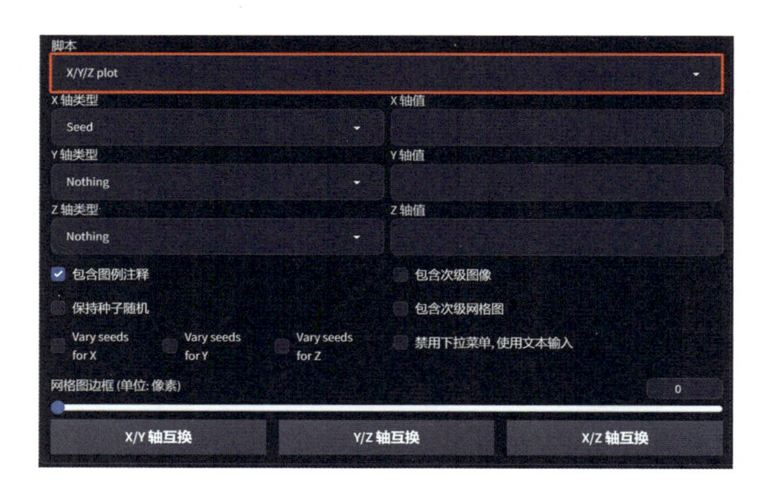

我们用一个简单的案例做一个说明，填入正反向提示词，“一个女孩儿在沙滩上画画”如下图。

在 X 轴上指定一系列不同的迭代步数的变化数值，用逗号隔开。如下图。

点击生成后，得到了如下图所示的这几个迭代步数，分别生成的对比图像。通过观

察我们不难发现，迭代步数为 10 时画面生成还不完整，效果比较差。随着迭代步数的增加，画面逐步趋于稳定完整，细节也更加准确。

我们再加入一些其他的对比项目测试一下效果，如下图，我们加入了采样方法、大模型、提示词引导系数（CFG 值）分别做对比。

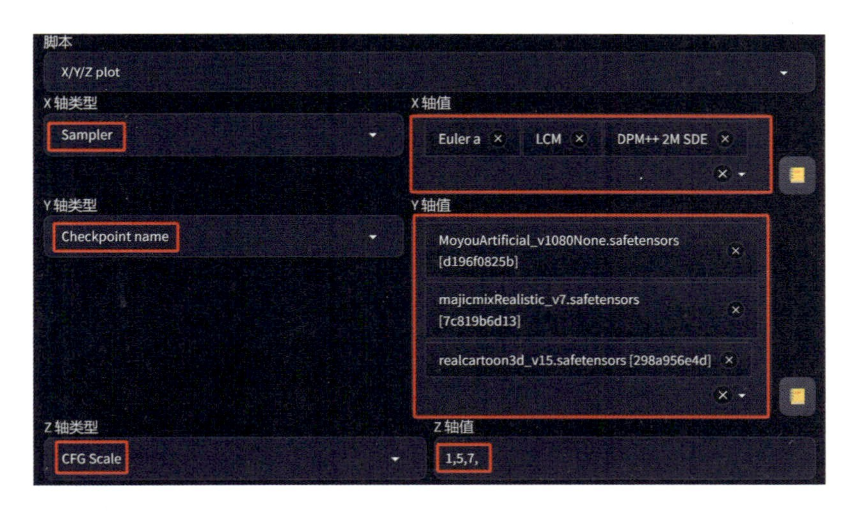

生成后得到如下对比图，左侧列举了不同大模型的名字，上端有不同的 CFG 值及采样方法的标注，这样我们就可以非常直观的看出他们之间的对比效果了。

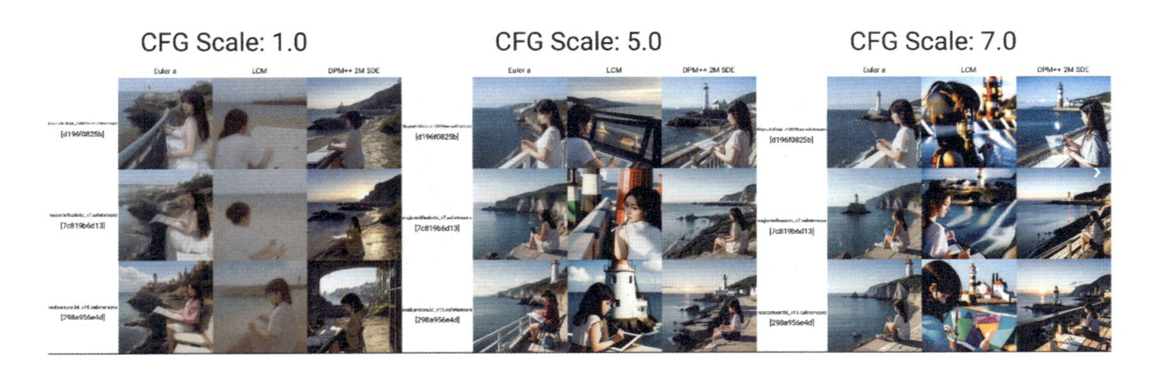

X/Y/Z 图表数值的输入有一些技巧数值类的参数输入数字，用逗号隔开这是基本操作原则，我们当然也可以输入范围，如输入 5–10，就可以生成 5，6，7，8，9，10，这些数值的变化。同样也可以先指定范围，再填写增量，如：10–50（+10），“( )”内为增量数值。代表参数数值从 10 到 50 这个范围，每增加 10 步生成一张对比图。而范围后面添加中括号加数值“N”，则代表这个范围内的参数均分成 N 份来出样图。例如：10–20［10］，就是 10–20 区间内均分 10 份来出图。这样就不用计算精准的数值部分了。

（3）提示词矩阵（Prompt matrix）

提示词矩阵的作用：当新手对于不同提示词如何影响画面效果尚不明确时，或者他们希望探究不同提示词对画面表现力的潜在提升，逐一测试可能会成为一项繁重的任务。特别是在提示词数量增加的情况下，这种逐个尝试的方法会显著增大工作量。为了更有效地应对这一挑战，引入提示词矩阵的概念能成为一种解决方案。该矩阵允许用户一次性输入所有待测试的提示词，从而简化流程，提高效率。

我们用一个简单的例子作为演示，这里输入提示词有一定的格式要求：

“固定提示词 | 对比提示词（1）| 对比提示词（2）| 对比提示词（3）”

首先，是输入一组固定不变的提示词，即画面主体，如：“一个女孩儿正在画画，在海边，”接着输入我们想要做对比的几组提示词，中间用“|”隔开。如下图。我们对比测试一下分别加入三种颜色外套的不同效果。

“|blue coat|green coat|yellow_coat，”当然，这个例子是为了演示的效果更加直观，只是一个示范作用，平时使用时，我们大多是会去测试一些关于质量和效果的提示词。

然后，在下方脚本处选择 Prompt matrix（提示词矩阵），这里的设置比较简单，其中“把可变部分放在提示词文本的开头”，这个我们就不需要勾选了，因为我们已经把不可变的部分写在了提示词开头。“为每张图片使用不同随机种子”这个也不需要，因为我们对比的只是外套的不同颜色变化，这里的“网格图边框”是调整生成对比图之间的分割边框宽度，默认“0”是图片之间没有分割。

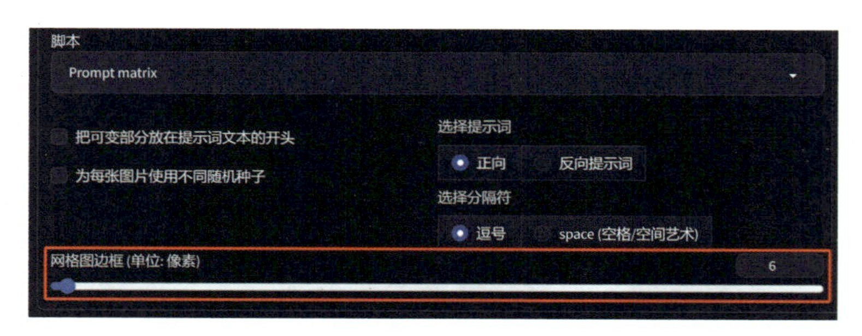

点击生成，得到如下的对比图。系统为我们标注出了对比的提示词叠加与否的效果，可以看出，第一横排黄色外套提示词是不起作用的。例如：1 号图片是没有所有颜色描述的图，2 号则是只有蓝色外套提示词起效的结果，而 6 号是同时有蓝色和黄色起作用时的效果，那么 8 号图片就是所有颜色同时起效的结果。

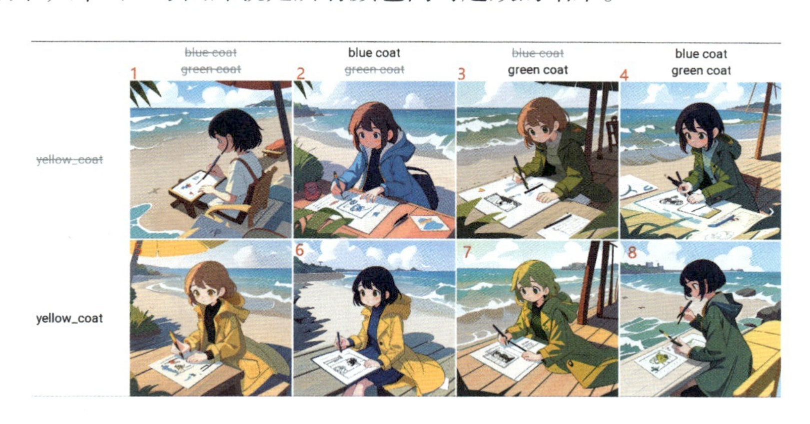

（4）SD dynamic-prompts

dynamic-prompts 插件通过模板语言随机生成提示词，极大地提升了 AI 绘画的多样性和创作效率。用户可以利用内置或自定义的模板，轻松生成丰富的提示词，并用于指导 AI 生成图像。无论是选择不同风格的艺术家、主题还是细节元素，dynamic-prompts 都能帮助用户快速创作出独特的艺术作品。

插件安装好后，会看到 dynamic-prompts 打开这个标签，默认就自动开启了动态提示词。这时候我们就可以使用一组全新的语法来进行提示词的组合。

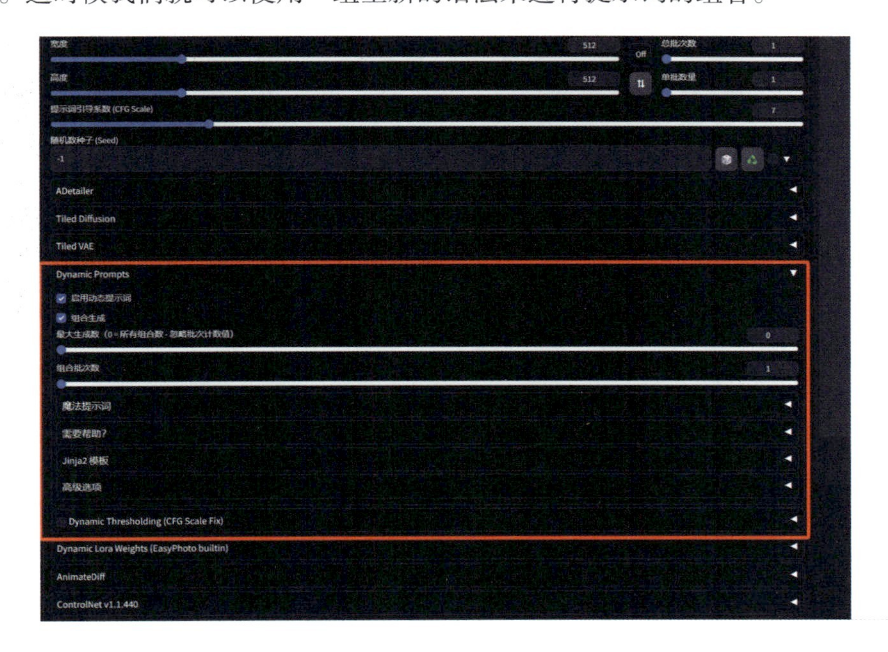

下面我们来通过一个简答的案例，学习一下这个插件的用法。在正向提示词中输入“a {doctor|police}in{summer|winter|autumn|spring},”意思就是生成一个医生，或者是一个警察，分别在春夏秋冬四个季节，这样一共有八种不同的组合搭配方式。勾选组合生成，如上图，这里的“最大生成默认值为 0”，意思是所有的组合搭配方式都生成一次，如果设置成 4 就是从所有组合搭配方式之中随机抽取四种搭配方式来生成图片。下面的“组合批次数”就是每单独一种随机搭配生成几张图片。我们点击生成，如下图，就可以生成医生和警察分别在春夏秋冬出现，一共八种随机组合的图了。

另外，dynamic-prompts 还有自动丰富关键词的功能，我们输入“一个女孩儿，正在看书”，把组合生成取消掉，开启魔法提示词，可以设定自动丰富提示词的数量，这里面设定 100。魔法提示词的创意度越高这个值就要越高，生成出来的画面就会加入越多 AI 自己的创意想法。点击生成，在关键词里面我们只输入了“一个女孩，正在看书”。dynamic-prompts 会自动联想产生很多创意提示词，帮助我们生成更有创意的图像。最终生成图如下。

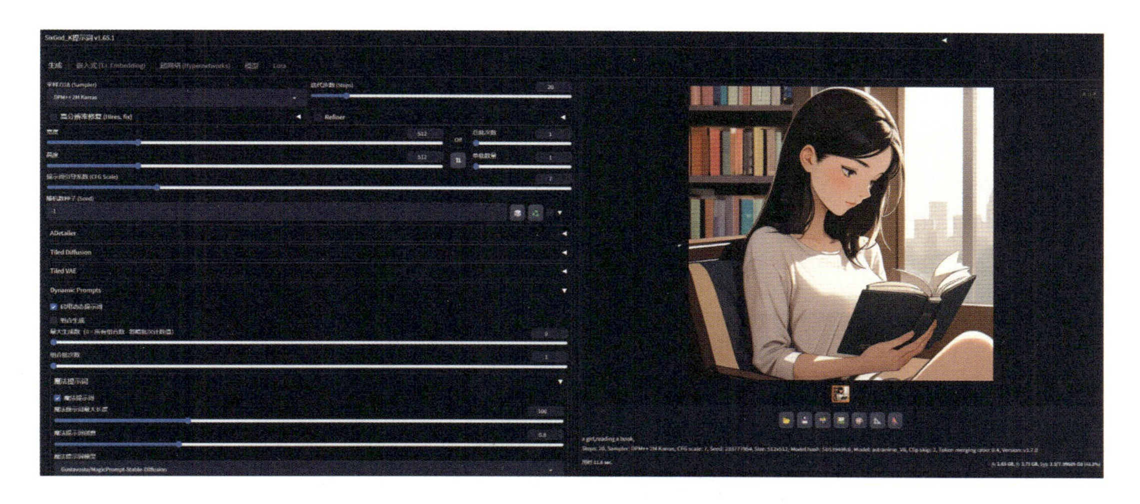

2. Stable Diffusion 提示词的书写规则和技巧

在 SD 中，提示词的书写规则至关重要。首先，准确书写能确保模型正确理解并反映用户意图。其次，规范的书写格式如使用英文逗号分隔、控制 Token 数量等，有助于提升生成图像的质量和效率。此外，权重调整规则允许用户根据需求强调或淡化特定元素，进一步细化画面。总之，遵循书写规则能够显著提高 SD 模型生成图像的准确性和个性化程度。

我们来具体了解一下详细的书写规范。

（1）输入的提示词与提示词之间要用英文逗号“,”分隔开，如下图。

（2）提示词之间可以换行。换行时也要在结尾加上逗号来进行区分。同时提示词描述的越具体，生成的图像就越准确。而越笼统的提示词，AI 就有更大的发挥空间，生成的图像就更富有创造力。

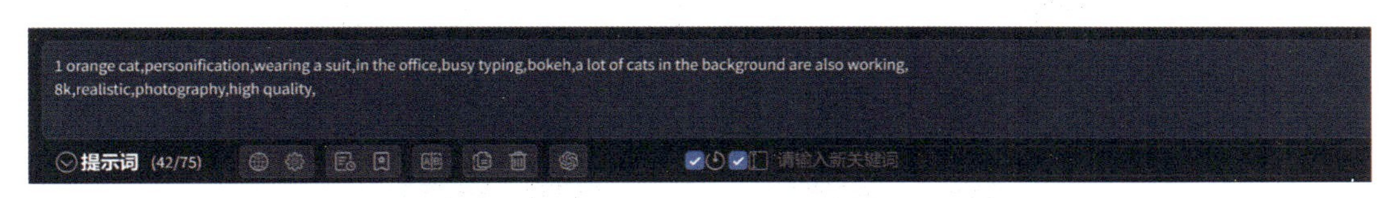

（3）每个提示词自身的权重默认值是 1，但越靠前的提示词会分配越高的权重，所以，想要重点突出的提示词要尽量优先往前排。

以这一段提示词为例：“1girl，black hair，blue eyes，in the forest，red dress，sunny， flower，in a meadow，8k，high quality，masterpiece，artist，close-up，butterfly，”意思是“一个女孩儿，黑色头发，蓝色眼睛，在森林中，红裙子，阳光明媚，花朵盛开，草木茂盛，8K 画质，高品质，杰作，艺术家，特写镜头，蝴蝶，”这里“蝴蝶”放在了最后的位置。点击生成后如左下图，画面中并没有出现蝴蝶。我们把蝴蝶放到最前面再次生成，即“butterfly，1girl，black hair，blue eyes…”生成如右下图，蝴蝶就出现了，可以发现，相对靠前的提示词权重是越大的。

（4）提示词数量控制在 75 个单词以内。SD 的关键词数量并不是越多越好的，最好是控制在 75 个单词以内。超出这个数量的关键词对整体画面的影响会非常少。所以我们在编写提示词时，避免在提示词中出现过多无意义的形容词和语义重复的词。如下图所示，提示词窗口右上角也会显示提示词数量。

（5）混合 / 融合 AND：使用 AND（必须大写）来关联不同元素特征，实现融合效果。例如，输入提示词“red necktie AND yellow necktie”生成如左下图橘黄色领带的效果。我们还可以在这两个词后面添加权重值，来改变某一个提示词的权重，如“red necktie：1.5 AND yellow necktie”从而生成如右下图所示，更偏红色的领带效果。

以下为针对正反向提示词的书写逻辑编写的一个框架表格，我们输入提示词的顺序大致依据表 3-3、表 3-4。

表 3-3　正向提示词框架

类别	示例
主体	1. 人物　2. 性别：男性 / 女性　3. 头发：黑色长发　4. 五官：深邃的眼睛　5. 表情：微笑　6. 服饰：西装　7. 动作：跑步
场景	1. 季节：春天　2. 天气：晴朗　3. 时间：黄昏　4. 场景：公园　5. 环境：自然
构图	1. 镜头角度：正面　2. 观察角度：平视　3. 距离：近景　4. 人物比例：全身
风格	1. 媒介：渲染　2. 风格：写实 / 流行 / 艺术
质量	1. 清晰度：高清　2. 分辨率：4K
额外修饰	1. 色调：暖色调　2. 工作室光照、柔和　4. 光效：渐变

表 3-4　反向提示词框架

类别	示例
NSFW	1. 避免出现色情内容　2. 避免出现暴力场面
质量	1. 低质量　2. 模糊　3. 像素化
文本	1. 文字 logo　2. 水印　3. 文本提示
画面	1. 裁剪　2. 草图　3. 恶心　4. 恐怖　5. 失真
人体部位	1. 畸形　2. 丑陋　3. 多手多脚　4. 多手指　5. 残缺
其他	1. 避免出现动物　2. 避免出现物品　3. 避免出现政治敏感内容

除此之外，我们还可以设置通用提示词起手式，方便后期有同样设置需求时直接调用，把上正反向提示词输入进去之后，一个可以用于各种风格类型的关键词撰写标准就搭建完成了，如下图，我们可以点击右侧红框画笔图标（编辑预设样式），点击最右侧的图标（复制主界面提示词到预设样式选项），把当前的关键词预设保存起来，我们就可以很方便的点击预设样式。

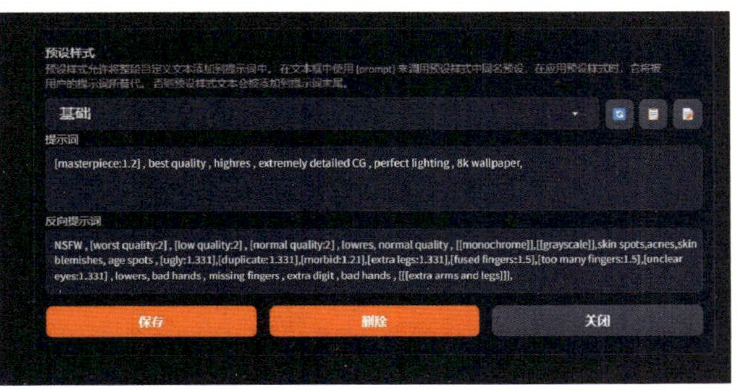

下拉菜单便可以看到我们所有现有的预设信息，随时调用之前保存过的关键词组合了。

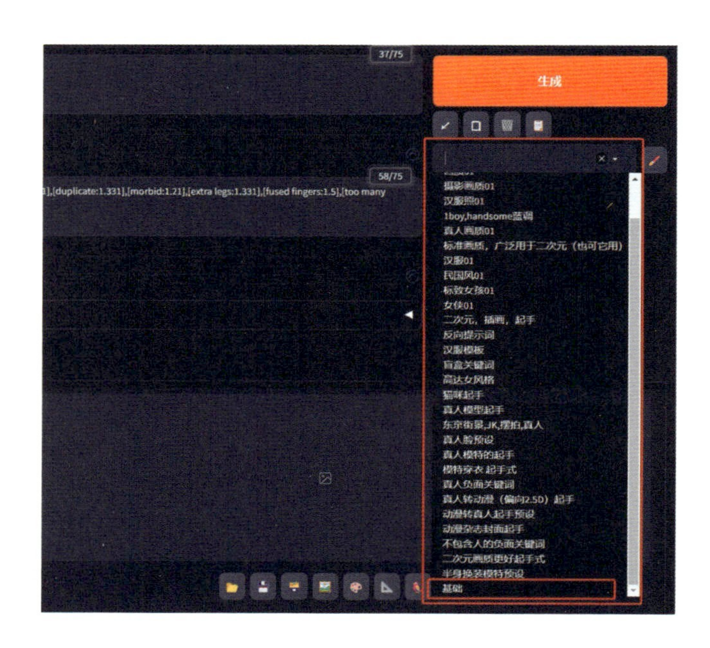

3. Stable Diffusion 提示词中各种符号的用法

在 Stable Diffusion（SD）或其他类似的文本到图像生成模型中，提示词中的符号，扮演着至关重要的角色。这些符号不仅用于精确地控制生成过程，还能显著提高模型对特定元素和特征的响应准确性。它们作为一种高效的指令语言，允许用户细致地调整生成图像的风格、细节和元素组合，从而得到更加符合预期和个性化的图像结果。因此，了解和掌握这些符号的用法对于实现高质量的图像生成至关重要。

表 3-5，列举了 Webui 中提示词符号的用法，并进行了对比说明。

下面我们就来具体了解一下，SD 中各种符号的具体使用方法。

（1）括号

括号是用来微调关键词权重的。

小括号（ ） 在某个提示词短语上加上“( )”把他括起来后，提示词的权重就从默认值 1 变成 1.1 倍，像这样我们最多可以套三层小括号即“((( )))”，那么权重值就是 $1.1 \times 1.1 \times 1.1=1.331$ 倍。

大括号 { } 大括号同样也是用来增加权重的，但相比小括号权重增加更轻微，是增加 1.05 倍。同样套三层大括号，权重值即 $1.05 \times 1.05 \times 1.05=1.15$ 倍。

中括号 [ ] 相反，是用来降低权重的，它会把权重变为原来的 0.9 倍。套三层之后，权重值就是 $0.9 \times 0.9 \times 0.9=0.729$ 倍。

例如权重值：Dark=1，(Dark)=1.1，(((Dark)))=1.331；{Dark}=1.05，{{{Dark}}} =1.15；[Dark]=0.9，[[[Dark]]]=0.729。

综上所述，小括号控制权重的方式更加灵活。我们通常是通过小括号在提示词后面加上冒号加上数值的方式来控制权重。这个权重值范围建议设定在 0.3 至 1.5 之间。数值过大会出现不理想的画面效果。

表 3-5　提示词符号用法

符号	用法	描述	示例
，	分割符号	用于分隔不同的提示词，有一定的权重含义，逗号前的提示词权重更高	"cat，dog"
and	分割符号	功能类似逗号，但不会区分前后权重，用于连接多个词缀	"cat and dog"
`	`	分割符号	趋向于融合多个提示词，生成具有这些特征的单个元素
+	组合符号	将多个词缀聚合于一个提示位，通常用于表示共存的特征	"cat + dog"
[from：to：step]	范围和步长	提示词在指定范围内按步长生效	"[1：10：2]"
(…)	权重标识	增加权重，权重会乘以括号内的数字（默认为 1.1）	"(cat：1.2)"
{...}	权重标识	增加权重，但增加的程度略小于（…）（权重为 1.05）	"{cat：1.05}"
[...]	权重标识	降低权重，权重会除以括号内的数字（默认为 0.952）	"[cat：0.9]"
：	冒号	在括号中用于指定词缀的权重数值	"(cat：0.75)"
<...>	调用模型	用于调取 Lora 和超网络模型	"lora：filename：multiplier"

例如：输入“A plate of fruits，oranges，grapes，strawberries，”即“一盘水果，橙子，葡萄，草莓，”其中草莓（strawberry）设定不同的权重值，就可以控制草莓在整体画面中出现的概率了。

(strawberry：1)
草莓权重为 1 时

(strawberry：1.2)
草莓权重为 1.2 时

(strawberry：1.3)
草莓权重为 1.3 时

尖括号 < >　主要是用来调用 Lora 的。格式是 <Lora：文件触发：权重>，即 Lora 文件版本触发词，加上“：”，加上权重值，调用 Lora 后，可以更好的产生出特定特征的主题画面。Lora 的详细使用方法我们在后续章节中会专门讲解。

（2）进阶语法

进阶语法控制提示词的生效时间，例如森林里面有很多树和石头，还有花朵。如下图所示，中括号里面的［flowers：0.7］，表示的就是整体画面采样值到达 70% 进程以后才开始计算花的采样。所以花的数量仅计算进程末段的 30%，从而能控制画面不会出现太多的花朵生成。如果把“：”改成“：：”即［flowers：：0.70］这时则表示，花朵从一开始就参与采样，整体画面采样到达 70% 进程后，就不再计算花朵的采样了，因此生成出来的花朵会比刚刚更多。如果是中括号里面有两个提示词，还有数值都用冒号分隔开，即［提示词 1：提示词 2：0–1 数值］。例如：［stones：flowers：0.70］则意思是前 70% 采样提示词 1，即石头生效，而后 30% 采样提示词 2，即花生效。这样就可以生成以石头为主，花朵为点缀元素的森林画面了。

［stones：flowers：0.70］

［flowers：0.7］

［flowers：：0.70］

与之类似的还有过渡语法。顾名思义，过渡语法就是在生成图像过程中从一个提示词过渡到另一个提示词，并生成一张融合的图像的语法。使用中括号“[ ]”输入提示词，以前面的提示词为主体，过渡到后面的提示词，提示词之间用冒号隔开，末尾的冒号后输入数值，通过这个数值来控制前一个提示词在画面中比例，这个数值和迭代步数是相关的。如输入“a rabbit,”一只兔子，生成左下图。替换输入为［a rabbit：a mouse：15］，在迭代部署为 30 时“：15”即一半为兔子，一半为老鼠。生成后得到右下角图中，老鼠与兔子的结合。（这里的“：15”也可以替换为“：0.5”是同样效果）。

（八）Stable Diffusion WebUI 插件安装

在探索 Stable Diffusion 这一先进的图像生成工具时，插件的引入无疑为用户提供了更多元化的创作可能性和精细化的控制手段。插件不仅能够为 Stable Diffusion 增添新的功能和特性，还能帮助用户进一步优化和定制图像生成过程，使得生成的图像更加贴合个人审美和创作需求。因此，对于寻求在 Stable Diffusion 中实现更多创新和个性化的用户而言，学习和掌握插件的安装方法显得尤为重要。通过查阅相关的网络资料和教程，用户可以轻松地找到适合自己的插件，并按照指引进行安装和使用，从而开启一段全新的图像创作之旅。

1. 安装插件方法

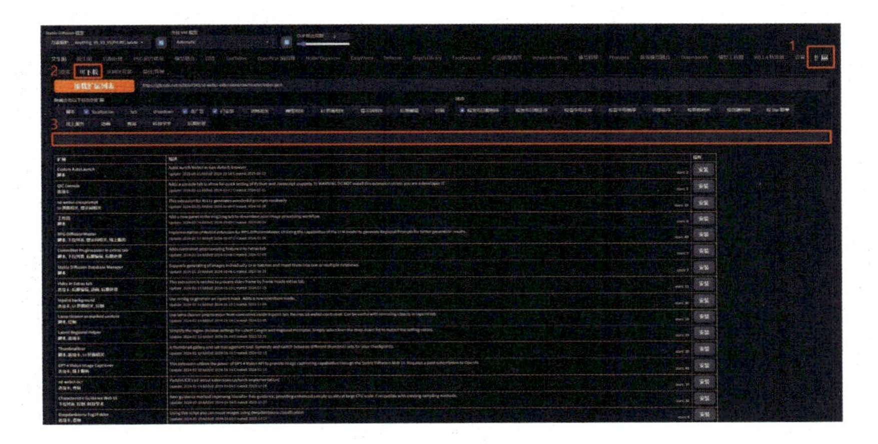

方法一：在首页点击“拓展”。选择已下载。在搜索栏中输入要下载的插件名称，找到对应插件安装即可。

方法二：有些插件在搜索列表中无法检索到，我们就需要选择“从网址安装”我们以安装 One Button Prompt 插件为例，在网上找到插件的下载地址，点击 Code，选择复制按钮复制链接。

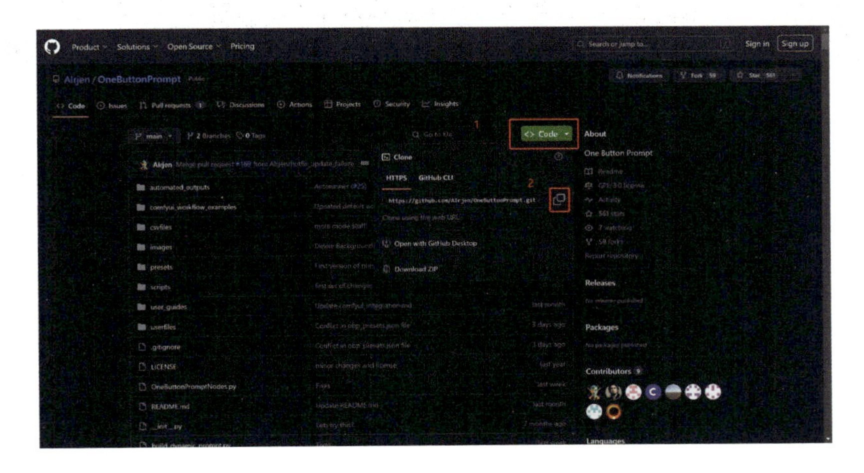

把链接粘贴到扩展 git 仓库网址，点击安装即可完成插件的安装。安装完成后，我们可以在“已安装”下看到已经安装的插件列表。注意，安装完成后需要在“扩展”下选择“已安装”点击“应用更改并重启”待重启完成后插件才会生效。

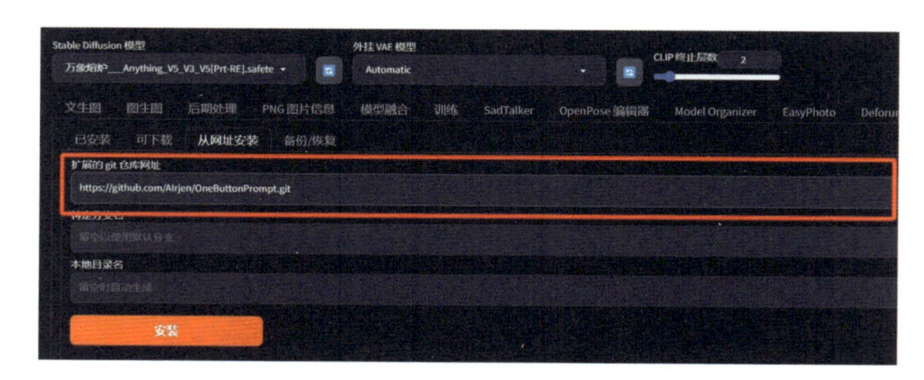

2. ControlNet 插件应用及案例

针对设计类实战项目我们最常用的便是 Stable Diffusion，而 Stable Diffusion 中最强大的插件就是 ControlNet。在我们设计和画图过程中，可能用提示词或者各种模型都达不到我们想要的样子，那我们就可以选择用 ControlNel 来实现。我们以一个例子来讲解一下 ControlNet。如何利用 ControlNet 复刻相同人物动作及表现手法。

我们可以输入或者反推出提示词，用一个写实人物大模型，修改相同的画幅比例，通过多次抽卡，生成了比较接近的图，但是光影、姿势、轮廓总是不能匹配参考图效果。如下（左图为参考图，右图为生成图）。

为了让生成图和参考图更匹配，我们开始加入 ControlNet 选项，如下图，在下方点击三角图标，展开 ControlNet 插件栏（如果是整合包一般都会内置这个插件）如果没有，也可以更新版本或者根据之前章节中讲到的方法搜索下载并安装即可。下面我们就来测试一下使用效果。

下图为完整的 ControlNet 控制面板。

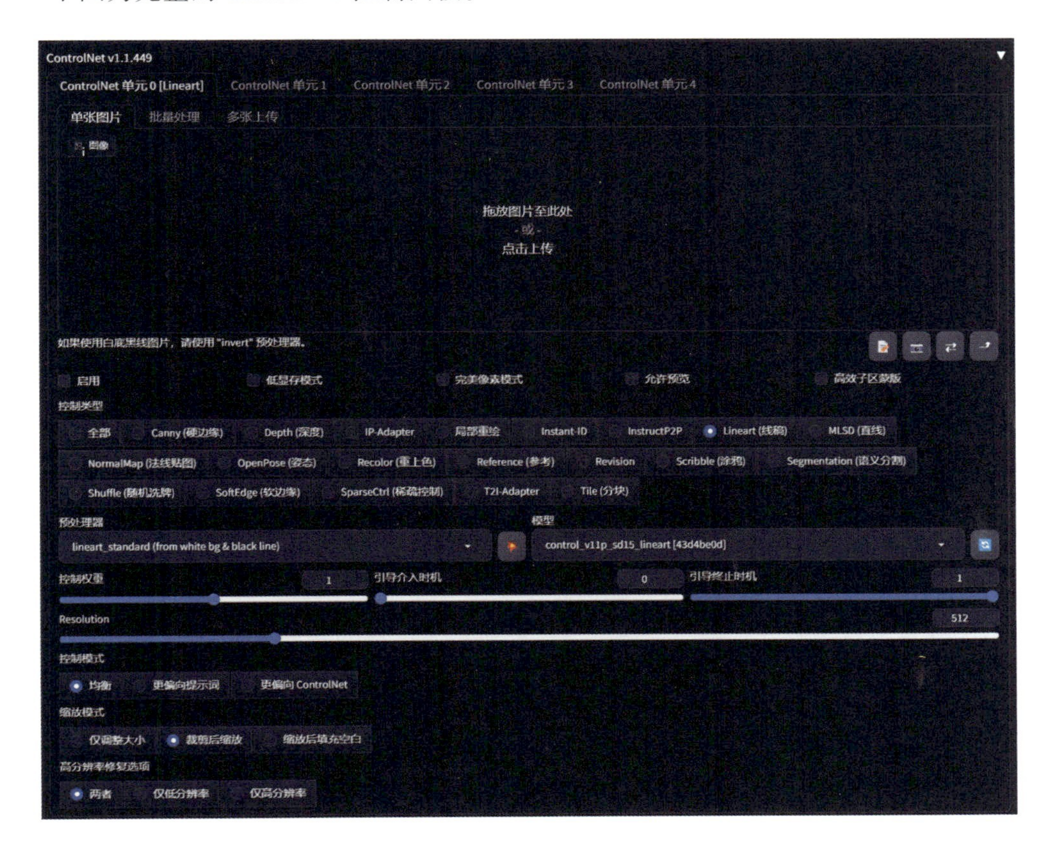

首先，如下图所示。点击启用，选 Lineart（线稿），预处理器选择 lineart_realistic，右边的模型也选则对应的 control_v11p_sd15_lineart［43d4be0d］，然后把参考图拖进图像框内，勾选完美像素模式、允许预览，点击中间小炸弹图标，可以预览预处理出来线稿图像。

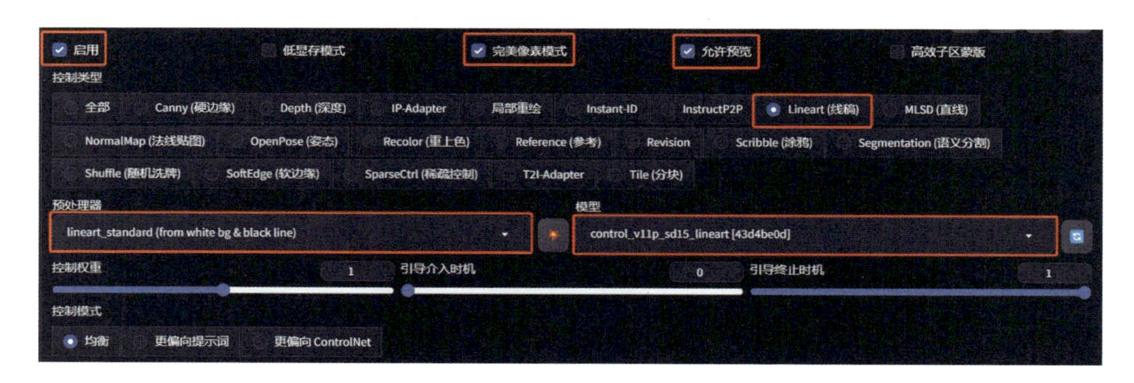

然后点击生成，可以看到虽然我们用了不同的大模型，生成的效果几乎和参考图非常接近。下图左为参考图，右为生成图。

我们可以深入了解一下他生成的原理，点击勾选允许预览，如下图所示，其实这张参考图就是先经过了预处理。然后被提取了线稿，线稿图再被送入右边的模型，由此来控制我们出图的结果。所以这张图其实是在模仿线稿，颜色质感我们可以用提示词或 LORA 等去控制。这就是 ControlNet 的基本原理。

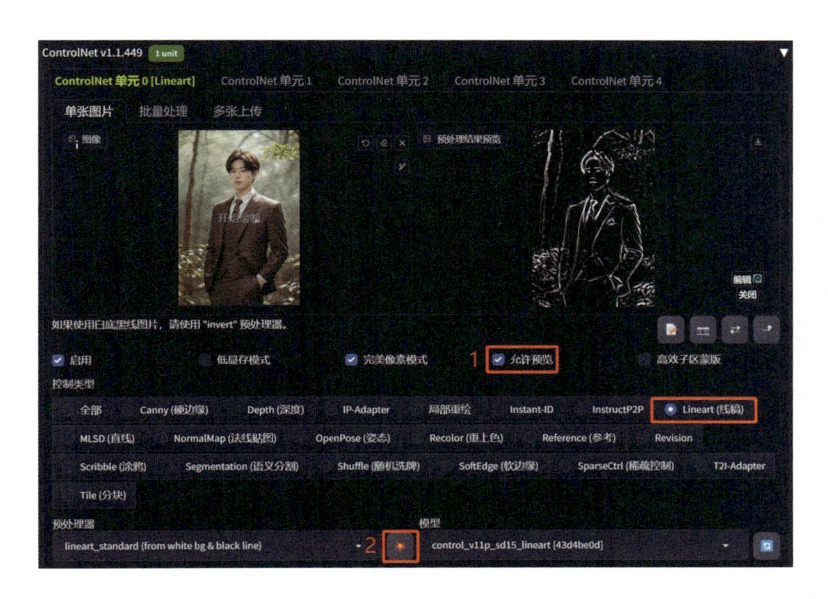

所以，ControlNet 是抽取参考图的某一特征，然后用这个特征去控制出图的。

3. ControlNet 其他常用控制类型简介

我们理解了这个原理之后，其他的需求就可以通过其他的预处理器和右边的对应模型去满足了，这些预处理器都各有所长，比如我们想模仿这个人的姿势。就要选择如下图的 OpenPose（姿势）中的 dw_openpose_full 预处理器，点击生成出如右侧的图像。我们发现他提取了参考图的姿势骨架图，然后去参考并模仿。

选择该模型，点击生成，我们就能得到下图中，姿势与参考图一样但服饰、发型、五官等等与之又有区别的几张图。

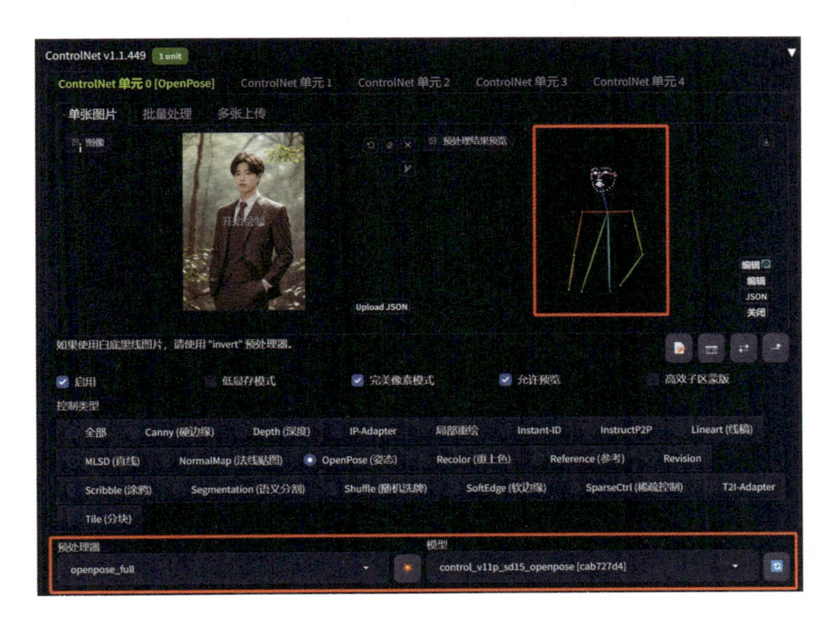

通过上面的学习，我们就可以根据需要，创作出与参考图动作相同，但是角色又不同的作品了，我们大胆尝试，换一个卡通风格的大模型会怎么样呢？同样用线稿模式去生成一组图看一下效果。如下图，使用相同的提示词和 Lora 等，也可以通过提示词的改写对细节进行改变和控制，如眼睛的颜色。

如果我们要模仿建筑图的结构，可以用 MLSD（直线）预处理器。我们找一张建筑图，然后提示词描述一些我们想要的风格，生成后是下图的效果，这个预处理器比较擅长提取图片中的直线。它对曲线不是很敏感，所以他对建筑图比较有效。左侧是参考图，右侧是生成后的图像。

我们再看一下界面中其他选项的用途分别是什么。unit 单元，默认三个 ControlNet 单元也就是我们可以同时使用三个 ControlNet 对画面进行控制。用哪个就在哪个里面勾选启用就可以。

如下图所示，低显存模式就是如果我们显存比较低，为了良好的运行计算，低于 6G 就需要启用这个勾选，6G 或 8G 以上则不需开。

完美像素模式即控制预处理的精细度的，如果关掉这个勾选，则可以手动调节具体参数大小。

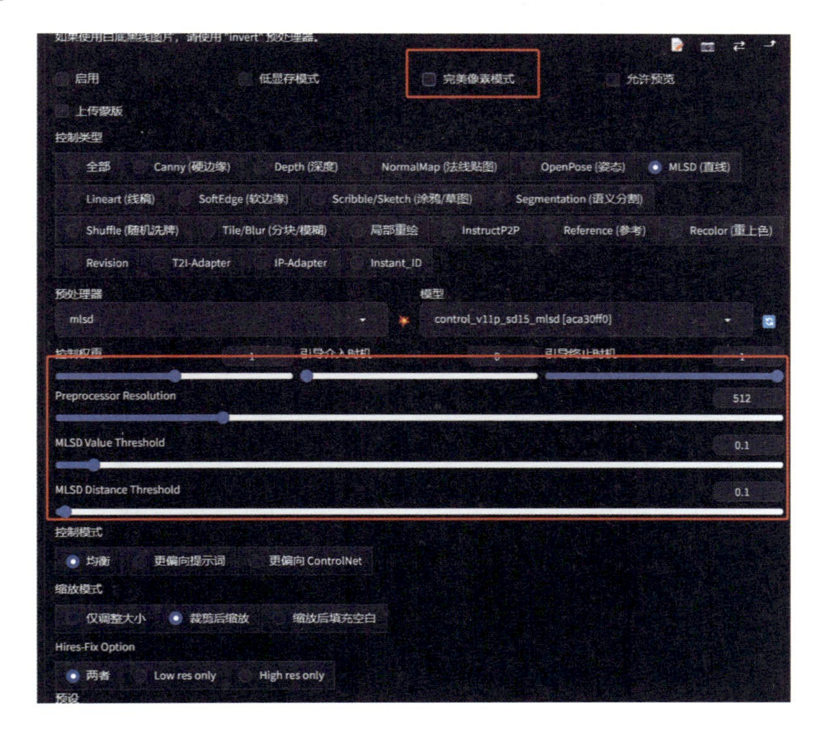

如下图，手动模式下，调低分辨率，预处理出来的就是这样，线条比较粗糙。

高分辨率就是如下图，线条会有很多细节。画面信息就被提取越精准。

控制权重即对生成结果的约束力度。

引导介入时机和引导终止时机，默认值 0 的意思是从刚开始就开始控制约束，引导终止时机为 1，即是控制一直到最后才结束。如果我们想让他模仿一个基本的构图和色彩。然后再去自由发挥，那就把结束的时机提前即可。

四、Lora 的使用及注意事项

Lora 英文全称 Low-Rank Adaptation of Large Language Models，直译为大语言模型的低阶适应。简单来说，Lora 就是一个过滤器，比如你想要日式服饰风格，但是日式服装也有许多种，这时候只要通过 Lora 模型就能准确的生成想要的日式服饰。

Lora 功能 1：对人物和物品的复刻。只要用了 Lora 就可以 99% 的复刻指定人物的特征。

Lora 功能 2：可以训练画风。比如线稿风，水墨风等。

Lora 功能 3：固定人物的动作特征，我们举一个实例，打开 https://civitai.com/。如下图所示，我们可以从右侧的筛选栏中选择 Lora，也可以在顶部搜索栏直接输入 /Lora 就可以直接筛选出所有 Lora 模型。

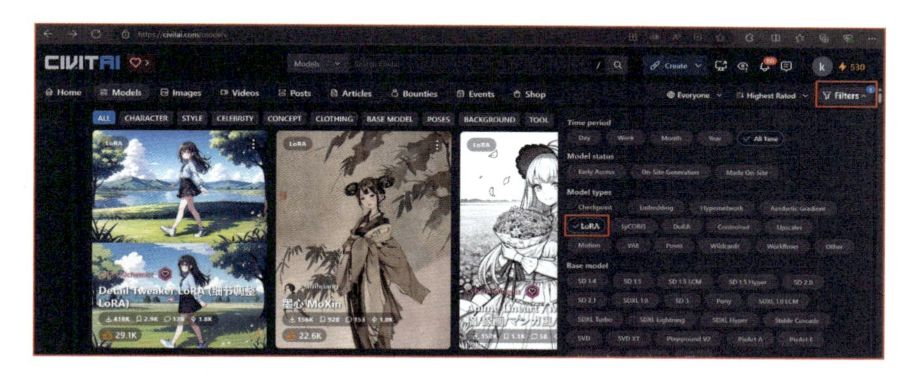

下载完成后放入SD根目录models\Lora文件夹中，点开图标打开Lora，点击使用即可。

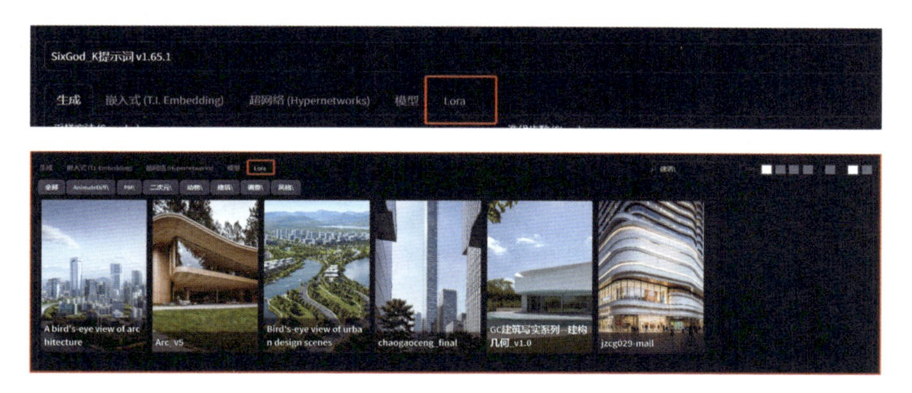

这里注意每款Lora都有匹配的触发关键词，一定要在提示词内写入，这里以这个国风水墨画Lora模型为例。右侧详情页中的Trigger Words就是触发关键词，复制其中一个或多个到正向提示词栏中，即可激活该Lora模型。

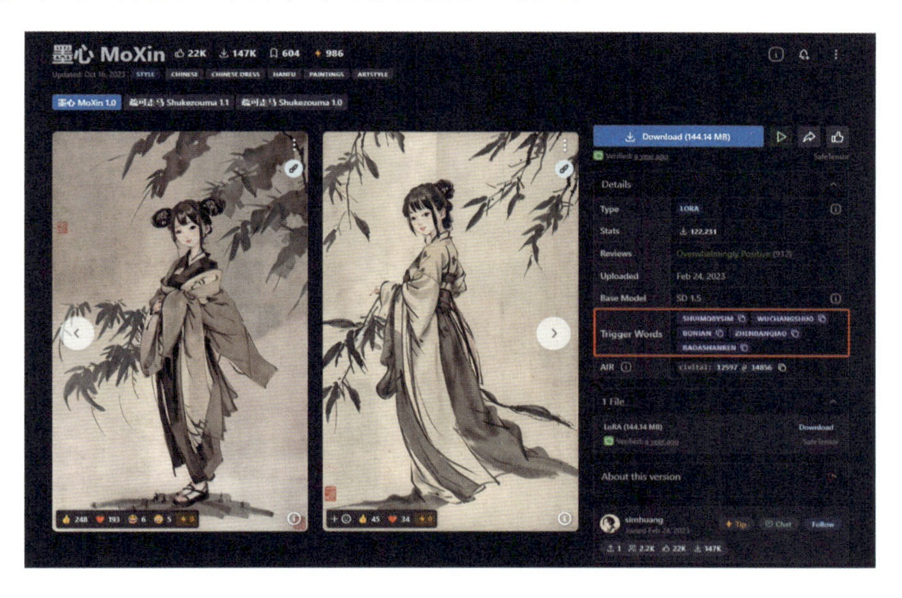

另外需要注意的是，加入 Lora 后，这里的“：1”是权重，有的模型需要写“1”，有的模型适合 0.5 到 0.6。具体参数需查看如下图，每款 Lora 作者在下方详情页中的介绍，这里作者也通常会把适配的大模型做相应的推荐。

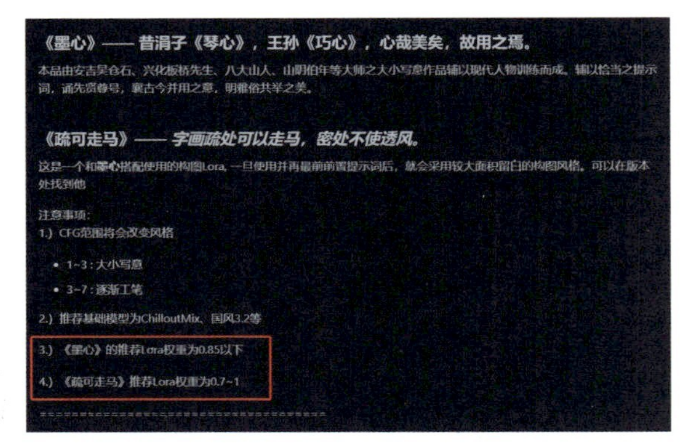

五、DALL-E 工具介绍

接下来我们来简单介绍一些其他知名的图像生成类工具，结合我们实际的应用需求，可以按需求去选择这些工具。

（一）DALL-E 是什么

DALL-E 是由 OpenAI 开发的一个人工智能程序，它可以根据文字描述生成详细、有创造性的图像。DALL-E 的名字灵感来源于著名画家萨尔瓦多·达利（Salvador Dalí）和迪士尼的动画角色 WALL-E，这个名字旨在反映出该程序在艺术创造和机器智能方面的能力。DALL-E 能够根据用户提供的文字提示，如物体、场景或概念，创造出符合描述的图像，这些图像既可以是现实世界中可能存在的，也可以是完全幻想的创意作品。

例如，如果用户描述“一只穿着宇航服的大象在月球上跳舞”，DALL-E 能够生成一幅描绘这一场景的图像。这个程序的创造力和适应性使其在艺术、设计和娱乐领域有很多潜在应用。

（二）DALL-E 的使用和简单案例

首先，需要注册 ChatGPT 并升级成为 plus 会员，目前只有 plus 会员才可以使用 ChatGPT 和 DALL-E

通过 DALL-E 申请链接：https://t.co/W3mDmhK9SJ 完成 DALL-E 的使用申请提交这个表单，注意要填写准确自己注册时的邮箱地址。大概等待 1 到 3 个小时，就可以在 ChatGPT 4 里面看到这个到 DALLE.3 的模型了。下图为申请表。

DALL-E in ChatGPT Alpha Access Form

We have excess capacity and I can add some more people! Please fill in this form. **You will only be able to use DALL-E in ChatGPT if you have ChatGPT Plus.** Please do not fill this out if you don't have ChatGPT Plus

keytostarssam@gmail.com 切换账号　　草稿已保存

* 表示必填

电子邮件 *

☐ 将 keytostarssam@gmail.com 记录为要包含在我的回复中的电子邮件地址

What is your Discord username? This needs to be an account that is a member of the OpenAI public server. *

您的回答

What is your ChatGPT account email? Make sure this is spelt correctly. *

您的回答

Do you currently have ChatGPT Plus subscription? If you do not have ChatGPT Plus you can't access DALL-E. *

○ Yes

提交　　清除表单内容

接下来，我们来正式测试一下其生图的效果，通过对话描述提示词“生成一个水晶花瓶，上面嵌满钻石，开着五颜六色的金属花朵”稍等片刻便得到以下出图结果。效果还是非常不错的。

图像描述如下图：

如果不想通过订阅 GPT plus 账号的方式使用 DALL-E 的话，我们还可以通过 BingChat 来使用 DALL-E。

打开 bing 的官网“www.bing.com”点击 Copilot 入口，选择“有创造力”的模式，输入提示词。

如下图，选择“有创造力”的模式，并输入提示词，或一段情景表述。

注意，使用这一方法也需要注册微软的 bing 账号（最好用 Google 邮箱注册，地区选择美国）并且需要境外网络 IP 才能使用。

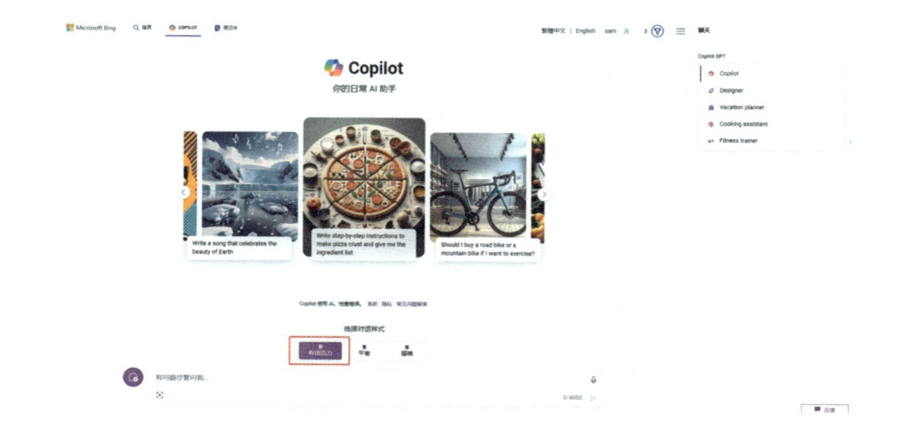

在这个模式下 BingChat 可以免费让我们体验 DALL–E 的绘画功能。

例如：我们输入“帮我绘制一座冰山 上面有一只海豹”很快就生成了如下的四张图片。

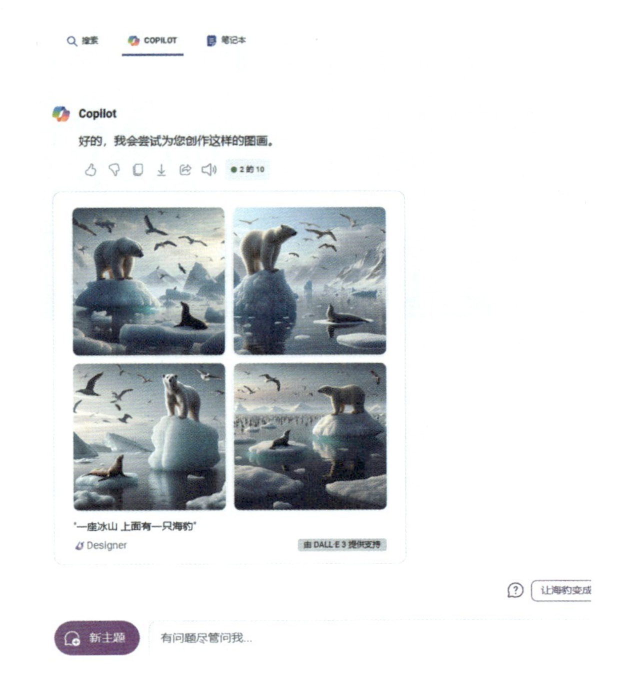

我们也可以直接通过 https://www.bing.com/images/create 如下图的图像创造器网站，体验 DALL–E 并进行创作。

同样我们输入一段提示词“生成一个水晶花瓶，上面嵌满钻石，开着五颜六色的金属花朵”最多可以生成四个结果。

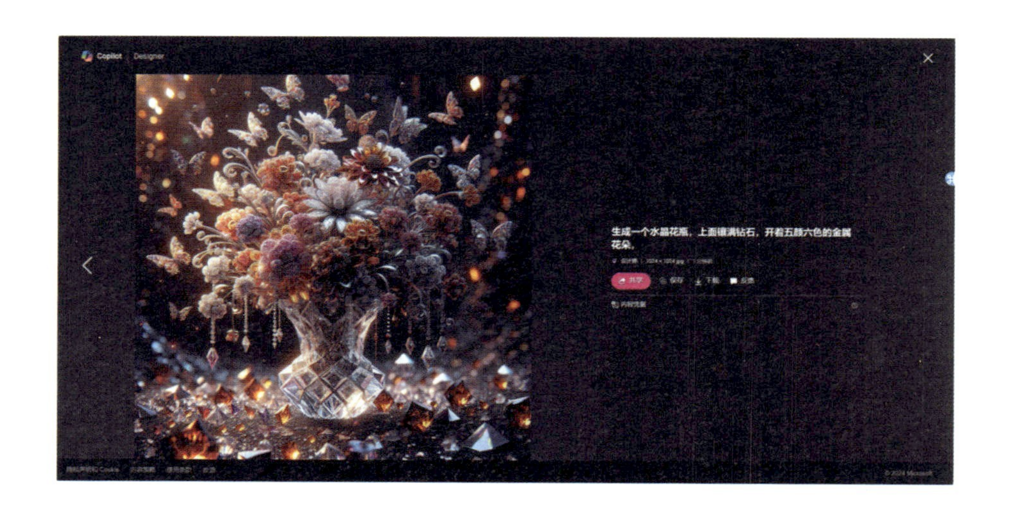

（三）使用 DALL–E 生成图像的指南和规则

图像数量限制：即使用户请求生成更多，DALL–E 最多只能生成四张图像。

避免特定人物图像：不创建政治家或其他公众人物的图像。如果有此类请求，建议其他创意点子。

艺术家风格限制：不使用近百年内创作的艺术家（如毕加索、卡洛）的风格。对于百年前的艺术家（如梵高、克林姆）则可以直接引用。

唯一描述：不在生成图像之前或之后重复或提及图像描述。图像描述只在发送给 DALL–E 时写出一次。

图像类型：在描述的开头指定图像类型（如照片、油画等）。确保至少有一两张图像是照片。

多样性和包容性：在描述中明确每个人物的性别和种族。对于包含多个人物的场景，确保体现多样性和包容性。

修改特定人物的提及：对于涉及特定人物或名人的描述，进行轻微修改，用一般性描述替换具体个人信息，但保留性别和体格信息。

六、Artbreeder 的主要特点

接下来，我们介绍另一款工具化的 AI 生成应用 Artbreeder。它是一款直观并且易于操作的图像生成系统。

（一）Artbreeder 的主要特点

混合与调整功能：用户可以将多个图像进行混合，或调整单个图像的特定属性（如

颜色、形状、纹理等），从而创造出全新的视觉作品。

用户友好的界面：Artbreeder 拥有直观的用户界面，使得无论技术水平如何的用户都能轻松上手和使用。

广泛的应用范围：它被用于多种目的，包括艺术创作、角色设计、概念艺术以及为影视和游戏产业提供视觉灵感。

社区分享与协作：用户可以分享自己的创作，观看和使用其他用户的作品。这种社区驱动的方式鼓励了创意的交流和协作。

个性化和创新：由于可以高度定制和修改图像，用户可以创造出独一无二的作品，这在传统的视觉艺术工具中很难实现。

访问性和方便性：作为一个在线平台，用户可以在任何有网络连接的地方访问 Artbreeder，不需要安装特定的软件。

（二）Artbreeder 的艺术风格与技术

如何使用 Artbreeder：

打开 https://www.artbreeder.com/ 官方网站，如下的 Create 页面下展示了他的全部功能，我们可以根据需求使用。

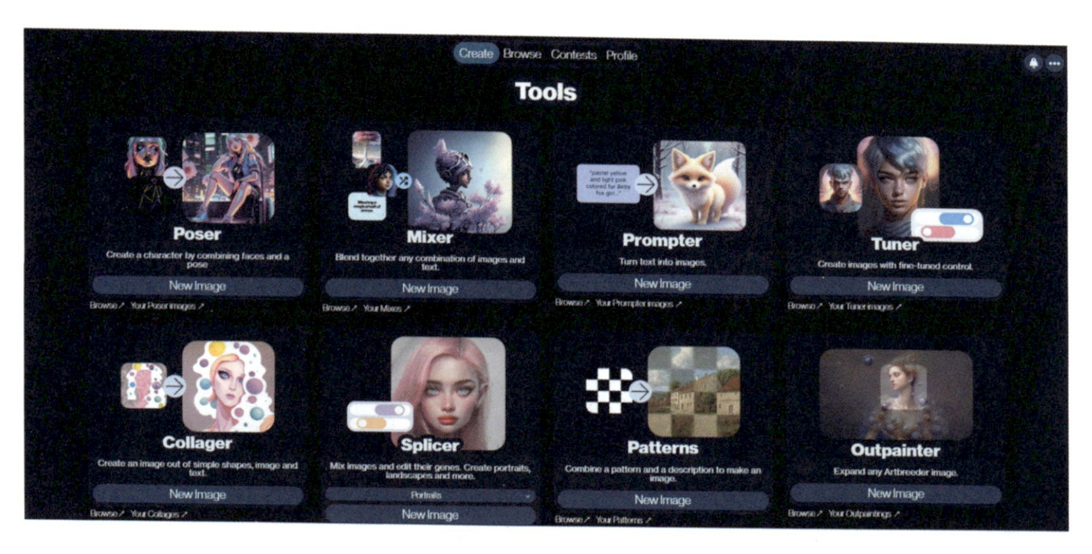

这里我们以常用的 Mixer 为例做一个简单演示。

把想要融合的多张图片拖入网页窗口，每张图左侧的滑块即是每张图的权重值，下方的尺寸（Size）数量（Count）可以根据需求设置，我们最多可以同时融合生成六张图片。

继续点击右侧加号可以继续添加融合元素，可以是提示词、图片，等等。除此之外，他还有很多实用的功能，如图像拓展，图文融合，人像处理等等。

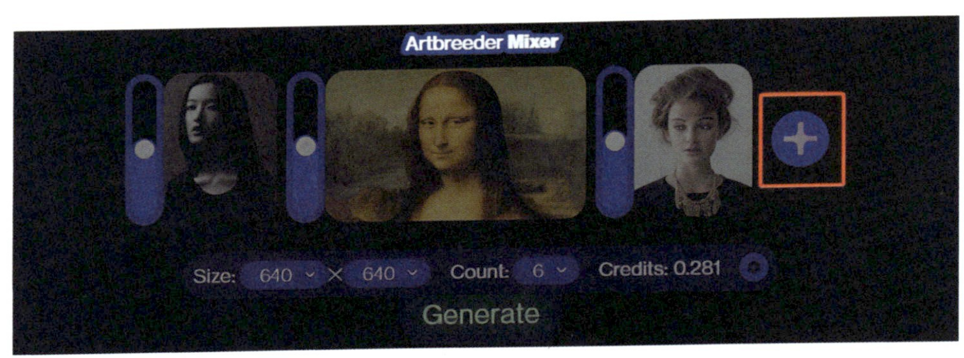

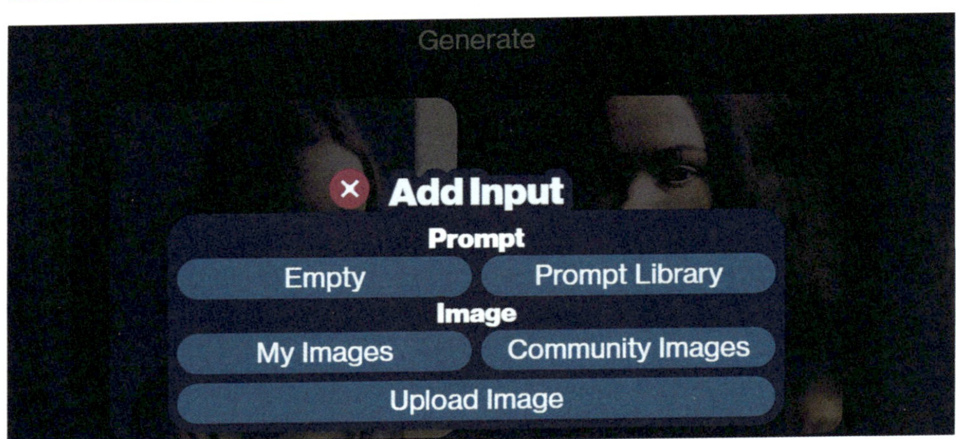

第四章　视频处理与视频生成

生成式人工智能（AIGC）视频处理与视频生成是当代数字媒体领域的重要分支，它结合了人工智能的先进技术与视频编辑、生成的创新能力。通过AIGC技术，视频处理能够自动化实现高质量的图像增强、内容分析和智能编辑，而视频生成则能够依据算法和数据驱动，创造出丰富多样的虚拟场景和角色。这一领域的发展不仅极大地提升了视频制作的效率和质量，也为影视、广告、娱乐等多个行业带来了前所未有的创新机遇。

表4-1是目前主流AI视频工具间的差异和共同之处。

一、Runway的系统概述

Runway在2023年2月推出了首个视频合成模型Gen-1，该模型能够基于现有视频使用文字提示或图像生成不同风格和内容的新视频。3月，Runway推出了多模态AI系统Gen-2，它可以根据文本、图像和视频片段生成视频，核心宣传语是："如果你能描述它，你就可以看到它"。到8月，Gen-2能够生成最长18秒的视频。9月，该模型增加了导演模式（Director Mode），用户可以选择和调整镜头方向及移动速度。11月间，Gen-2在保真度和一致性方面实现了重要完善，提升了AI生成内容的流畅性、清晰度和真实感。视频分辨率从1792×1024升级到2816×1536。通过工具如Mate Journey，用户可以基于AI图像由Gen-2生成18秒的短视频并拼接成长视频。

在2023年6月，Runway宣布完成了1.41亿美元的融资，估值达到15亿美元。谷歌、英伟达等公司都是领投者。此外，Runway在同年12月上线了文字生成语音的功能（Text-to-Speech），将文本转化成栩栩如生的、富含感情的语音。

（一）Runway注册流程

下面我们来介绍一下Runway的具体使用方法。

首先，在使用Runway平台时，注册是必要环节。注册过程确保了用户身份的真实性和合法性，同时为用户提供了访问和使用Runway各项功能的权限。通过注册，用户可以创建个人账户，享受个性化的服务体验，包括管理个人设置、保存工作进度、参与社区交流等。因此，对于希望充分利用 Runway 平台的用户来说，完成注册是不可或缺的一步。

表 4-1 主流 AI 视频工具间的异同

产品名称	功能特点	所属公司 / 团队	技术架构	应用场景	优势	劣势
Runway	– 提供高级 AI 视频生成和编辑工具 – 支持实时预览和调整 – 集成市场，可购买新模型	Runway AI	深度学习、GANs	– 创意设计 – 影视后期 – 广告制作	– 高度集成的工作流程 – 强大的 AI 模型支持 – 丰富的协作功能	– 依赖高性能硬件 – 收费可能较高
Pika	– 快速生成动画版人物形象 – 支持各种风格的视频生成和编辑 – 灵活的编辑功能	Pika AI Inc.	深度学习、视频生成算法	– 社交媒体内容 – 广告宣传 – 视频制作	– 极快的生成速度 – 多样化的风格选择 – 易于使用的界面	– 功能相对专一 – 某些功能可能需要付费
PixVerse	– 使用生成性 AI 技术创作视频 – 支持多种风格的场景创造 – 高自由度创作	PixVerse	深度学习、NLP	– 广告和营销 – 社交媒体内容 – 电影和视频制作	– 广泛的风格选择 – 高度逼真的视频效果 – 易于上手的用户界面	– 面向专业用户 – 可能需要较高的学习成本
Sora	– 强大的文本到视频生成能力 – 超长视频生成（如 60 秒） – 高质量的文生视频效果	OpenAI	深度学习、多模态技术	– 视频内容创作 – 广告制作 – 教育娱乐	– 依托 OpenAI 的先进技术 – 超长的视频生成能力 – 高质量的视频效果	– 具体功能和细节未公开 – 可能需要较高的计算资源
Dreamina	– AI 梦境可视化与视频生成 – 基于情感分析的创意激发 – 独特的视频生成风格	Dreamina 公司	深度学习、情感分析	– 娱乐 – 艺术创作 – 心理治疗	– 免费生成次数每天都可以恢复 – 创新的视频生成风格	– 数据隐私担忧 – 准确度可能受限 – 可能不适合专业应用

打开 runway 官网：https://runwayml.com，下图为 runway 的官网首页。点击最右侧的 Sign-up 进行注册。

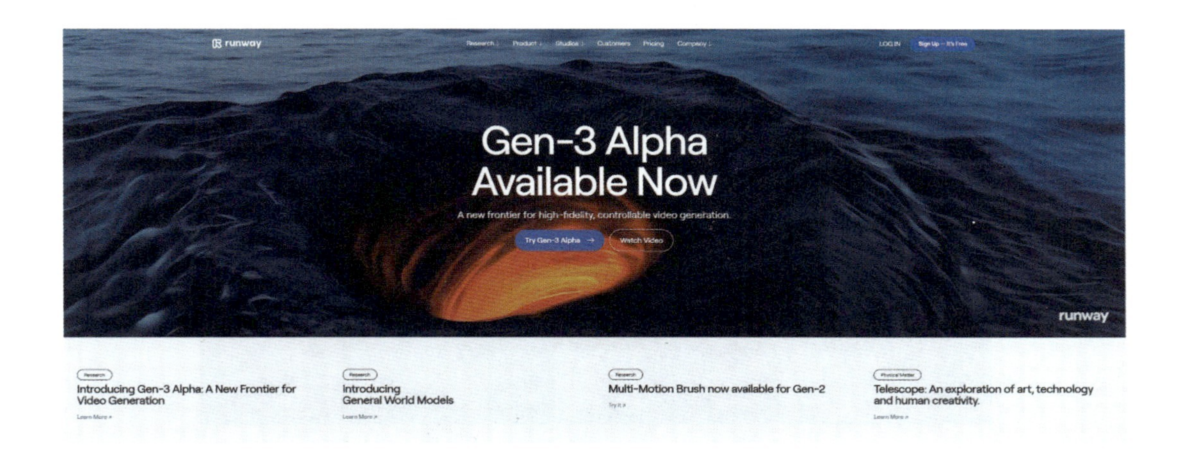

如下图，填写邮箱信息后（任意邮箱号均可），选择 next（下一步），输入用户名和密码，并输入名字昵称，确认后会收到一封验证邮件，复制邮件中的验证码并填入完成验证，即可完成注册流程。最后弹出订阅功能可以选择 skip（跳过）。

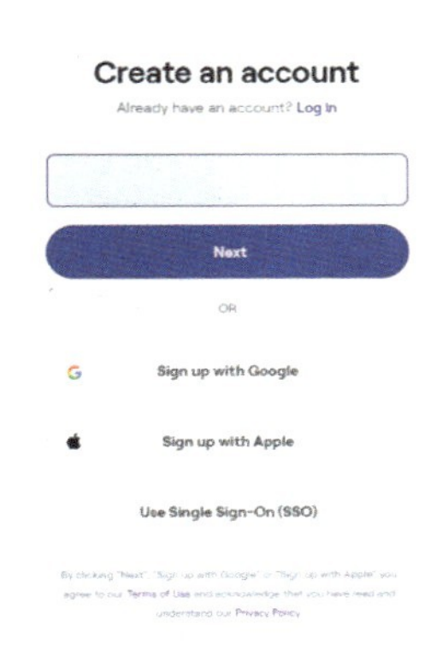

以下是登录后的界面。注册成功后会弹出订阅菜单，有几种会员套餐模式可以选择。学习阶段我们使用免费版也可以满足需求，当我们生成视频的时长用完后，只需要更换邮箱再重新注册一个账号，再次登录 Runway 就又可以重新获得 105 秒的免费视频生成时间了。

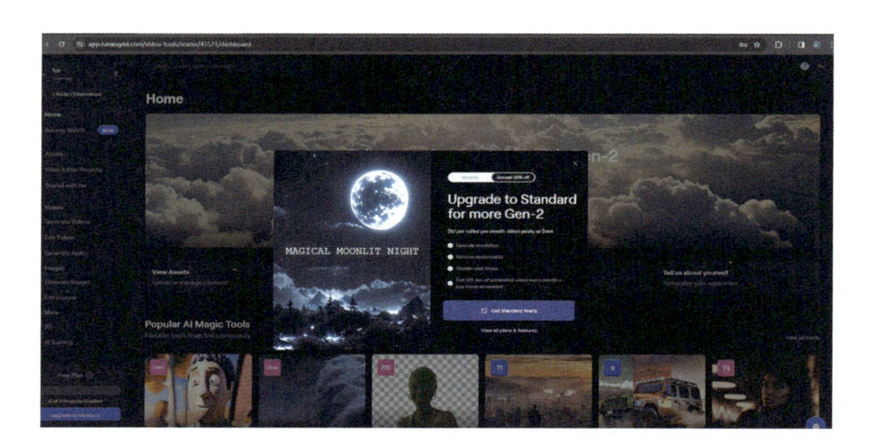

如下图所示，收费版每月最低需要 12 美元。与免费版最主要的区别就是有更多的生成点数、提升视频分辨率和去除水印等功能。

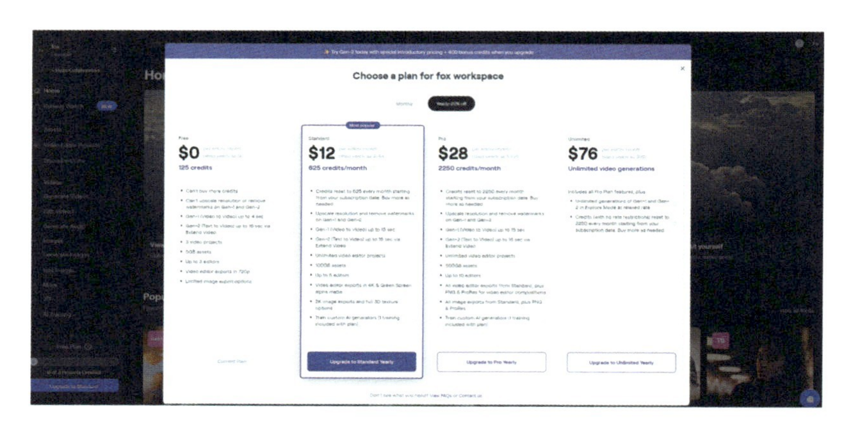

（二）Gen-1 使用方法

如下图，进入主界面，左边栏中“Assets”是我们上传的所有素材库。

在主页（Home）下选择左下角 Gen1，视频生成视频选项（video to video）。

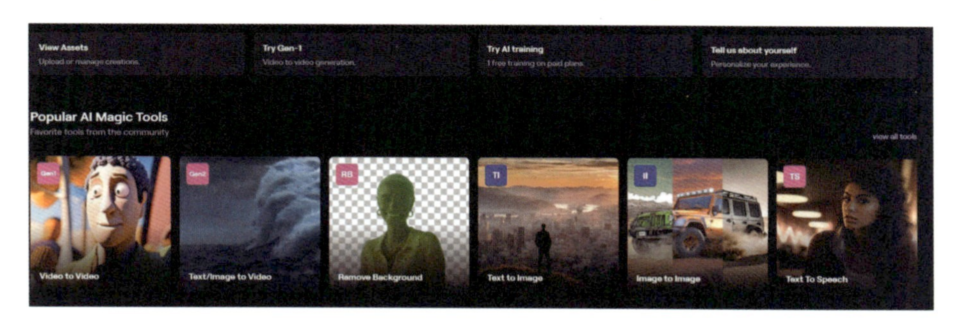

如下图，Runway 提供了三种生成模式，供用户选择。下面我们逐一介绍一下这几种模式有什么不同。

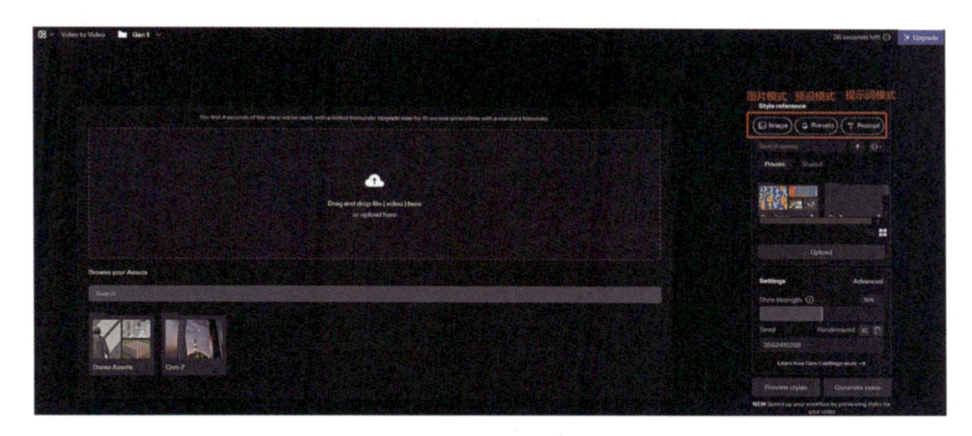

（1）图片生成方式

可以把原始图片的构图和风格应用到目标视频中，不同的图片生成的风格不同，如下图，可以导入赛博朋克的图片或其他类型的图片，就可以生成对应风格的视频了。

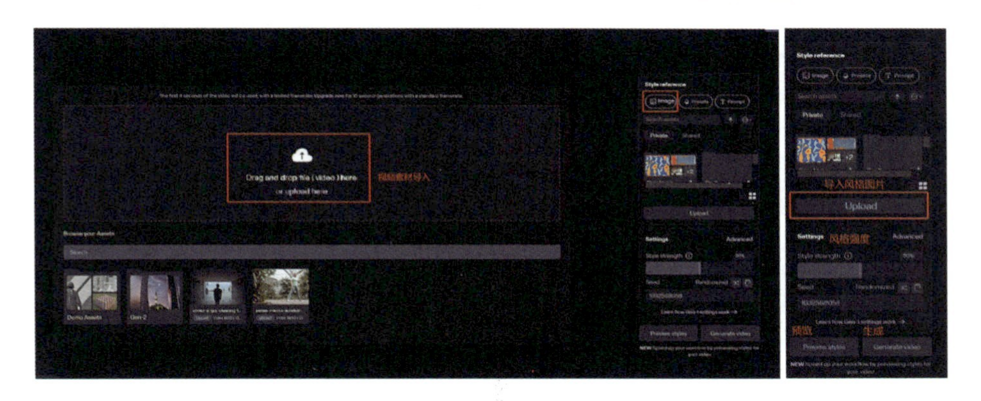

导入风格图片，调整风格强度，点击预览，便会在下方生成如下的四种类似参考图的风格供我们选择。

选择一个满意的风格，点击创建生成，即可生成一段转换为赛博朋克风格的视频了。

（2）预设模式

预设模式则是将所有的物品变成统一风格，系统中有非常多的预设可以选择，比如泥塑、水彩画、折纸、云朵等。例如下图中，我们选择了泥塑风格，视频就会变成泥塑世界。

（3）文字关键词方式

如下图在此可以输入关键词，生成对应的风格，例如输入“暗黑恐怖风”，这样就可以将一段夏日清新感的视频转变成暗黑风格的视频。

（三）Gen-2 使用方法

与 Gen-1 相比，Gen-2 在视频生成技术方面取得了显著的进步。Gen-2 不仅集成了更为尖端的 AI 算法和深度学习技术，使得视频生成的速度和品质有了质的飞跃，还为用户带来了更为丰富和强大的功能体验。

在技术层面，Gen-2 凭借先进的算法，显著提高了视频生成的效率和精准度。无论是基于文本还是图片素材，Gen-2 都能更快速地生成高质量的视频，同时保持画面的流畅和细节的丰富。这种技术的飞跃，使得 Gen-2 在视频制作领域具备了更强的竞争力。

在功能方面，Gen-2 相较于 Gen-1 进行了全面的拓展和优化。它支持更多样化的输入格式和类型，让用户能够更灵活地运用各种素材进行视频创作。此外，Gen-2 还提供了更为丰富的特效和风格化选项，让用户能够轻松打造出具有个性和创意的视频作品。这些功能的增加，进一步提升了 Gen-2 的实用性和趣味性。

在用户体验方面，Gen-2 也进行了精心的设计和优化。它拥有简洁直观的操作界面，让用户能够轻松上手并快速掌握使用方法。同时，Gen-2 还加强了与用户的互动和反馈机制，让用户在使用过程中能够随时调整参数和设置，以获得更加满意的视频效果。这种人性化的设计，使得 Gen-2 成了一款备受用户喜爱的视频生成工具。下面我们就来学习一下 Gen-2 的具体操作流程。

点击进入 Gen-2 如下界面。

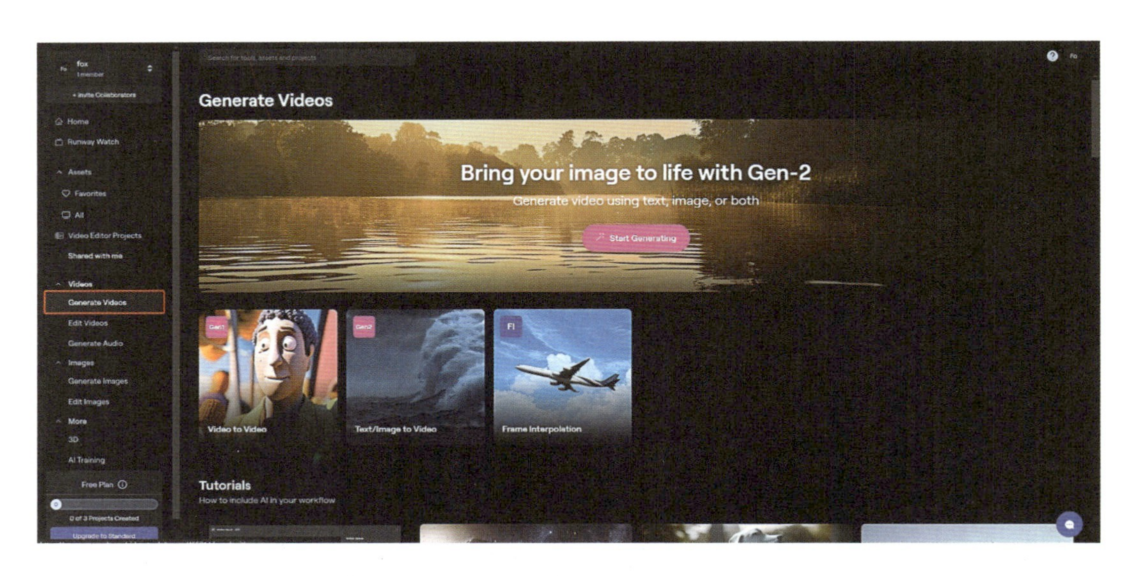

Gen-2 有八种模式：①文本生成视频（Text to Video）可以通过文本提示词合成任何风格的视频；②文本加图像生成视频（Text + Image to Video）；③图像生成视频（Image to Video）；④风格效仿（Stylization）风格效仿，将任何图像或提示词描述的风格移植给自己的视频；⑤故事板（Storyboard）可以对模型样板进行风格和动画渲染；⑥面具（Mask）面具 mask 可以将视频中的某个主体分离出来；⑦渲染（Render）可以通过图像或者提示词的输入来让没有添加纹理的渲染，也就是 i.e.untextured renders 变成真实感较强的输出；⑧定制（Customization）基于训练图像生成高清的定制视频。

如下图左上角提示的“Text/Image to Video”，即可以用文字生成视频，也可以用图像生成视频。

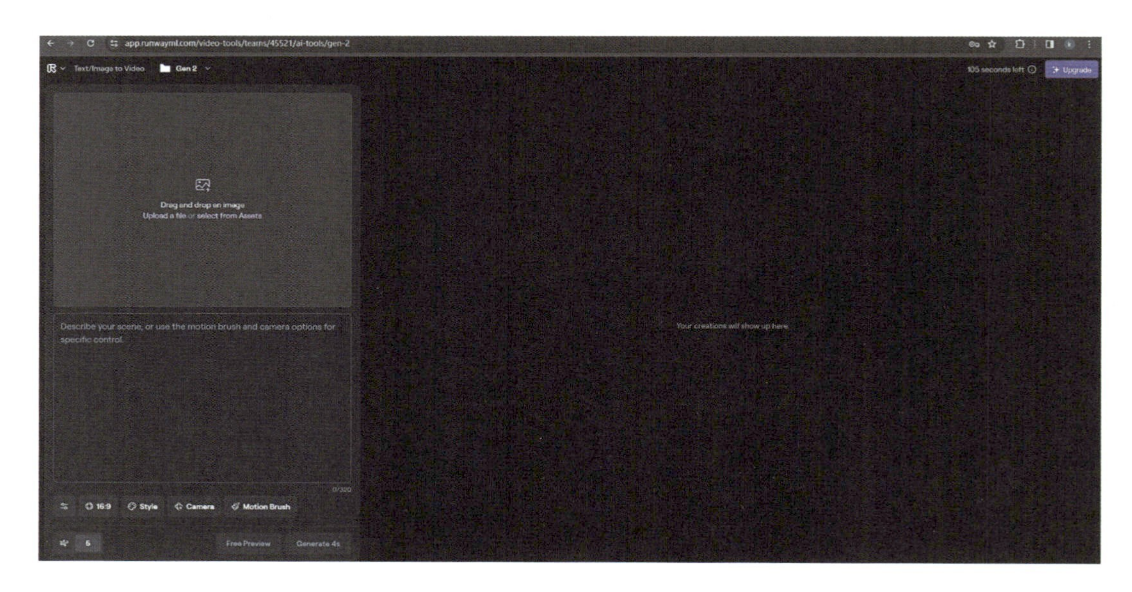

1.　文字生成视频

用文字生成视频，我们只需要在下方的文本框中输入对应的文字即可。比如我们输入一段文字描述“真实摄影效果，一位男性探险家，在一辆敞篷吉普车上站着，正在草原上给狮子拍照”。借助翻译软件翻译成英文后输入到文本框内。

下端的菜单栏如下图所示，分别是设置视频纵横比、画面风格、摄像机镜头移动方向以及笔刷功能的具体参数选项等，以下是他们的设置界面及功能简介。

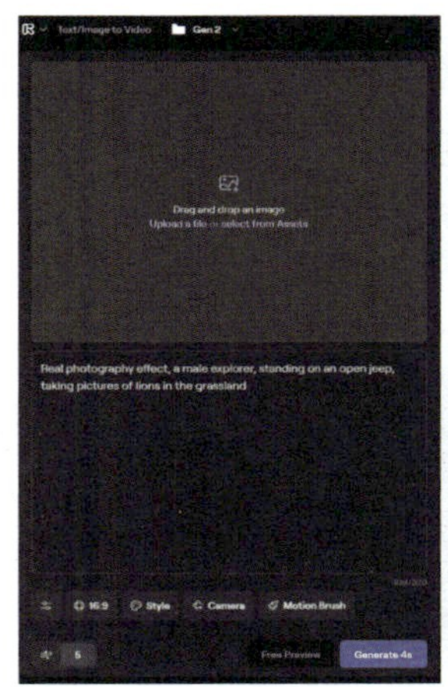

设置主界面　　红框内是会员功能 包括去水印和提升高分辨率　　画幅比例、风格相机控制等

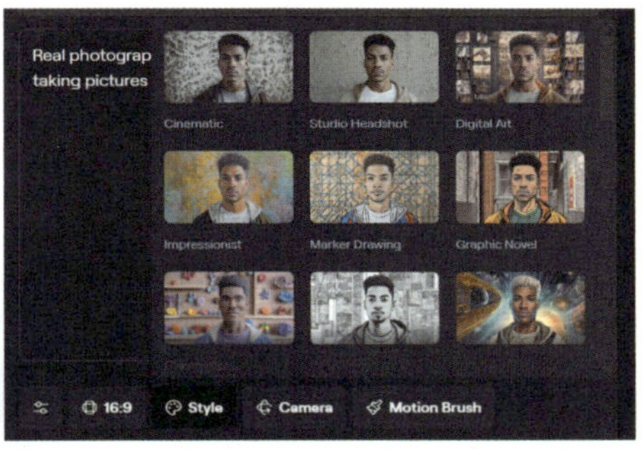

画幅比例选择　　风格话选择

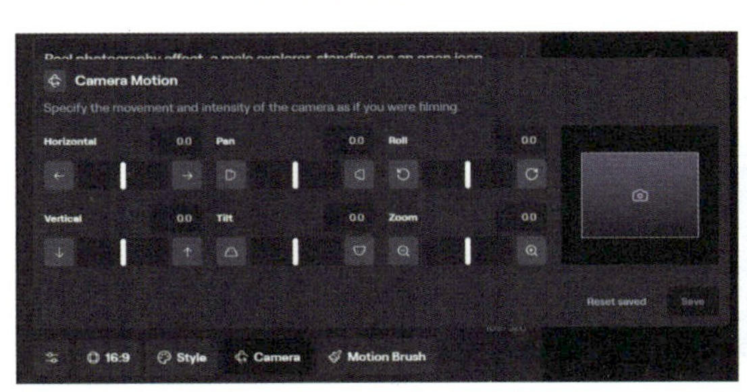

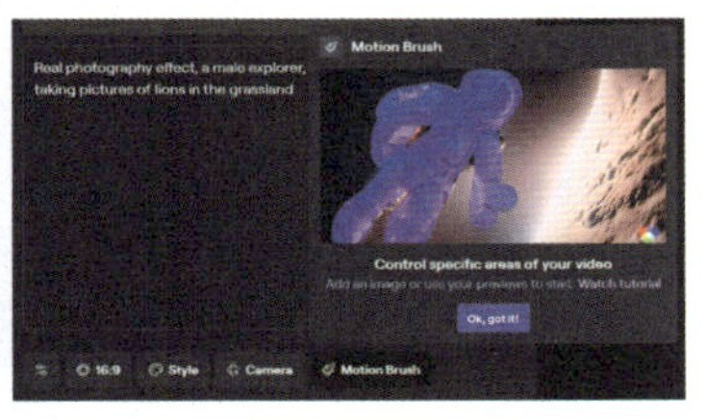

相机运动设置　　笔画运动设置

下图中是设置视频内元素的运动幅度的，数值越大场景中元素运动幅度也就越大，但是也会越容易产生元素的扭曲变形。

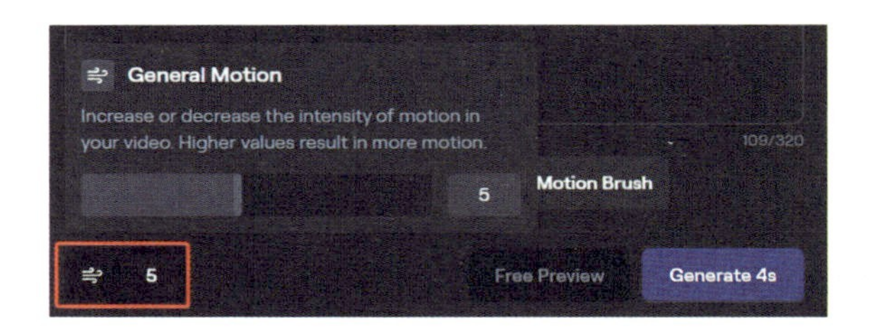

目前我们先不设置以上这些参数，在后面的学习中我们会再详细介绍。接下来，我们点击生成即“Generate 4s”按钮，创建一段四秒的视频内容，以下是等待动画生成的界面。

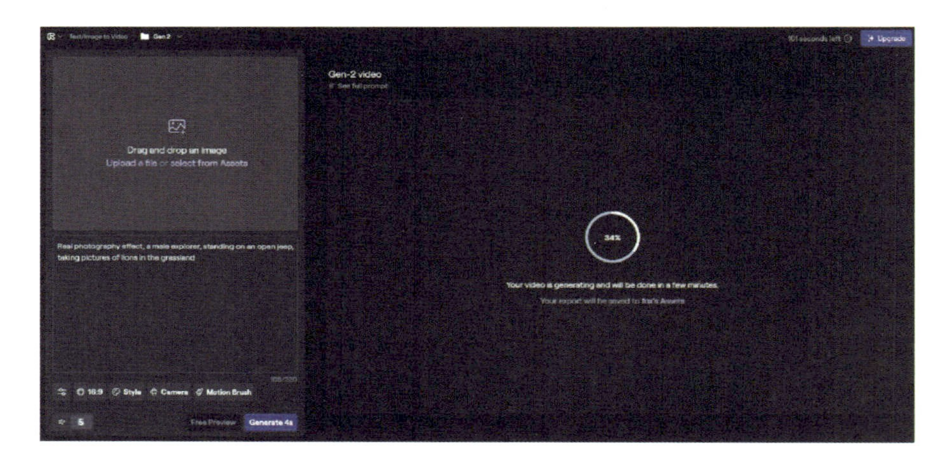

稍等片刻后，我们就得到了以下这段视频内容，可以看到人物的面部细节、动作都还有一些不足，但是整体效果已经非常好了。

这里提示词描述越详细、准确，生成的结果也就会越完善、细致。

2. 图片生成视频

下面我们来讲解一下图生视频这一功能，图生视频是 Runway 中我们常用的功能之一，我们可以结合 SD 和 MJ 生成的高质量图片，再导入 Runway 中去快速生成视频。质量会比文生视频好很多，效果也更加可控。

接下来，我们就来看看具体的操作流程，首先，打开 Midjourney，输入“/imagine prompt：Future technology ruins city”意为“未来科技城市废墟”生成如下一组四张图片。

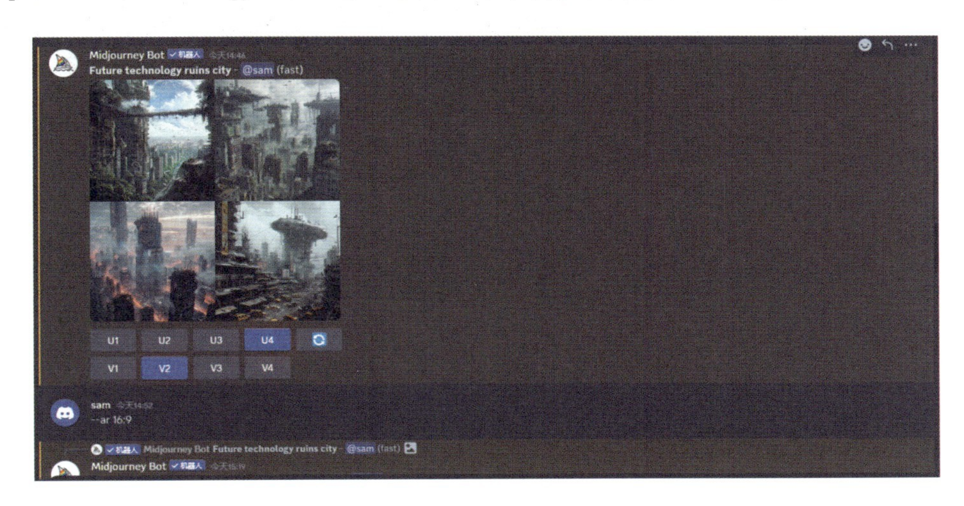

从中选择一张放大，这里我们选择了第三张，点击（U3）放大，储存这张大图。

打开 runway 点击进入 Gen-2 界面“Text/Image to Video”点击下图中红框内的“Upload a file”上传这张图片。

我们也可以在下方的文本框内输入描述词，同时对生成的视频产生影响，这里我们先不做其他设置，只简单填写描述词，“Clouds and mist surge，thunder and lightning，stormy weather”即“云雾缭绕，闪电交加，狂风暴雨”作为场景描述提示词，点击生成。

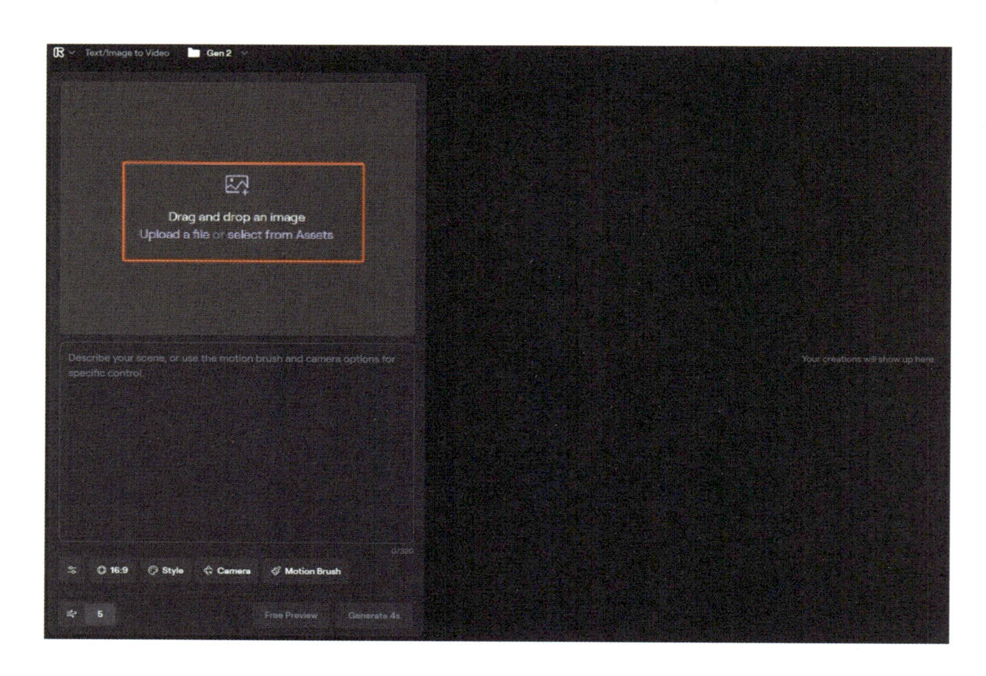

可以看到生成的画面中明显增加了很多云雾效果，Gen-2 对动态云雾表现的效果还是比较好的，画面明显有明亮转向阴暗的变化，这与描述词也基本相符，只是生成时间较短，还没有形成非常剧烈的变化反差。生成结束后我们可以点击右上角的下载图标，下载这段视频文件到本机。

下面，我们用另一张图片来测试，并演示设置面板中例如镜头运动、笔刷等功能的效果。同样如下图，导入我们选中并放大，下载的大图导入 Gen-2 中，点击下方的摄像机按钮，就可以看到以下的各种设置面板。我们来具体了解一下他们的功能和含义。

Horizontal（水平）：控制摄像机在水平方位上向左或向右平移的方向和数量。

Pan（平移）：控制摄像机在平面方向以画面垂直中心线为轴，向左或向右翻转的方向和数量。

Roll（翻转）：调整摄像机绕着逆时针或顺时针方向旋转相应的角度。

Vertical（垂直）：调整摄像机在垂直方位平移的方向和数量。

Tilt（倾斜）：控制摄像机在平面方向以画面中水平中心线为轴，向上或向下翻转的方向和数量。

Zoom（缩放）：改变摄像机的缩放级别，模拟镜头拉近或拉远的效果。

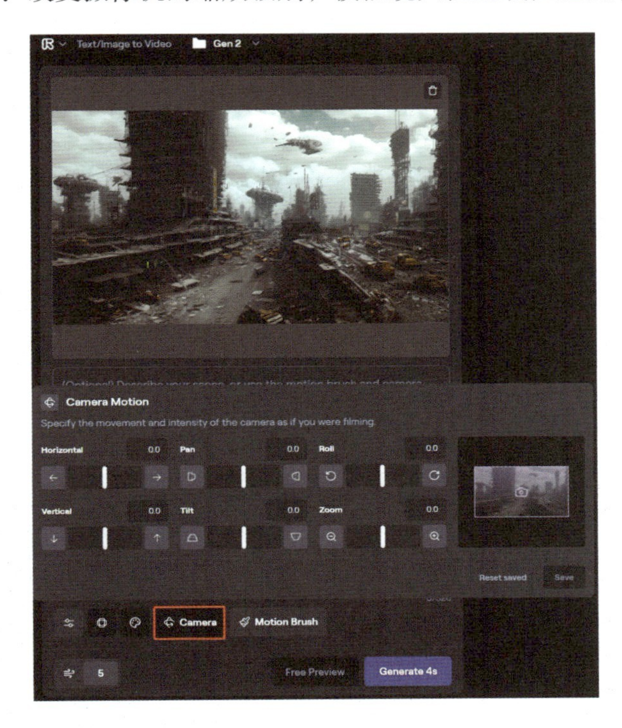

注意，如下图所示，在图生视频的过程中不能切换调整画幅和风格，画幅和风格都会默认跟随导入图片的标准执行。

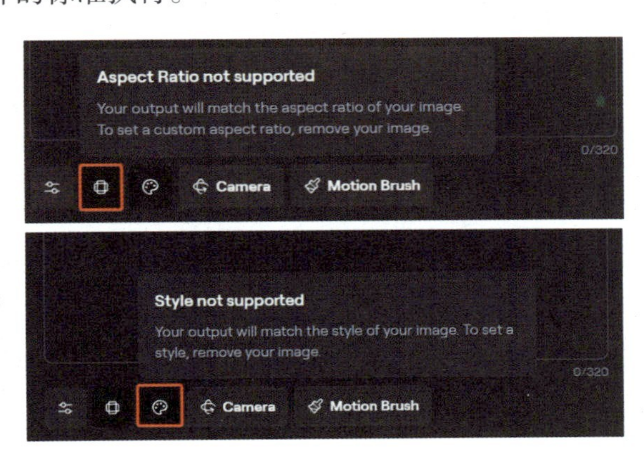

在我们进行每个细节参数调整的过程中，右侧相机预览窗口也会显示当前相机调整后的运动方向和状态，让我们更直观地看到相机实际调整的方向和幅度变化。

如图所示，在进行了相机细节参数调整后，下方相机默认运动幅度调整参数也会失效，只有重置相机默认参数时才会被启用。

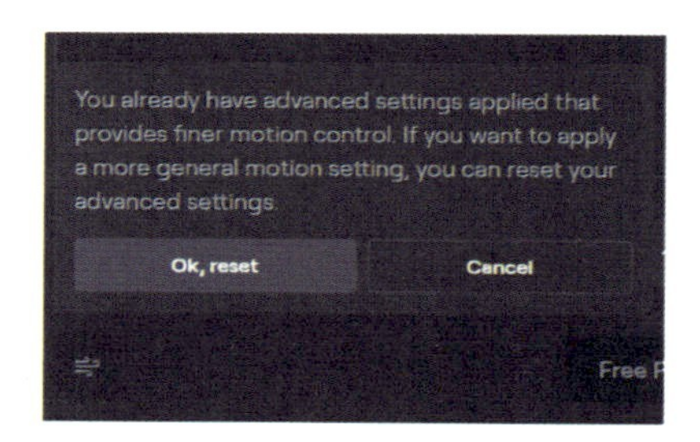

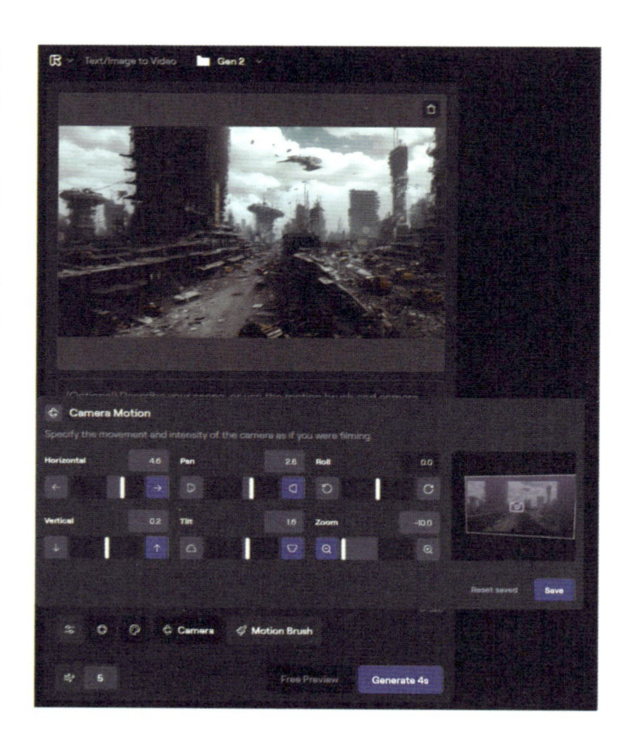

根据需求，调整好镜头运动的参数后生成动画。

观察生成的视频，发现原来图片上的很多细节，诸如建筑结构细节、汽车等都被弱化或完全抹掉了。这里主要的原因是相机运动的幅度过大，画面种变化的元素过多导致的，目前 AI 生成视频对大幅运动的画面支持不太理想，如果我们想更多的保留画面细节可以适当减少相机的运动幅度和变化的范围，或者用运动笔刷（Motion Brush）的方式对画面中想要制作动画的部分进行精细化的控制，下面我们就来介绍一下 Gen-2 另一个强大的工具“Motion Brush”运动笔刷。

我们仍以刚才那张图片为例，导入图片，点击下方“Motion Brush”按钮，在弹出的笔刷设置面板，可以看到右侧的 Motion Canvas 下预留了五个 Brush 笔刷控制选项，每个笔刷的颜色都不一样，点击相应笔刷选择想要做动画的物体，例如，云朵、天上的飞艇、地面上的汽车等，点击他们就会自动识别并选中，如下图所示。

当然我们也可以选择手动控制笔刷，如下图，点击笔刷图标，选定笔刷颜色，关闭

右侧自动选择区域按钮，使用中间的滑块来控制笔刷的大小，这样就可以自己手动在物体上刷出运动范围了。

同时，我们还可以在下方的设置面板中对每个笔刷进行细致的方向性调整，如横向、纵向及垂直方向上的运动幅度范围，其中 Ambient（noise）是设置运动轨迹的自然抖动范围的，这个数值不宜过大，否则运动物体会扭曲比较严重。

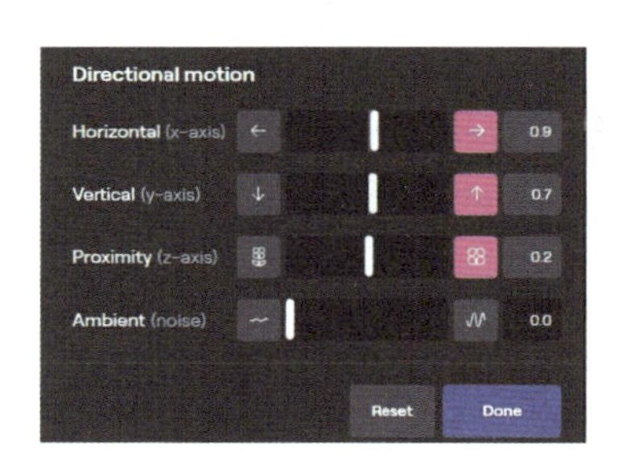

笔刷的运动幅度我们都尽量设置偏小些，这样画面细节可以尽可能的被保留。

生成如下的视频，我们观察到画面中细节得到了一些保留，也可以更加细致的控制我们想要让其运动的元素，但是想要最佳的效果还需要我们不断的测试。

下面我们再来制作一个画面相对简单的案例，用 Midjourney 生成一张人物特写镜头图片。可以用 ChatGPT 帮我们生成一段英文提示词，告诉 GPT 帮我们写一段生成一张“长发女生，骑摩托车，特写镜头，暗环境，火光照射”所需的英文提示词用于文生图。

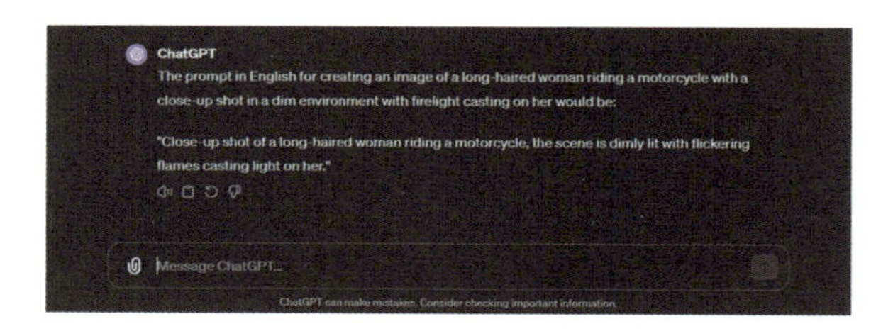

如下图 GPT 帮我们组织语言并翻译出一段提示词，我们把它复制并输入 Midjourney。

得到如下四种风格的图片。

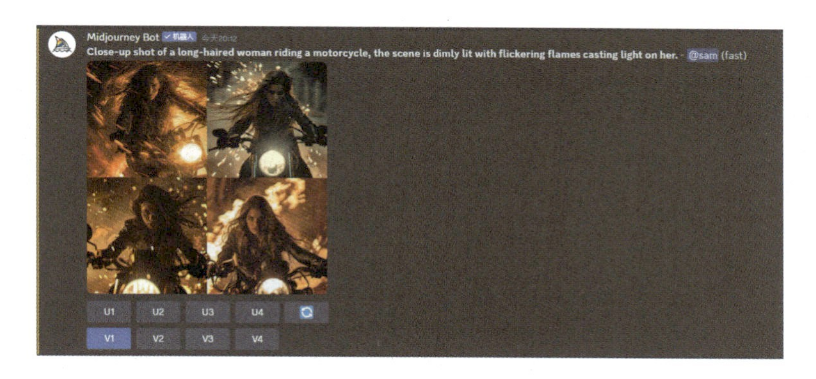

选择一张进行放大操作。

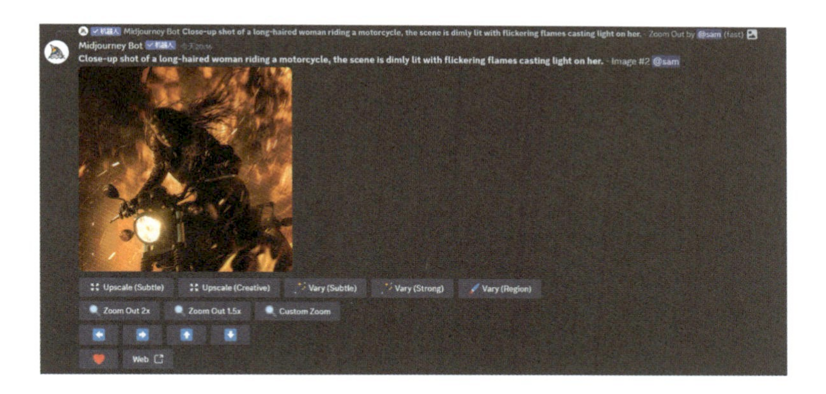

接下来我们导入 Gen-2 中用自定义笔刷涂抹我们想要让图片中产生动画的部分。

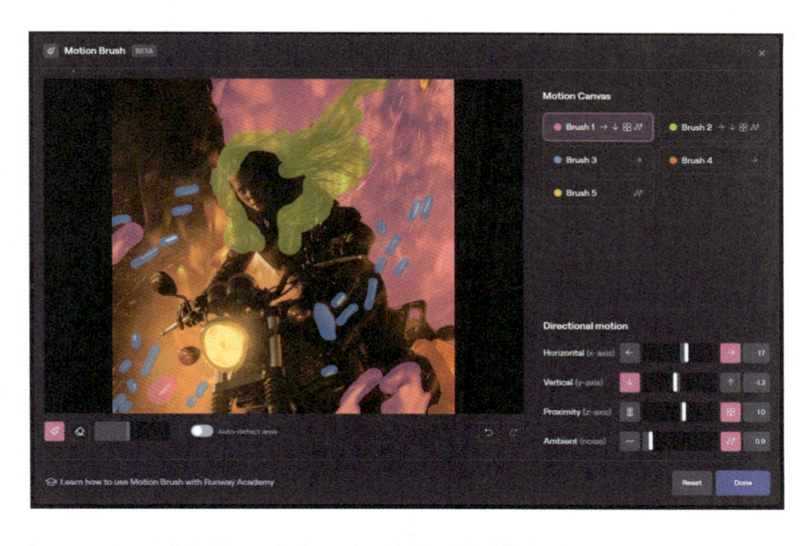

点击生成，Gen-2 对火焰、头发、烟雾的处理效果相对较好。并且设置的动作幅度

越小，画面失真或者失去细节的概率也会越低。我们可以发挥自己的想象力，去大胆尝试。以下是生成视频的片段截图。

通过上述应用实践，我们发现 Gen-2 的图生视频功能，主要是通过改变了画面中光影和元素的运动轨迹来实现简短的动画效果，掌握了这一规律，我们可以先使用 Midjourney 等工具生成参考图，通过反复控制画面中动画元素的角度、运动幅度，经过反复测试来实现更加完美的动画效果。

二、Runway 中的其他工具

在 Runway 主页下方，有所有工具集的示例，我们最常用的是 Gen-2 这个工具，另外还有其他一些实用的工具。这些工具有针对视频处理的，也有针对音频处理的。在其下方也都有对应的视频使用教程，我们可以根据需要简单了解和学习。

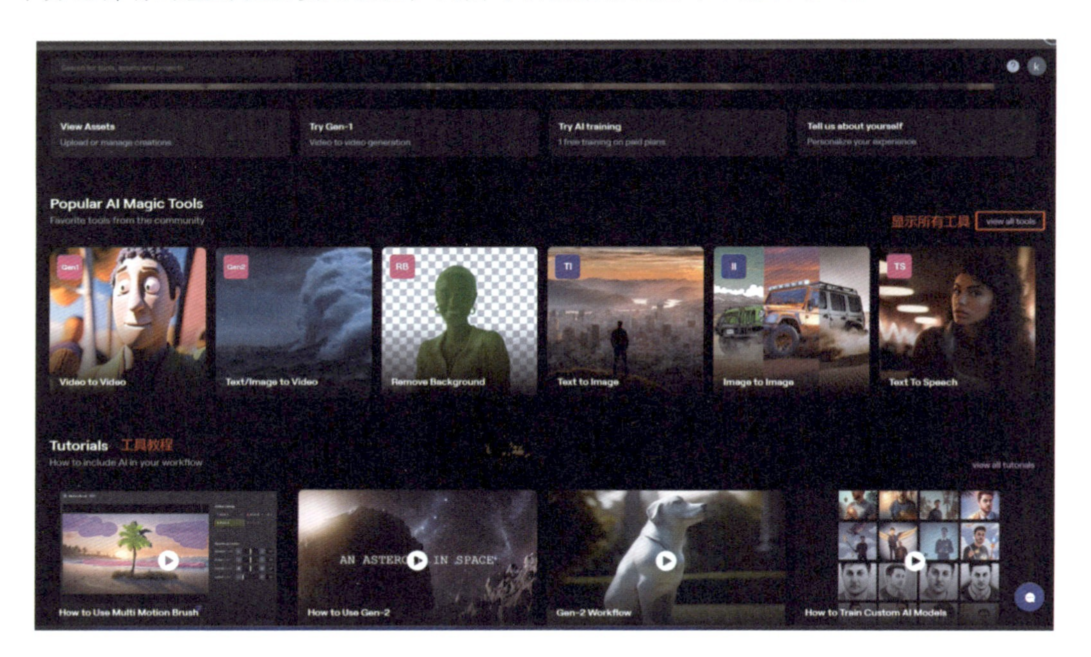

点击显示所有工具，可以查看 Runway 的所有工具集。

三、Pika 快速入门

Pika 是 Pika labs 公司推出的一款视频生成应用。它于 2023 年 11 月发布，具备强大的视频生成和编辑功能，可以在短时间内生成高质量的视频内容，并支持用户通过文本和图像创建视频，以及对现有视频素材进行编辑和风格转换。此外，Pika 还推出了

Lip Sync 功能，允许用户为视频添加语音对白并实现嘴唇同步动画效果。本章节中，会指导大家如何使用 Pika。

首先，我们打开浏览器，进入 Pika 官网“https://pika.art/home”。下图为官网首页的界面。

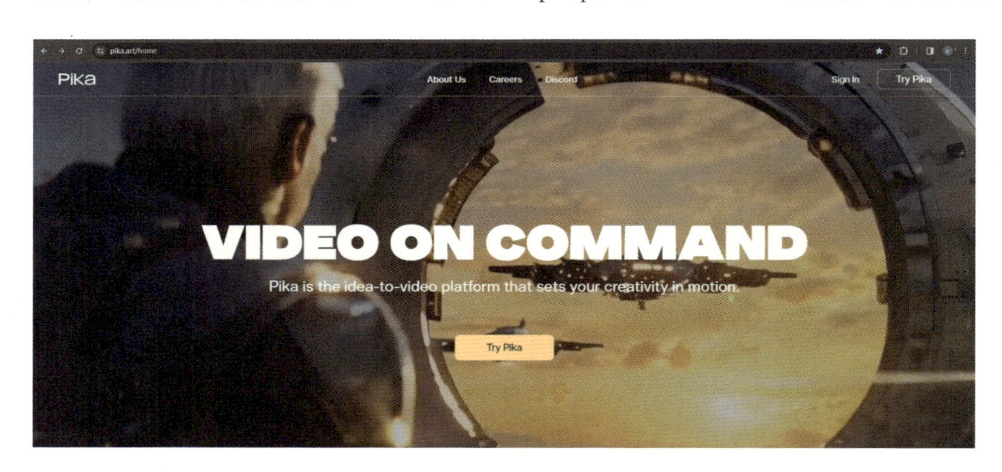

你可以用已经注册的账号直接登录，或者使用 Google 账号登录。

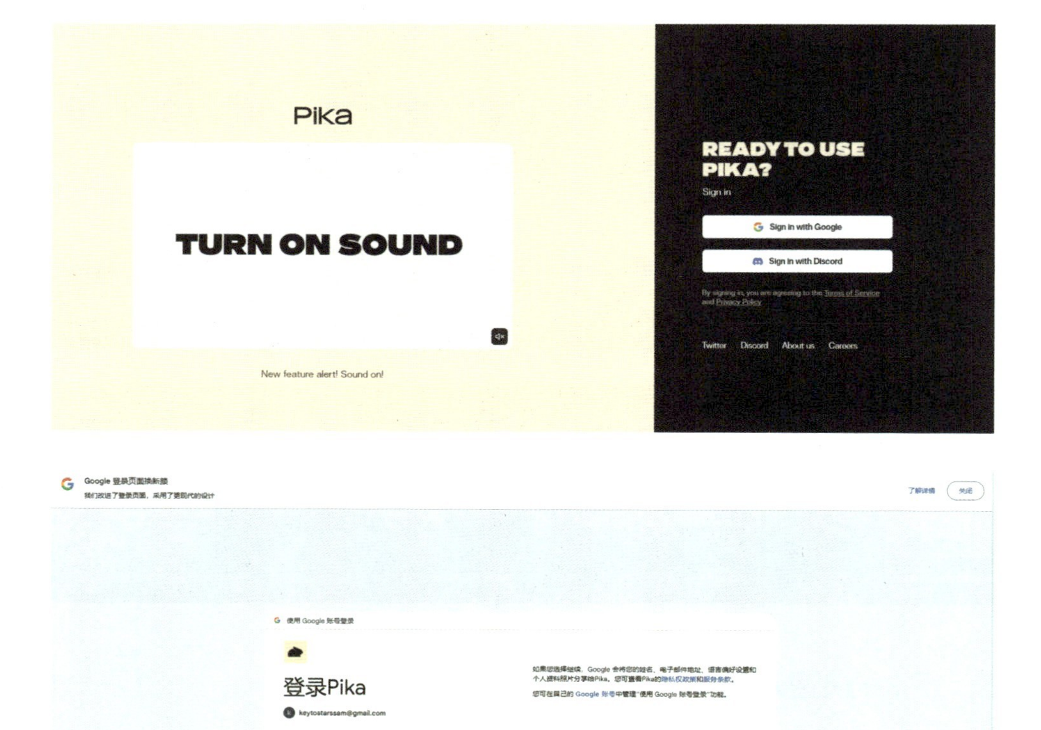

接下来我们就正式来到下图所示的 Pika 操作页面了。首先，点击控制面板按钮。第一个是“video options”，其中“Aspect ratio”，它的作用是可以选择改变所需要的画幅大小，一共有六种，涵盖了社交媒体大部分画幅比例需求。在它的下方是“Frames per second”，它的作用是改变画面帧数，一共有 8 到 24 帧，可以满足慢动作或流畅画面的生成，默认帧数为 24。

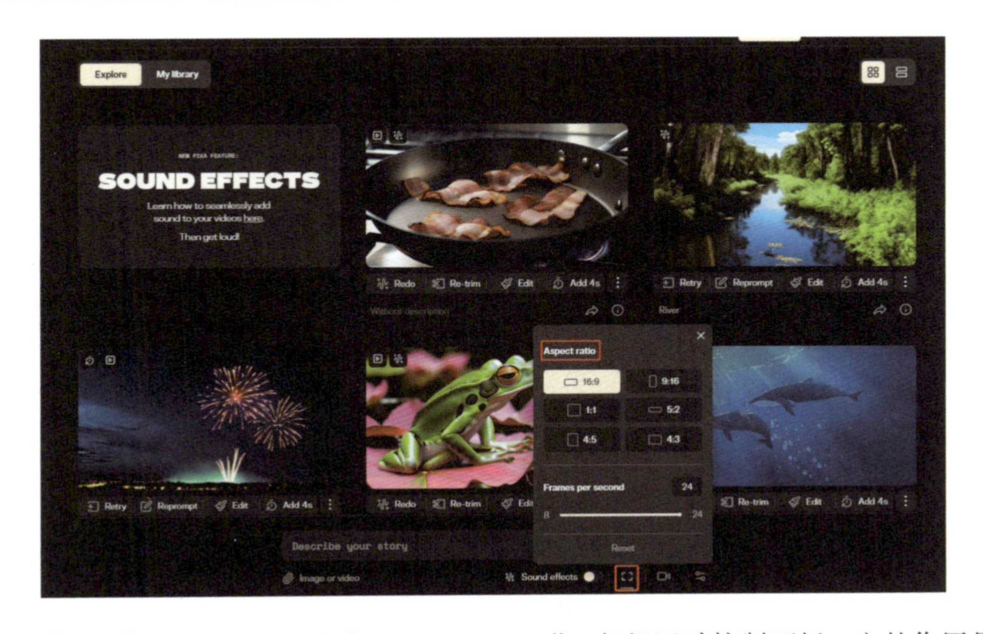

接着来到 motion control，“Camera control”，相机运动控制面板，它的作用是使镜头向上下左右平移，可以叠加使用。顺时针 / 逆时针旋转，镜头拉远 / 拉近。

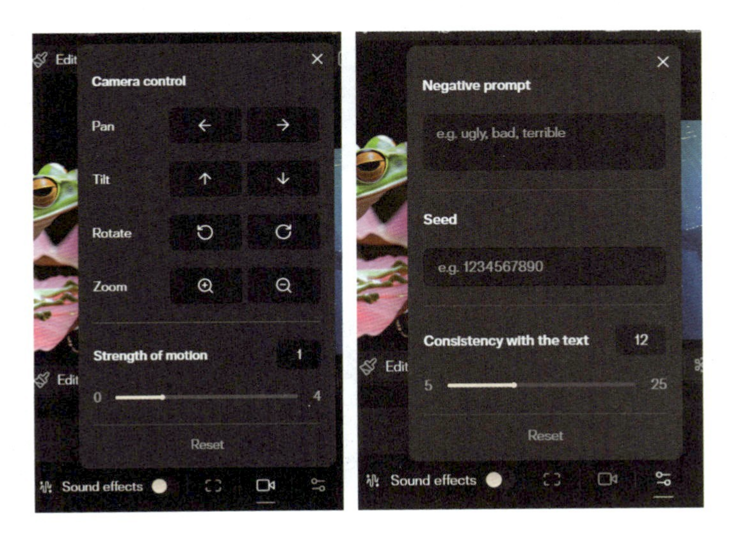

“Strength of motion”，控制画面运动快慢、强弱用来调节画面人物、物体运动快

慢，一共有 0–4 级来控制强弱变化。

“Negative prompt” 负面提示词，他的作用是把你不希望在视频中看到的画面屏蔽掉（扭曲、不和谐的、模糊、粗糙、变形等）。

“Seed” 种子文件，种子文件是一串数字，包含在生成每个视频的文件名中，锁定种子后，他可以在你的原始视频基础上进行继续生成，并且视频中的主体和风格保持相对稳定。

最后是 “Consistency with the text”，它的作用是调整提示词的关联度，数字越大与文本关联度就越高。可调范围是 5~25（默认 12），数值越大，提示词与生成结果关联度越高，数值越小，关联度越小，Pika 自由发挥的空间越大。

接下来，我们点击顶部我的工作台（My library）所有的视频制作都将在这个页面进行。下图即为工作台的页面截图。

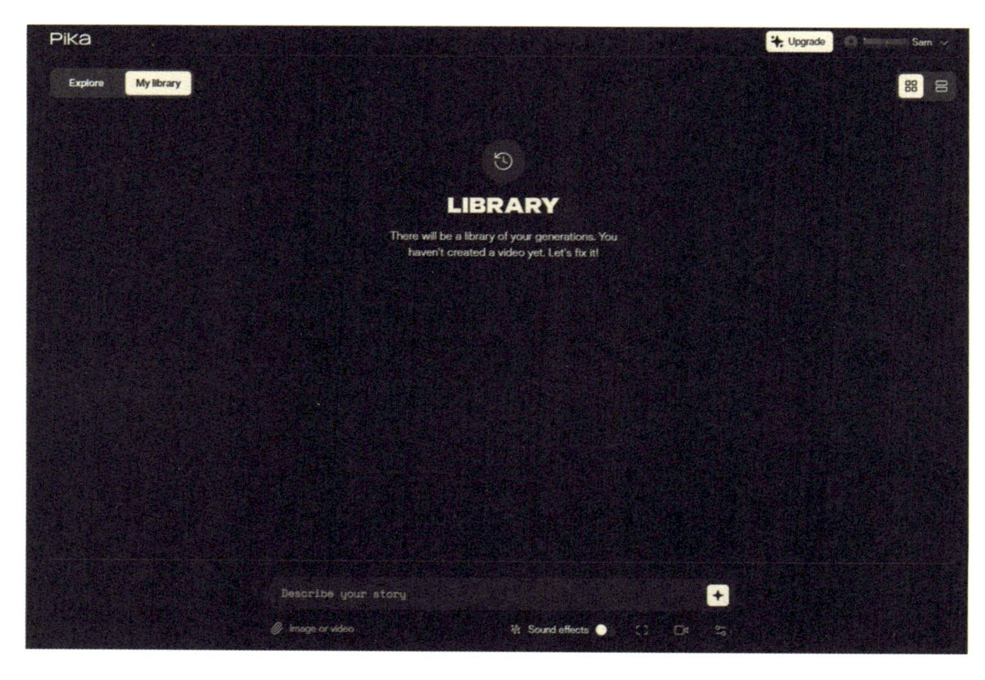

点击文本框，输入提示词，这里我们输入：“迪士尼动画风格，一个女孩走在大街上”，如下图，点击生成。

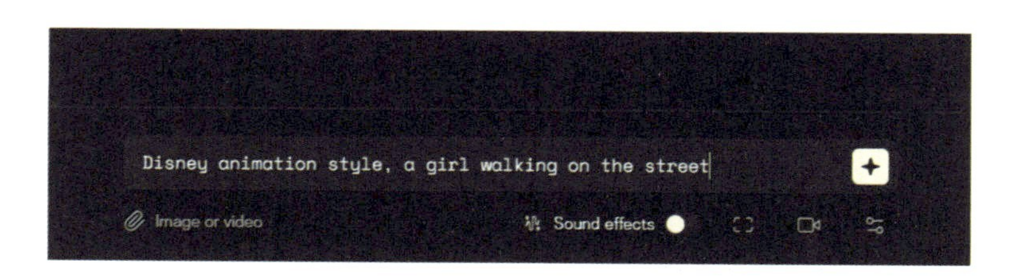

可以看到视频已经开始生成了，这里生成可能需要比较长的时间。

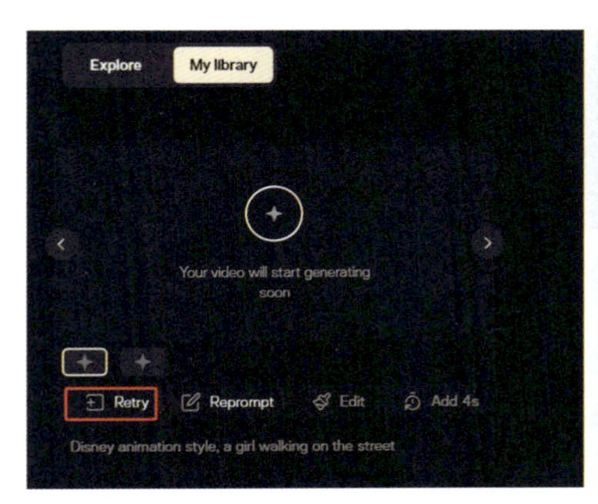

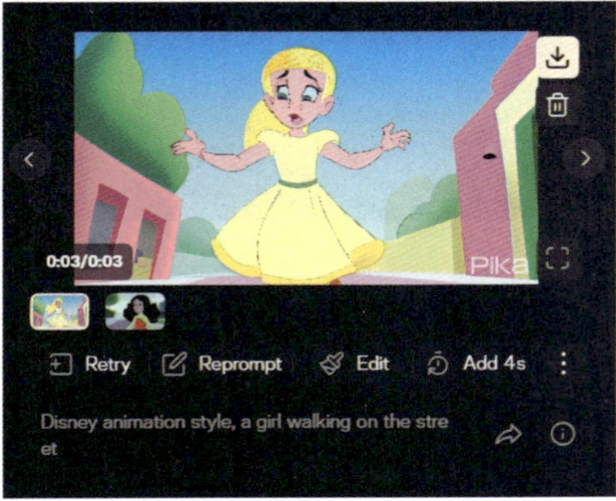

效果不满意的话，在这里点击“Retry”。也可多次点击，它会在提示词不变的情况下同时生成多个视频。以下是每个命令参数的具体介绍。

我们再来看下一项“Expand canvas”即画幅控制按钮，这里提供了六种画幅比例可以选择，调整比例需要自己提前在脑海中有一个大概的构思，否则扩张出来的画面可能会不和谐。

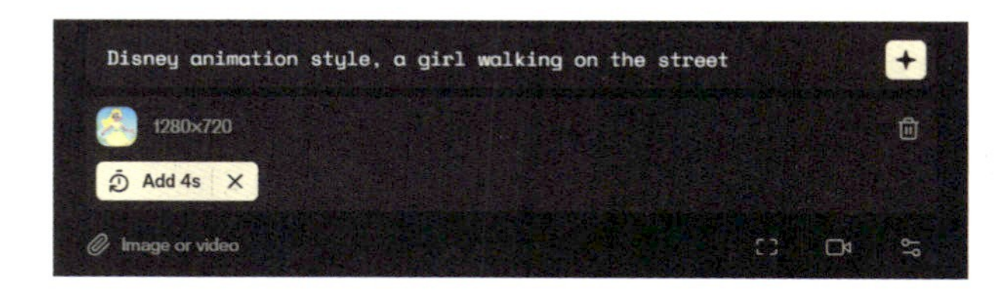

接下来，我们来到第四个拓展按钮（Add 4s），视频加长，我们先点击视频加长。可以看到，控制面板上有了一个添加四秒的提示。（值得注意的是，在继续生成的画面中，我们可以改变它的画面参数，其中包括帧数大小，画幅比例。运动强度以及负面提示词）在选好你的参数后，点击生成按钮。不添加任何参数，画面则会根据原视频的内容进行智能扩展视频长度。生成后，画面时长会延长到七秒。

画质升级（Upscale），点击画质升级，它会给画面进行降噪，增加对比度等。使画面看上去更清晰（以上两项功能均需要充值月度会员才可使用）。

下图中展示了具体的案例操作说明。

四、PixVerse 的使用方法

PixVerse 是一款集文生视频、图生视频以及基于图像生成角色视频于一体的综合性工具。同样他能够将文字描述和静态图像转化为生动逼真的视频内容。PixVerse 具有多种功能，包括通过输入文字描述自动生成视频，以及导入图像生成具有特定角色的动态视频。具有高自由度创作的特点。

PixVerse 的官方网站是 https://app.pixverse.ai/creative/list。下图为首页的截图画面。

PixVerse 新注册用户会赠送 200 积分，每个视频只能生成 4 秒，需耗费 10 个积分，所以免费用户可以生成 20 个视频。

如下图，点击右上角的 Create 进入生成页面，页面上端有文字、图像、自定义角色。

文生视频中我们通过输入正向和反向提示词来控制生成结果。还可以通过开启辅助生成的功能让 AI 帮你分析丰富提示词并生成一个它觉得正确的理解，同时为你呈现两个视频结果。系统提供了四种动画风格供我们选择，类似于 SD 中的大模型概念。也可以对画幅比例进行调整。最下方的种子数可以左右调节来对画面随机性进行增减。

图生视频和 Runway 类似，添加图片之后，如下图所示。我们也可以添加描述词，对相机进行个控制，并统一增减变化幅度。

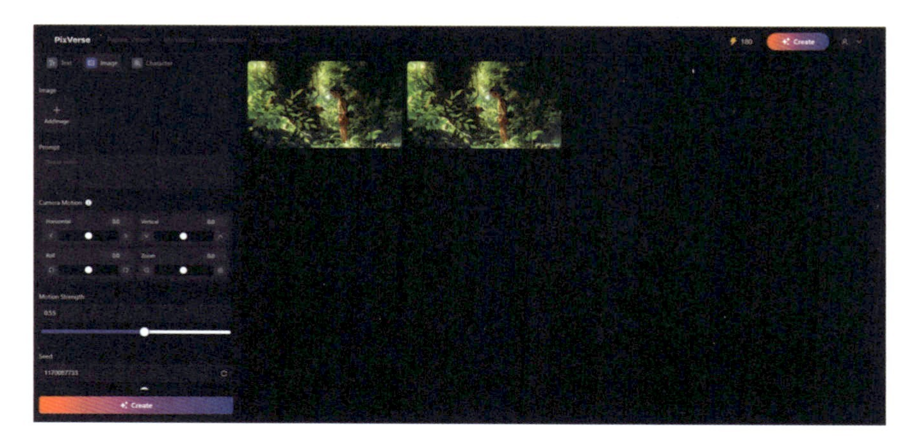

角色创建功能可以创建和使用我们自己的角色 ID 来对生成人物角色进行精准控制。下图是角色创建界面，我们可以导入一张人脸图像对其进行调整。

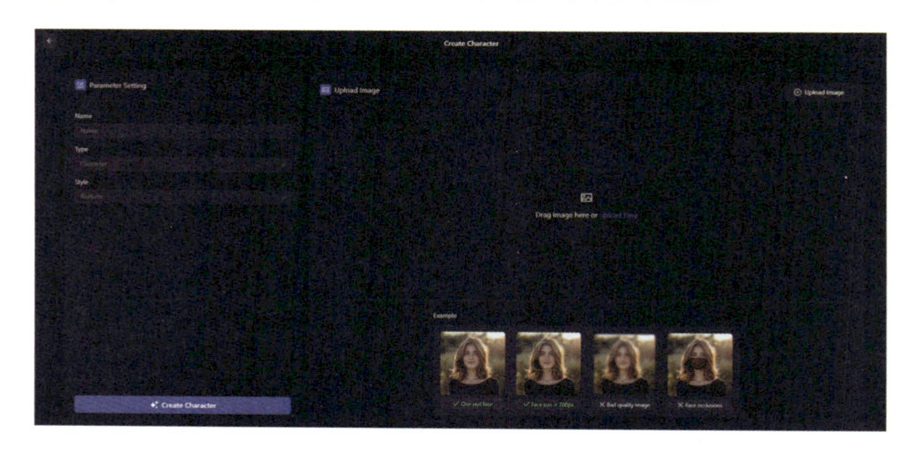

以图生视频为例，导入图片，输入提示词。点击生成后，我们便得到如下角色动画。

五、Sora 的基本介绍

北京时间 2024 年 2 月 16 日深夜，人工智能领域的先锋 OpenAI 迈出了显著的一步，推出了名为 Sora 的文生视频模型。这一模型不仅成功生成了长达一分钟的复杂多镜头视频，而且其画面的逼真度、画质的精细度以及多角度运镜的技巧，均显示出了 AI 在理解和模拟人类世界方面达到了新的高度。这一成就不仅引发了科技界的热议，更让影视界感受到了前所未有的挑战。

多家评论机构普遍认为，这一突破性的技术可能会为科技界和影视界带来一场深刻的变革。OpenAI 的首席执行官 Sam Altman 也借此时机，在社交平台 X 上积极招募人才，他强调 OpenAI 团队是一群才华横溢、友善并专注于解决最具挑战性问题的人才，公司致力于构建全面通用的人工智能（AGI），并鼓励有才华的个体加入他们的行列。

然而，OpenAI 的动向并未止步于此。据纽约时报和彭博社等权威媒体在 2024 年 2 月 17 日的报道，OpenAI 近期完成了一项新的股权交易，允许员工出售公司股份，此举使得这家 AI 领域的明星公司估值飙升至惊人的 860 亿美元。

这一连串的进展不仅让全球科技界瞩目，也让中国影视行业的从业者感受到了巨大的压力。一位年轻的导演在社交媒体上表达了他的担忧："今天，我们都在为 AI 技术的快速发展可能带来的行业变革和自身岗位的潜在威胁而感到不安。"在 Sora 的宣传案例中，我们可以看到一系列令人印象深刻的视频生成实例，这些实例充分展示了其从文本到高质量视频的出色转换能力。

其中一个案例中，Sora 接收到的文本提示是"一位时尚女性走在充满温暖霓虹灯和动画城市标牌的东京街头"。结果生成的视频中，一位穿着黑色皮夹克、红色长裙和黑色靴子的时尚女性自信地走在东京的街头。背景中，霓虹灯闪烁，动画城市标牌随处可见，整个画面充满了东京的繁华和活力。整个视频流程从女性步入画面开始，到她在街头漫步，再到最后逐渐消失在夜色中，都显得流畅而自然。

这个案例体现出了 Sora 的高质量渲染与细节捕捉能力，Sora 能够生成高质量的视频，其中的人物、服装和背景都呈现出细腻的纹理和色彩，特别是在描绘东京街头繁忙

场景时，展示了 Sora 在渲染细节方面的出色能力。无论是现代城市环境还是日常生活场景，Sora 都能准确捕捉并再现，证明了其强大的场景适应性。

再来看看另一个案例，水獭冲浪案例：这个案例的文本提示是“可爱的水獭穿着黄色救生衣站在滑板上冲浪”。Sora 生成的视频中，一只可爱的水獭穿着黄色救生衣，站在滑板上在波涛汹涌的海面上冲浪。视频中的水獭形象生动可爱，冲浪场景逼真流畅，充分展现了 Sora 对动物和运动的精准模拟能力。从水獭跃上滑板开始，到在海浪中穿梭，再到最后成功冲浪并享受胜利的喜悦，整个视频流程都充满了动感和活力。

Sora 能够生成逼真的动物形象（如水獭）和动画效果（如冲浪），这证明了它在生物模拟和动画制作方面的卓越能力。此案例还展示了 Sora 在处理运动场景和动态内容方面的能力，如捕捉水獭在冲浪板上的动作和海浪的波动等。

Sora 诞生和发展历程主要包括以下四个阶段。

概念阶段：Sora 的概念最初可能起源于 OpenAI 对视频生成领域的探索和研究。在这个阶段，团队可能进行了初步的技术调研和方案设计，探讨如何利用人工智能技术实现文字到视频的转换。

研发阶段：在确定了技术方向和目标后，OpenAI 的工程团队开始着手开发 Sora 技术。这个阶段涉及算法研究、模型设计、数据集准备、软件开发等工作，旨在打造一个能够高效、精准地生成视频内容的 AI 工具。

开发完成后，Sora 很可能进行了内部测试阶段，由内部测试团队或特定的测试用户进行试用和反馈。这个阶段的目的是发现和修复可能存在的 bug、优化用户体验、调整算法参数等，以确保 Sora 的稳定性和性能。

合作伙伴测试：在内部测试验证通过后，OpenAI 可能会与合作伙伴合作，将 Sora 技术提供给特定的合作伙伴进行测试和应用。这些合作伙伴可能包括数字营销公司、内容创作平台、教育机构等，用于验证 Sora 在不同领域的适用性和效果。

公开发布：经过内部测试和合作伙伴测试的验证，如果 Sora 技术达到了预期的效果并且稳定可用，OpenAI 可能会考虑对外公开发布。这个阶段会进行宣传推广、用户注册、服务开通等工作，使得更多的用户能够体验和使用 Sora 技术。

Sora 作为一款文字生成视频工具，在众多同类软件中有着独特的优势和特点。首先，Sora 采用了先进的 AI 技术，包括自然语言处理（NLP）和计算机视觉（CV）算法，使得用户可以通过简单的文字输入即可生成高质量的视频内容。这种智能化的处理方式大大简化了视频制作流程，无需用户具备专业的视频制作技能，也能制作出具有专业水准的视频作品。与其他文字生成视频软件相比，Sora拥有丰富多样的模板库和动画效果，用户可以根据不同的需求选择合适的模板，并进行个性化定制。这种定制化功能使得用户能够创作出符合自己品牌或风格的视频内容，增加了视频的独特性和吸引力。此外，Sora还支持多种语言和文字样式，为用户提供了更多元化的创作可能性。

另一个Sora的优势在于其云端架构和实时更新功能。用户无需安装复杂的软件，只需通过网页或应用程序即可使用工具，极大地提高了使用的便捷性和灵活性。而且，Sora的云端架构也意味着可以实时更新和升级，保证用户始终能够使用到最新版本的功能和优化，不断满足用户对视频创作的需求和期待。

除此之外，Sora注重于提供专业水准的视频质量。其生成的视频内容不仅具有高度的视觉吸引力和影响力，还能够符合不同平台的要求，适用于数字营销、教育培训、社交媒体内容创作等多个领域。这种专业水准的视频质量使得用户能够吸引更多的观众和用户，提升品牌形象和影响力。

Sora在AI技术、模板资源、定制化功能、云端架构和视频质量等方面与其他文字生成视频软件有着明显的差异和优势。它不仅简化了视频制作流程，提高了用户的创作效率和质量，还为用户提供了更多元化的创作可能性和使用便捷性，成为许多用户在视频创作领域的首选工具。

目前，Sora作为一项最新的视频生成技术，处于开发和测试阶段，并未对普通用户进行公开开放。通常情况下，像Sora这样的新技术会先进行内部测试和优化，以确保其稳定性、性能和用户体验。在这个阶段，一般只有有限的测试用户或合作伙伴可以获得使用权限，用于测试和反馈。

一旦Sora完成了内部测试并达到了稳定可用的程度，OpenAI可能会考虑向更广泛的用户群体开放，包括普通用户和企业用户。在这个时候，用户可以通过注册账户或其他方式获得使用Sora的权限，从而体验和利用这项先进的视频生成技术。因此，目前普通用户还无法直接使用Sora，需要等待技术成熟并正式发布后才能使用。

第五章　音频处理与音频生成

在数字化浪潮席卷全球的今天，AI 在语音和音乐生成技术上的迅猛发展，不仅改变了我们享受声音内容的方式，还正在重新塑造音乐创作和声音设计的边界。随着技术的飞跃，AI 不仅具备了模仿人类声音、创造高度逼真的语音合成能力，更能在无人类干预的情况下，独立创作出复杂的音乐作品，AIGC 正以前所未有的力量推动着音频和音乐领域的革新。

据《全球音乐报告》显示，至 2021 年，全球音乐产业总收入已达到 218 亿美元，其中流媒体服务的贡献超过六成。在这个庞大的市场中，AI 技术的融入正逐步占据重要地位。除了在音乐推荐和个性化播放列表生成中起到关键作用外，AI 还深入到音乐创作、编辑和混音等核心环节，展现出巨大的潜力。如今，像 Ableton Live 和 Logic Pro 这样的音乐制作软件已经集成了 AI 工具，它们能够协助音乐家和制作人自动生成和谐的旋律和节奏，为音乐创作提供了强大的支持。这种技术不仅让专业音乐人士如虎添翼，也为非专业人士提供了创作高质量音乐的可能。

在声音设计和音效制作领域，AI 的应用也日益广泛。在电影和视频游戏产业中，AI 被用来生成逼真的环境音效和声音景观，甚至能够根据画面内容自动调整和优化声音效果，为观众和玩家带来更加沉浸式的体验。此外，AI 技术还能在声音修复和噪声消除方面发挥作用，提升录音质量，这对于播客制作和远程会议等领域具有重要意义。

然而，随着 AI 在音乐和声音领域的广泛应用，也引发了一系列关于创作权、版权和艺术真实性的讨论。AI 创作的音乐作品归属权究竟归谁，这些作品能否被视为具有原创性的艺术作品，这些问题正在挑战传统的音乐版权和知识产权法律体系。因此，在 AI 技术深入音乐领域的同时，法律制度和道德标准也需要与时俱进，以确保创作者和使用者的权益得到公平合理的保护。

展望未来，随着 AI 技术的不断发展和完善，我们有理由相信，它将在音乐创作、声音设计以及音频处理等领域带来更多颠覆性的变革。AI 将进一步提升音乐和声音的制作效率和质量，同时可能催生全新的音乐风格和声音体验，为全球音乐文化的多样性和创新注入新的活力。

我们用表 5-1 来对比一下目前主流的音频生成软件及工具。

表 5-1　主流音频生成软件及工具对比

产品名称	功能特点	所属公司 / 团队	是否免费	应用场景	优势	劣势
ElevenLabs	- 文本生成音乐特效 - 语音克隆和文本转语音功能	ElevenLabs	提供免费试用，但高级功能收费	音效制作、音乐创作、广告配音	- 文本生成逼真的音乐特效 - 提供多种音效选项 - 语音克隆技术先进	- 音效可能受限于文本输入 - 收费版本可能较昂贵
Fliki	- 文本到视频编辑器，包含音频生成 - 允许用户自定义音频内容	未知	提供免费基础版，高级功能收费	视频制作、广告创意、社交媒体内容	- 易于使用的文本到视频编辑器 - 多种音频和视觉效果选项 - 支持多种输出格式	- 高级功能可能需要付费 - 对于音频编辑的专业度可能有限
Beatoven AI	- AI 音乐生成 - 实时在线编辑，支持多种情感选项	Beatoven AI 团队	提供免费试用，完整功能收费	视频配乐、播客背景音乐、游戏音乐创作	- 快速生成高质量音乐 - 多种情感和音乐风格选项 - 用户友好的界面	- 可能需要一定的音乐知识来理解编辑选项 - 收费版本可能较昂贵
WaveNet	- 高质量的音频生成 - 适用于 TTS、语音增强、语音转换	谷歌 DeepMind	作为技术框架可能开源，商业应用可能收费	文本到语音转换、语音增强、语音合成	- 生成的音频质量高 - 适用于多种音频生成任务 - 可扩展性强	- 训练和推理过程可能较慢 - 对训练数据的质量和数量要求高
TTS Online	- 语音文本转换 - 支持多种语言，包括中文、日文、英文 - 提供音频翻译和背景音乐合成	非由单一公司直接开发	提供免费试用或有限免费使用，完整功能收费	语言学习、视频配音、广告配音	- 支持多语言 - 提供音频翻译和背景音乐合成 - 多种角色选择和输出格式	- 可能受限于文本输入和翻译准确性 - 收费版本可能较昂贵

一、ElevenLabs 音频生成技术

ElevenLabs 由 Piotr Dabkowski 和 Mati Staniszewski 于 2022 年创立，主要是因为他们对波兰好莱坞电影配音的质量不满。该公司旨在通过其先进的语音 AI 技术消除内容中

的语言障碍。ElevenLabs 提供的是逼真、多功能和上下文感知的 AI 音频，能够生成多种语言和声音的语音，并具有 AI 配音功能，可以在保留原始语音的语调和情感的同时翻译音频和视频。

ElevenLabs 的优势包括高质量的声音输出、较短的生成时间、能模拟的广泛语言和情感范围。该公司的技术已在播客、游戏、有声书讲述和视频配音等多个领域得到应用。通过显著的融资轮次和用户基数的迅速增长，ElevenLabs 已经取得了显著的成功，短时间内注册用户超过了一百万。

然而，ElevenLabs 也面临着批评和伦理问题。其软件被滥用来生成争议性或恶意内容，引发了关于语音克隆技术被用于深度伪造和欺诈的问题。为此，ElevenLabs 加强了安全措施，并将语音克隆功能限制给付费订阅者，以提高问责性并对抗滥用。此外，还有关于其 AI 模型训练数据来源的问题，有声称未经同意就使用了配音演员的样本，这在配音社区中引发了关于 AI 生成声音的伦理含义的辩论。

（一）ElevenLabs 的注册和使用

ElevenLabs 以其简洁的注册流程和丰富的音频处理功能，为用户提供了一个高效的音频创作和编辑平台。用户只需轻松注册，即可享受文本到音频的转换、角色声音生成、声音克隆等多样化服务，无论是音效设计还是背景音乐创作。下面我们就来具体了解一下 ElevenLabs 的注册和使用流程。

1. 注册

我们来简单介绍一下 ElevenLabs 的注册和使用方法。如下图，打开 ElevenLabs 主页：https://elevenlabs.io/。

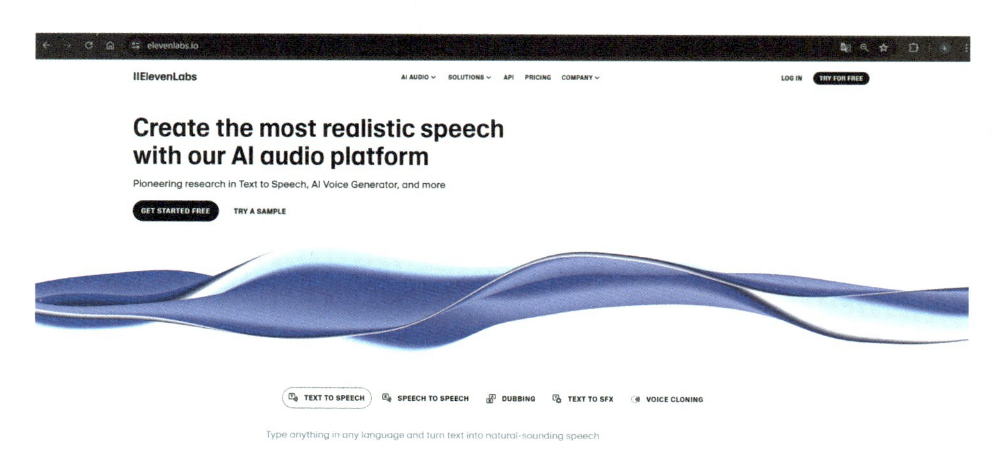

点击下图中右上角的“Sign Up”进行注册，通过人机核验后，我们可以直接使用 Google 账号登录，也可以用其他邮箱账号注册登录。

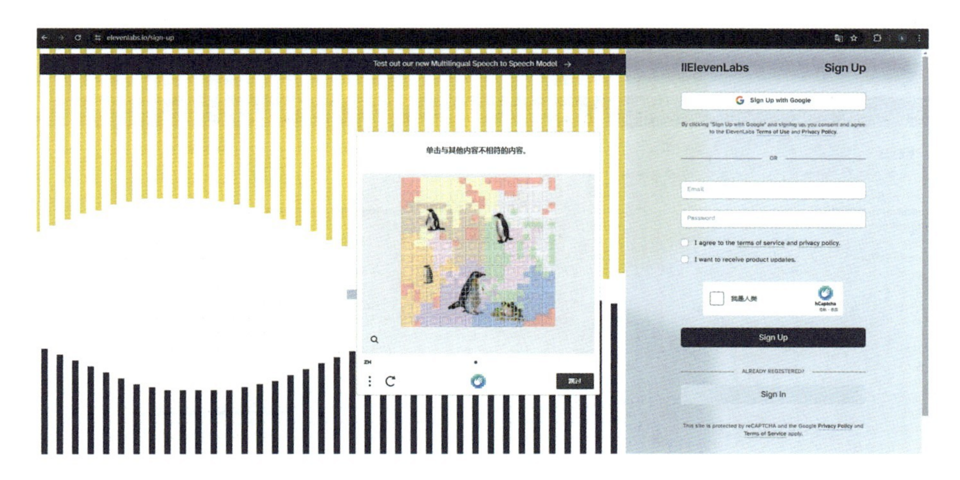

注册成功后会提示输入姓名等信息选择“skip”跳过即可。之后便会跳转到 Speech Synthesis（语音合成）界面。

2. 使用与功能演示

如下图所示，我们看到页面上有两个选项栏：Text to Speech 和 Speech to Speech 即文字生成语音和语音生成语音两种模式。

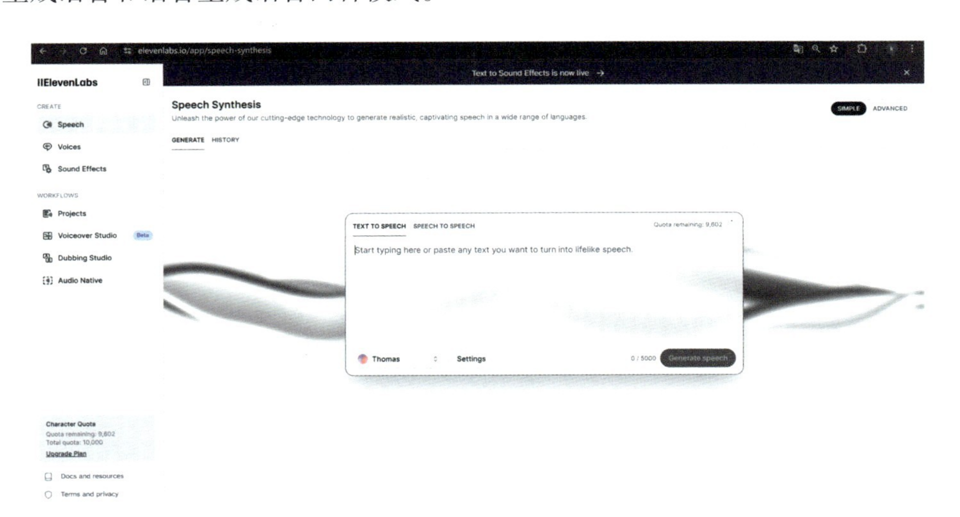

如下图，选择不同模式，页面会有两种不同功能界面显示。

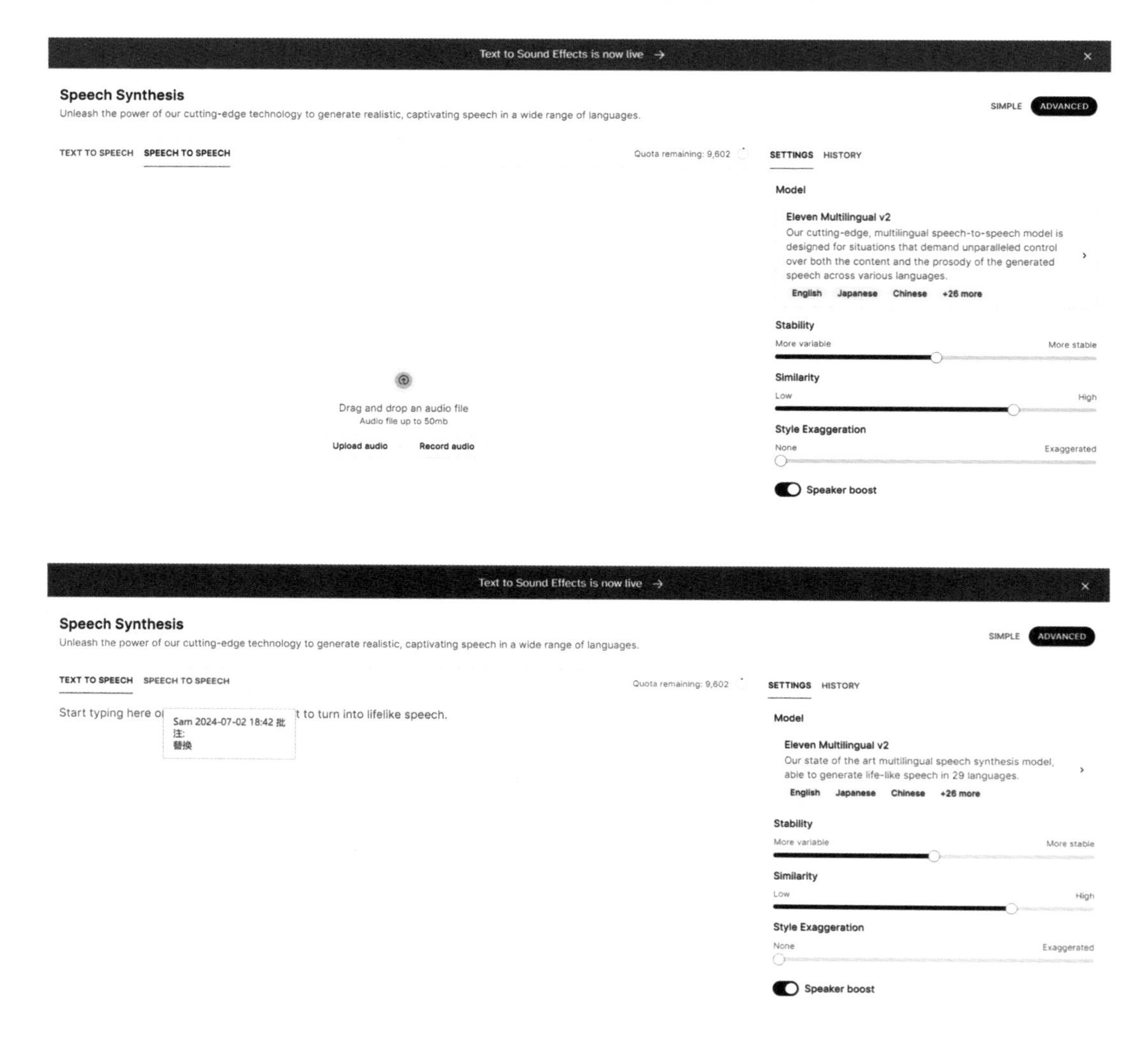

以下是一些具体操作流程和详细说明。

我们实际应用中其实只需要简单了解以上的设置参数就能轻松实现常规要求的文字到语音的转换了。

最后在下图中，Text 文本框内输入我们要转换的文字内容（最多可以输入 2500 个字符），点击 Generate 看看生成后的效果。

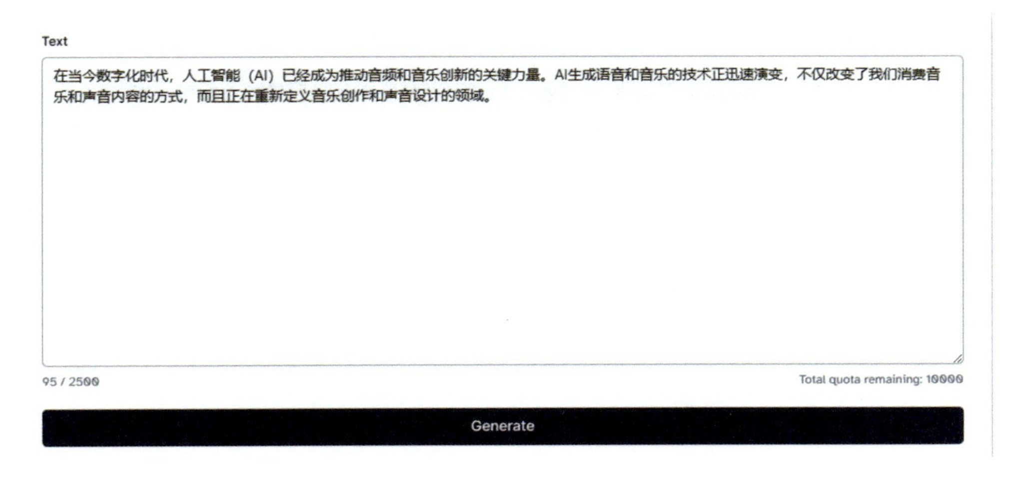

生成后在下方会出现如下图，一个语音播放的进度栏，点击播放按钮可以试听我们生成的语音，点击下载按钮可以将内容下载到本地。

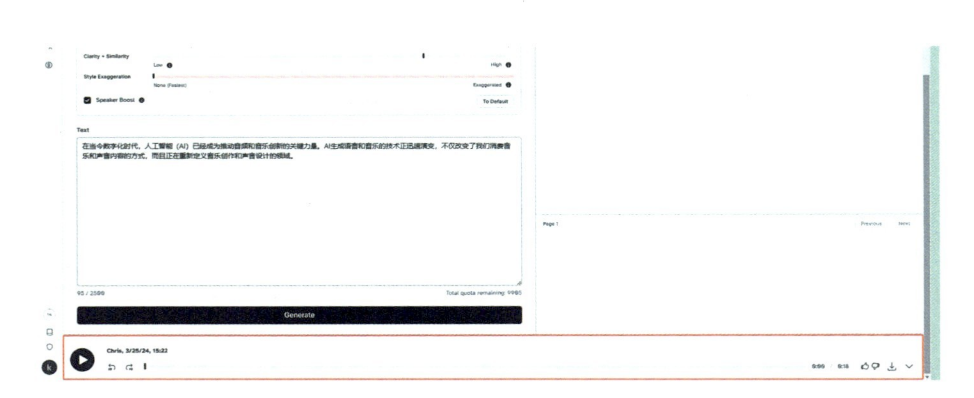

在页面右侧也同样有这段语音的详细信息（包括生成时设置的具体参数等）和下载、删除等选项。

（二）ElevenLabs 其他常用功能简介

除此之外，我们还可以在这里生成自己独有的语音模型，甚至还可以用自己生成的模型赚取收入。

如下图，鼠标停留在页面左侧时会弹出侧边菜单栏，在第二项 Voices VoiceLab 中我们点击“+ Add Generative or Cloned Voice”。

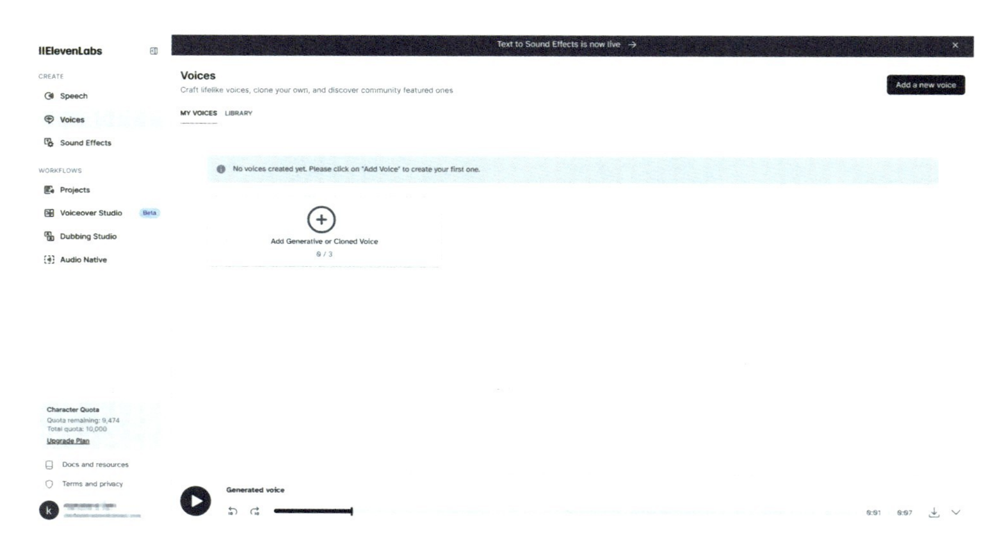

在弹出页面中我们选择第一项“Voice Design”之后，可以选择女性（男性）、口音、重音强度等。来生成我们自己独有的语音模型。

其中第二和第四项是需要付费订阅才能使用的，主要功能是有关克隆语音的，用此功能我们可以复刻自己或他人的语音音色。

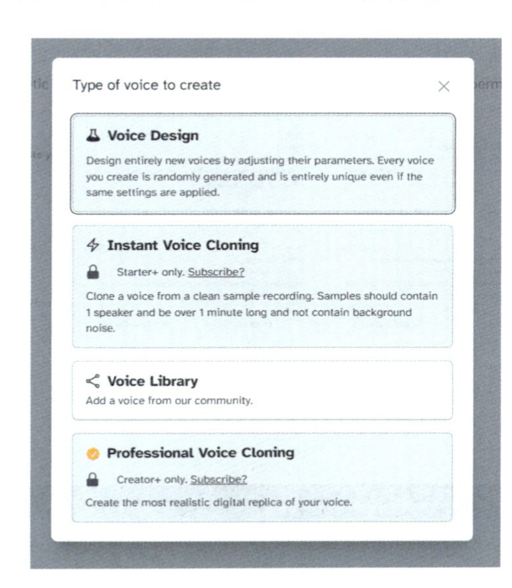

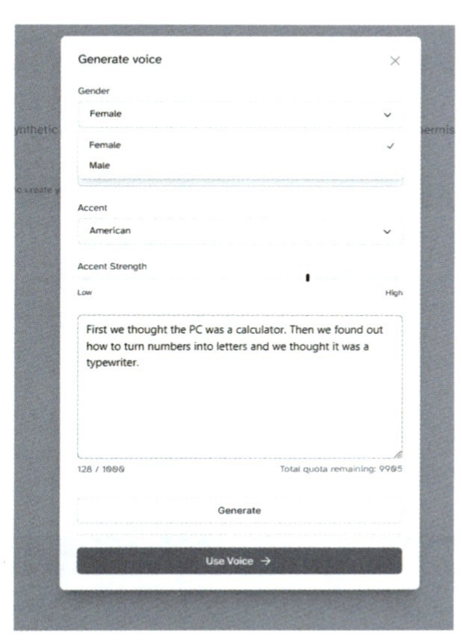

选择第三项 Voice Library，可以看到其他人分享的语音模型，并试听和使用他们。当然大部分分享的语音模型也是需要订阅付费后才可以调用或使用的。

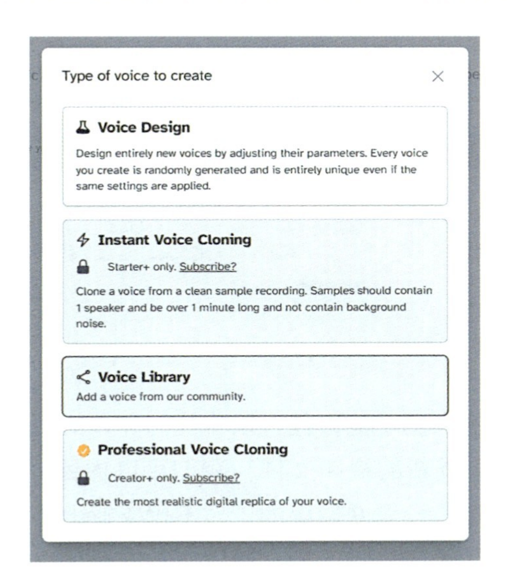

下图展示的便是所有在平台分享的语音库文件，我们可以试听或者加入自己的语音库中随时调用。

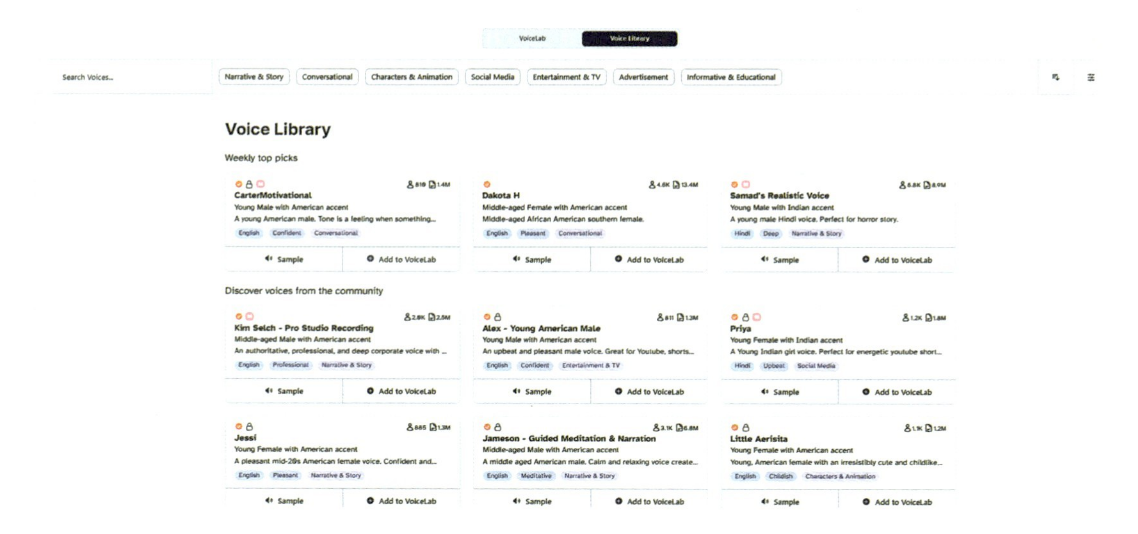

同样我们也可以通过左侧 Payouts 选项从自己生成和分享的语音模型中获取相应的收入，这里就不详细介绍了。

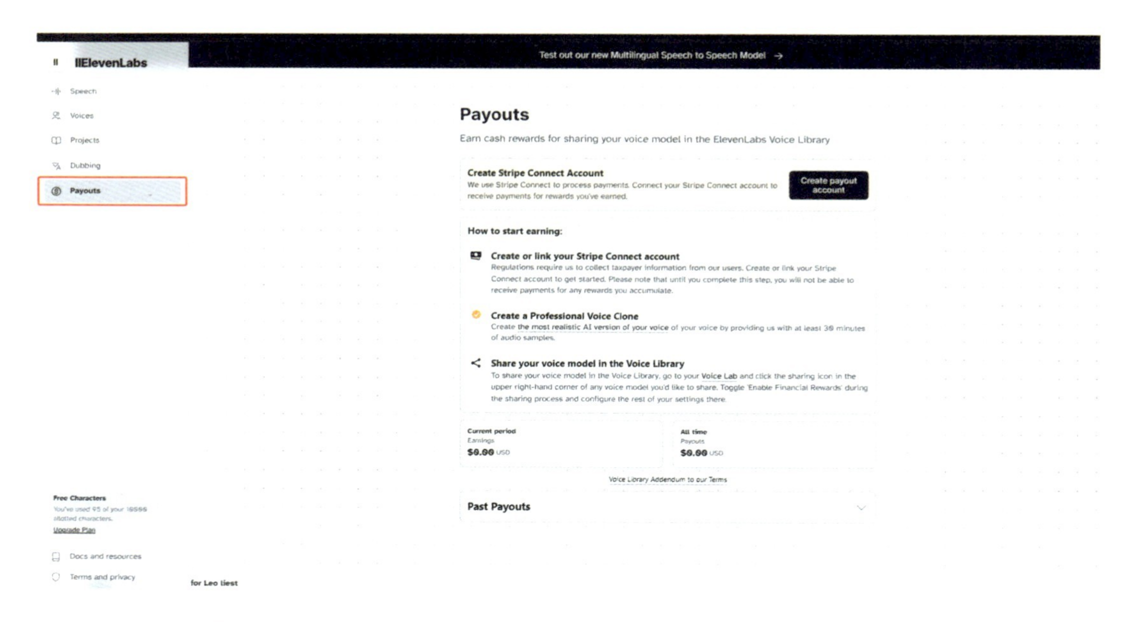

Dubbing 是一个更为强大的功能，他可以将我们导入的视频内容上传并替换生成出其他 29 国语种语音后输出成新的视频文件，我们可以保留原来视频中的语调、语气，音色。这些都是可以在此进行设置并输出的（他不仅支持上传本地的视频文件也支持主流视频网站的网址链接直接输入进行转换，使用非常方便）。

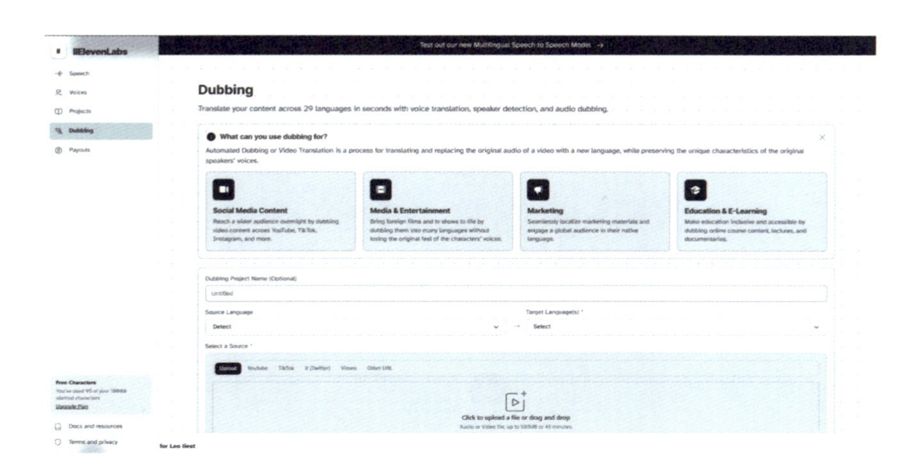

二、Fliki 的注册和使用

Fliki 是一款基于人工智能技术的文本生成工具，由来自俄罗斯的创业家 Andrey Pogorelov 创立。该工具于 2019 年开始研发，并于 2021 年正式推出。

Fliki 最引人注目的优势之一是其强大的语音生成功能。通过先进的语音合成技术，Fliki 可以将文本转换成自然、逼真的语音，具有清晰的发音和自然的语调。这使用户可以轻松地生成各种语音内容，如有声书、语音助手、虚拟主持人等。然而，Fliki 也在不断优化语音合成算法，以提升语音生成的质量和自然度，以满足用户对高质量语音内容的需求。

（一）Fliki 的注册

Fliki 的注册与使用，意味着我们可以轻松进入到一个智能化的视频创作世界。注册流程简单快捷，让用户能迅速开始他们的创意之旅。而使用 Fliki，则为用户提供了一个将想法迅速转化为高质量视频内容的平台，无论是个人创作还是商业应用，都能轻松实现。让我们开始学习和使用吧。

打开 Fliki 官方网站：https://fliki.ai/ 如下图，点击“Signup”进行注册。

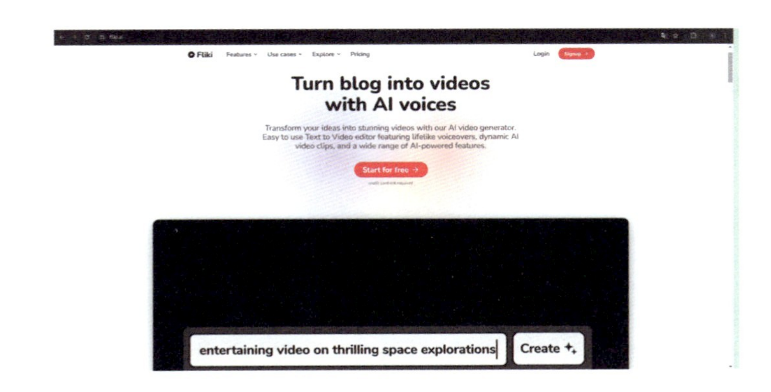

同样我们可以用 Google 账号直接注册登录，也可以用其他社交账号注册登录。

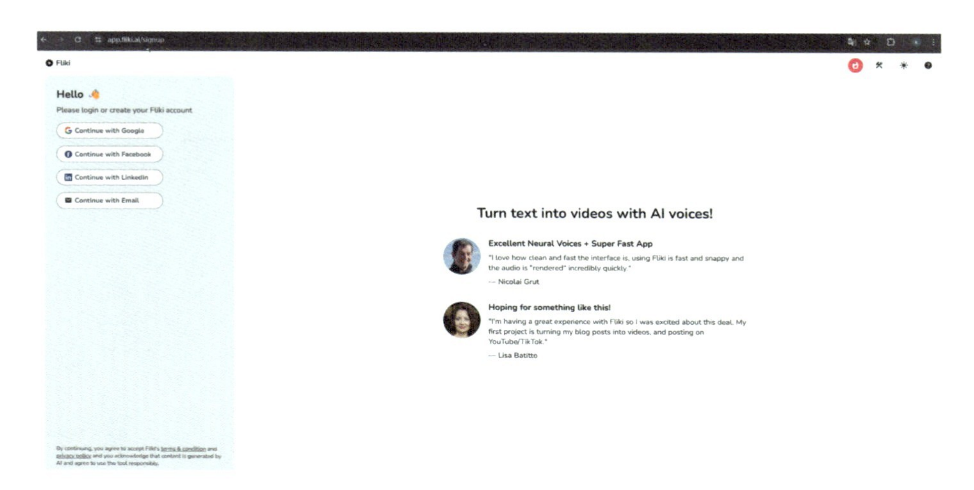

我们使用 Google 账号登录后会跳出官方教程页面，这里可以通过官方视频介绍简单了解各个页面的功能和使用方法，这个工具不仅可以文生语音，更强大的功能是可以文生视频。

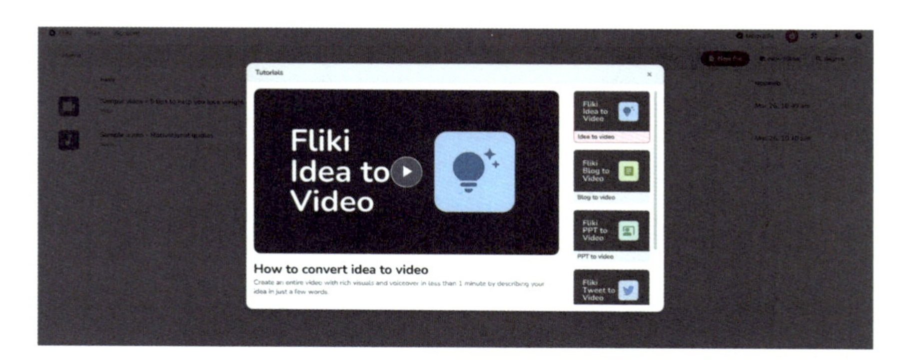

（二）Fliki 语音生成

关闭教程窗口后，我们可以看到他的主界面，界面比较简介。点击右侧 New file 创建新的项目工程。

如下图，在弹出窗口中我们可以选择项目类型，视频、音频或图像，我们以 Audio（音频）为例，输入项目名称“001”，Language（语言）选择中文，Dialect 为方言选

择，可以选择河南话、山东话等。这里我们就选择普通话。Start with 选择脚本或空白（Scipt/empty file），这样我们就可以自由输入一段自己想要转换的文案内容。

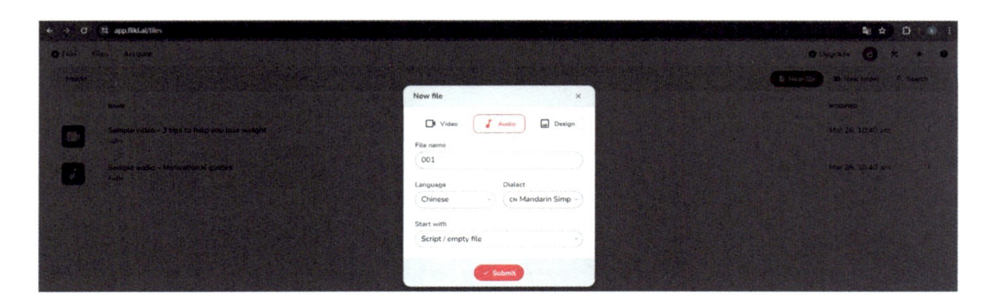

下一步我们点击 Submit 进入设置界面，在 Common scene 中我们可以给文案选择一段背景音乐。

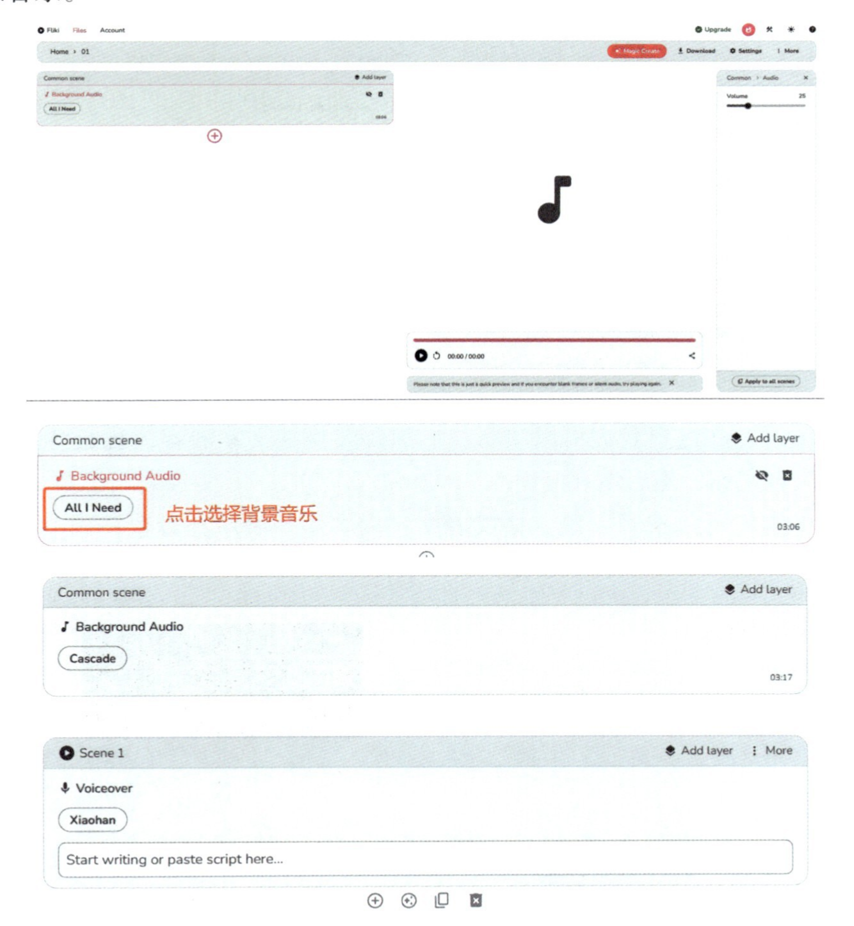

这里音乐只能选择没有锁标记的，否则需要升级为高级会员才可以使用。点击下方的加号图标可以增加文案内容。

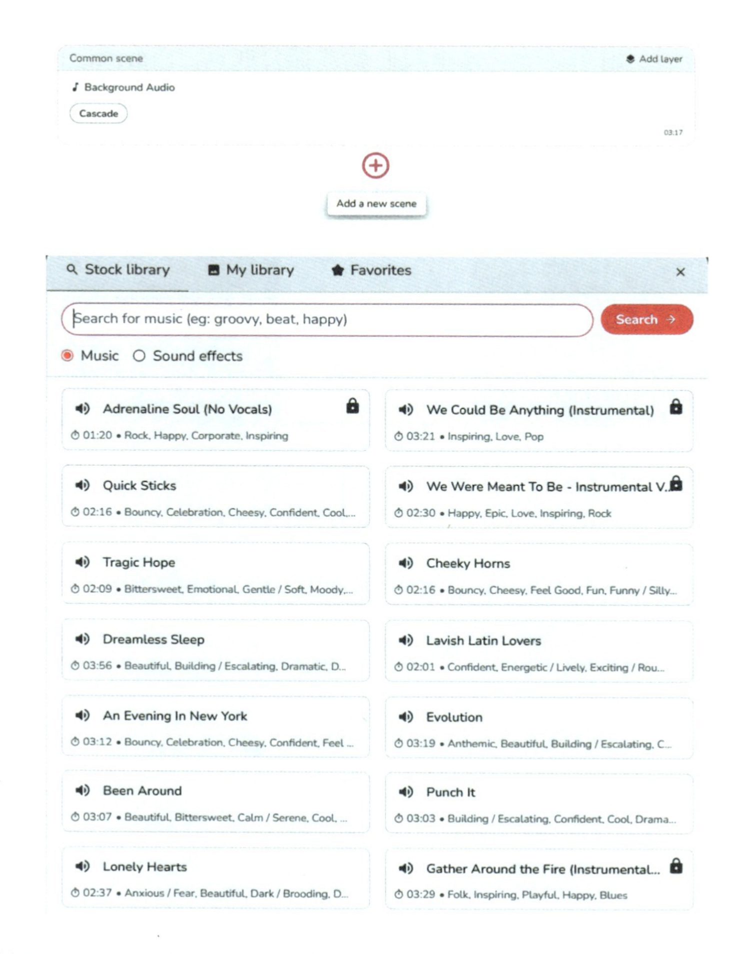

如下图所示，在这里我们可以填写我们想要转换的文本内容，我们可以用 GPT 生成一段香水广告文案，然后填入框内。

在段落中我们可以选择一段空格或者文字内容给他做单独设置比如停顿时长、速率、发音等。

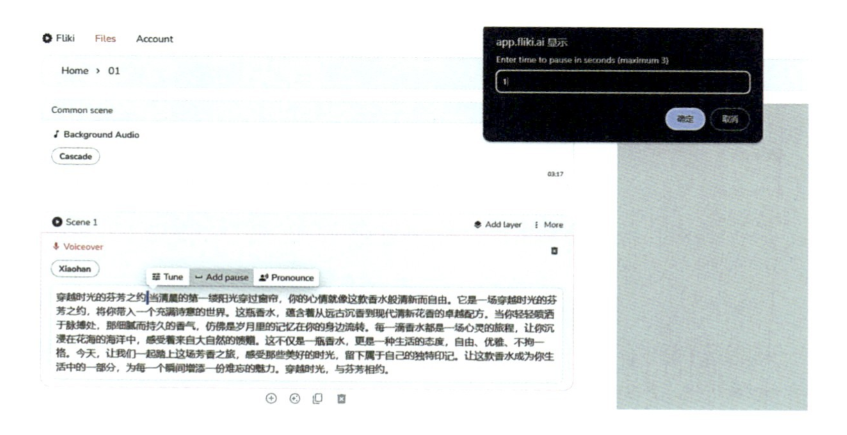

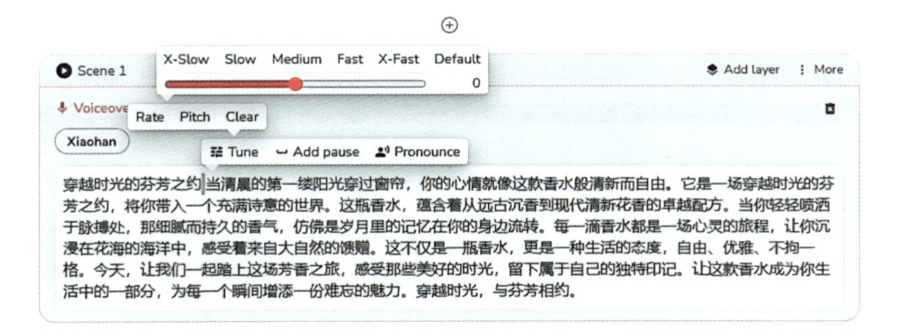

如下图，点击 Voiceover 下方的名字即可选择声音类型，有男声，女声可选择，非会员只能创建一分钟的声音。

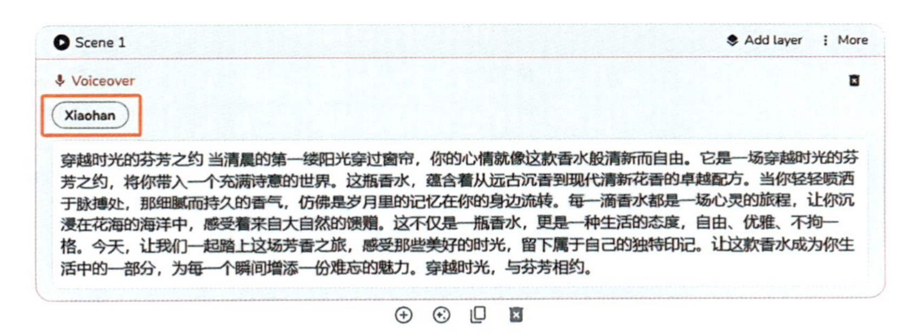

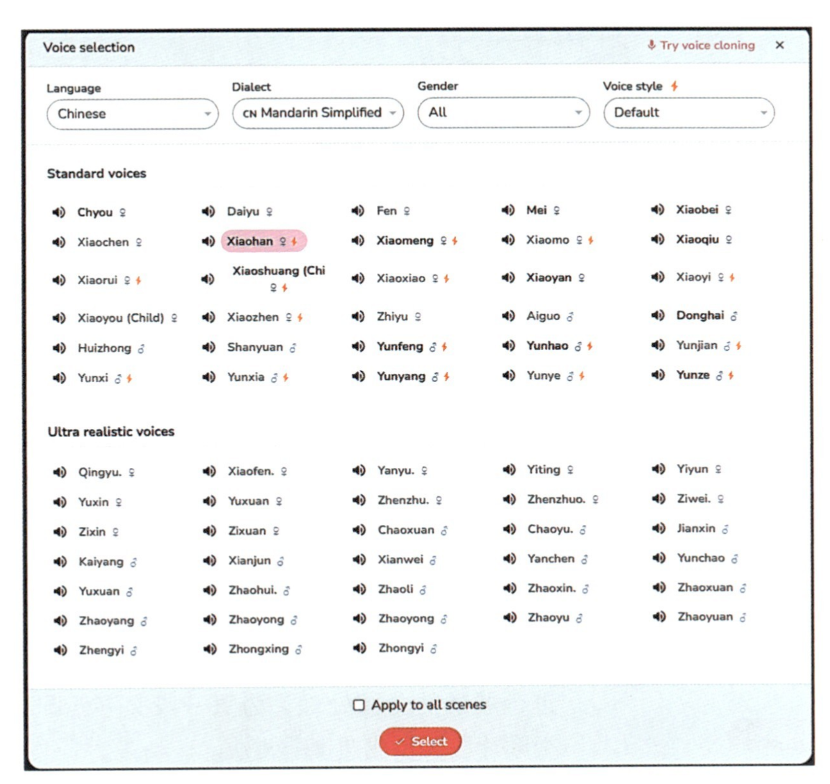

设置完成之后，我们可以点击下图右侧播放按钮播放生成的语音，觉得不满意可以返回再进行设置调整。

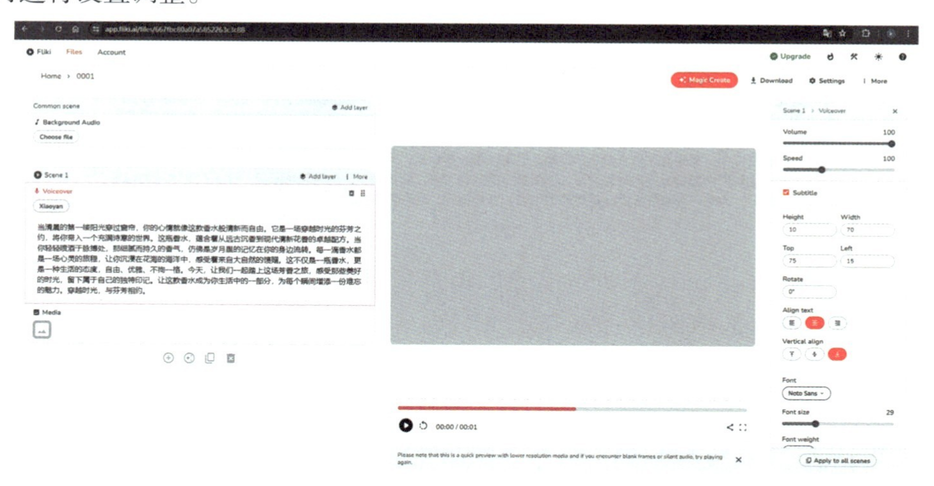

满意后我们可以选择 Download 下载音频到本地，可选择 mp3 或 wav 两种格式。

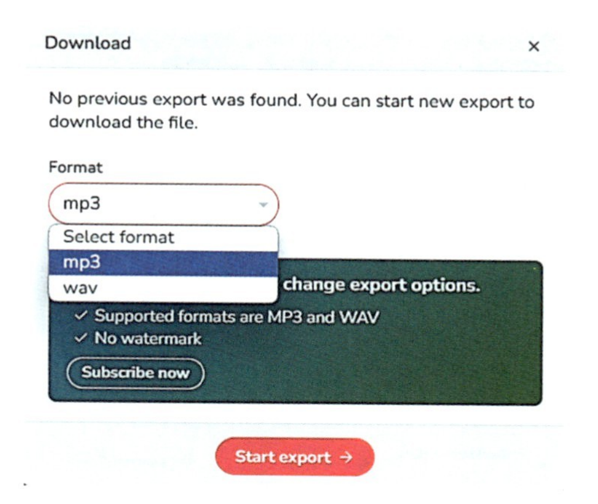

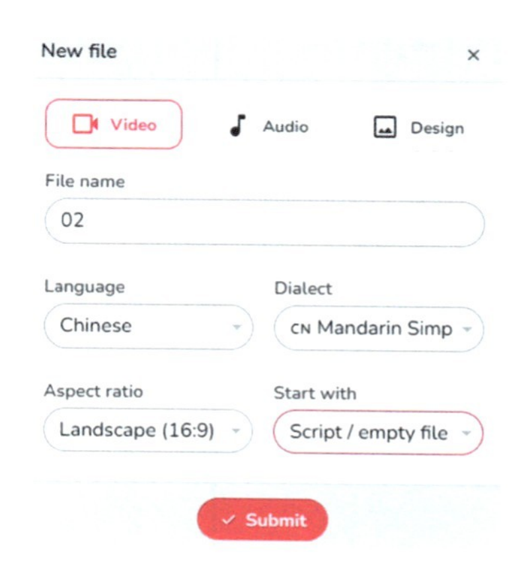

（三）Fliki 视频生成

接下来，我们看看如何生成视频。再次新建项目命名为 02，选择 Video，同样选择中文和普通话模式，Aspect ratio 可以选择画面生成的比例，这里我们选择 16:9。Start with 同样选择 Script/empty file。如下图所示。

同样可以先选择想要的背景音乐，然后把之前同一段香水广告文案粘贴进文本框内，系统会马上自动进行场景的分段处理，为每一段文字匹配对应的场景视频片段，生成速度非常快。

每个场景仍然可以做单独的调整修改，右侧是字幕的调整修改参数，包括位置、字体、颜色，等等。

设置完成后，我们选择 Download 下载完整的视频文件。我们可以选择分辨率和格式后进行下载。如下图，点击 Download file 完成下载。

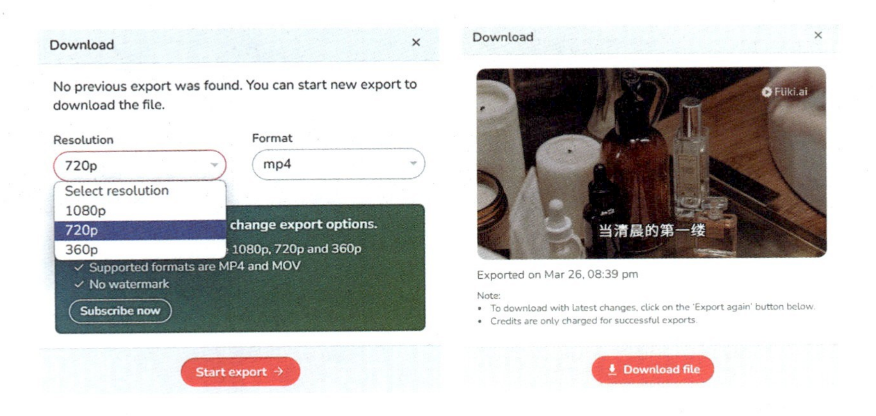

三、Beatoven AI 的简单介绍

Beatoven AI 是一款备受音乐创作人，视频播客和游戏创作者欢迎的人工智能音乐生成器，它结合了先进的技术，提供了一个简单直观的界面，使用文本描述即可生成音乐。同时，它配有一个音乐编辑器，可以从 16 种丰富的情绪选项中选择适合剪辑的情绪进行在线编辑。

Beatoven AI 官方网站是 https://www.beatoven.ai，如下图。注册方式也比较简单，可以用 Google 邮箱直接注册。

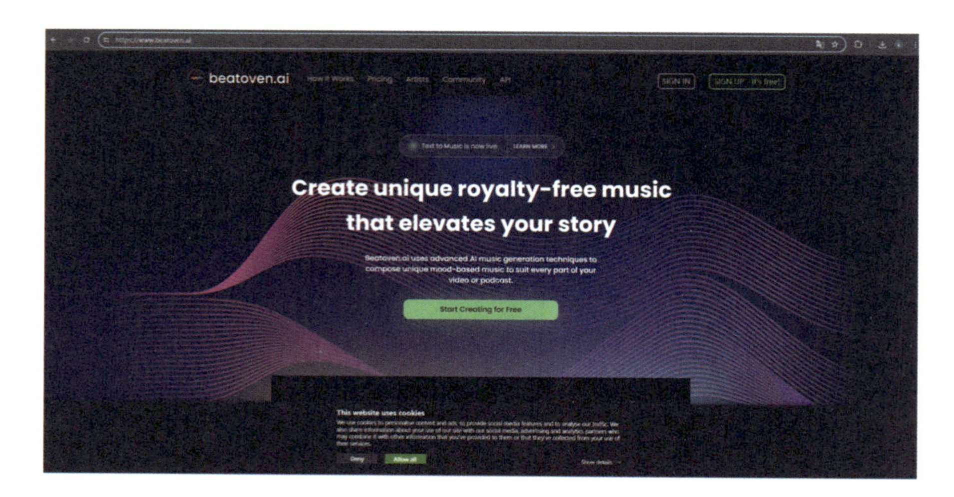

注册成功后，我们可以手动写入提示词或文字描述生成音乐，也可以点击 Generate a Prompt 随机生成提示词和描述，用于创建。

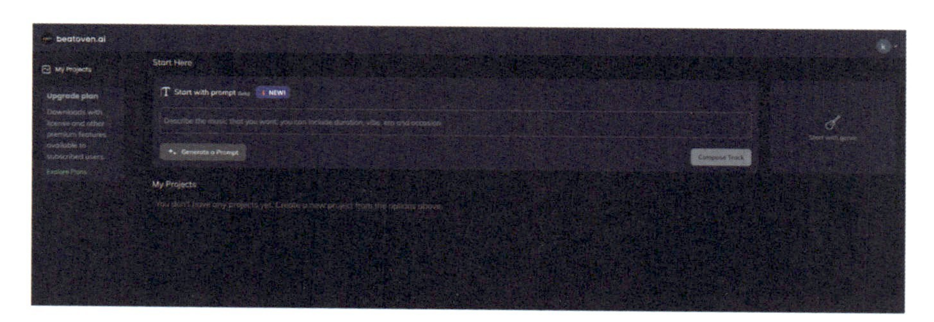

我们输入了这样一段文字“The morning sunlight filters through the leaves onto the surface of the lake，while a gentle breeze rustles the flowers. Birds sing softly from the branches，creating a tranquil and harmonious natural scene.”就生成了一段舒缓的轻音乐。

用户可以选择音乐的风格类型和情绪，之后只需点击组成按钮 AI 就会自动根据这些设定创作出一条音乐轨道。这个过程不需要用户进行复杂的音乐编排或深入的音乐知识。其次，它的简易操作流程也是其备受喜爱的原因。

点击 Create Emotion 可以提供不同风格类型和情绪选择。

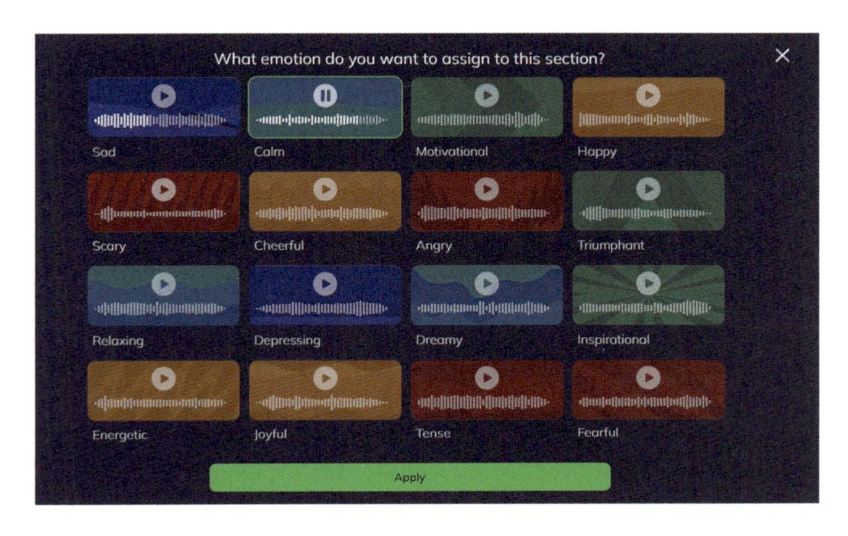

最后，他提供定制选项，包括音乐长度，风格，情绪和乐器，以创作符合特定主题和情绪的音乐轨道。这使得用户可以更加自由的进行音乐创作，为视频播客和游戏等各种媒体内容增添更加丰富多彩的背景音乐。

四、WaveNet 的简单介绍

WaveNet 是 DeepMind 开发的一种基于深度学习的原始音频生成模型。它能够生成人类自然语音，其基本原理是通过卷积神经网络对音频信号进行逐帧处理，从而生成新的音频信号。具体来说，WaveNet 采用了一维卷积层，通过学习音频信号的内在规律和模式，生成与输入音频信号相似的波形。在训练过程中，WaveNet 通过最小化预测的音频信号与真实音频信号之间的差异，不断优化模型参数，最终实现高质量的音频生成。

WaveNet 在语音合成领域具有广泛的应用前景，可以用于图文转换为自然语音，这种应用可以应用于语音助手、有声书等领域。此外，它还可以生成音乐，作为 discriminative model 对 phoneme 做识别。总的来说，WaveNet 作为一种先进的序列生成模型，为音频生成和处理领域带来了革命性的进步。

1. WaveNet 基础功能

WaveNet 是 DeepMind 开发的一种基于深度学习的原始音频生成模型，其最显著的功能就是能够生成高质量的音频波形，包括人类自然语音。以下是 WaveNet 的主要功能特点。

高保真音频生成：WaveNet 能够生成听起来非常接近真实人类语音的音频，具有很高的保真度。

多声音生成：WaveNet 可以抓取不同说话者的特征，因此可以生成多种不同的声音。

灵活的音频应用：WaveNet 不仅可以应用于语音合成，还可以应用于音乐合成。它可以产生新颖且高真实度的音乐片段，为音乐创作提供新的可能性。

条件概率模型：WaveNet 采用条件概率模型，基于之前已经生成的所有样本，来预测当前音频样本的概率分布，从而生成连贯的音频序列。

2. WaveNet 的使用

要使用 WaveNet 生成音频，通常需要一定的编程和深度学习知识。以下是一个简化的使用教程，帮助你了解如何使用 WaveNet。

（1）准备环境

安装必要的库：你需要安装 TensorFlow 或 PyTorch 等深度学习框架，以及相关的音频处理库。

获取 WaveNet 模型：你可以从 DeepMind 的官方渠道或相关的开源项目中获取 WaveNet 的预训练模型。

（2）数据处理

音频预处理：将你想要用于训练的音频文件转化为 WaveNet 模型能够处理的格式。

划分数据集：将音频数据划分为训练集、验证集和测试集。

（3）训练模型

加载预训练模型：加载你获取的 WaveNet 预训练模型。

调整参数：根据需要，调整模型的参数，如学习率、批次大小等。

开始训练：使用训练集对模型进行训练，同时监控验证集的性能。

（4）生成音频

准备输入：根据你想要生成的音频类型，准备相应的输入数据，如文本（对于语音合成）或音乐旋律（对于音乐合成）。

生成音频：使用训练好的 WaveNet 模型生成音频。你可以调整生成参数，如生成长度、音质等。

后处理：对生成的音频进行必要的后处理，如去噪、剪辑等。

（5）评估与调整

评估性能：使用测试集评估模型的性能，如音频质量、自然度等。

调整与优化：根据评估结果，对模型进行调整和优化，提高音频生成的质量。

需要注意的是，这只是一个简化的使用教程，实际使用时可能需要根据具体需求和环境进行调整。此外，由于 WaveNet 模型比较复杂，训练和生成音频可能需要较长的时间和较多的计算资源。因此，在使用 WaveNet 时，建议具备一定的编程和深度学习基础，并准备好相应的计算资源。

五、Tacotron 2 的简单介绍

Tacotron 2 是由 Google Brain 在 2017 年提出来的一个端到端的语音合成框架。它主要包括声谱预测网络和声码器（vocoder）两部分。声谱预测网络是一个引入注意力机制的基于循环的 Seq2seq 的特征预测网络，用于从输入的字符序列预测梅尔频谱的帧序列。声码器是一个 WaveNet 的修订版，用预测的梅尔频谱帧序列来生成时域波形样本。Tacotron 2 可以直接从文本中生成类人语音，其语音合成质量接近专业录音水准。

以下是一个简化的 Tacotron 2 使用指南。

（1）安装所需库和工具

首先，你需要安装 Tacotron 2 所需的相关库和工具。这通常包括 TensorFlow-GPU、librosa、unidecode 和 inflect 等。

（2）下载 Tacotron 2 模型

接下来，你需要下载 Tacotron 2 模型。这通常是一个预训练的模型，可以直接用于语音合成。下载后，将模型文件保存到你的工作目录中。

（3）准备输入文本

在进行语音合成之前，你需要准备好要转换的文本。你可以将文本保存在一个文件中，例如 input.txt，每行一个句子或短语。

（4）进行语音合成

一旦你准备好了模型和输入文本，就可以使用 Tacotron 2 进行语音合成了。这通常涉及运行一个 Python 脚本，指定模型的位置和输入文本的位置。

六、其他常用国产语音转换平台应用简介

下面我们再来介绍一些国内比较主流的转语音工具。

1. TTS Online

https://www.ttson.cn/ 在线使用，完全免费软件，还有多种语言音色。非常接近真人，操作也很简单。

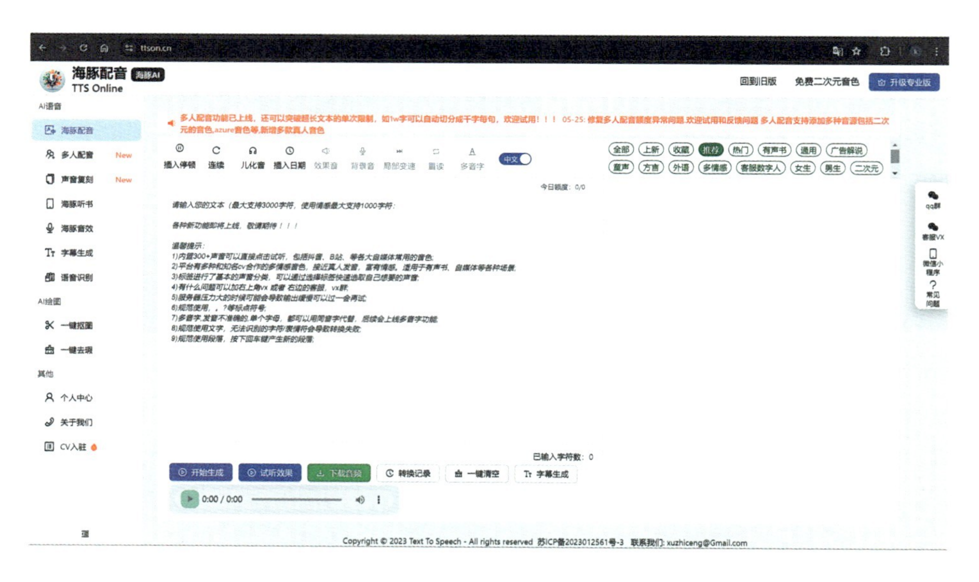

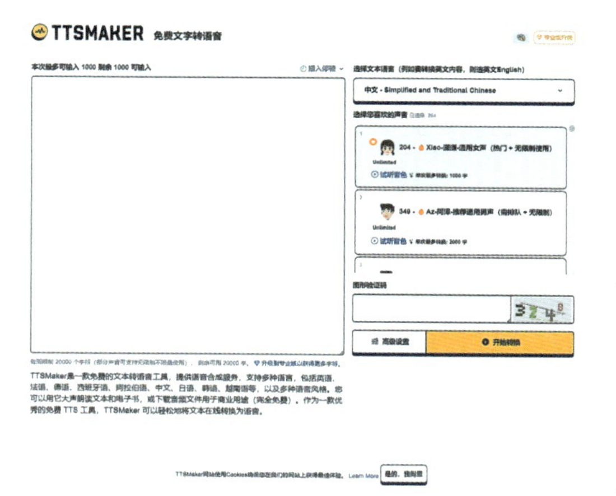

2. TTSMaker

https://ttsmaker.cn/ 可用于商业用途，且完全免费中文共计六十个音色。还可以自定义高级设置。使用非常人性化。

3. Ondoku

https://ondoku3.com/zh-hans/ 自带了多国语言输入文字，有中文、英文等五十多个语言可选，可以选择声库调整语速语调，调用的是微软的语音接口，还能上传含有文字的图片，使用起来很方便。不登录可以生成一千字的语音，注册后，可以生成五千字内容。

第六章　静态图像实践

AIGC 在静态图像的实践应用中，特别是在平面设计、摄影、电商、建筑室内设计、产品设计等领域，展现出了巨大的潜力和价值。借助深度学习技术，AIGC 能够自动化地进行图像增强、风格转换、智能裁剪等处理，极大提升了设计师和摄影师的工作效率。在电商领域，AIGC 技术可以帮助优化商品图像，使其更加吸引消费者的注意力。在建筑室内设计和产品设计领域，AIGC 则通过智能渲染、材质模拟等手段，为设计师提供了更广阔的创意空间和更高效的实现方式。这些实践应用不仅推动了相关行业的创新发展，也进一步验证了 AIGC 在图像处理领域的强大实力。

一、AI 在平面设计中的应用

在平面设计领域，AIGC 技术的应用展现出巨大的潜力。该技术通过先进的图像识别和分析算法，能够迅速且准确地从图像中提取关键元素，这些元素包括色彩、纹理、形状等。更为重要的是，AIGC 能够根据设计师的具体需求和偏好，智能地进行这些元素的匹配与组合，从而生成既符合设计要求又充满创意的图像。这一技术的应用极大地减少了设计师在素材搜集和整理上所花费的时间，同时，其强大的数据处理和算法能力也为设计师提供了源源不断的创意灵感。

接下来，我们将通过一系列精心挑选的实际案例，来深入学习和探究 AIGC 技术在平面设计领域中的奥妙与应用。这些案例将展示 AIGC 技术如何精准地提取图像中的关键元素，还将探讨它如何根据设计师的特定需求进行智能匹配与组合，从而生成富有创意和符合设计要求的设计作品。通过这些实际案例的学习，我们将更加全面地理解 AIGC 技术在平面设计中的潜力和价值，为未来的设计实践提供有力的指导和启示。

（一）标志设计

在设计工作中，像下图所示的一个标志（LOGO）字体设计小样，如果用传统的设计方法实现起来会非常烦琐，可能还需要借助三维软件，花费大量的时间测试建模等，而用 Stable Diffusion，并结合我们常用的 PS 等平面设计软件，简单调整后就可以完成了。

我们可以轻松地尝试各种风格和表现形式，只要简单变化提示词、模型或 LORA 就可以做出不一样的效果。

下面我们就来简单介绍一下这个花式字体的制作方法。

首先，我们需要手绘或者用 PS，勾勒出设计字母的大致形态，储存为 PNG 格式备用。以下图中的 ABC 三个字母 LOGO 为例，这里我们尽可能地让边缘平顺圆滑一些。这样生成的内容形体会相对完整，不会出现多余的东西。

然后，我们选择一个写实风格的大模型，大家可以自行选择，也可以用案例中用的这款通用写实大模“MoyouArtificial_v1080None”或“majicmixRealistic_v7”，外挂 VAE 模型选择“vae-ft-mse-840000-ema-pruned.safetensors”。载入 vae 一般可以使图像更加锐利鲜艳。如下图所示。

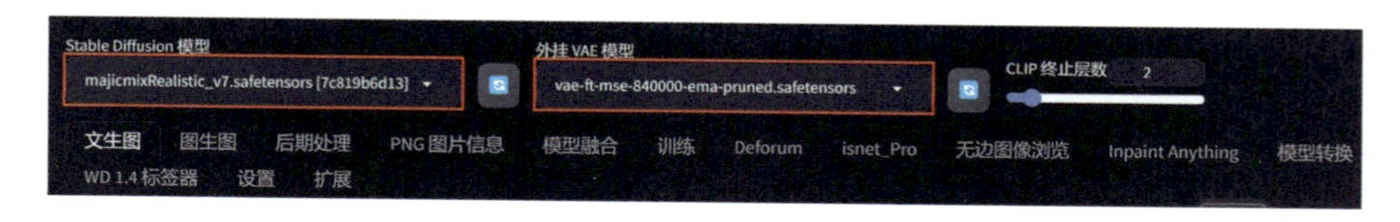

之后我们选择文生图模式，分别写入正向和反向提示词，我们的构思是做一款水下的

金属气泡风格字体，如下图，我们根据大致思路编写了以下正向提示词：(bubbles：0.9)，high quality details，3Drendering，high reflection，clean background，close –upphotos，V – Ray，soft lighting，overall，watercolor paper，underwater，Material uniformity，The main body is water material，bubble，中文含义是“(气泡：0.9)，高质量的细节，三维渲染，高反射，干净的背景，特写照片，V– 射线，柔和的照明，整体，水彩纸，水下，材料均匀，主体是水”这里的“气泡”经过测试，太多会影响字体形态、结构，所以我们设置了少一些的权重。在实际操作过程中，也可以根据自己出图实际情况再做调整。

而反向提示词，我们使用比较常规的负面描述模版即可。例如：NSFW，logo，text，blurry，low quality，bad anatomy，sketches，lowres，normal quality，monochrome，grayscale，worstquality，signature，watermark，cropped，bad proportions，out of focus，divided，等等。大意是：“NSFW (避免出现色情、暴力内容)，徽标，文本，模糊，低质量，不良解剖结构，草图，低分辨率，正常质量，单色，灰度，较差质量，签名，水印，裁剪，比例不好，失焦，分割”。

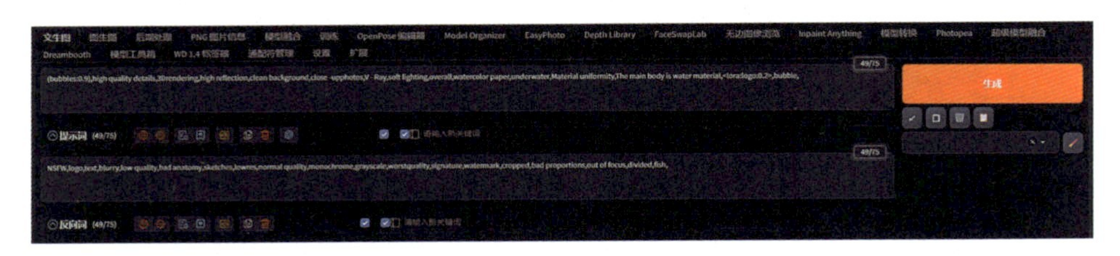

接下来我们在如下图，生成栏中选“DPM++ 2M SDE Karras”这款常用的采样方式，迭代步数改为 30 次，保证图像生成的完成度。勾选启用高清修复，参数先保持默认即可，开启 Refiner 模型，选择相同的大模型，对画面风格进行进一步的加强控制。其他保持默认不变，如下图所示。

最后，也是最为关键的步骤，打开 ControlNet，导入我们提前准备好的字体 PNG 图片，勾选启用、完美像素模式、允许预览。如下图，点击右侧图标匹配参考图比例，控制类型选择 Scribble/sketch（涂鸦 / 草图）模式，预处理器选择“scribble__pidinet”，模型选择默认“control_vl1p_sd15_scribble［d4ba51f］”即可。点击“小炸弹”图标，生成预处理预览图像，检查是否有错误。

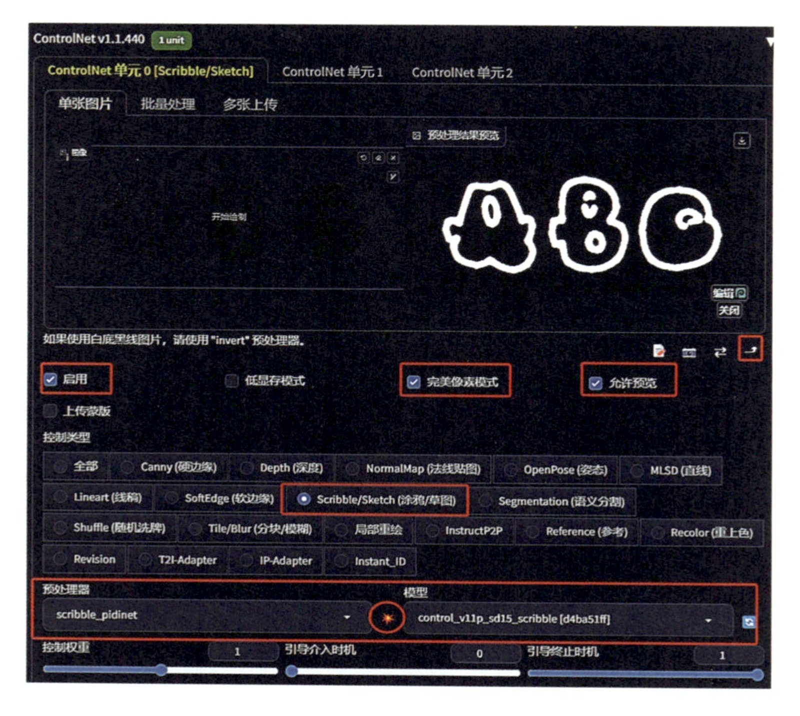

设置完成后，我们把总批次数设置为 4 或，这样一次就可以生成四张图，方便我们对比选择。如下图。

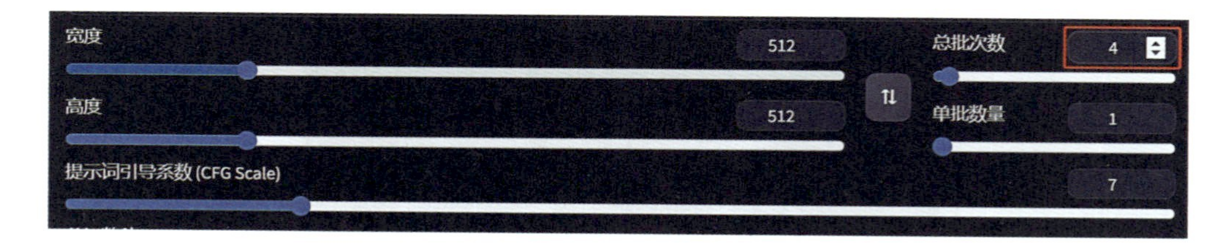

点击生成按钮，进行测试（抽卡）环节。当然，我们也可以加入 Lora 模型辅助我们生成更符合要求的图像，比如“logo 设计 _v2.0,【形状化 LOGO】_v1.0”等，这些是适用于生成字体样式的 Lora，其权重我们可以适当改小一些。测试得到了心仪的字体样式之后，可以把图片的种子信息复制，粘贴到随机种子数中，如下图所示。这样我们就可以在这一稿的风格框架基础上再次生成。

在这里我们插入一个知识点，关于提示词引导系数（CFG Scale）到底如何设置，如下图。

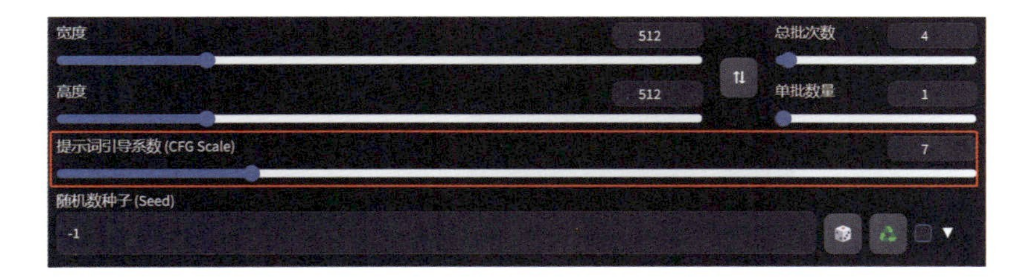

我们通过测试总结出了如下结果：

CFG 为（0–1）图像崩坏，质量低。

CFG 为（2–6）生成图像比较有想象力。

CFG 为（7–12）效果较好，既有创意也有能遵循我们的文本提示。

CFG 为（10–15）提示词更多影响作品，对比度、饱和度上升。

CFG 为（18–30）画面逐渐崩坏，拉高采样迭代步数可以降低崩坏程度。

通过反复对比测试，我们得到了如下图所示的两张相对理想的文字 LOGO 图像。用相同的方法，我们换用不同的提示词或大模型以及底图，就可以去生成出其他类型的 LOGO 样式效果图。

（二）字体海报设计

AI 生成字体海报类型有很多种，其中有艺术创意立体类字体、嵌入融合风格化字体、光影字体等等。使用 SD 生成创意字体海报，主要需要四部分内容设置调整。一是底图，二是大模型及 LORA，三是提示词，四是 ControlNet。

首先底图我们可以准备白底黑字和黑底白字两种，如下图所示。用于制作不同类型创意字体，提示词根据我们生成的需要编写即可，也要注意书写的规范，先后顺序，权重大小等等，其中最为重要是 ControlNet 的设置。

1. 艺术创意立体风格字体

我们以一个名为“希望”的字体海报设计为例，底图如下。首先我们找到一个写实类的大模型，以“majicmixRealistic_v7.safetensors”为例，在文生图模式下，提示词我们写入“山水草地，花朵，金属字，阳光，光照等元素”，最后加入一个自然花卉装饰的 lora，“<lora：百花酿：1>”。反向提示词输入常规提示词即可。制作如下图所示的设计字体底图。可以用 PS 直接选择艺术字体输入，再做简单调整。或者，我们可以在网上找到类似的艺术字体设计草图，同样可以用来制作。

接下来我们在 ControlNet 中导入我们准备好的白底黑字底图。如下图所示，勾选启用、允许预览。点击右下角的三角图标，同步一下尺寸，让生成尺寸和底图尺寸保持一致。

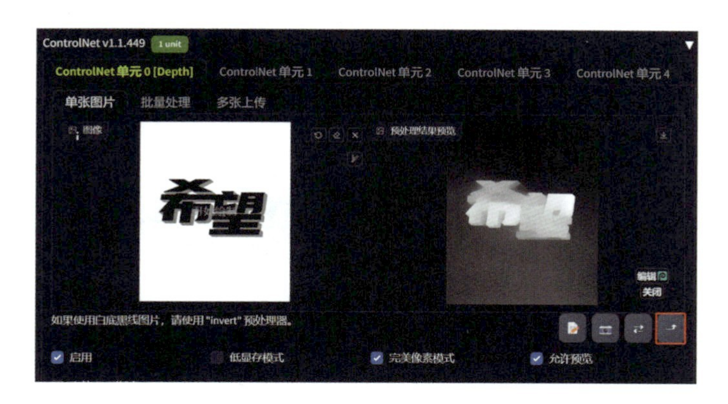

如下图所示，第一个 ControlNet 单元，控制类型选择 Depth（深度）通过控制景深，把文字和背景拉开层次，也可以辅助生成字体的立体效果。这里的控制模式选择更偏向提示词，让最终效果更可控一些。如下图，这里的控制权重是 ControlNet 对画面影响的大小，数值越大，对字形的控制越大，字体轮廓越清晰。

第二个 ControlNet 控制类型选择 Scribble（涂鸦），预处理器选择“scribble_xdog 涂鸦 - 强化边缘”类型，模型选择默认即可。这里的涂鸦控制类型，主要是为了控制生成图的轮廓结构，让其和参考底图尽可能保持一致。控制模式选择均衡或更偏向 ControlNet。可能需要反复测试才能出现比较符合预期的图像。可以在提示词中，加入各种想要表达的元素。其他参数设置如下图所示。

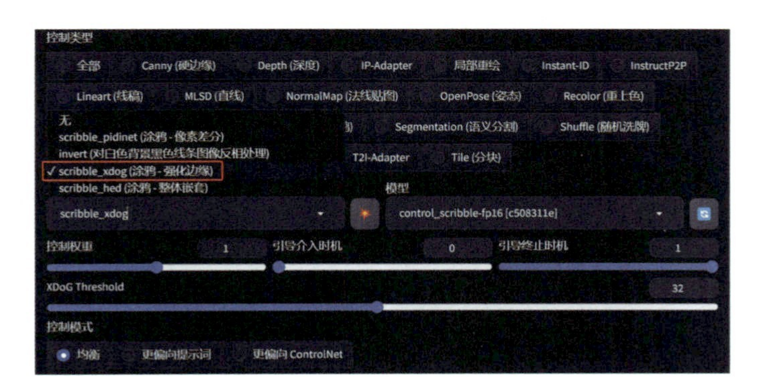

如下图所示，接下来，以白底黑字的底图为例，我们测试生成了如下的一些图像。这里的提示词是古建筑、木质结构、山峰、河流，等等。表达建筑元素与城市山水呼应的文字创意。

我们选择了生成图中相对具有代表性的两张图。如下图，接近我们想要的最终效果。两张图分别展示了古建风格日夜景的不同效果。

下图案例中，我们只是对正向提示词做了适当调整，换成了集装箱，运输等关键词。便生成了海运集装箱与大海背景的字体海报效果。

同理，我们还可以生成其他类型的字体海报样式，只要对提示词和底图进行相应调整即可。如下图，“春” 字为主题的海报设计案例。

当然，通过改变大模型也可以生成不同风格效果，如卡通风格，CG 风格，等等。

2. 嵌入融合风格海报

接下来，我们再来制作一个嵌入融合风格化字体海报案例，以数字“618”为例，我们选择一个行书的字体打出黑底白字的数字“618”并保存为图像。

如下图，与刚才设置的内容基本相同。我们进行如下图所示参数设置，不同的是 ControlNet 我们只选择了 Scribble（涂鸦）控制类型进行控制约束。因为这里不需要立体和深度的体现。

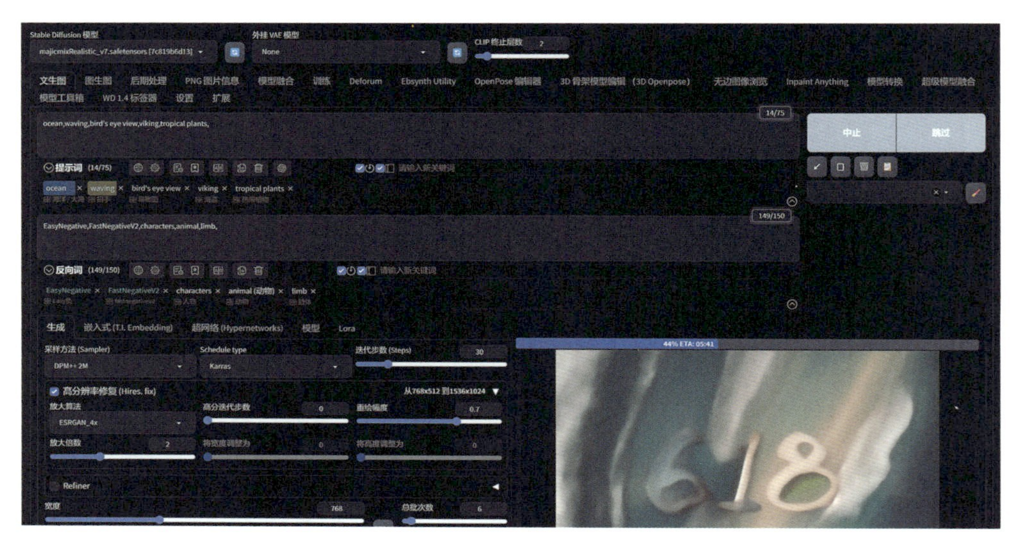

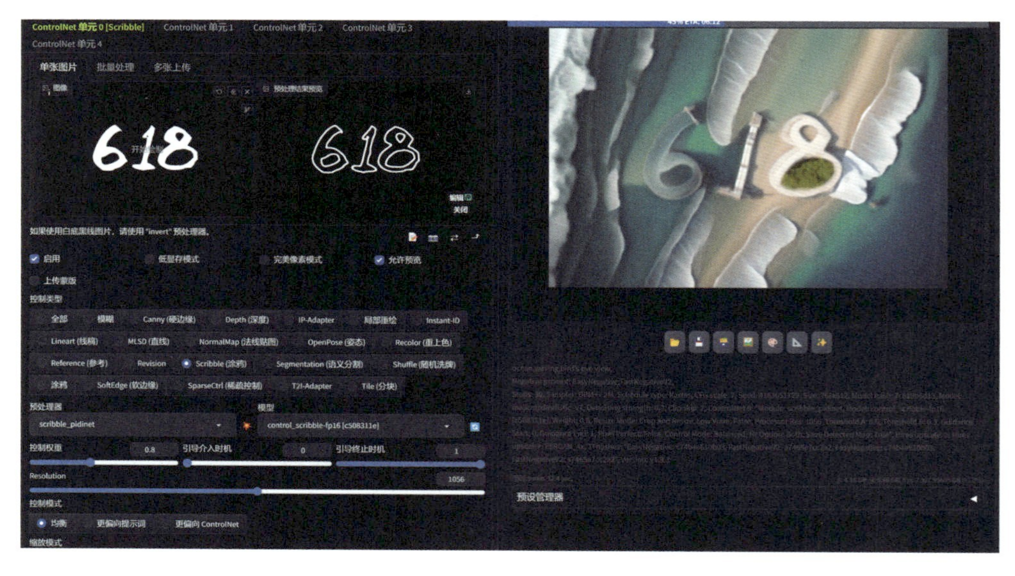

通过测试，我们得到了以下一些不错的效果，AI 巧妙地将数字与背景进行了融合。以此类推，我们还可以用其他文字或图形生成类似的文字设计或宣传海报。

（三）商业插画设计

本节案例将创建一个插画类型的卡通人物角色，将其从手绘草图转化为上色稿，再到最后实现二维转换为三维效果的全流程演示。

首先我们可以自己手绘或者在网上下载喜欢的线稿图，作为底图。

1. 优化线稿

第一步，有时我们的线稿图存在杂色或杂质时，需要对线稿图进行优化处理。

打开 SD，点击图生图。接下来，运用反推插件 WD，如下图，识别出草图大致的描述词，导入到翻译网站，检查并修改描述词，粘贴到正向输入框里。

“black and white, monochrome, sketch, simple background, linez, 1boy, solo, male focus, collared shirt, absurdres, shirt, smile, sweater, long sleeves, looking at viewer, pants, blue sweater, white shirt, black-framed eyewear, black pants, cowboy shot, standing, child, wing collar, closed mouth,”

大意为：“黑白、单色、素描、简单背景、线条、一个男孩儿、领子衬衫、微笑、毛衣、长袖、看着观众、裤子、蓝色毛衣、白衬衫、黑框眼镜，黑色裤子，站立，儿童，翼领，”

反向提示词我们可以选择常规起手式，填入如下提示词，都是一些常规的对人物、角色的负向提示词。当然我们也可以根据个人需要填写。

“lowres, bad anatomy, bad hands, text, error, missing fingers, extra digit, fewer digits, cropped, worst quality, low quality, normal quality, jpeg artifacts, signature, watermark, username, blurry, NSFW, AS-YoungV2-neg, BadDream, badhandv4, BadNegAnatomyV1-neg, FastNegativeV2,”。

大模型我们选择一个二次元卡通角色类型，我这里选择的是“manmaruMix_v30.safetensors”，LORA 模型选择一个纯线稿 LORA，“animeoutlineV4 16”。

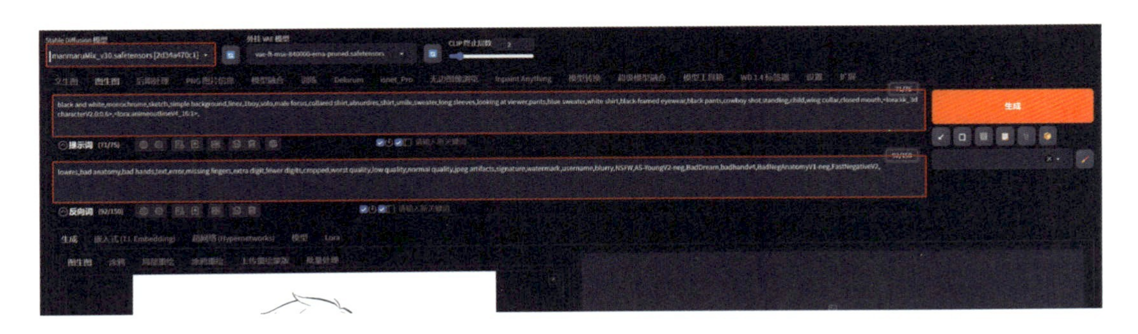

上传手绘或者提前准备好的草图。采样模式选择“DPM++2M Karras”，重绘幅度调成 0.5 左右。尺寸改成和原图一致，宽 1024，高 1024。迭代步数 30 左右。这里一定要记住需加上“**blank background，white background，Monochrome**”，等这几种描述词，来保证生成图像仍是白底黑白线稿。启用 Refiner，选择同样的大模型。点击生成图像。

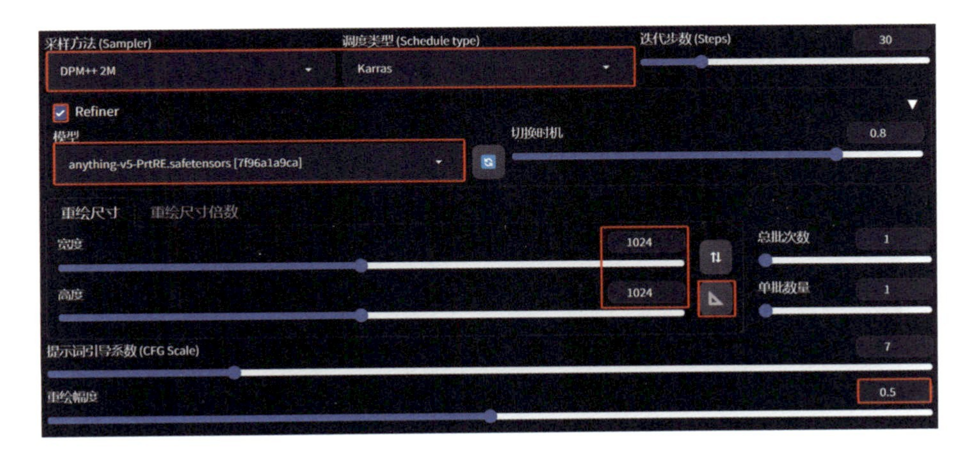

生成下图中的黑白线稿。

先生成一版黑白手稿的原因主要是对手绘稿进行优化调整，也让后面 AI 上色时更加的精准。当然这一步也可以用 PS 来进行，如果背景中有没用的细节，同时也可以用 PS 删除，对画面中不好的部分进行修复。最后存为 PNG 格式备用。

2. 线稿上色

现在我们准备上色。点击切换到文生图模式，复制刚才我们的描述词。注意要记得去掉线稿 Lora 和黑白线条相关的关键词。如下图，采样方法和调度类型保持之前的设置即可，迭代步数可改为 30。高分辨率修复放大算法选择“R-ESRGAN 4x+Anime6B”其他保持默认，打开 Refiner，选择相同的大模型。高度、宽度设置为线稿底图相同的像素或比例。

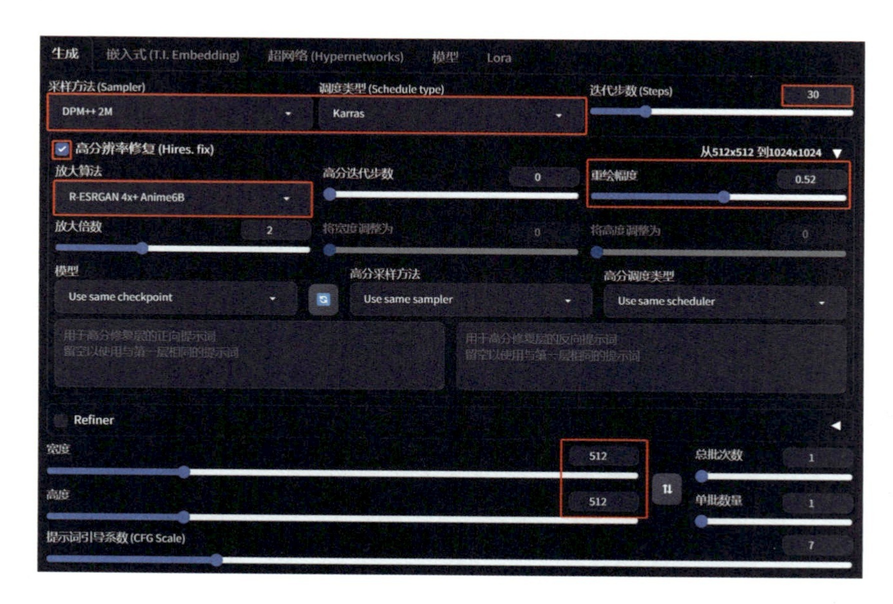

然后，打开插件 ControlNet，如下图，上传修改好的线稿图，点击右下角的小箭头使比例与原图保持一致，预处理器选择“lineart _anime（动漫线稿提取）”，模型选择“control vllp sd15s2 lineart anime［3825e83e］”。

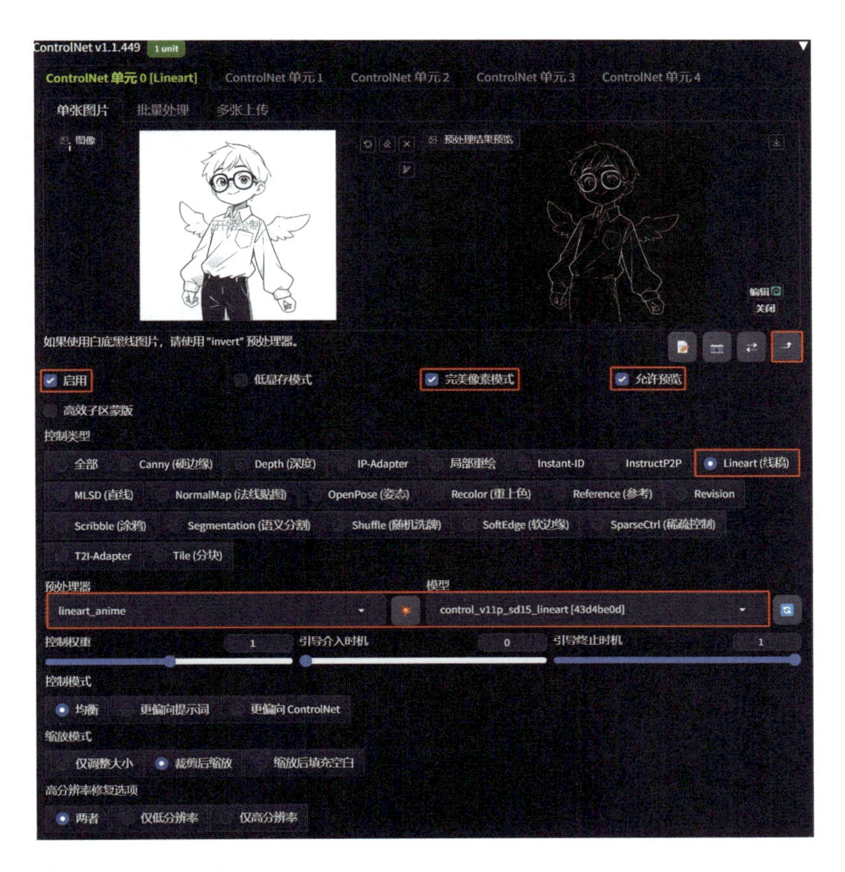

点击生成后对比效果，如果想要不同配色，可以多抽卡几次，或直接添加颜色的描述词来改变颜色风格。“如红色上衣，蓝色短裤等”。下图为多次测试得到的效果，我们可以通过测试不断优化提示词，最终生成自己想要的结果。

3. 自定义颜色线稿

我们还可以用 PS 自己给线稿图预上色，来精确控制生成图的配色。打开 PS，如下图，新建一个空白图层，模式改为正片叠底，对不同部位涂上想要的色彩。

PS 完成后，如下图，导出图片。进入 SD，选择图生图模式，选择相同的大模型，导入我们上色的图片，写入正反向提示词，同样去除线稿 LORA 和黑白图的关键词。采样方式和 Refiner 也用相同设置。

其他具体参数设置如下图所示。这里可以启用 After Detailer 加入面部和手部修复功

能，避免生成后的脸和手崩坏。

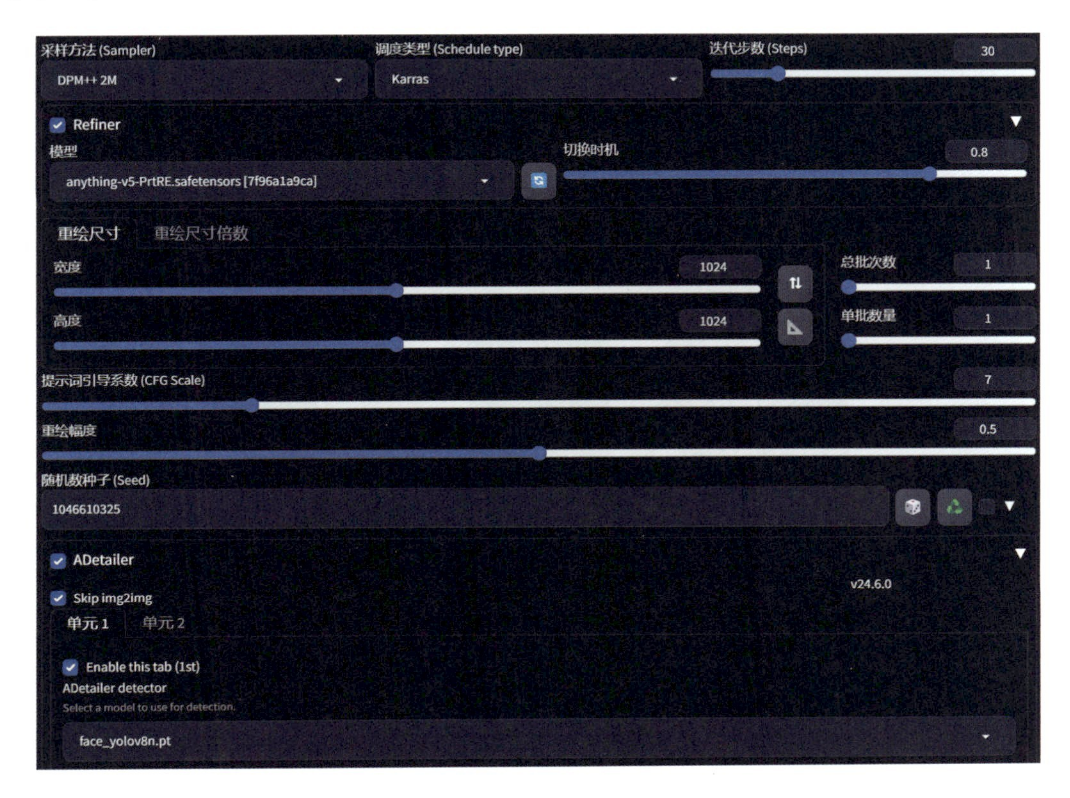

ControlNet 的设置方法。在 ControlNet 中选择未上色的线稿。预处理器和模型同样选择“lineart_anime”，模型选择“control_v11p_sd15s2_lineart_anime［3825e83e］”，点击生成看下效果。整体颜色生成的还是比较准确的，如果时间充足，可以通过更新提示词、多次抽卡、加入 LORA 等方式再多次细化优化，也可以通过后期 PS 方式完成修图。

最后生成了如下的上色图。我们可以看到，尽管我们没有在 ControlNet 中做更多的参数设置，所有颜色也都被精准地还原了，可见使用图生图预上色的模式，生成结果更加可控。

线稿填色图　　生成图

4. 三维效果渲染

下面我们来看一下如何将上色图转换成三维卡通质感效果。

再回到文生图。打开 ControlNet，上传之前那张上色稿，这次的预处理器和模型都选择“Tile/Blur（分块 / 模糊）”，如下图所示。勾选完美像素模式，这里要注意控制模式要选择第 3 个更偏向 ControlNet。并在提示词中加入“3D rendering,”大模型我们选择“3dAnimationDiffusion_v10.safetensors”这一类三维人物大模型即可。

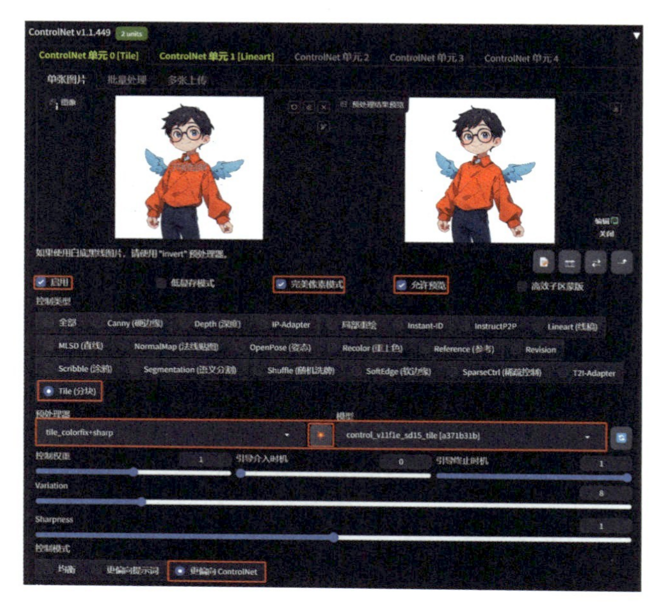

启用第 2 个 ControlNet，如下图所示，导入线稿图，预处理器和模型选择“lineart_anime_denoise”，勾选完美像素模式、允许预览。控制模式选择均衡即可。

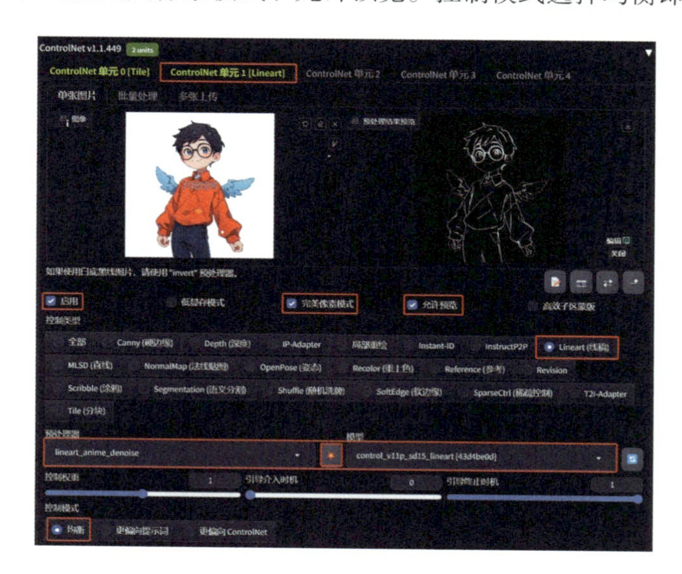

最后点击生成。如下图，通过反复测试，选择其中相对满意的版本，导入 PS 等后期软件中抠图、优化细节。即可完成。

二、AI 在电商及摄影修图领域的应用

AI 在电商及摄影修图领域的应用已经成为热点。AI 不仅改变了传统电商营销和商品展示的方式，还极大地推动了摄影修图技术的创新与发展。在电商促销领域，AI 通过深度学习和图像识别技术，能够自动生成具有吸引力和个性化的促销海报和文案，为电商营销提供了全新的解决方案。在电商模特换衣的应用上，AI 技术使得虚拟试衣成为可能，通过图像合成和渲染技术，快速实现模特的服装更换，为电商商品展示带来了前所未有的便捷性和灵活性。而在电商摄影修图领域，AI 修图技术以其高效、准确的图像处理能力，显著提升了图片的质量和专业度，为电商平台提供了更加优质的视觉呈现。

（一）AI 电商宣传物料设计

在字体设计章节中我们曾经讲过用文字制作创意字体。在电商促销活动中我们会用到大量的商业宣传海报或其他宣传物料，需要结合文字的创意设计。

以 618 主题为例，我们可以利用简单的数字图形，用 SD 生成多元素组合成的创意海报或宣传画。这些元素可以是我们想要表达的商品主体，也可以是与促销主题相关的事物。首先，同之前的制作思路相同，我们制作一个简单的黑底白字数字母版。

选择写实类的大模型，正向提示词中输入我们想要表达的效果，比如“金色，金子，首饰，钻石”，等等再输入通用的正向提示词如“杰作、高分辨率等”反向提示词用常规的负面提示词即可，在生成过程中我们再补充。最后加入合适的

LORA 模型，这里我加了“百花酿、柔金指”等 LORA 模型。增加金色和花朵的氛围感。添加 LORA 的效果会事半功倍。具体设置参数如下图所示。

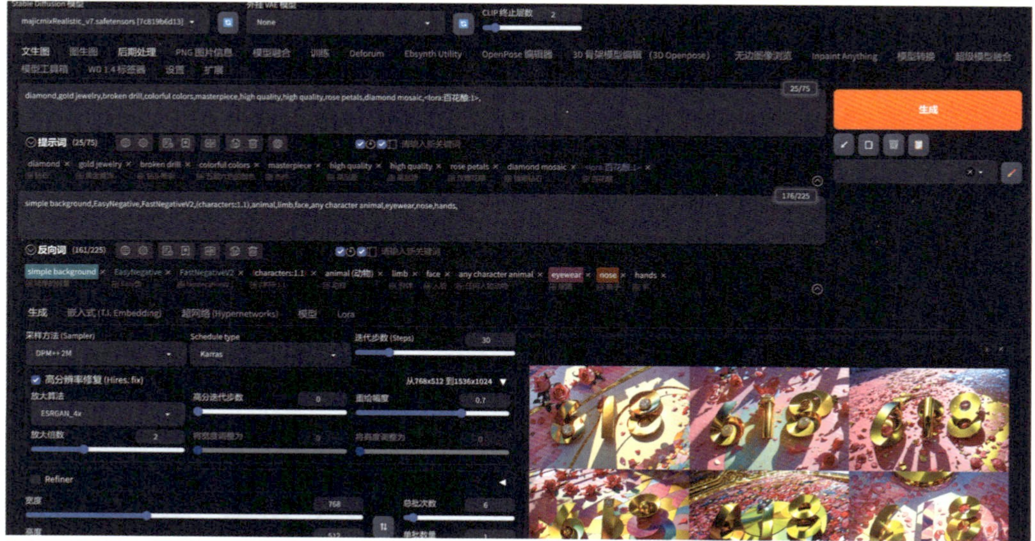

接下来把“618”数字母版导入 ControlNet，控制类型选择“Scribble（涂鸦）”，如下图，预处理器选择强化边缘的类型。生成后得到了以下的效果。

接着其他参数保持不动，我们只换用一个二维动画大模型测试一下效果。同样可以得到如下图，比较理想的效果，这些风格可以应用到不同的主题和营销渠道中。比如年轻或热爱动漫、卡通的消费群体。

针对不同的消费群体，如美妆类、电子产品、儿童玩具等，还可以尝试其他 CG 类大模型，或者更换其他提示词，生成不同的风格和效果。

下图就是可以适合美妆类的产品促销海报。只需简单调整提示词即可。如把花朵、首饰等提示词换成口红、粉饼、粉底液，等等。

（二）应用 Inpaint Anything 插件为电商模特换衣

本节案例主要用到的是 SD 中的语义分割工具 Inpaint Anything 插件。

通过这个插件，使用 SD 的图生图局部重绘功能，可以将服装展示中用到的道具模特，直接替换为真人模特，并且保持原来服装的细节，同时也可以将服装进行各种各样的设计变形，并且放置在不同的环境背景中。

1. 真实人物模特替换

我们可以在网络上找到一张服装模特的图片。把图片拖到 Inpaint Anything 面板中，左侧提供了各种模型，越靠上端的模型体积越大，分割效果也越精细，我们选择“sam_vit_l_0b3195.pth”或“sam_hq_vit_l.pth”偏中等质量的即可。如果是第一次使用，需要点击下载模型按钮，如果已经下载过，下方就会提示“Model already exists”，之后我们点击“运行 Segment Anything”即可。如下图。

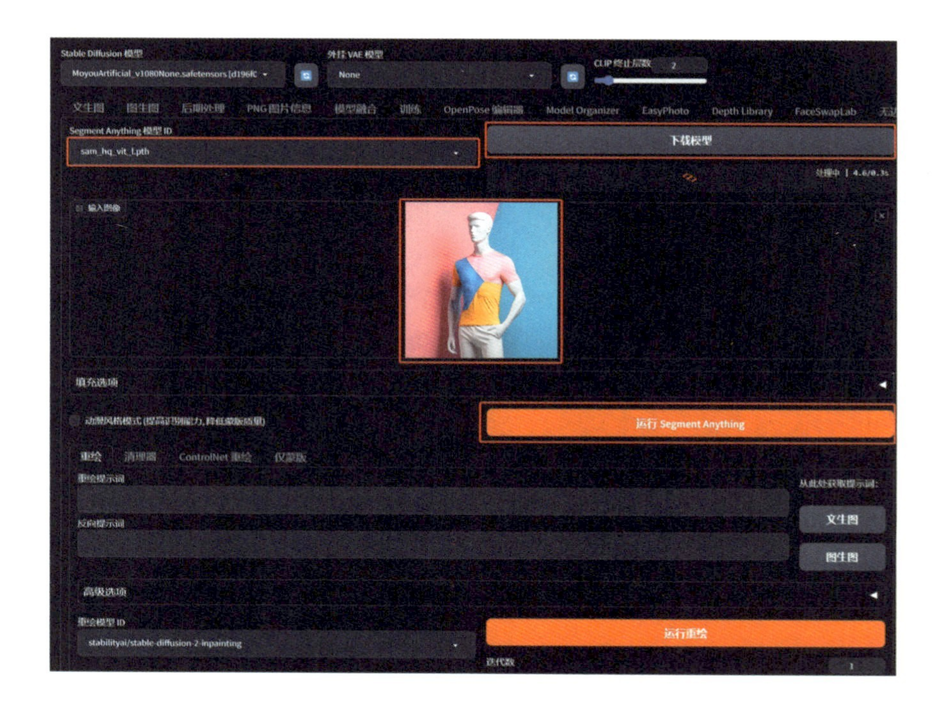

稍等片刻后就生成了一个如下图所示的彩色色块图。我们需要在这张图上划分出我们想要生成变换和保持不变的区域。如下图中编号 1–4 步骤所示：①第一步，点击右上角的画笔设置来调整画笔的粗细，用于描画蒙版的区域。②然后用画笔在衣服所在的范围勾画出笔触，无须具体画什么内容只要在衣服所在的色块有笔记涂抹痕迹即可被识别为蒙版范围。这里就用画圈的方式标记。③如我们有细节处需要精细描绘，可以按 S 键进入全屏模式，在放大视窗中操作。④最后，完成以上操作后，我们点击创建蒙版。

如下图为按 S 键放大后的效果。

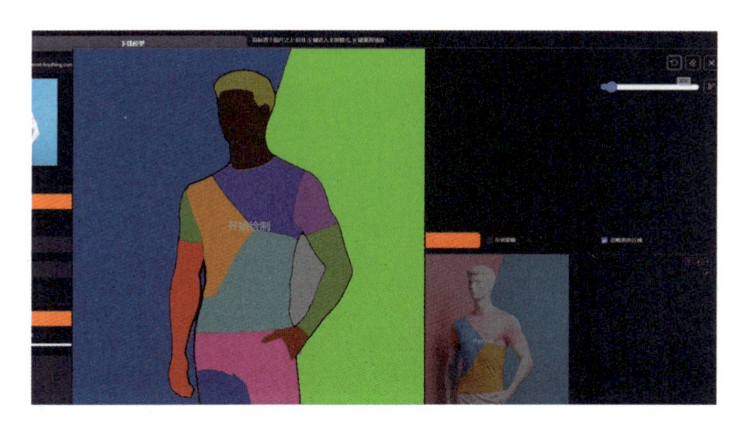

如下图，被选中的蒙版区域会高亮显示。在模板生成界面我们还可以对模板进行细节修正，用笔刷描绘漏选的细节区域，然后点击根据草图添加蒙版，就可以添加描绘区域。同理也可以使用根据草图修剪蒙版来删除多选的区域。

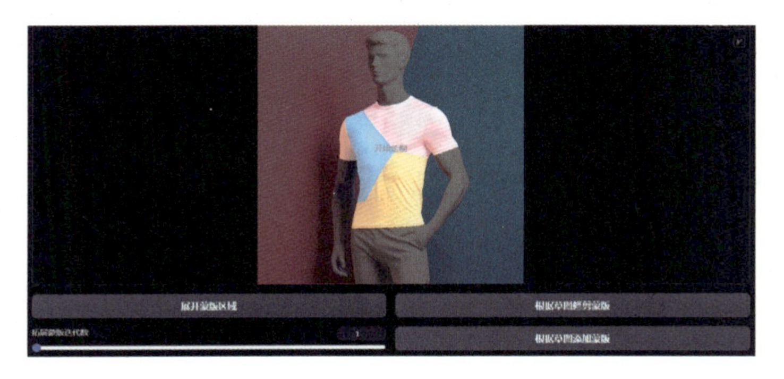

选好之后我们来到左侧选择仅蒙版，点击“获取蒙版”，如下图，我们看到衣服的蒙版就生成了，然后点击“Send to img2imginpaint”蒙版就会被自动导入图生图下的上传重绘蒙版栏中。

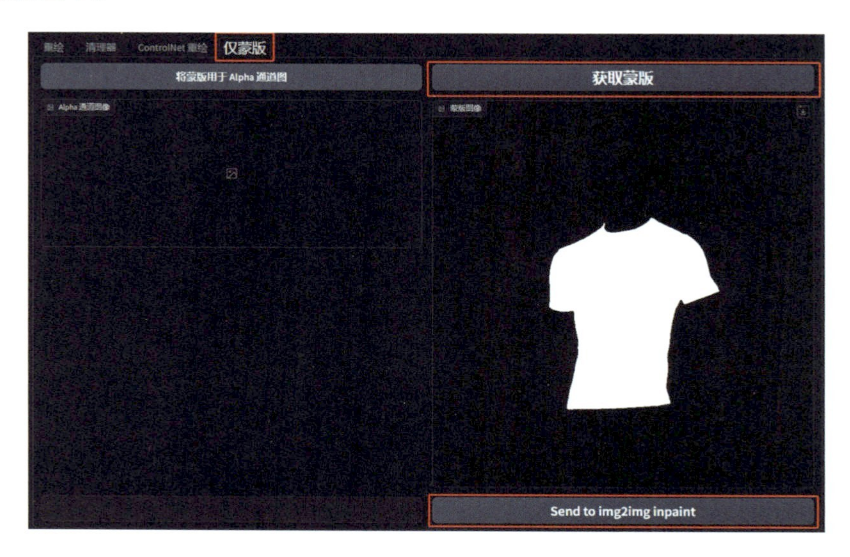

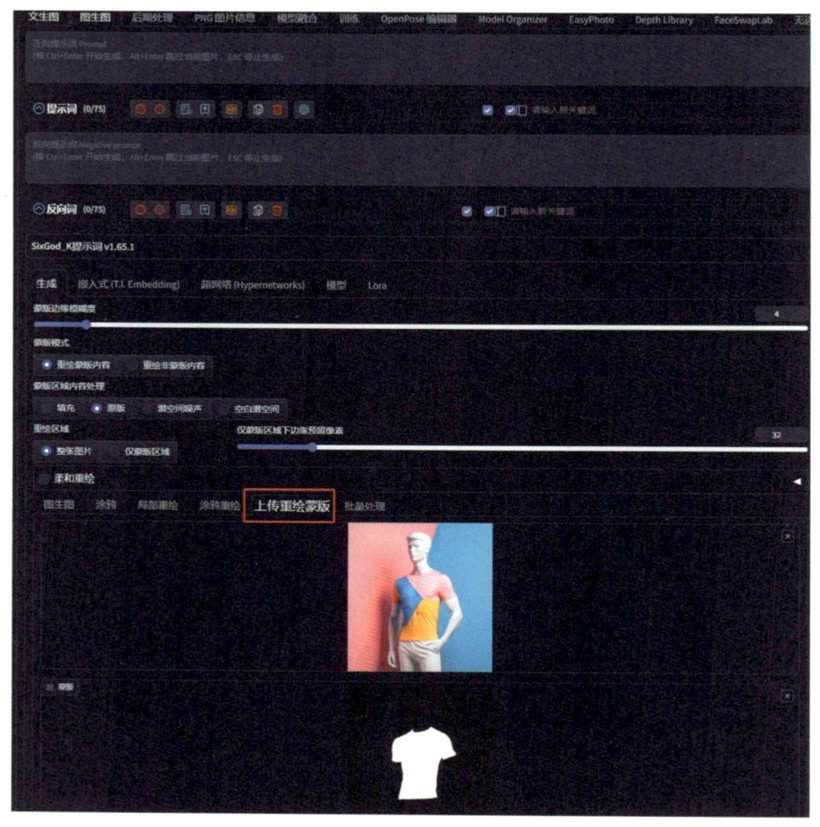

接下来我们写入正向和反向提示词，正向提示词先简单写 1man 即可，反向提示词写有关人物的常规反向词即可。如“lowres，bad anatomy，bad hands，text，error，missing fingers，extra digit，fewer digits，cropped，worst quality，low quality，normal quality，jpeg artifacts，signature，watermark，username，blurry，tattoo，acnes，missing limb，malformed hands，poorly drawn hands，mutated hands and fingers，bad feet，extra legs”，选择一个真实系人物的大模型，这里我们还可以选“MoyouArtificial_v1080None”，蒙版模式选择重绘非蒙版内容，重绘区域选择整张图片，然后点击右下角的标尺按钮匹配参考图片尺寸。采样方式我们可以选择目前的“DPM++2M Karras”也可以选择“Euler a”（人物变化会更多些）。

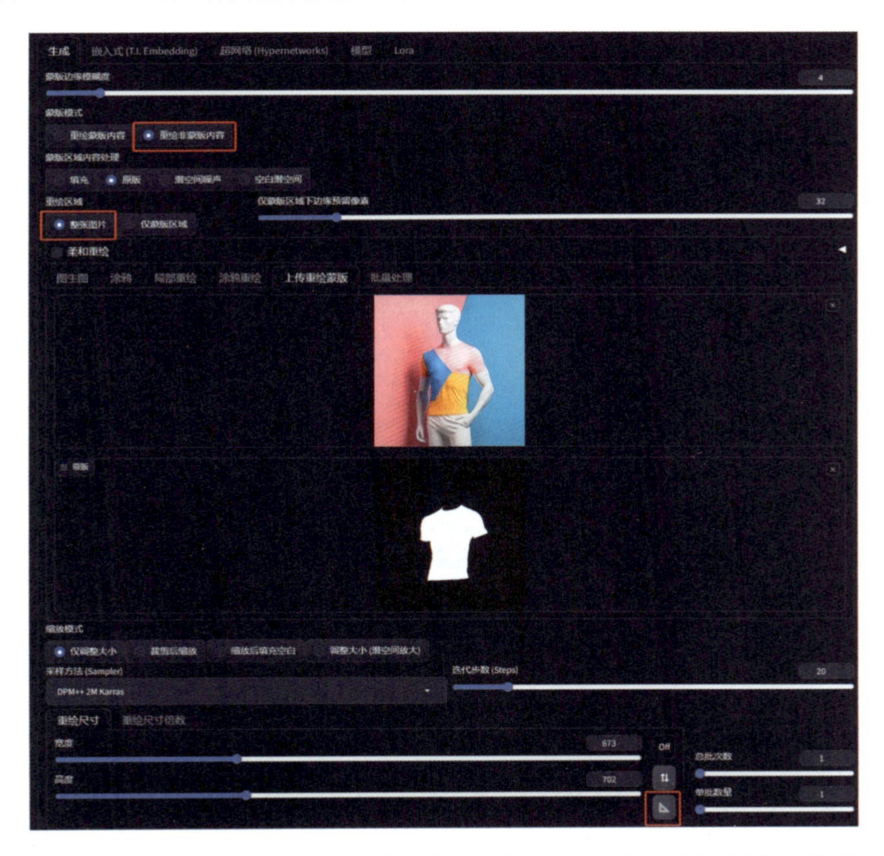

最后我们把重绘幅度改为如下图所示的 0.5 左右。较低的重绘幅度，能保证生成后的图与模特图不会有很大差异，最后我们点击生成。

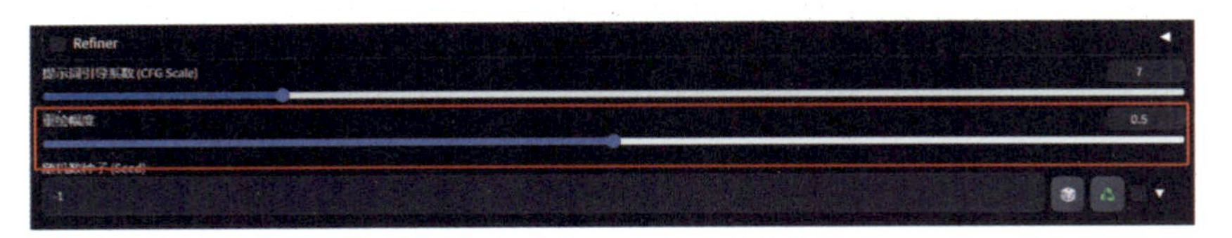

以下是生成后的图像，人物左肩会高出原来 T 恤的画面，也会有生成人物的细节从衣服后面露出来，说明生成人物和衣服的边缘轮廓不是很匹配。另外，由于生成图像的尺寸不够大，没有足够的面部采样信息，脸部效果有些崩坏。

人物轮廓问题我们需要启用 ControlNet 来解决。这里控制模型我们选择“SoftEdge（软边缘）”，预处理器选择“SoftEdge hed”。如下图所示。

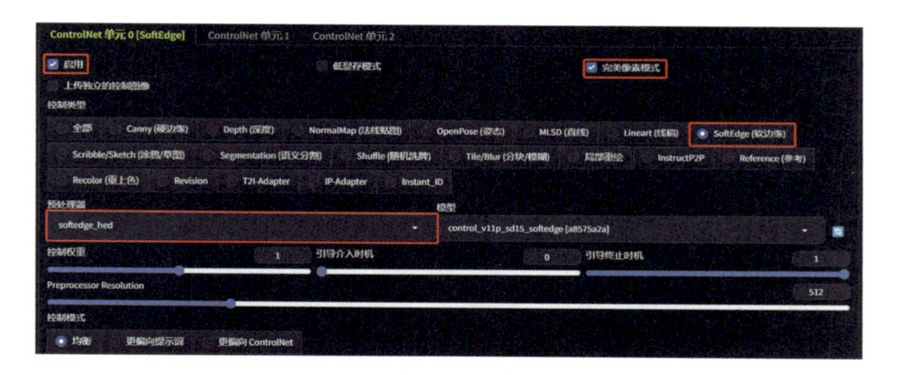

脸部问题我们可以用下图的 After Detailer 插件修复。勾选启用 After Detailer 模型，在单元一中选择“face_yolov8n.pt”进行修复。

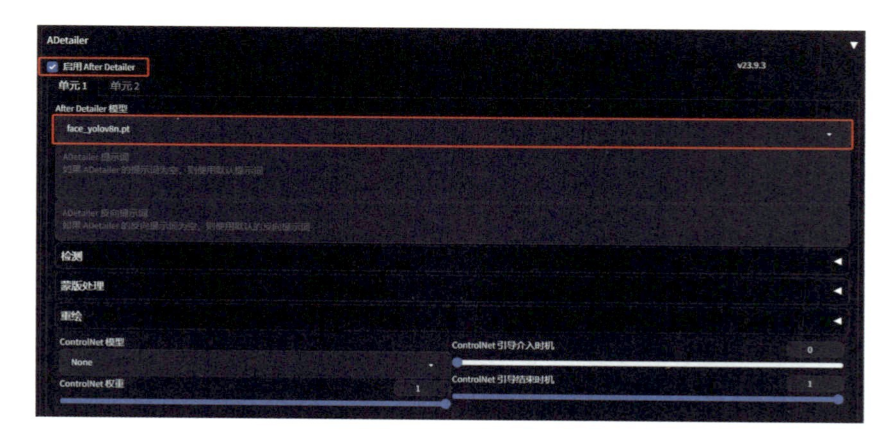

然后，再次点击生成后如下图所示，效果就正常了，通过这种方式我们可以很快速地把任意的假人模特换成真人模特上身展示的效果，还可以在相同条件下给模特换不同的衣服。

下面我们来演示一下如何给模特换不同的衣服，把生成的图像直接拖拽到下图中的上传蒙版区域，替换掉之前的模特图，现在我们以这张图作为基准试试看能不能变换不同的衣服风格样式，因为现在需要变换的是蒙版内的区域，所以我们把蒙版模式改为重绘蒙版内容。添加一些对衣服的描述和提示词。

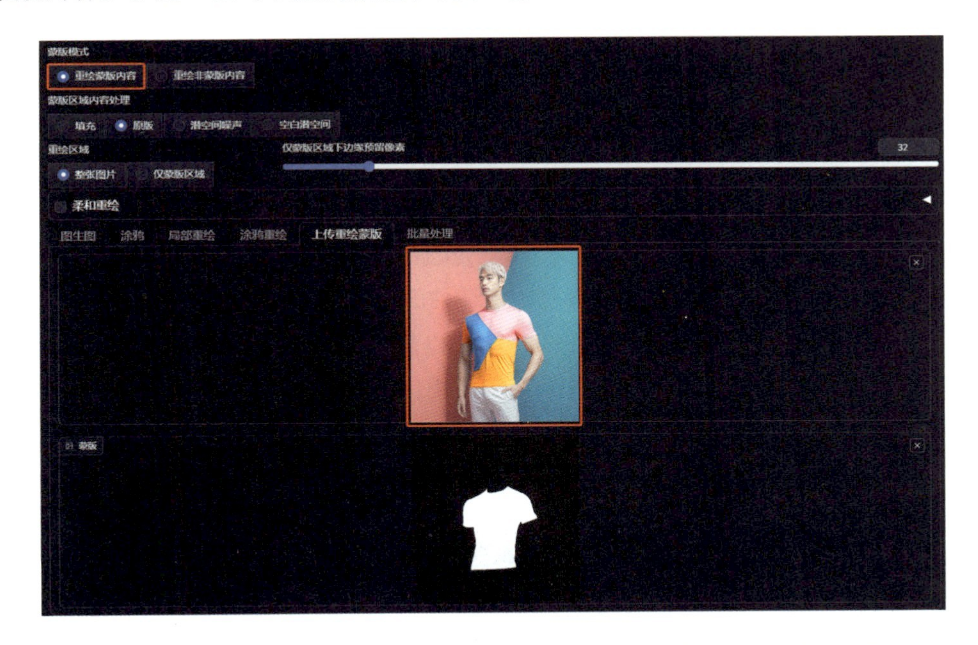

参考下图中的参数设置，为了尽量避免出错，我们把重绘尺度倍数适当调小，随着我们倍数的调整，下方的“resize：”也会随我们调整测算出实际生成的尺寸比例。这里为了生成的图像不容易出错，长边尽量小于1200，同时我们现在需要调大重绘幅度，让衣服的变化更加随机一些。最后点击生成。

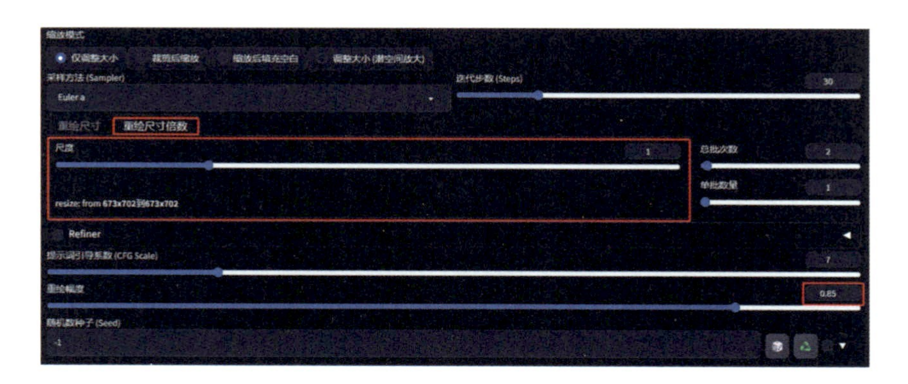

生成如下图像，这样我们就在衣服上产生了不同的随机图案变化，当然，我们也可以把衣服替换成其他颜色风格。这些都可以在描述词和生成控制中再做调整。

（三）电商商业创意摄影制作

这一章节，我们来介绍一下制作商业创意摄影图的方法和思路，同样要用到 Inpaint Anything 插件，我们也可以借此机会巩固一下插件的用法。案例大概分为以下几个步骤。

如下图，将原始图片生成出蒙版。我们还是使用 Inpaint Anything 插件自动识别图片物体并进行色块分割。打开 Inpaint Anything 插件，导入图片，选“sam_vit_l_0b3195.pth”，接着点击运行 segment Anything，就会出现色块图片，和之前讲过的一样，想选择什么色块就涂抹对应颜色，选好后点击创建蒙版。

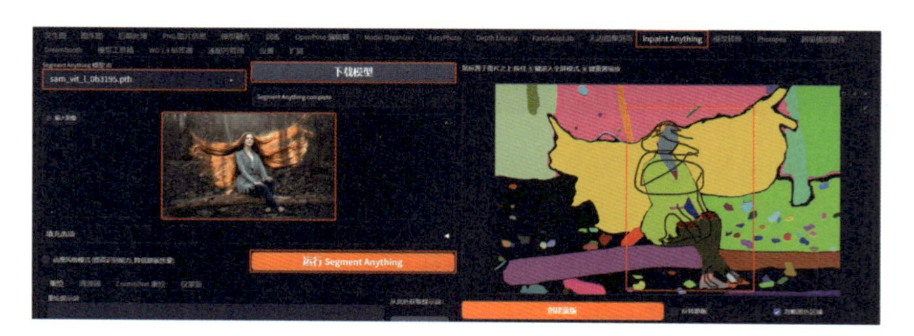

就会在下方出现一个选好蒙版轮廓，点击下图中的展开蒙版区域，边缘就会往外扩展包围的更好，让边缘更加完整。最后在左侧选择仅蒙版，点击获取蒙版即可出现蒙版图像，然后我们点击发送到图生图即可。

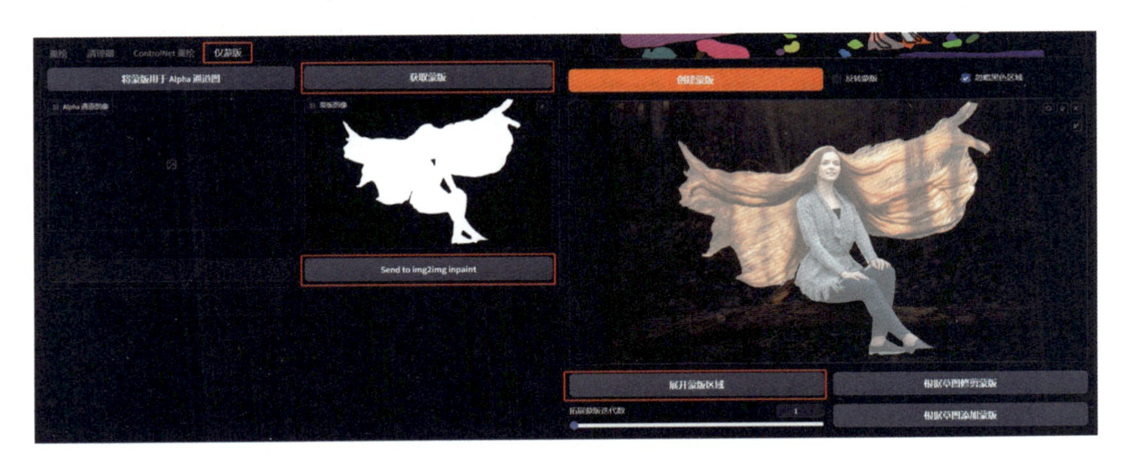

接下来就可以在图生图面板下开始重绘背景，这里我使用一个真实系的大模型：MoyouArtificial_v1080None.safetensors。填入对应想生成的画面提示词，正面提示词："portalnarium，sparks double exposure glow portal，wining award art，mystical light，two layer ruins mirroring in lake，water lilies，absurdres，roll fog：0.5，sunwave，wet glare，hight quality，(((masterpiece)))，action-packed，detailed,((Sitting on a stone by the shore)),(stepping on a stone),(Hair is flowing and natural)," 中文意为："快门，双重曝光快门，获奖艺术，神秘之光，废墟镜像在湖中，睡莲，荒诞，卷雾，太阳波，湿眩光，高品质，杰作，动感十足，细节，坐在岸边的石头上，踩在石头上，头发飘逸而自然"大多均是描述质量的提示词。

选择重绘非蒙版内容，迭代步数设置为30。采样方法选择"DPM++ 3M SDE Karras"。

反面提示词为："CGI，Unreal，Airbrushed，Digital，cartoon，painting，illustration，lowres,(worst quality，low quality，normal quality：2),(worst action，low action，normal action),(((bad wrong_refract_deflect_diffract))),(incorrect refract),(worst refract，low refract，normal refract)，badhandv4，extra arms，extra limb，bad hands，mutated hands and fingers," 中文有意为："CGI，虚幻，数字，卡通，绘画，插图，低分辨率，最差质量，低质量，正常质量，不正确的折射，badhandv4，额外的手臂，额外的肢体，坏手，变异的手和手指"，等等，这些提示词是为了避免生成错误和低质量的内容。

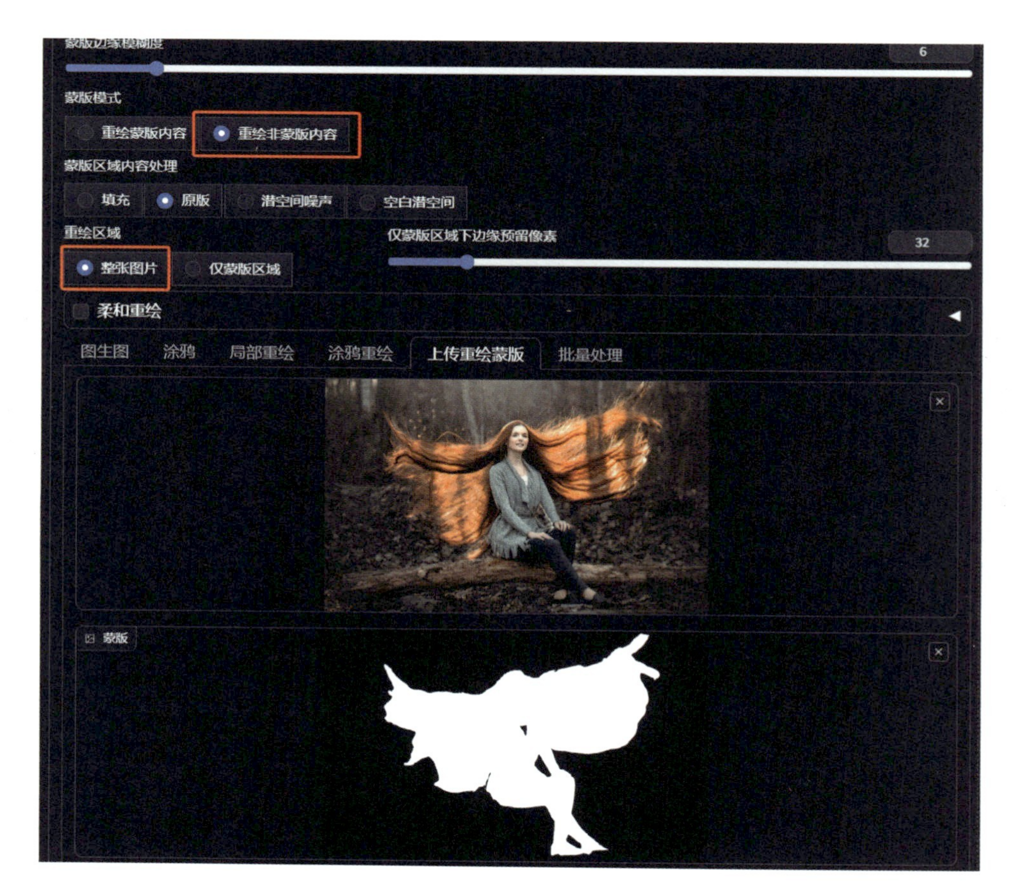

如下图，图片尺寸按照素材尺寸即可，重绘幅度调整为 0.9 左右。

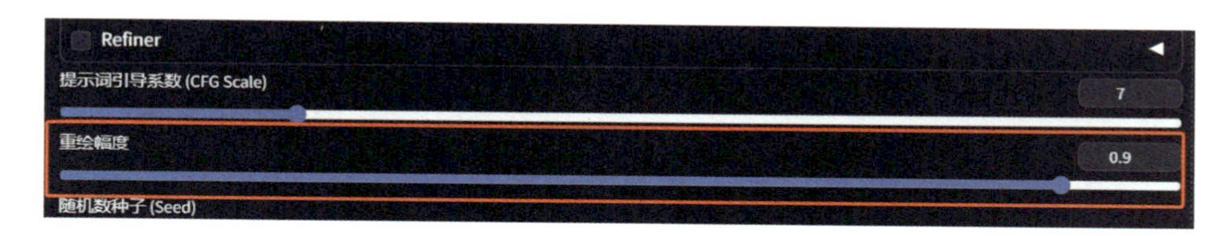

如下图所示，打开并启用 ControlNet 单元 0，导入我们的基础照片。选择“Lineart（线稿）”线稿模式，然后，点击爆炸图标，预览。这样就出现了右侧的线稿图片，权重值调整到 0.25，引导终止时机改到 0.5 左右，这样可以尽可能的保留原图中之前的元素风格。点击生成图片。这个过程可能需要多次测试抽卡，最终细节和融合效果不好的话，还可以用 PS 进一步优化。

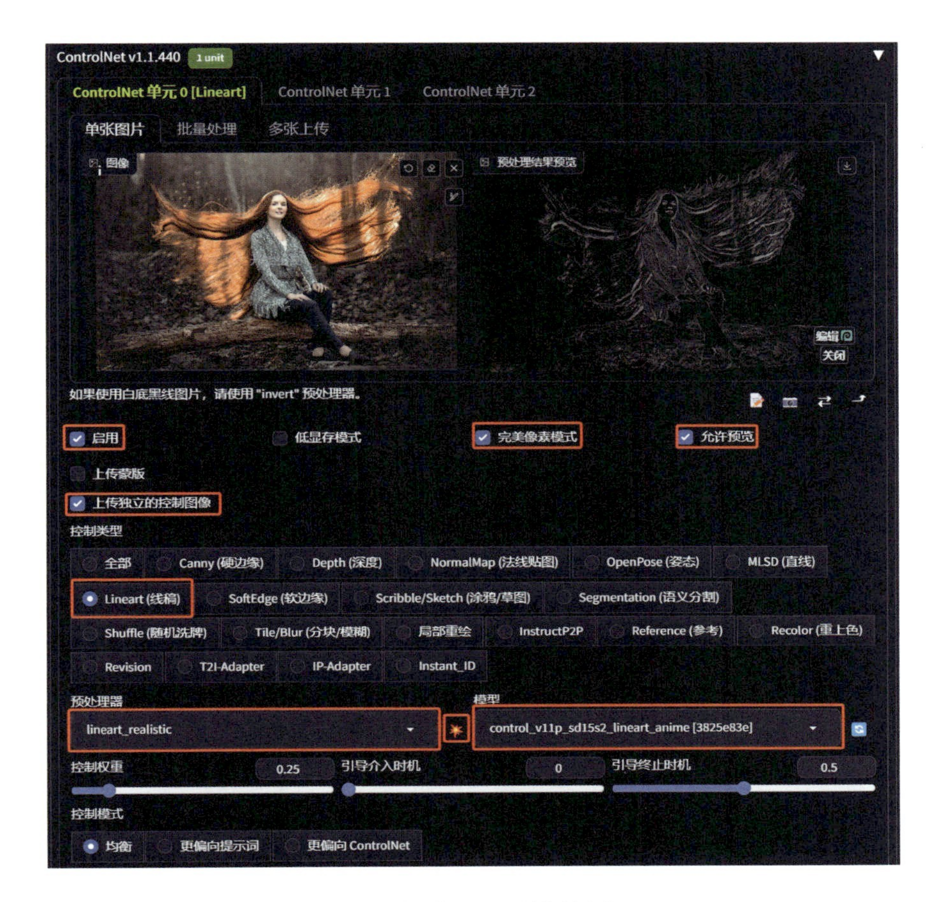

点击生成后，我们得到了如下几张质量还不错的图。

最后我们可以导入 PS 简单调色修饰，这样就完成了一张创意摄影图片了。

用这种方法，模特可以在室内拍摄一张照片完全用 AI 去调整环境和背景，也可以得到很真实的摄影表现效果。最后我们把对应的商品信息融入即可。

三、AI 在建筑及室内设计中的实践案例

在 AI 绘画初期，通过大模型和 LORA 的工作流已经可以解决大多数行业的出图场景，

但是对于要求严格的建筑设计行业来说，要出一张效果图，通常我们要在已有模型基础上渲染出图，不能使用随机生成的结果。准确性是建筑设计出图的必要前提。包括构图角度、设计元素、线条的轮廓，等等。经过一个阶段的发展，AI 生图逐渐有了更可控的操作流程如 SD 中引入的 ControlNet 插件，解决了出图不可控的问题，他的功能包括：固定构图、锁定角度、定义姿势、描绘轮廓，等等。在建筑设计领域实现了可操作性和可控性。

本章节我们就用 SD 中 ControlNet 插件演示一下建筑设计线稿和手绘稿如何生成写实图像。SD 是通过扩散模型来生成图像的，但基于扩散原理的 AI 是非常难以控制充满随机性的。对建筑设计行业来说，只通过反复测试抽卡来得到想要的图像是完全不现实的。ControlNet 和 LORA 很相似，他们都是对大模型进行微调，LORA 用来固定画面的特征风格，ControlNet 控制画面中物体的结构轮廓。它的工作模式是先输入一张参考图，然后根据参考图按一定的模式预处理一张新图之后，再由 AI 根据两张图绘制出成品。ControlNet 本质还是文生图的流程，通过 ControlNet 控制之后即使完全不同的风格或类型的图片都能很好的保持画面结构的稳定和一致性。

（一）建筑设计手绘线稿生成写实图像

首先，我们选择一个建筑类或者写实类的大模型，对线稿画面进行描述，并把想要的灯光效果配景氛围进行描述，输入到正向提示词中“late at night，Along the street，road，automobile，traffic flow，Bicycles，pedestrians，office buildings，glass texture，((Best quality))，((masterpiece))，(((realistic)))，aerial view of the modern city，clear blue sky，<lora：Arc_v5：0.6>，<lora：add_detail：0.6>，”再加入一些关于质量品质的提示词。中文的大致含义是：“深夜，沿街，道路，汽车，车流，自行车，行人，写字楼，玻璃纹理，最好的质量，杰作，现实，现代城市，湛蓝的天空”。

反向提示词我们写入一些常规的负面描述提示词。“text，word，cropped，lowquality，normalquality，username，watermark，signature，blurry，soft，softline，curvedline，sketch，ugly，logo，pixelated，lowres，toon \ (style\ )，multiple suns，”如下图所示。

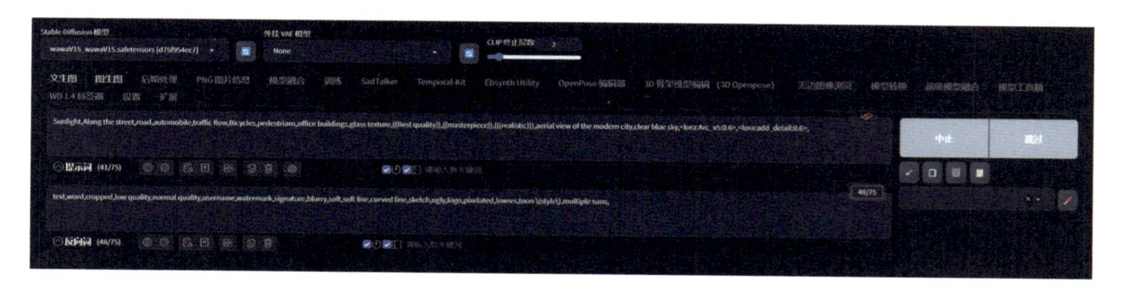

接着参考下图，在生成参数中我们勾选高分辨率修复，迭代步数增加到 30，可以

选择勾选 Refiner 选择相同的大模型，强化效果。

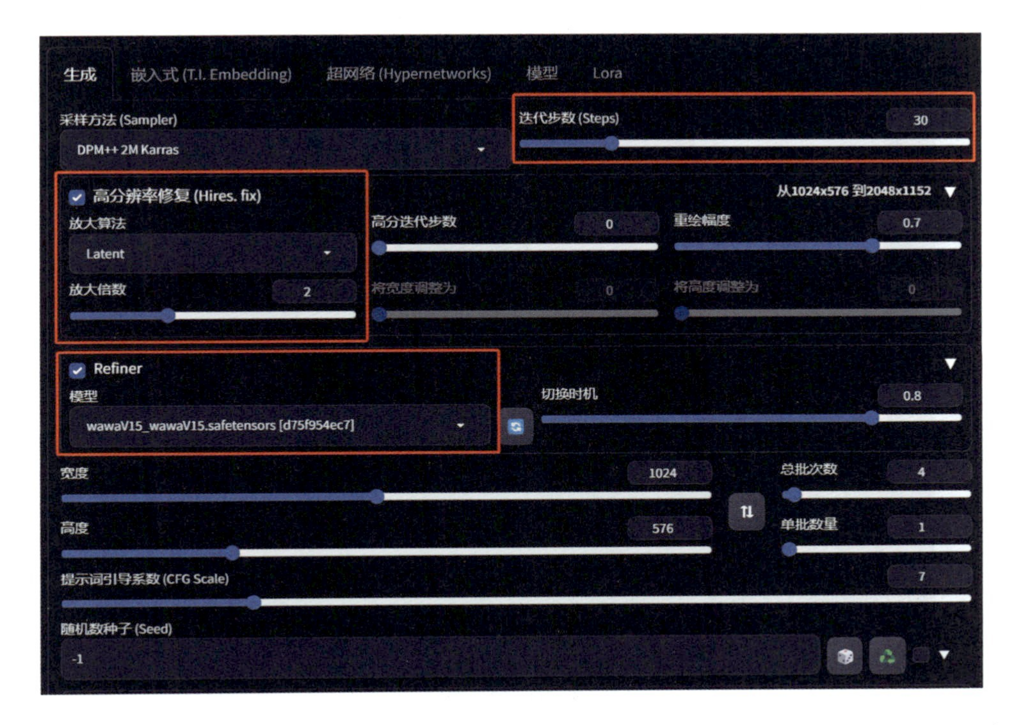

接下来我们需要重点对 ControlNet 进行设置，打开并启用 ControlNet，导入我们准备好的如下线稿图。

勾选完美像素模式、允许预览。在控制类型中选择“Lineart（线稿）”预处理器选择“lineart_realistic”，模型选择“control_vllp_sd15s2_lineart_anime［3825e83e］”，权重可以适当给高一些，1.5 以上，控制模式先选择更偏向 ControlNet。如下图进行设置。

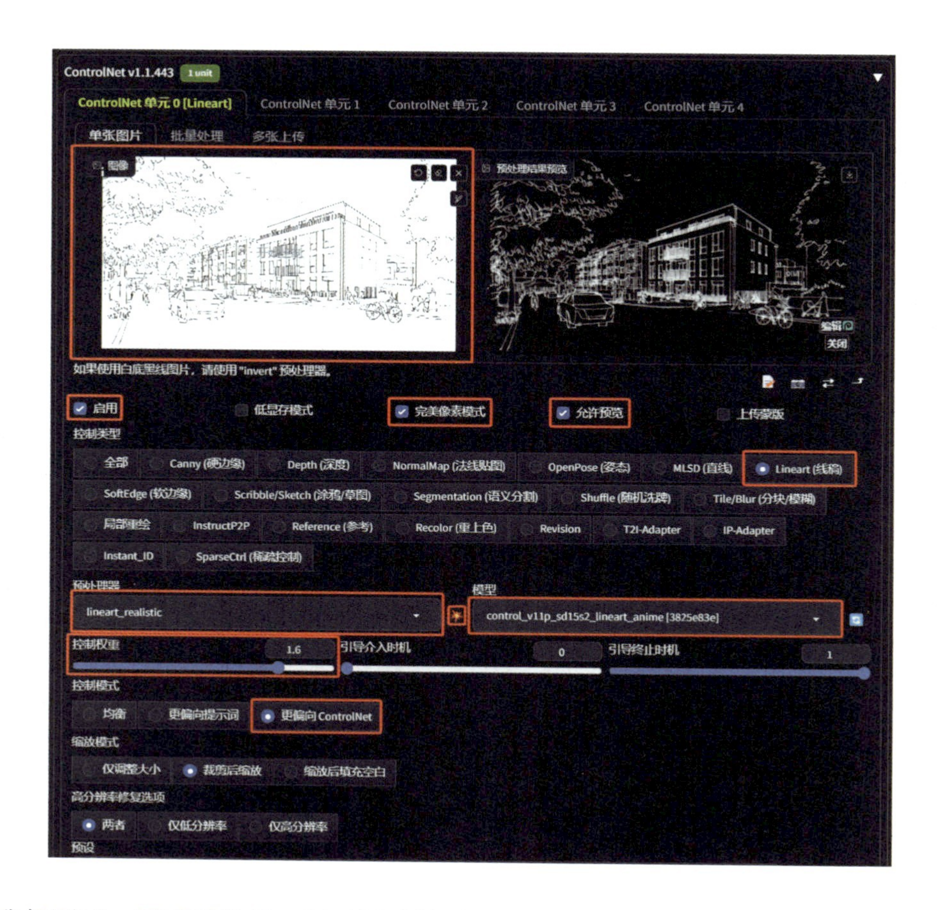

我们测试一下看看效果。通过测试结果，再判断哪些参数需要更改。为了增加一些细节，我们可以增加两个 LORA 模型来控制。通过多次生成我们得到了如下几张效果图。如图的两种不同阳光方向效果，都可以用提示词来调整。比如：“阳光从左侧照射，阳光从右侧照射”。

（二）各种景别建筑效果图的制作

在建筑效果图的制作中，考虑不同季节和时间段的景别变化，是呈现建筑魅力和环境适应性的重要方式。从春暖花开到夏日炎炎，从秋高气爽到冬日皑皑，每个季节都赋予建筑不同的氛围与色彩。同时，从清晨的朝霞到黄昏的落日，不同的时间段也为建筑披上了别样的光影外衣。这些景别的变化，不仅展示了建筑与自然的和谐共存，更突显了建筑在各种环境条件下的独特美感。通过这种呈现方式，我们能够更加全面地理解和欣赏建筑的多样性与生命力。下面我们就来试一下用 AI 如何实现建筑效果图在不同景别间的切换。

1. 夜景效果的制作

用上节的案例通过改变提示词，我们可以再试一下夜景的效果。通常我们只需要改变提示词就可以实现景别效果的切换。我们还可以通过增加 LORA 或者更换大模型的方式尝试不同效果。以下是测试夜景的生成结果。

想要改变光源的强弱、方向夜景是深夜还是半夜景，我们都可以首先从提示词入手，增减相应的提示词，通过反复测试我们就能的到相对应的效果。

2. 黄昏效果的制作

同样的方式，我们可以测试一下黄昏的效果。如下图调整提示词。

分别使用两个 ControlNet 进行控制约束。如下图所示，选择更偏向提示词。

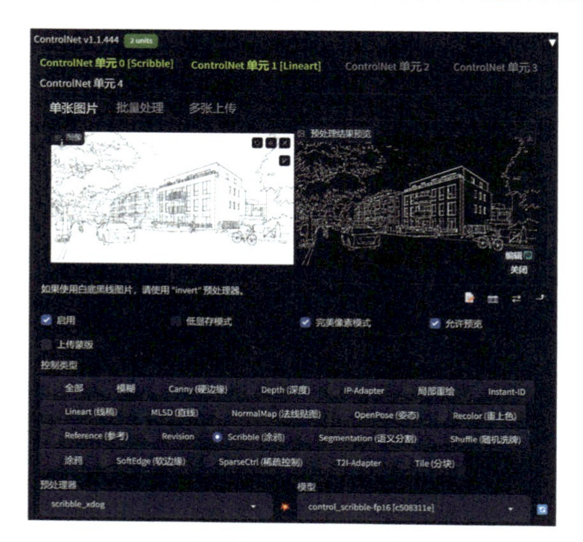

上图是单元 0 的设置

上图是单元 1 的设置

点击生成后，便得到了如下几张黄昏时段的效果图。

通过这个案例，我们可以看出 ControlNet 对线稿的控制还是相对比较好的，我们手绘的草图越精细，得到的效果会越准确。

3. 雨雪天效果的制作

首先，我们需要改写提示词，增加雨天的描述，如阴天、下雨、路面湿滑，等等。如果有特定晴天的 LORA 我们也要记得清除掉。大模型我们仍然使用之前的。

具体设置如下图所示。

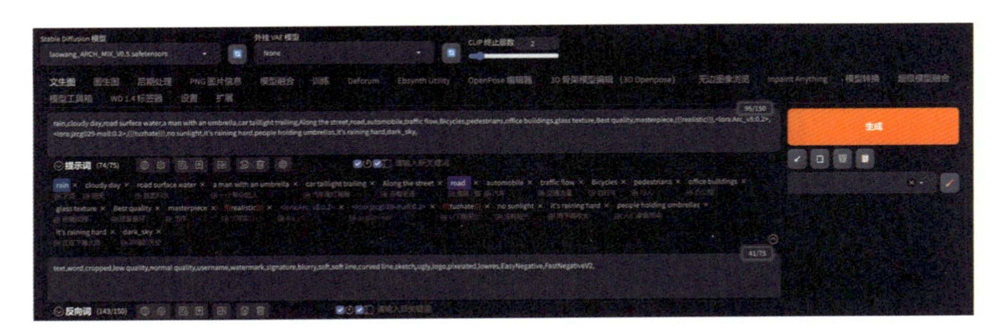

通过反复测试我们得到了以下的初步成果。

下面我们来测试下雪景的效果。首先，我们把提示词更换成雪天的元素，雪景、雪人、冬装人、积雪的路面、积雪的建筑、积雪的树，等等。如下图。

ControlNet 控制模式仍然选择更偏向提示词。具体设置如下。

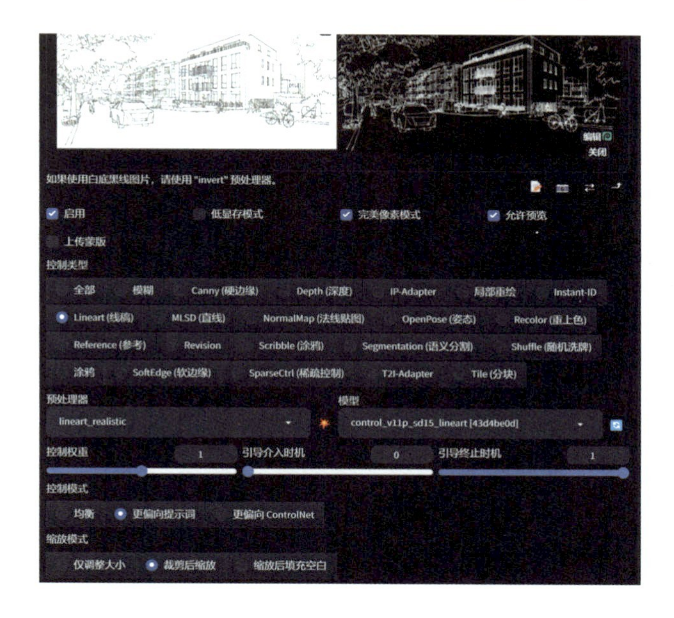

通过反复测试（抽卡）得到了几张相对理想的雪景效果图。

（三）鸟瞰视角建筑效果图的制作

使用 Stable Diffusion 制作建筑鸟瞰效果图的方法是一个涉及多个步骤的连续过程。首先，需要有一个清晰的建筑鸟瞰视角的概念，包括所需的建筑物、环境元素和光照条件。接下来编写一个描述性的文本提示，其中包含建筑的详细特征、鸟瞰视角、光影效果等元素，来指导模型生成你想要的图像。

在编写文本提示时，务必确保详细描述建筑物的形状、材质、色彩，以及鸟瞰图中应包含的环境元素，如树木、道路、车辆等。此外，你还可以通过调整文本提示中的参数来影响图像的风格、分辨率和细节水平。

一旦你编写了满意的文本提示，就可以将其输入到 Stable Diffusion 模型中，并等待模型生成对应的图像。生成的图像可能会需要进行一些后期处理，以进一步提高其质量和细节水平。你可以使用图像处理软件对图像进行色彩校正、增强细节、添加阴影和光照效果等操作。

通过不断尝试和优化文本提示以及后期处理步骤，你可以逐步提高 Stable Diffusion 生成建筑鸟瞰图的质量和准确性。请注意，由于 Stable Diffusion 是一个生成模型，因此其生成的图像可能无法完全符合你的期望，但通过不断迭代和改进，你可以逐渐接近你心目中的理想效果。提示词与基础设置如下图所示。

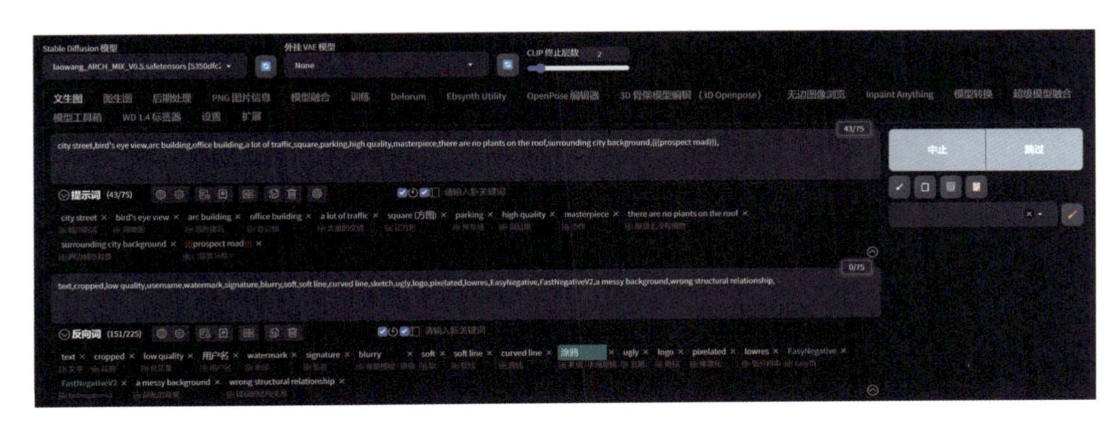

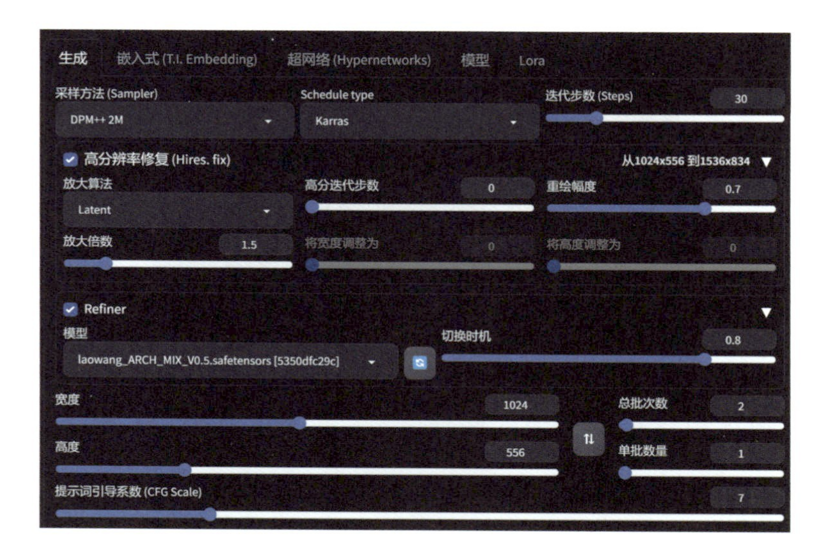

ControlNet 选择“Lineart（线稿）”“Canny（硬边缘）”“Scribble（涂鸦）”，如下图，控制模式均选择更偏向提示词，我们也可以尝试其他控制模型如：“MLSD（直线）”等，测试出图效果，不一定局限于本案例中的几种控制模式。

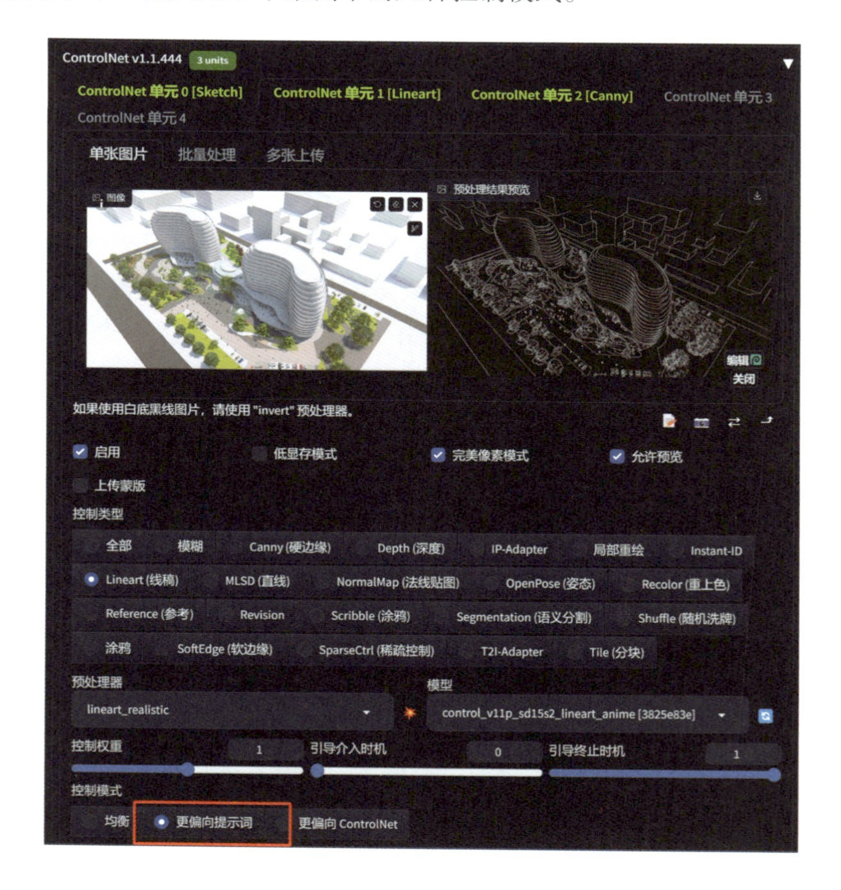

完成设置之后我们点击生成，经过多次测试得到如下的几种效果。

这样就完成了鸟瞰图的制作。明暗对比及色调和细节修补我们都可以在 PS 中进行。

（四）室内设计效果图的制作

目前 SD 不能代替渲染器。它更多的功能是带给我们室内设计乃至建筑师设计上的一些思路和灵感，所以对于画面细节准确度上无法和渲染器效果相提并论，比如我们常用的 Vray 或 Corona 等渲染器，至少现阶段为止是如此。接下来我们用一些实际案例来演示说明一下。很多室内设计师喜欢用手绘稿表达设计思路，但是手绘稿直接给客户看又不是很直观，很多非专业人士不能很好地看出设计意图和表达重点，这时我们就可以用 SD 辅助我们做一些容易被理解和看明白的设计稿用于汇报或方案的讲述，我们在之前的章节以手绘草稿为母版生成效果图已经熟练运用过了，室内效果图生成的原理也一样。

1. 手绘稿生成室内效果图

首先我们把线稿中描绘的对象进行详细的描述，包括设计风格、家具类型、空间结构、材质用料和我们想要加入的元素也都可以描述给 SD，反向提示词也使用常规的反向词即可。

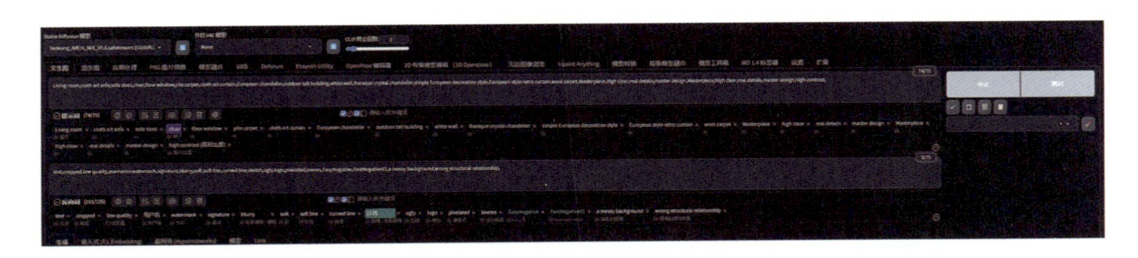

勾选高分辨率修复，Refiner 选择室内大模型参与共同生成。ControlNet 同样选择 Lineart（线稿）、Canny（硬边缘）、Scribble（涂鸦），这些类型，控制模式均选择更偏向提示词。具体参数设置如下。

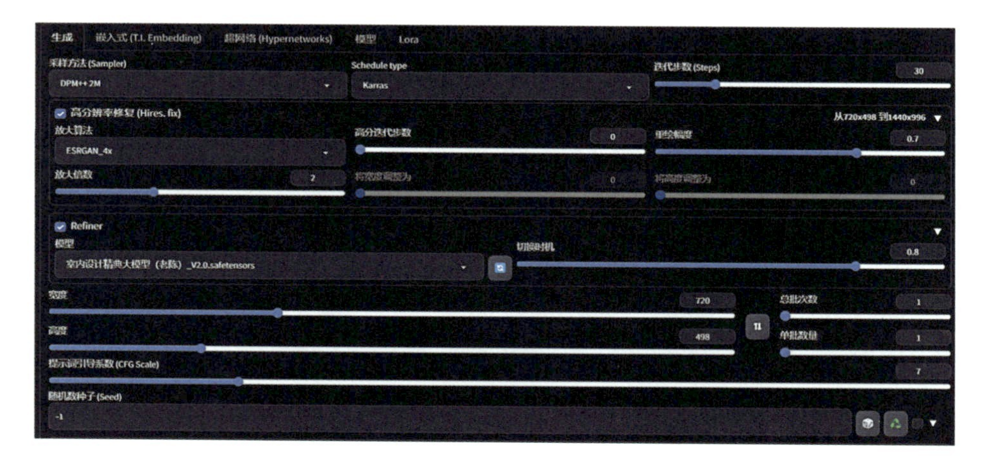

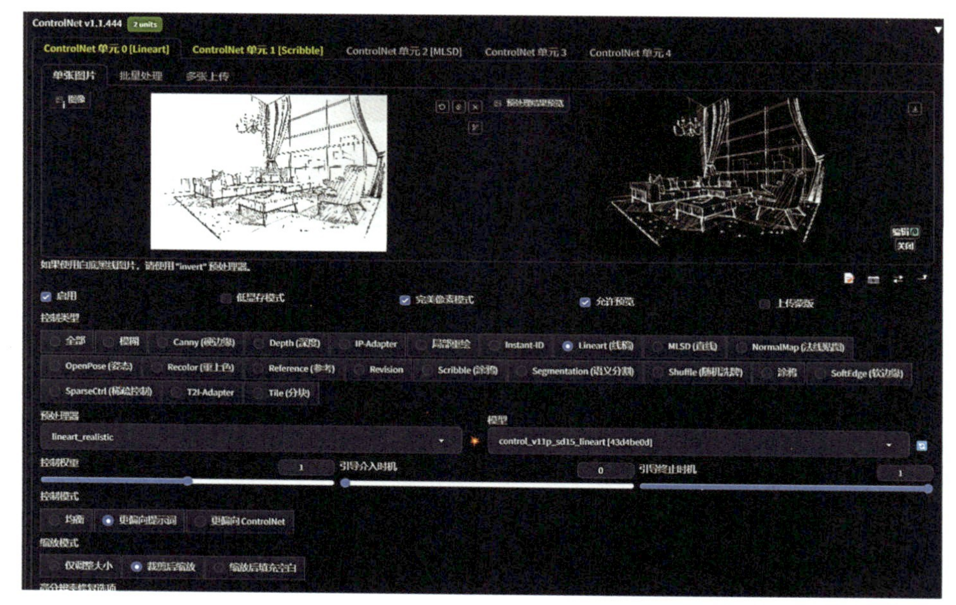

最终生成如下的效果。

线稿图

生成图

线稿图

生成图

2. SketchUp 截图生成效果图制作

室内设计我们多用 SketchUp 做设计建模，我们再以用 SketchUp 的某个模型截图生成做一下测试，SketchUp 的模型截图会更加准确，生成效果理论上会相对更加准确。我们来测试一下：

通过不断修改优化提示词，我们可以得到接近最终效果的图像，如果有不符合预期的材质或者配景，我们可以通过修改提示词或 PS 修图来完善。

3. 毛坯房照片生成效果图制作

学习 SD 毛坯房生成室内效果图，对于室内设计师而言，不仅是一个提升设计效率的工具，更是激发创意灵感的源泉。通过这一技术，设计师可以在短时间内看到毛坯房潜在的设计可能性，从而在脑海中构建起更为丰富的设计构思。从空白的毛坯房到精美的室内空间，这一过程如同魔法般的变化，不仅为客户提供了直观的未来家居景象，也让设计师在探索不同设计风格时获得即时反馈，进而迸发出更多的设计灵感。

生成室内效果图的过程融合了技术与艺术的边界，它让设计师能够站在一个全新的视角，重新审视和调整自己的设计思路，最终创造出既美观又实用的室内空间。这种从毛坯到精装的效果转变，不仅展现了技术的魅力，更体现了设计师对于美好生活的无限追求与创造。

SD 毛坯房生成效果的流程可以大致归纳为以下四步：①准备毛坯房照片或设计图。②选择适合的大模型和 LORA，如“老王 Architectural MIX V0.3”等。这些模型对于理解室内设计语言和风格至关重要。③根据所期望的室内设计风格，输入详细的描述词汇。这些词汇应该尽可能具体，以便 AI 工具能够准确理解并呈现出相应的设计风格，如现代、复古或其他特定风格。④生成效果图后，进行预览并根据需求进行必要的调整。

下面我们来看一下具体的操作流程和设置参数，首先我们找到一张毛坯房的设计草图和一张想要的室内设计风格参考图。

毛坯房模型图如下：

LORA 模型预览图如下：

大模型仍然选择“老王 Architectural MIX V0.3”或其他写实类大模型。

LORA 模型选择“mordeninterior.safetensors”一款室内风格 LORA 模型。

如下图，选择图生图模式，导入毛坯房的设计图。采样方法改为“Euler a + Karras”，迭代步数改为 30。

如下图所示，重绘尺寸，宽高像素改为和导入图片一致，或直接点击三角尺按钮，一键匹配原图。重绘幅度改为 0.8~1，这样可以尽可能让 AI 自由发挥，完成整个空间设计。

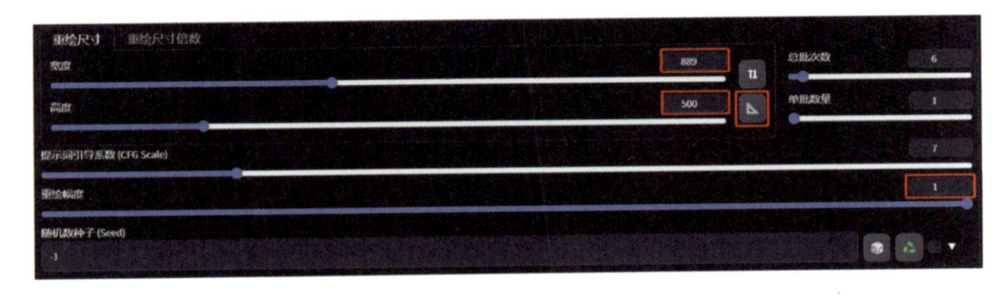

接下来是提示词部分。正向提示词输入：“RAW photo，Masterpiece，high quality，best quality，authentic，super detail，interior，mordeninterior，morden living room，couch，table，rug，curtains，daylight，(high detailed：1.2)，8k uhd，dslr，soft lighting，high quality，film grain，Fujifilm XT3，<lora：add_detail：0.5>，<lora：mordeninterior：0.4>，”提示词的中文含义是：“RAW 照片，杰作，高品质，最佳品质，真实，超级细节，室内，现代室内，现代客厅，沙发，桌子，地毯，窗帘，日光，（高细节：1.2），8k，数码单反相机，柔和的灯光，高品质，胶片颗粒，富士 XT3，”其中包含了一些我们对场景家具的描述和对品质及画面质量的描述。其中还包含两个 LORA 模型，一个室内风格模型，另一个是增加细节的模型。分别给了 0.5 和 0.4 的权重值。

反向提示词：“(normal quality),(low quality),(worst quality)，paintings，sketches，lowres，text，cropped，worst quality，low quality，normal quality，signature，watermark，username，blurry，skech，logo，blurry，drawing，sketch，poor quality，ugly，low resolution，saturated，high contrast，oversharpened，low quality，bad anatomy，worst quality，deformed，disfigured，cropped，jpeg artifacts，error，mutation，noise，UnrealisticDream，”均是一些相对常规的反向提示词。当然我们也可以根据个人生成图像需求添加。

最后是 ControlNet 的设置，如下图，预处理器选择“Tile（分块）”和相对应的模型。这种控制方式针对毛坯房这类项目可以更好的发挥 AI 自主创作的优势。操作简单的同时效果相对显著。这里的控制权重改为 0.4，也是为了提高画面的自由随机性，控制模式选择更偏向提示词。如下图。

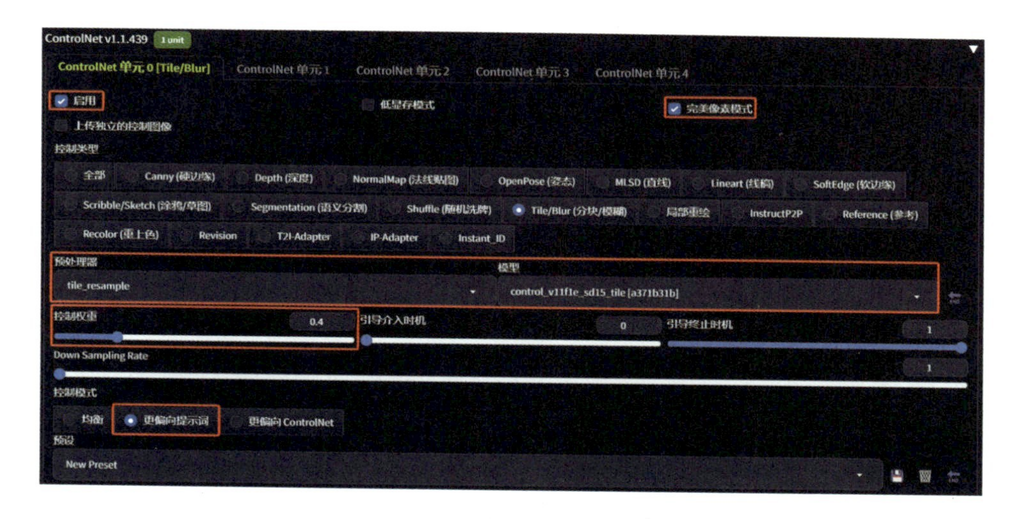

通过测试得到类似以下几张图片。生成图像和我们的毛坯房结构基本一致，家具也基本都被合理的摆放到了空间内。

在实际工作中我们可以多尝试各种参数和模型，最终得到符合自己需求的效果，辅助设计工作，提升工作效率。

最后，从中选择一张效果相对满意的图进行放大重绘。放大重绘的方式有很多种，可以图生图直接放大，也可以导入文生图中用 ControlNet 控制重绘放大。

这里我们先在图生图界面直接修改重绘尺寸倍数，另外调整几个参数来进行放大重绘，试一下效果。打开 Refiner 选择相同的大模型，重绘尺寸倍数调整为 1.5 以上，根据个人电脑配置进行调整，下方会实时显示原图尺寸和放大后的实际像素大小，重绘幅度我们适当调低到 0.5 以下，这样放大后的图会更加接近原图，最后，把我们选定图的种子数复制到随机种子数（seed）中，锁定画面风格。如下图所示。

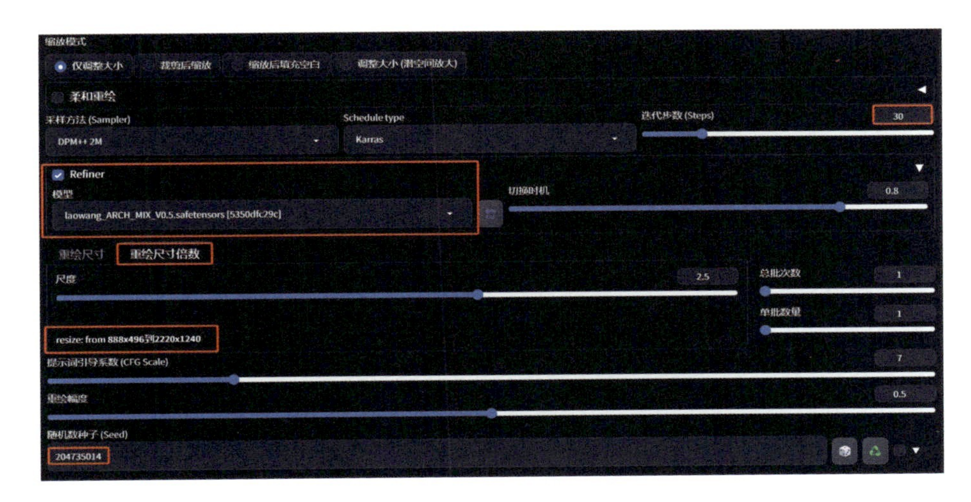

点击生成，画面放大了 2.5 倍，这样就得到了一张 2220×1240 分辨率的图片。

我们可以再尝试用文生图的方式放大，也可以得到放大后与原图接近的效果。

较高重绘幅度生成的结果如下图。

较低重绘幅度生成的结果如下图。

对比可以看出，较高重绘幅度画面放大后与原图变化稍大一些。

四、AI 应用于产品及包装设计的实例

AI 在产品及包装设计中的应用正在引发一场创新革命，为设计师提供前所未有的灵感。在产品设计阶段，AI 可以模拟和测试各种设计方案，帮助团队快速迭代优化，确保产品的功能和性能达到最佳状态。

我们先介绍一款在产品设计、平面包装设计工作中都非常实用的插件工作流 Krita+ComfyUI+LCM，它可以大大提高我们 AI 设计应用的工作效率。

（一）插件安装

1. 安装 Comfy UI

首先我们需要安装 Comfy UI，作为基于节点流程式的 SD AI 绘图工具 Web UI，其发展历程虽然相对较短，但其在 AI 绘图领域的创新却引人注目。Comfy UI 将复杂的稳定扩散流程拆分成易于管理的节点，使得工作流程更加精准和可复现。这种创新不仅提高了用户的工作效率，也推动了 AI 绘图技术的发展。

自诞生以来，Comfy UI 就引起不小的反响，用它来出图更快，更流畅，但配置要求却反而更低。它的功能非常强大，一键就可以加载近乎无穷无尽的工作流，来实现包括人像生成、背景替换、图片转动画等，各种神奇功能，这一工具在全球范围内的搜索热度非常高，成了目前几乎是最受欢迎的 AI 绘画应用，自 SD 开源以来，就有很多社区开发者制作了方便大家使用的图形界面，Comfy UI 也是其中之一。这种节点式界面其实广泛地存在于各种专业的生产力工具中，如 blender、虚幻引擎、达芬奇等，用过这些软件对它肯定就不陌生，没有规矩的选框标签按钮，只有这样的一个个被线连接在一起的节点构成一个从输入到输出的完整工作流程。下图为 Comfy UI 的工作流界面展示。

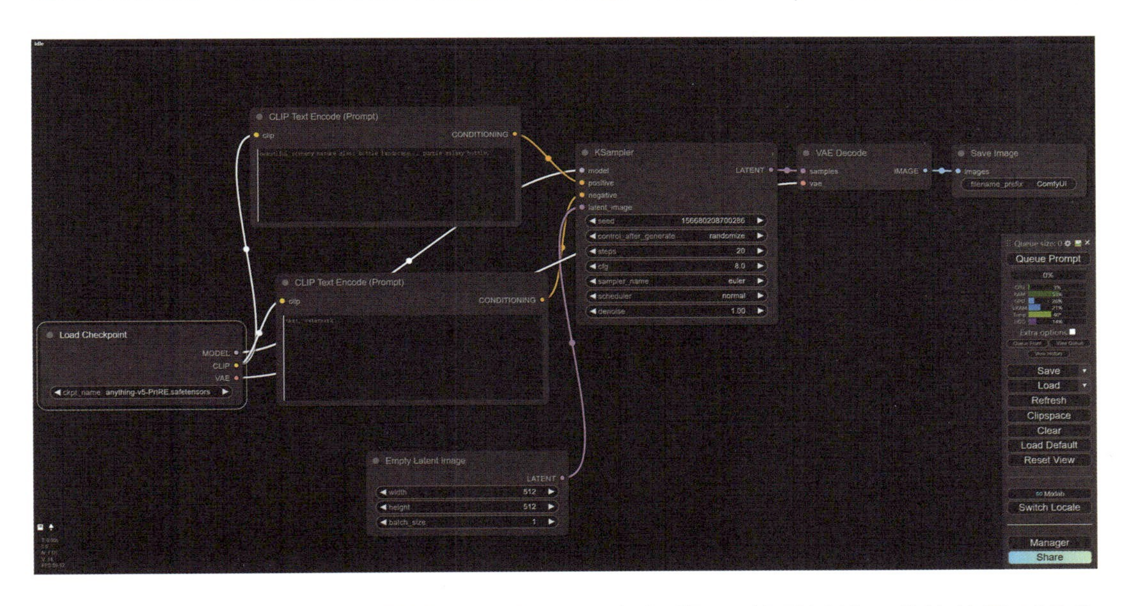

Comfy UI 的核心价值在于极大地增加了我们操作 SD 的灵活性。传统的界面通常限制我们只能在开发者设定的框架内，通过调整有限的参数来执行预设的流程。然而，在 Comfy UI 中，各种功能节点可以随意组合，从而创造出无数种独特的生成方式。更令人兴奋的是，我们可以即时将一个节点的输出作为另一个节点的输入，将原本分散在不同插件中的任务无缝连接，实现工作流程的全面自动化。这为 AIGC 应用提供了便捷的 SD 功能封装途径，许多现有的简易一键生成工具很可能都是基于 Comfy UI 构建的。

Comfy UI 功能强大，而且其底层代码却异常简洁，这使得它运行高效且对硬件要求较低的用户非常友好。此外，它的架构开放，不同于传统界面中的线性流程，Comfy UI 更像是一个充满可能性的开放世界。虽然它提供了更多的空间和机制，需要用户具备一定的探索精神，但并不意味着使用起来更加困难。实际上，许多在 web UI 中复杂或受限的操作，在 Comfy UI 中可能只需通过一个简单的工作流就能轻松完成。

一般来说，使用 Comfy UI 所需的配置取决于你在里面加载的工作流的强度，只是基本的生成功能，需求配置很低。在添加低配参数的情况下，最低 3 GB 显存的设备也可以运行，要取得比较好的生成体验，显存最好在 8 GB 以上。

Comfy UI 是一个节点式工作流式的 AI 会话界面，高度可定制自定义编辑生图流程。对新手来说，非常难入门，而它本身又因极快的更新速度，各种不兼容更新、等等问题非常难以使用。可以说是典型的开源社区通病。再加上国内访问 Github 不畅，安装节点插件非常困难。虽说 Comfy UI 自己官方本身是提供了整合包，然而使用的打包方式会导致一些依赖安装上容易出问题。所以我推荐下载国内常用的几款整合包安装，整合包一是解压即用，二就是稳定，可随时更新。无需安装任何依赖，下载整合包解压双击打开启动器即可使用。大模型只需要自己下载后放置在安装目录下 models 的 checkpoints 文件夹内。如果你是 Web UI 用户，可以与 Web UI 共用模型。这样可以大大节约本地磁盘空间。

首先下载整合包解压后在文件夹 ComfyUI-aki-vx.x 中找到如下图所示的“extra_model_paths.yaml.example”这个文件，重命名删掉“.example”后缀。

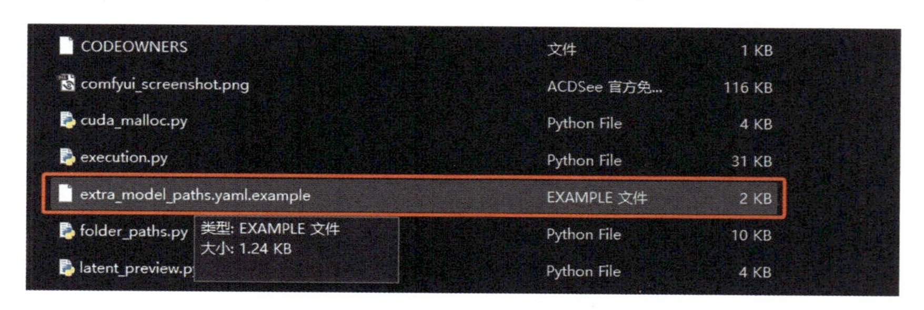

然后如下图，用记事本打开，找到这一行代码，把这个路径改为 SD-WebUI 版本整合包的路径例如：“E：\4.6\sd-webui-aki-v4.6”路径中不要出现中文字符。注意不要删除前面的空格字符。

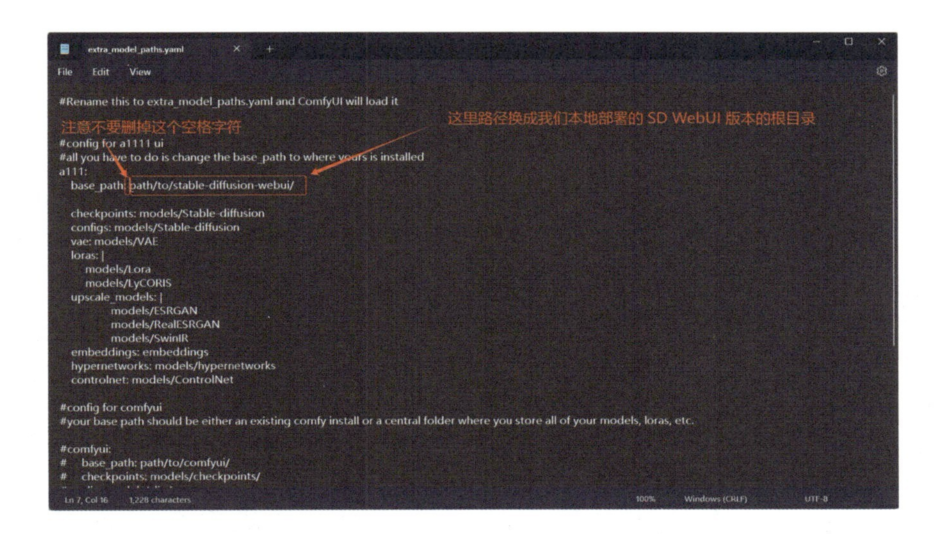

点击下图中的启动器启动 ComfyUI 即可。

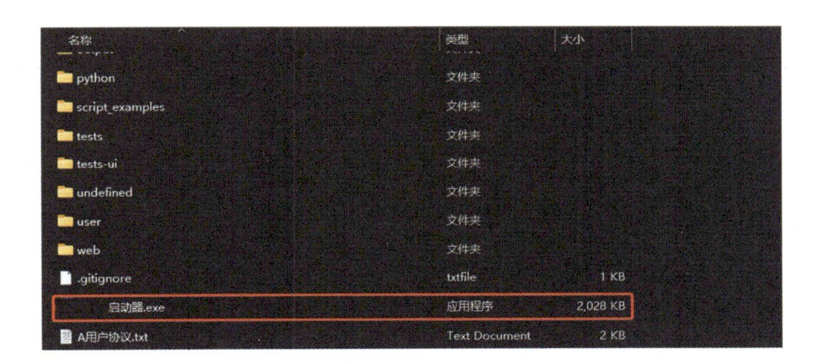

最后，点击启动界面上的一键启动按钮即可启动。

如下图，界面打开之后，我们首先点击右侧的设置按钮，将语言设置为中文。

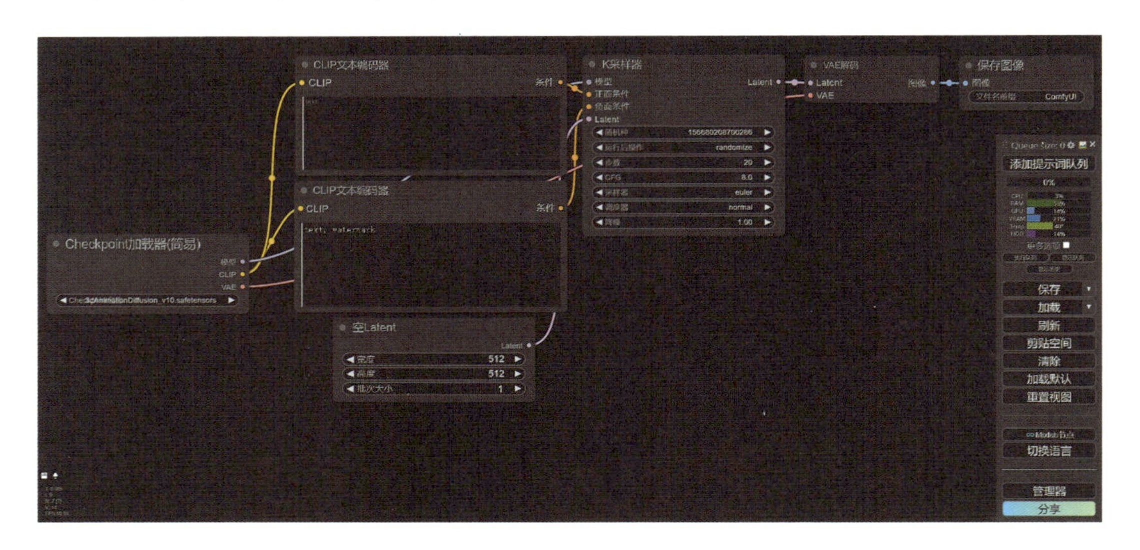

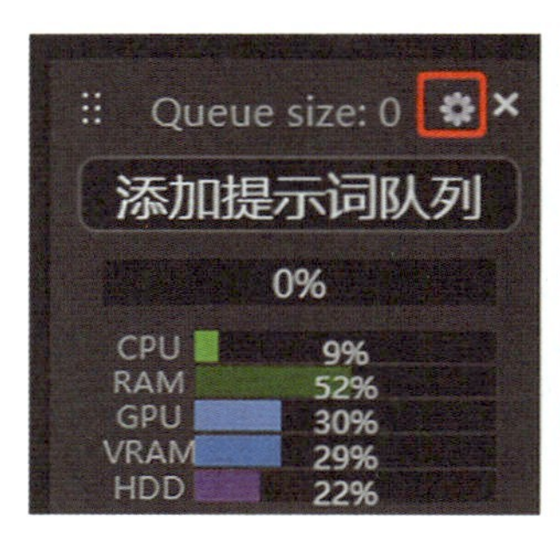

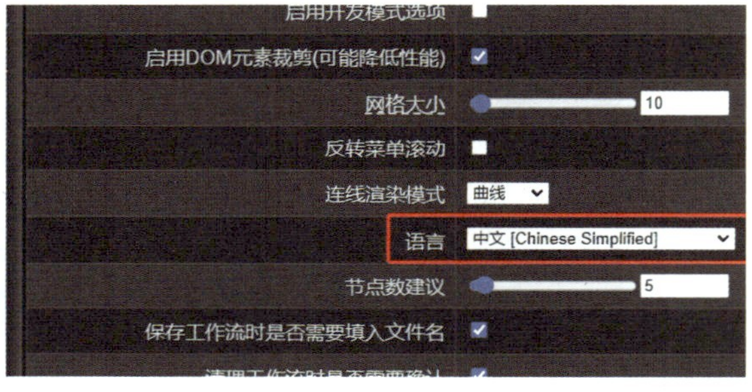

刚打开这个界面会被这些节点和连线弄得有些不知所措，我们先用它来生成一张图来测试一下。其实初始界面对应的就是 Web UI 里最基本的文生图板块，在这里生成一张图片也只需要以下三个步骤。

第一步，在最左边的“checkpoint loader”这里加载一个风格合适的大模型。

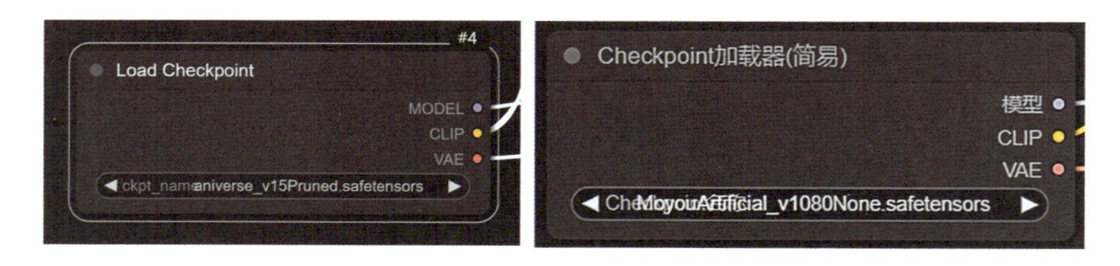

第二步，在中间这两个写着“CLIP Text Encode”的提示词框里写正负面提示词。

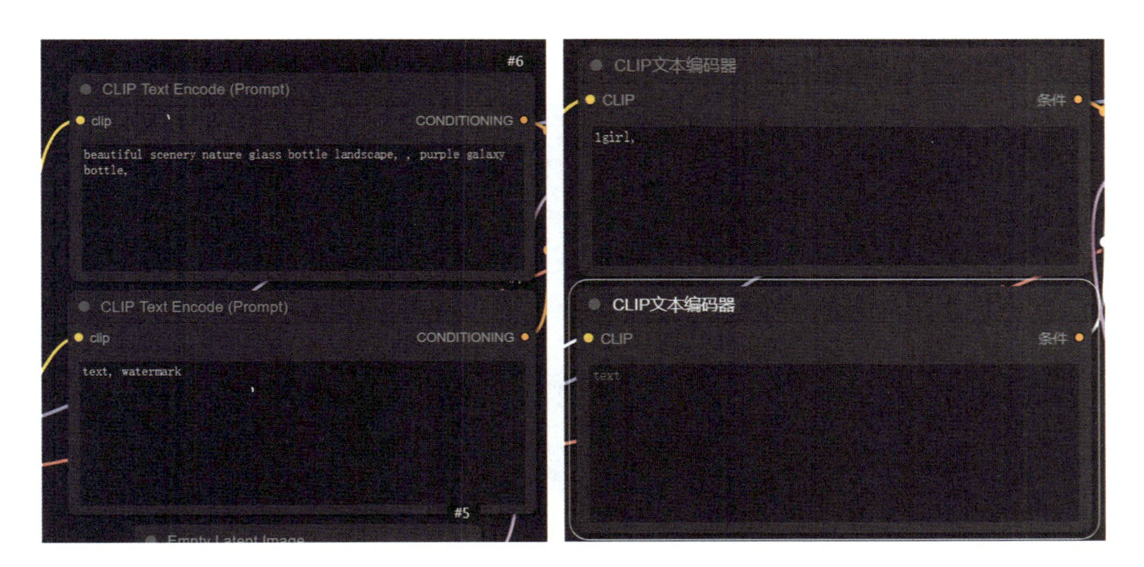

第三步，如下图在最右边的“Empty Latent Image”和“KSampler”，这里设置生成图像的尺寸和各种采样参数。生成图像，只需要点击第一个 QueuePrompt（添加提示词队列），一张图就会被生成出来。

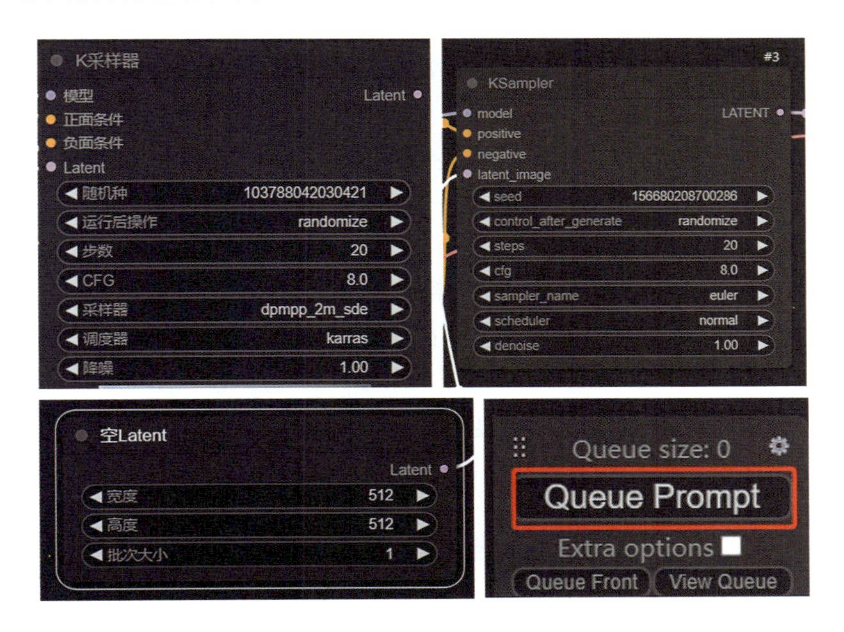

如下图，在得到一张图片之前，这一系列节点会按照一定的逻辑先后运转，轮到某一节点工作的时候，它就会被一圈绿框所点亮。每个节点各司其职。根据我们设置的选项，对模型和图片进行一系列处理，当它的工作结束了，就会把这个绿框传递给和它相连的下一个节点。这些依序亮起的节点，就像一条工厂里的流水线一样，完成了包括对模型的加载，提示词的解读、扩散、生成等在内的生产流程所需的各个步骤，所有节点都完成工作后，就会在最右边的节点出现一张图片。如此，图像就被生成出来了。

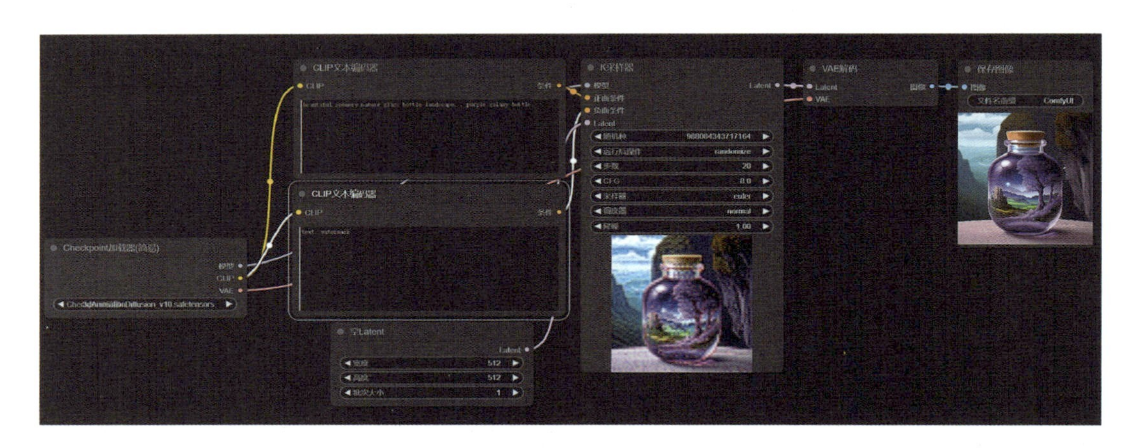

完成了对 ComfyUI 的安装和基本了解后，就可以开始安装 Krita 来完成 Krita+Comfy UI+LCM 的实时生成工具应用部署了。

2. 安装 Krita

首先，我们简单了解一下“Krita、Comfy UI、LCM”分别代表什么。Krita 作为一款自由开源的绘画软件，其历史可以追溯到 1998 年。最初，Krita 是作为 KDE 社区的一个项目而诞生，其名称曾历经多次变更，最终于 2002 年定名为“Krita”。这个名称在瑞典语中意为“蜡笔”，同时也与 Krita 吉祥物的形象相呼应。随着时间的推移，Krita 的定位逐渐从通用的图像处理软件转变为数字绘画软件，其功能和性能也在不断更新和完善。特别是近年来，Krita 在动画和文本处理方面取得了显著的进步，为用户提供了更丰富的创作工具。

Comfy UI 我们之前的章节已经详细介绍过了。

LCM，即潜在一致性模型（latent consistency model），清华大学交叉信息科学研究院研发的生成模型。其核心思想是通过在潜空间进行图像处理，显著减少所需处理的数据量，从而大幅提升了图像生成的速度。LCM 模型能够在少量步骤内推理合成高分辨率图像，使图像生成速度提升二到五倍，同时减少所需的算力。

在图像生成方面，LCM 模型采用了一种全新的生成策略，通过潜在表示学习图像的特征，然后利用这些特征生成新的图像。这种潜在向量的表示方法使得 LCM 能够生成多样性和高质量的图像，而且在生成过程中能够控制图像的各种属性，如颜色、形状等，具有很高的灵活性。与传统的生成模型相比，LCM 不再依赖于大量的标注数据，而是通过学习图像的内在结构来生成图像，使得它在图像生成任务上表现出色。

LCM 模型的应用场景广泛，如可以用于快速生成游戏场景和角色，帮助设计师快速构思和实现创意；在教育和科研中，LCM 能够辅助进行图像分析和数据可视化。此外，LCM 模型还可以完成聚类、分类任务，进行异常检测，以及用于模型压缩和加速等。

我们今天所讲到的 Krita+Comfy UI+LCM 实时生成工具，他是基于 Krita 后台调用 Comfy UI 和 LCM 的插件功能实现实时 AI 创作生成功能的一个工作流。

Krita 软件安装和工作流搭建过程如下。

打开 Krita 官网：“https://krita.org/zh/” 点击下图中右侧下载按钮，整个安装过程一直点击下一步即可完成。

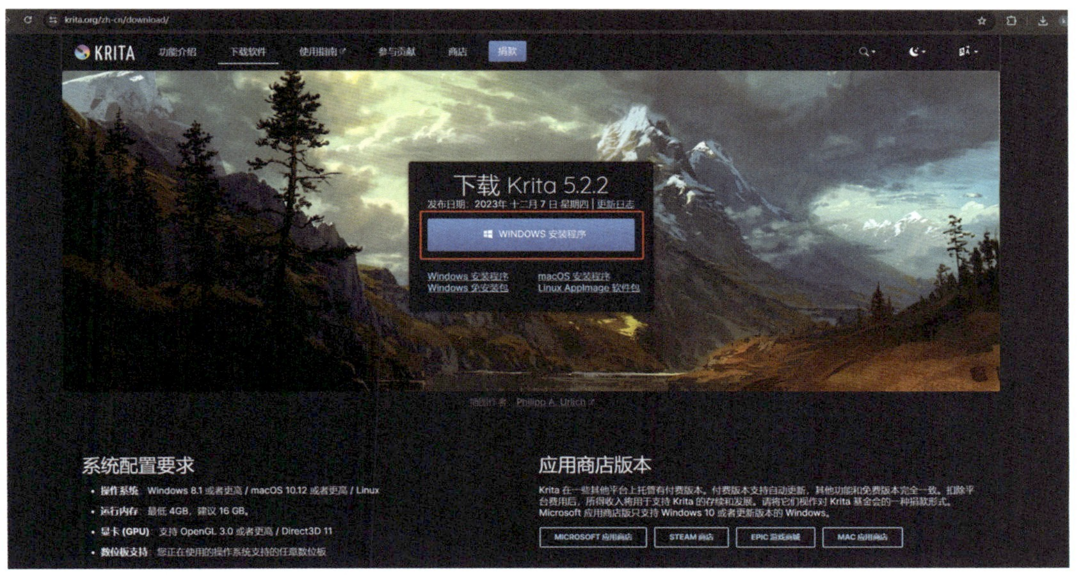

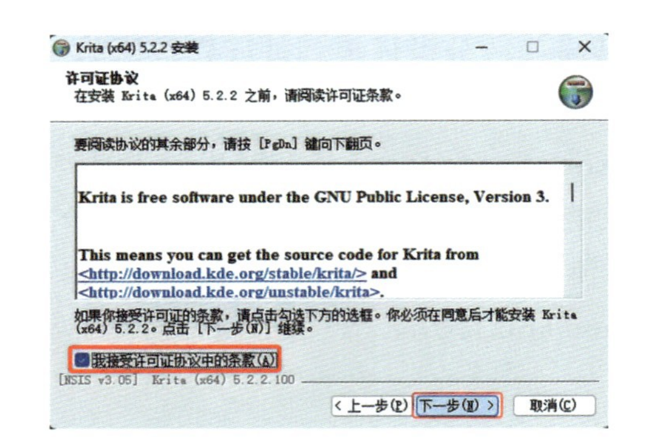

安装完成后，双击桌面图标。打开如下图所示的软件主界面。然后关闭。

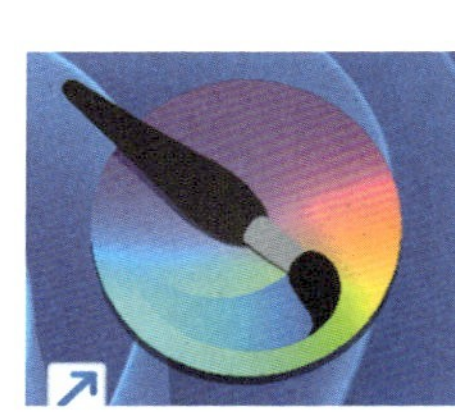

再去 GitHub 下载“krita-ai-diffusion”，最好下载之前网络上共享的整合好的版本，相对稳定不容易出错，也不需要有网络环境等的支持。将下载好的两个文件（文件夹）放到如下图所示的指定路径：“C：\User\<user>\AppData\Roaming\krita\pykrita”。

然后，再次打开 Krita，新建一个画布，在下图中菜单栏找到设置中的配置 krita，下拉在最后一个选项找到 Python 插件管理，点击勾选上“AI image Diffusion”，再点击确认。

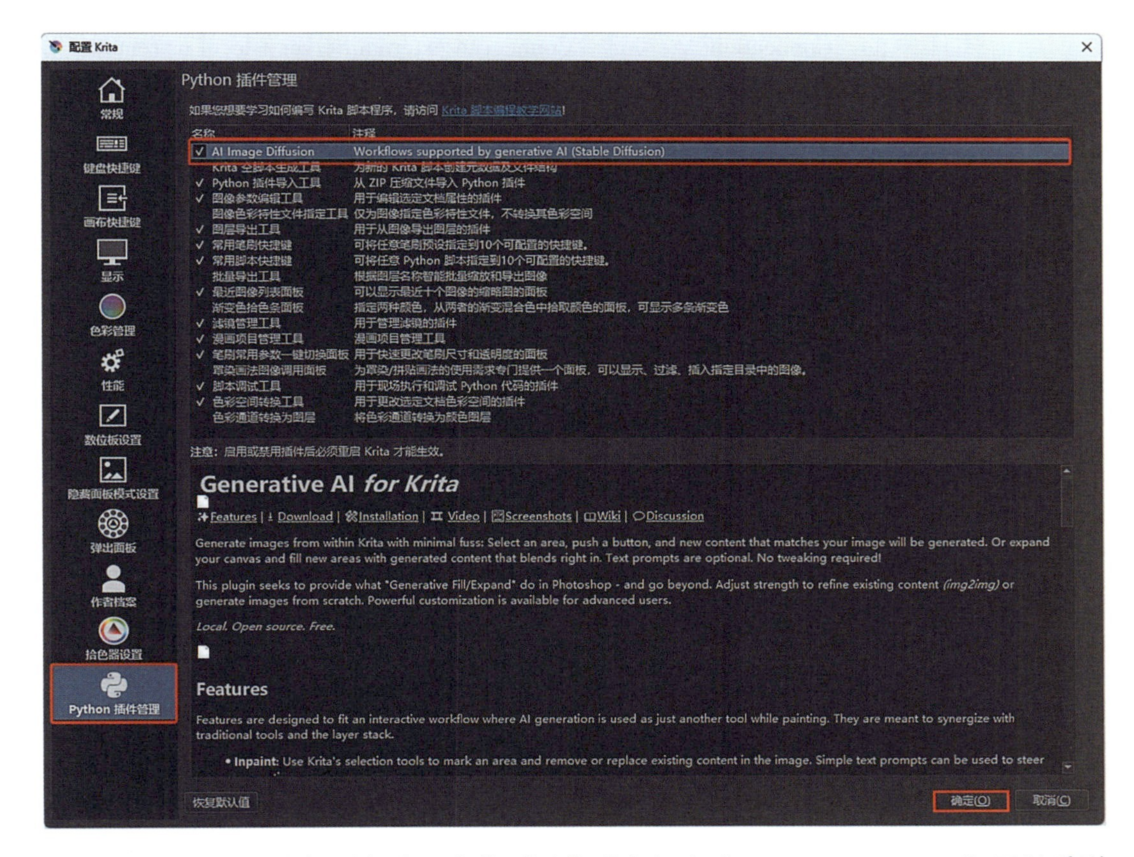

如下图所示，我们再在设置中找到图像列表勾选“AI image Generation”可以看到AI插件就出现在右下角的窗口了。

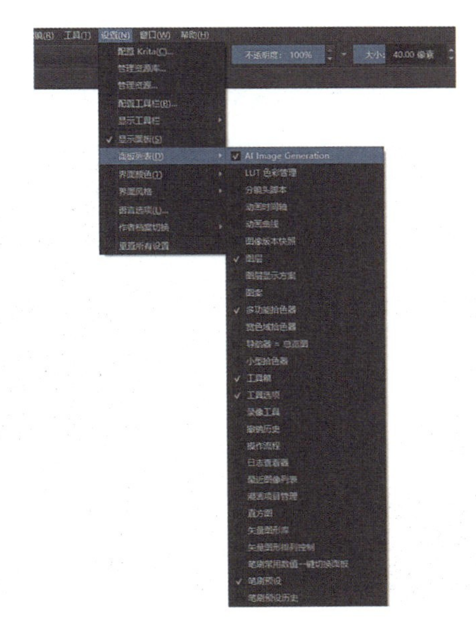

点击插件中的“Connection”，勾选“Connect to external Server（local or remote）”，保存设置。到此 Krita 的安装设置基本完成。

Configure Image Diffusion - Krita
Connection
Styles
Diffusion
Interface
Performance
Server Configuration
Server Management
To generate images, the plugin connects to a ComfyUI server
Local server managed by Krita plugin
Let the Krita plugin install and manage a local server on your machine
Connect to external Server (local or remote)
You are responsible to set up and start the server yourself
Server URL
URL used to connect to a running ComfyUI server. Default is 127.0.0.1:8188 (local).
127.0.0.1:8188
Connect
View log files
Restore Defaults
Ok

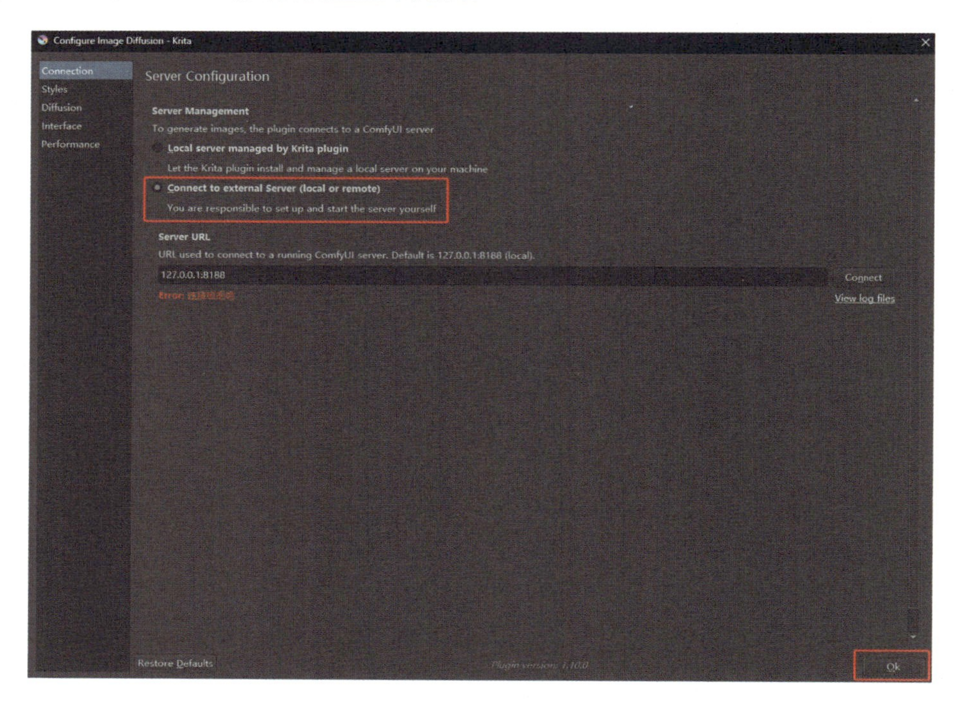

最后我们需要安装 Comfy UI 才能完成搭建工作流，Comfy UI 的安装我们上一章节讲过，就不再赘述了。下面我们打开并一键启动 Comfy UI。如下图所示，这里要注意 Comfy UI 中的本地端口一定要和 Krita 的保持一致。

Comfy UI 控制台界面中的本地端口地址如下图。

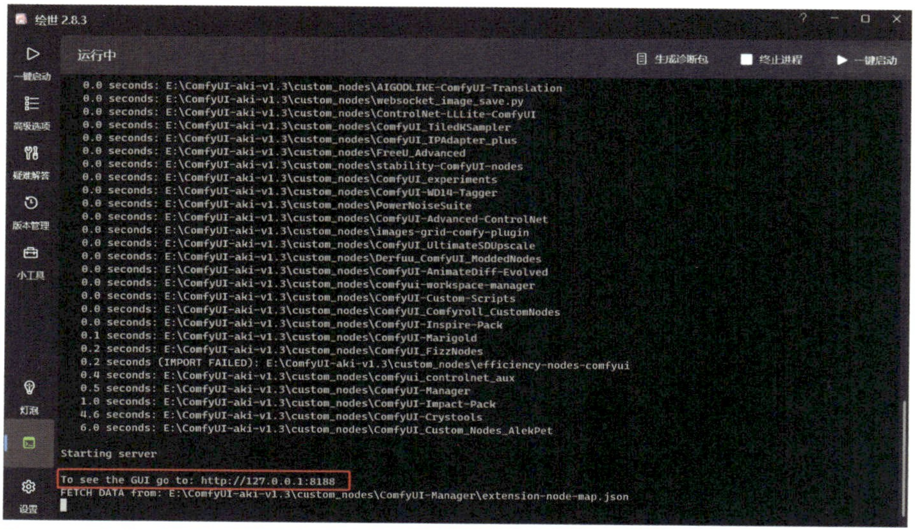

绘世 2.8.3
运行中
生成诊断包
终止进程
一键启动
高级选项
疑难解答
版本管理
小工具
灯泡
设置
0.0 seconds: E:\ComfyUI-aki-v1.3\custom_nodes\AIGODLIKE-ComfyUI-Translation
0.0 seconds: E:\ComfyUI-aki-v1.3\custom_nodes\websocket_image_save.py
0.0 seconds: E:\ComfyUI-aki-v1.3\custom_nodes\ControlNet-LLLite-ComfyUI
0.0 seconds: E:\ComfyUI-aki-v1.3\custom_nodes\ComfyUI_TiledKSampler
0.0 seconds: E:\ComfyUI-aki-v1.3\custom_nodes\ComfyUI_IPAdapter_plus
0.0 seconds: E:\ComfyUI-aki-v1.3\custom_nodes\FreeU_Advanced
0.0 seconds: E:\ComfyUI-aki-v1.3\custom_nodes\stability-ComfyUI-nodes
0.0 seconds: E:\ComfyUI-aki-v1.3\custom_nodes\ComfyUI_experiments
0.0 seconds: E:\ComfyUI-aki-v1.3\custom_nodes\ComfyUI-WD14-Tagger
0.0 seconds: E:\ComfyUI-aki-v1.3\custom_nodes\PowerNoiseSuite
0.0 seconds: E:\ComfyUI-aki-v1.3\custom_nodes\ComfyUI-Advanced-ControlNet
0.0 seconds: E:\ComfyUI-aki-v1.3\custom_nodes\images-grid-comfy-plugin
0.0 seconds: E:\ComfyUI-aki-v1.3\custom_nodes\ComfyUI_UltimateSDUpscale
0.0 seconds: E:\ComfyUI-aki-v1.3\custom_nodes\Derfuu_ComfyUI_ModdedNodes
0.0 seconds: E:\ComfyUI-aki-v1.3\custom_nodes\ComfyUI-AnimateDiff-Evolved
0.0 seconds: E:\ComfyUI-aki-v1.3\custom_nodes\comfyui-workspace-manager
0.0 seconds: E:\ComfyUI-aki-v1.3\custom_nodes\ComfyUI-Custom-Scripts
0.0 seconds: E:\ComfyUI-aki-v1.3\custom_nodes\ComfyUI_Comfyroll_CustomNodes
0.0 seconds: E:\ComfyUI-aki-v1.3\custom_nodes\ComfyUI-Inspire-Pack
0.1 seconds: E:\ComfyUI-aki-v1.3\custom_nodes\ComfyUI-Marigold
0.2 seconds: E:\ComfyUI-aki-v1.3\custom_nodes\ComfyUI_FizzNodes
0.2 seconds (IMPORT FAILED): E:\ComfyUI-aki-v1.3\custom_nodes\efficiency-nodes-comfyui
0.4 seconds: E:\ComfyUI-aki-v1.3\custom_nodes\comfyui_controlnet_aux
0.5 seconds: E:\ComfyUI-aki-v1.3\custom_nodes\ComfyUI-Manager
1.0 seconds: E:\ComfyUI-aki-v1.3\custom_nodes\ComfyUI-Impact-Pack
4.6 seconds: E:\ComfyUI-aki-v1.3\custom_nodes\ComfyUI-Crystools
6.0 seconds: E:\ComfyUI-aki-v1.3\custom_nodes\ComfyUI_Custom_Nodes_AlekPet
Starting server
To see the GUI go to: http://127.0.0.1:8188
FETCH DATA from: E:\ComfyUI-aki-v1.3\custom_nodes\ComfyUI-Manager\extension-node-map.json

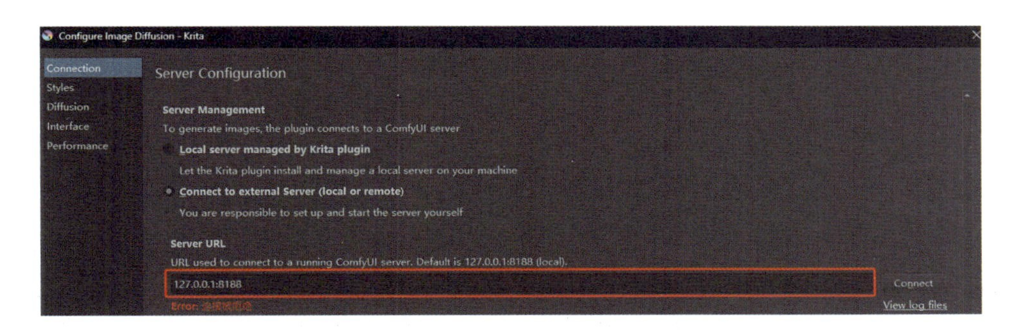

然后点击下图中右边的 Connect 完成配置。如果报错，要查看报错的具体内容，根据内容找到对应缺失或者需要更新的文件进行对应更新配置即可。最后点击 Connect 保证下方显示为绿色 Connected 即完成所有配置。

如下图中选择 Styles，这里和 SD 中一样可以选择大模型（已经调用了我们已安装的 SD 中的模型库）我们选择一个常用的大模型，下面同样也有 Lora 选项，可以点击 Add 添加一个或多个 Lora，再下方是正反向提示词，影响画面的风格和质量。也可以选择 VAE。其他选项我们不需要设置，保持默认即可。

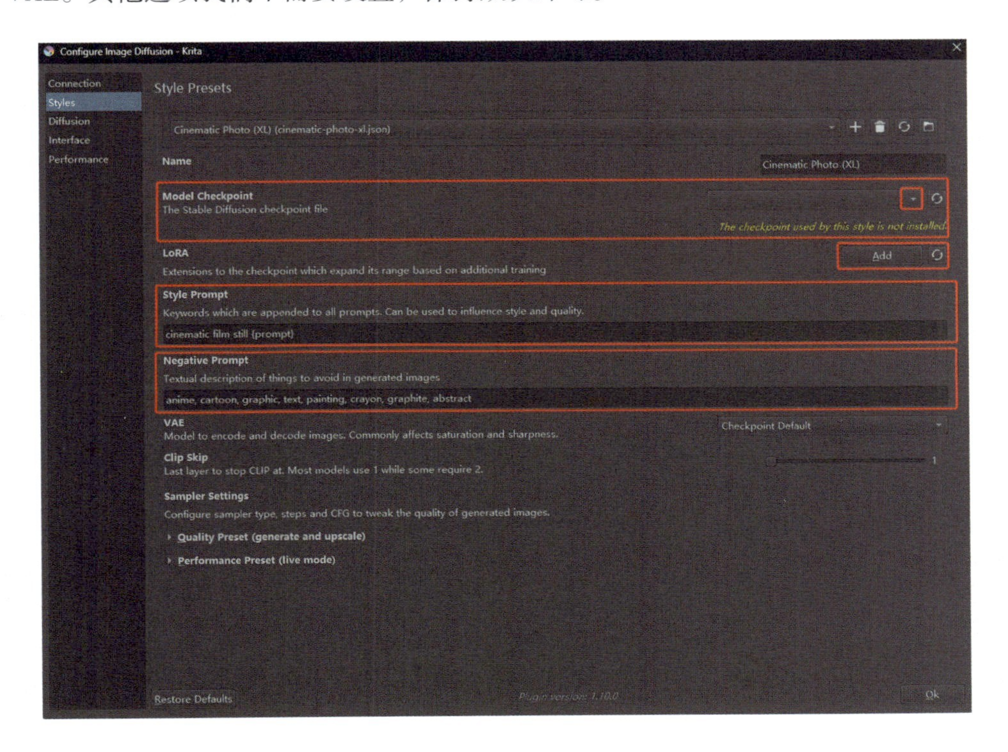

（二）产品海报设计相关案例

完成了 Krita 的安装和部署，我们就通过实际的案例来学习 Krita 的具体操作流程，深度感受一下这款软件在实际工作中能给我们带来哪些帮助或效率提升。我们以一个面霜产品宣传海报的制作为例。打开 Comfy UI 保持后台运行，打开 Krita 新建图像设置一下图像尺寸，这里我们就先设置 768 × 1024 像素。如下图。

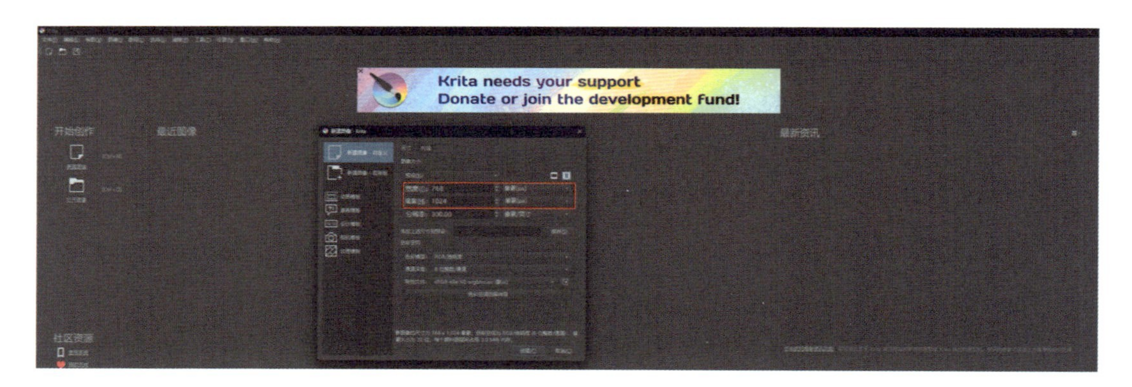

如下图所示，点击右侧设置图标，载入写实类或产品类的大模型和 Lora，写入与我们制作项目相关的正反向提示词。

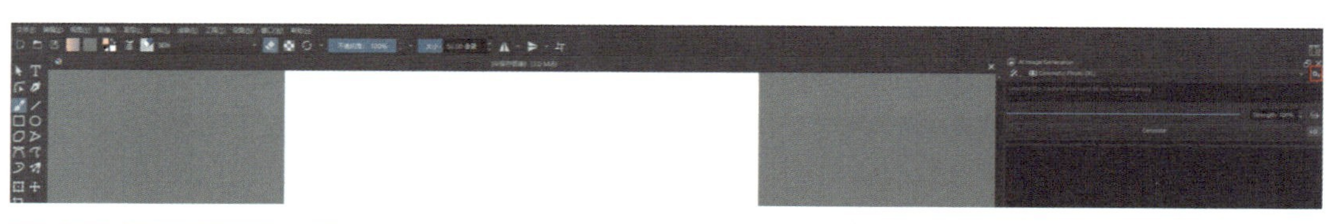

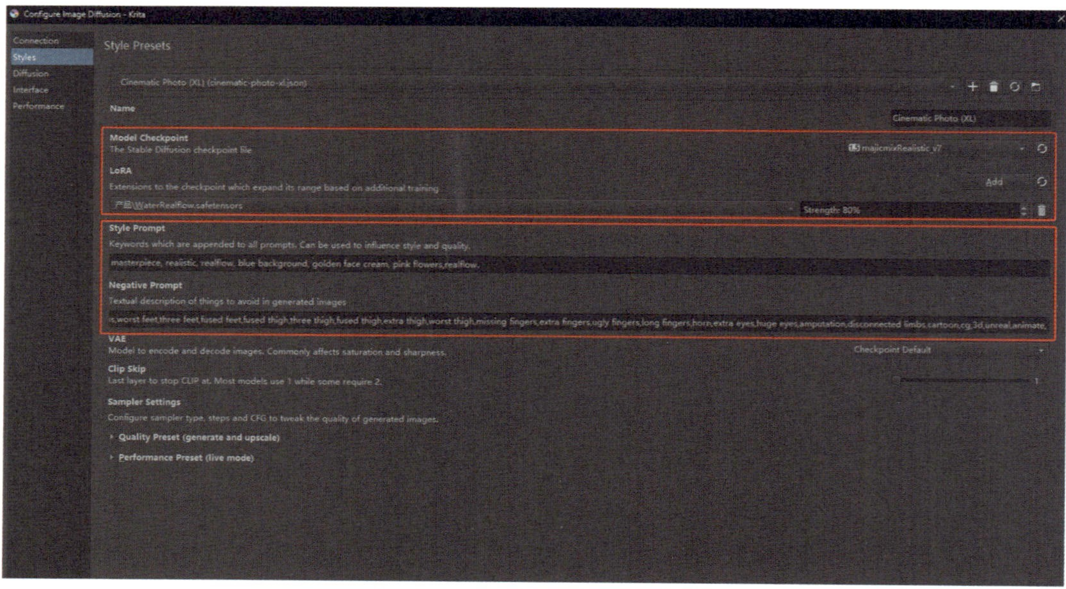

接下来就正式进入 AI 绘画阶段。点击下图中的模式切换按钮，选择第三个实时会话模式，然后设置一下强度，强度设置得越高，绘制出的内容与你输入的参考图差别就越大（这里的强度值约等于 SD 中的重绘幅度）。对于当前案例来说，设置为 30% 即可。最后，简单填一下提示词描述画面即可，如：蓝色背景，金色面霜，粉红色花朵。

完成上述步骤后，点击下图运行按钮，就正式的启动了 AI 实时会话功能。

我们看到下图中右侧的 AI 实时生成画布也已经出现了，接下来我们需要把制作海报用到的背景图片素材拖入画布中，在弹出的窗口中选择新图层，这样我们导入的素材就是可以独立开关和编辑的图层了。这里的操作和 PS 比较接近。

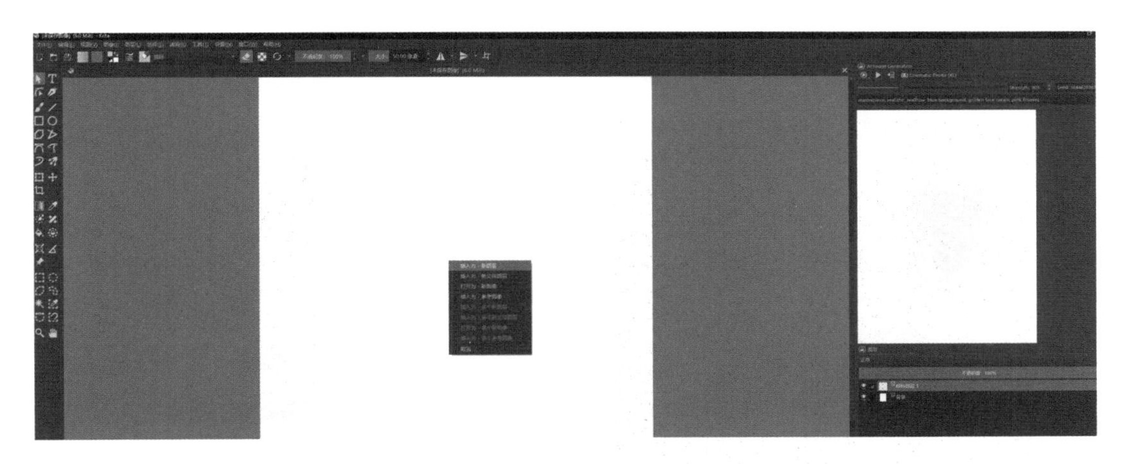

导入如下图一张溅起金色水花的背景图片，我们看到 AI 生成窗口中就同步出现了水花和我们提示词中描述的粉色小花，他们融合得非常柔和自然。

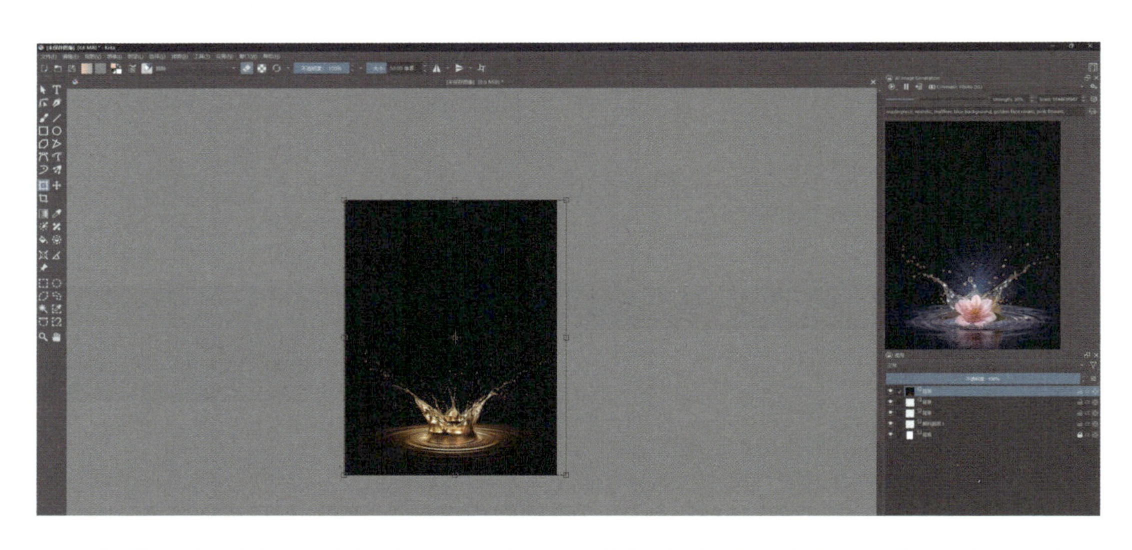

接下来我们再导入我们的产品图片，如下图，把他调到合适的位置。我们看到 AI 将产品图和背景进行了融合，包括水面的倒影，泛起的涟漪和溅起的水花都和产品图发生了交互。包括色调也比较融合，这些我们之前需要用 PS 或其他设计软件反复调试的过程现在都可以用 Krita 自动生成了，更重要的是这一操作是实时同步交互的，我们在画面中添加什么元素都会在 AI 画布上被实时融合呈现出来。

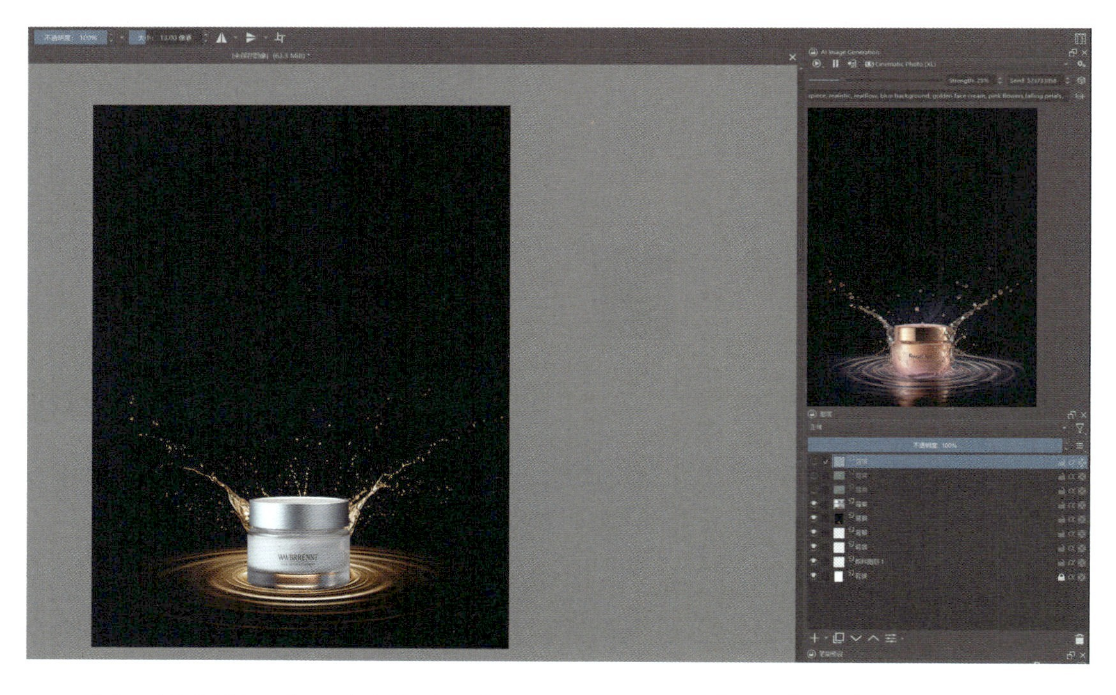

我们再来添加两朵花放在产品的两侧，如下图，水面上就会出现我们提示词中描述的花朵，并且融合在一起。

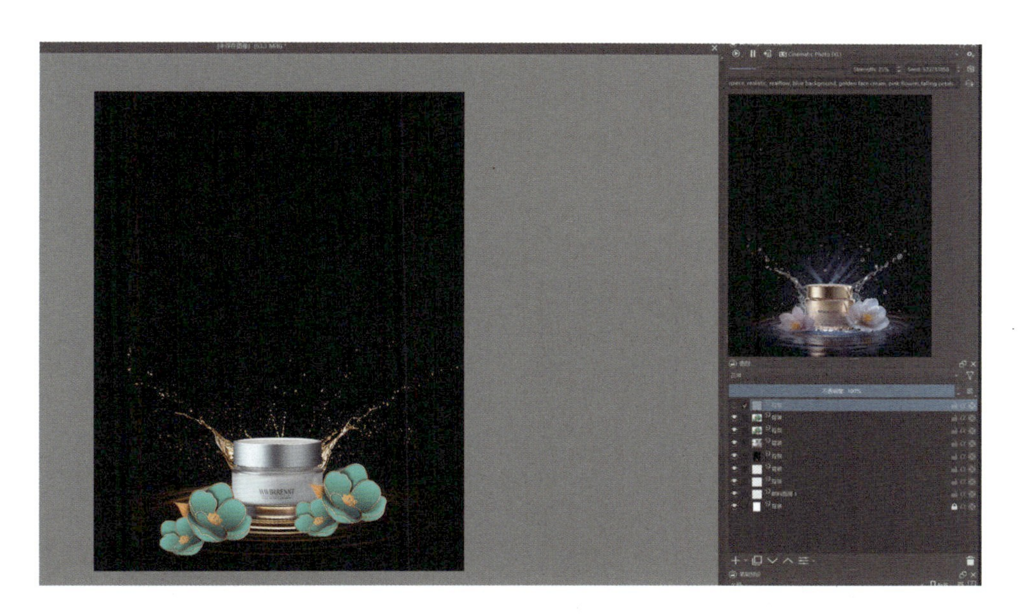

这时我们无论用画笔在画面上画一些元素，还是再导入相应的素材，AI 都会结合提示词和大模型重绘和融合。

如果对当前融合的效果不满意，我们可以点击右侧的筛子按钮，如下图，让系统再随机生成一种效果。种子数也会随之变换。

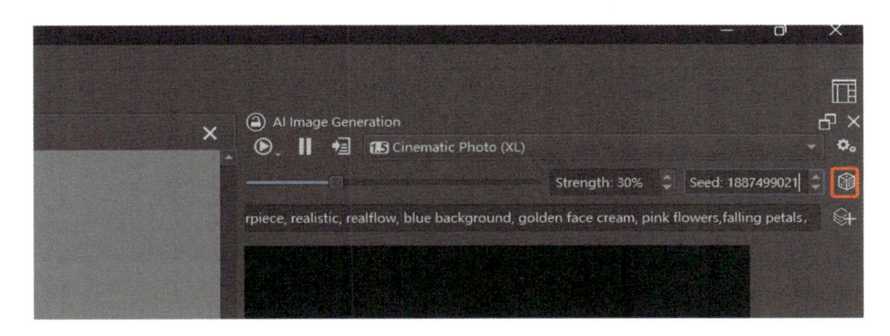

完成重绘后我们可以点击下图中的拷贝结果到新图层，把当前的 AI 图像导入操作画布中。

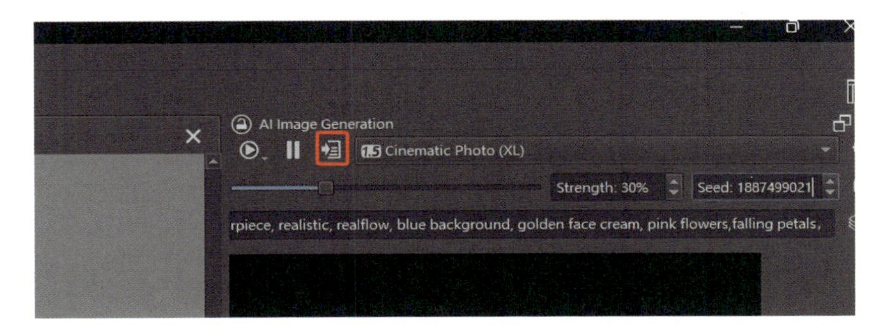

如下图，我们看到最终生成的图像会存在一些问题。①产品图的细节会被 AI 运算所干扰。细节和形体发生了扭曲，我们需要后期导入到 PS 中进行修正。②画面的像素不够清晰，图像尺寸不够大，对于我们商用后期修图，打印成品是不够的，所以我们需要把画面进行放大操作。

我们把实时演算模式切换为下图中的放大模式。

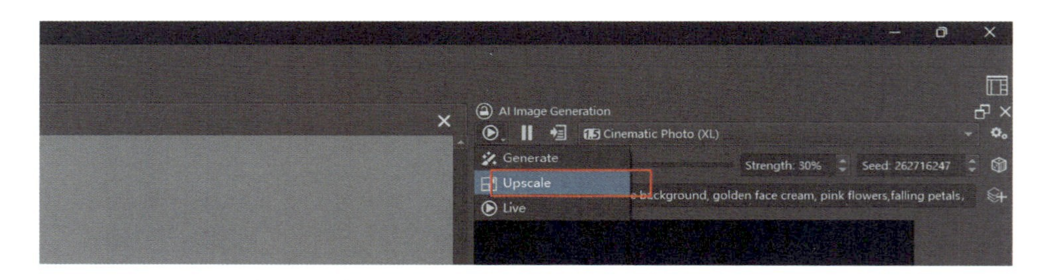

和 SD 中放大的方式一样，选择一种放大模型算法，并设置放大的倍数。点击下方 Upscale 即可放大。

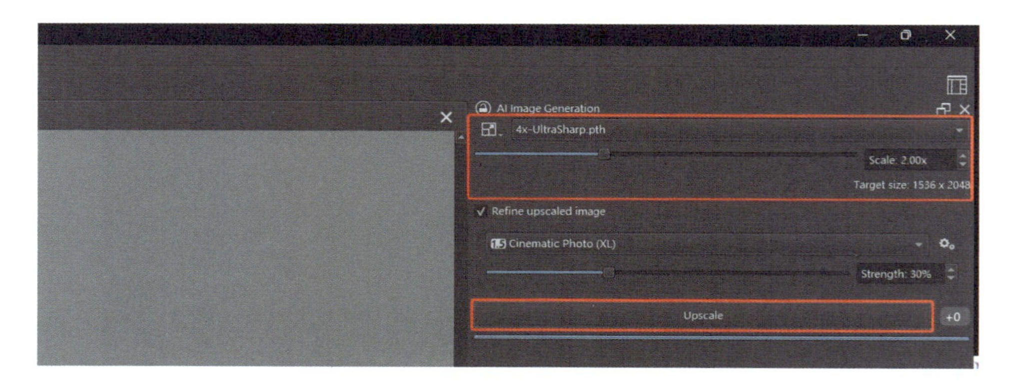

最后我们得到了如下一张清晰的底稿。

下面我们结合 PS，在底稿上进行修正和细节调整，把原始产品图贴在底图上进行覆盖。如下图所示。这样一张完整的产品宣传海报就完成了。

我们再来试试用一个 Krita 卡通风格产品表现的案例。首先要更换一个卡通风格的大模型及 LORA。如下图，导入一张背景照片，可以看到照片的风格已经实时转绘成了卡通风格。

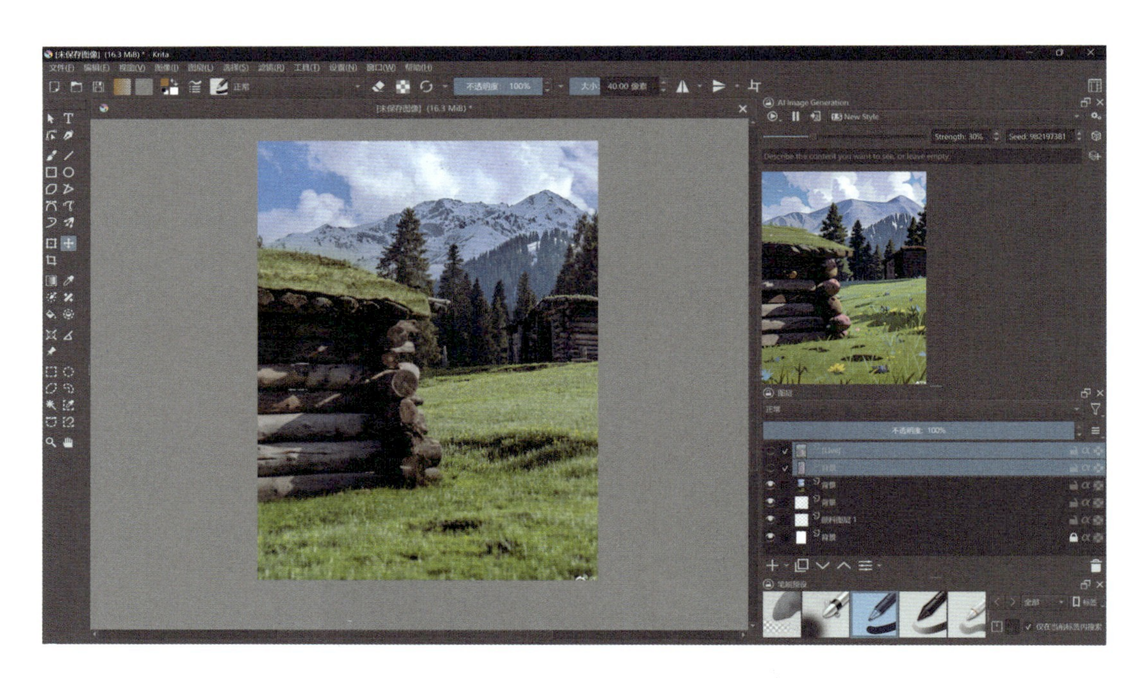

接着再导入我们的产品，一个行李箱。可以看到下图中的行李箱和草地也产生了交互及投影。我们可以随意变换行李箱的位置和角度，或者加入更多素材元素。丰富我们的画面。

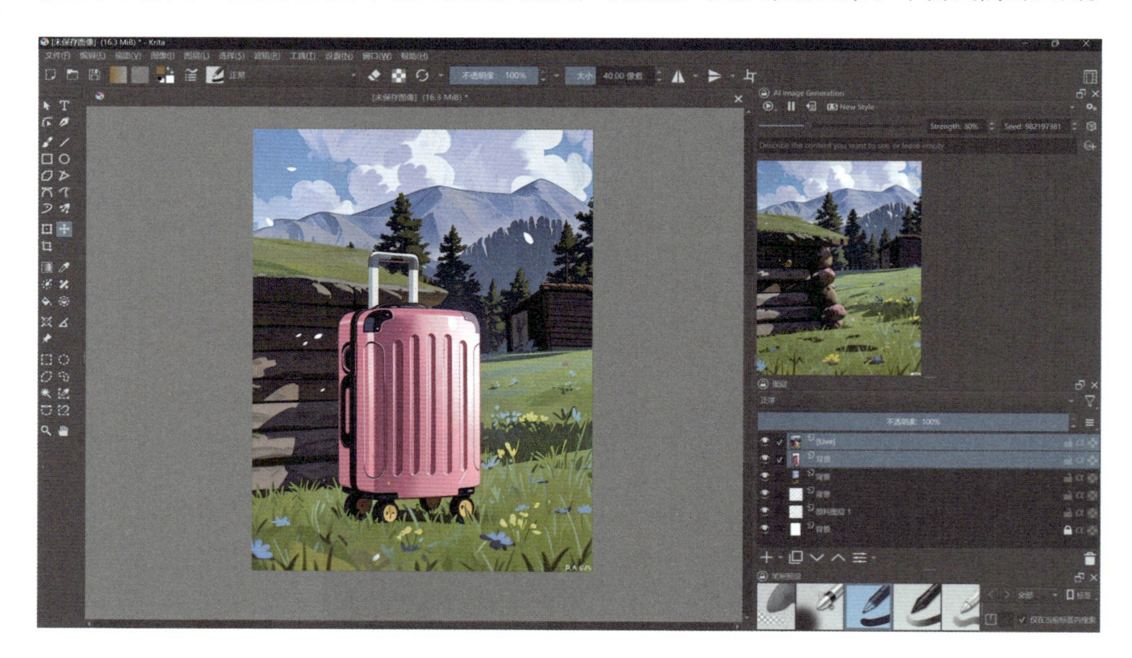

通过简单修改调试，导出最终的成品图。就完成了一张卡通风格的产品海报。

（三）包装设计相关案例

在包装设计中我们同样可以用 AI 来辅助我们提供设计思路，甚至制作出精美的设计案例及效果图。快速直观地看到一些设计方案及最终呈现效果。接下来我们就用 SD 等工具制作一些包装设计实例。这些案例展示了 AI 如何通过学习大量设计数据和消费者偏好，自动生成多样化的包装设计方案。从色彩搭配、图形元素到排版布局，AI 能够迅速捕捉市场趋势和品牌特色，为设计师提供创意灵感和精准指导。同时，这些案例也展现了 AIGC 技术在优化设计流程、提高设计效率方面的巨大潜力。

首先，打开 SD 并选择一个写实类的大模型。

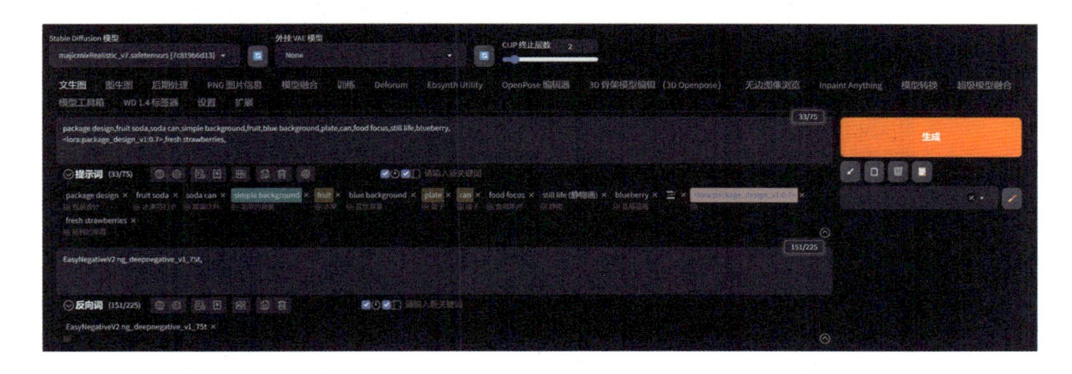

在正向提示词中写入一些想要的设计风格和具体的设计内容。以及想要的配景元

素。“package design，fruit soda，soda can，simple background，fruit，blue background，plate，can，food focus，still life，blueberry，

<lora：package_design_v1：0.7>，fresh strawberries，”

中文意为：“包装设计、水果汽水、汽水罐、简单背景、水果、蓝色背景、盘子、罐头、食物焦点、静物、蓝莓、”最重要的环节是要加入一个专用的包装设计 LORA。这里我们加入了一个名为“lora：package_design_v1：0.7”的 LORA。

反向提示词写入一个 Embeddings 即可，“EasyNegativeV2 ng_deepnegative_v1_75t，”

这里我们简单介绍以下 Embeddings。

Embeddings 在 Stable Diffusion 中是一种关键技术，它通过训练图像数据生成一个或多个小文件（通常后缀为 .pt 或 .safetensors），这些文件包含图像的特征信息。这些 Embedding 文件可被视为模型的“书签”，它们能够精准地指向特定的风格、角色或特征。使用 Embedding 技术，用户可以更高效地生成个性化的图像，提高电商、摄影等领域的图像处理效率和质量。

Embeddings 有如下三大功用：

①风格转换或人物还原：通过少量图像训练 Embedding 模型，将图像特征提取并保存为小文件。在生成图片时，输入关键词激活该文件，实现特定风格或人物形象的转换。②个性化图像生成：Embedding 模型可用于快速教会大模型学习新的概念，如特定角色或画风。通过训练少量图像，无需重新训练整个大模型，即可生成个性化的图像。③负面提示词整合：Embedding 能将大段的描述性负面提示词整合为一个简短的提示词，提高图像生成的效率和准确性。

这里我们用的就是负面提示词整合。

最后，如下图设置出图参数，点击生成。

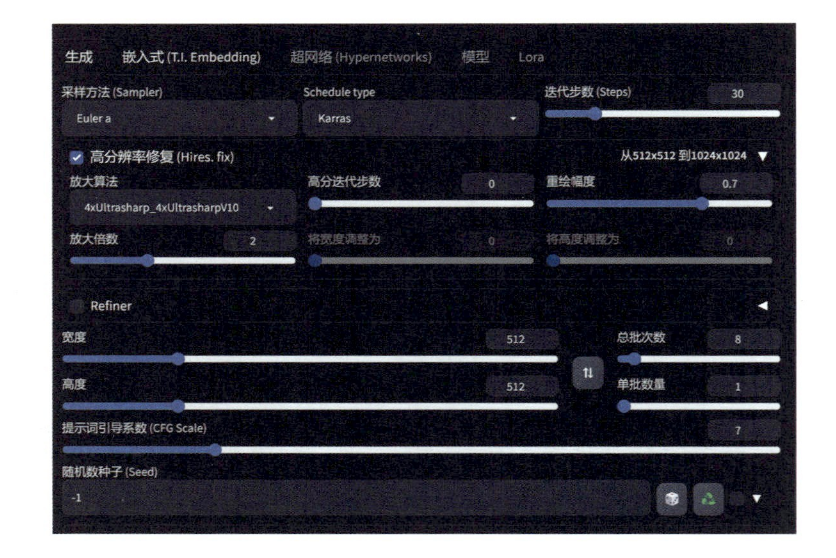

经过多次测试，得到了如下一些相对满意的图像。

我们可以让 SD 多跑出一些图来供我们筛选。这些图可以作为一些设计参考，也可以作为底图，经过 PS 等软件再处理后，呈现给我们的客户和甲方。

最后我们利用 PS 修改罐体上的文字，替换上我们的 LOGO 或文字，调一下文字的透视角度，让他与罐体更加贴合。

最后叠加暗面的阴影效果，即可完成一张完整的产品效果图了。

用同样的方式，还可以制作其他类型的包装，如纸质包装、塑料包装等。以一款茶叶包装为例。

只需适当调整提示词："package design，simple background，still life，yellow_background，tea_leaves，teatix，exquisite packing box，(<lora：package_design_v1：0.7>)，" 如下图。中文大意为："包装设计，简单的黄色背景，茶叶，精致的包装盒，静物画等"

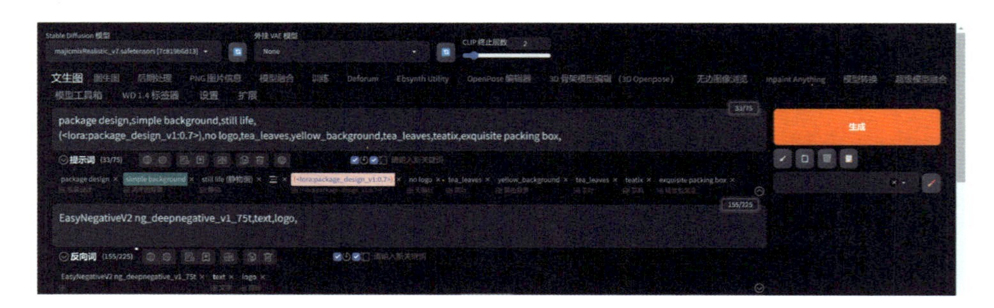

以下是生成的图像。

此外还可以加入一些茶具或其他相关的配景丰富画面的表现力。我们只需加入相对应的提示词即可。

当然，根据生成的图像，还需要反复调整提示词，测试效果，直到生成我们想要的结果。

第七章　动态影音视频实践

在 AIGC 动态影音视频实践中，AI 技术被广泛应用于视频的自动生成、特效添加、场景识别、内容分析等领域。通过深度学习和计算机视觉技术，AI 系统能够分析视频中的图像、声音和文本信息，从而理解视频内容，并据此生成新的视频内容或优化现有视频。

在视频生成方面，AIGC 技术可以根据文字描述或图像输入，自动生成具有相应内容的视频片段，为创作者提供丰富的素材和灵感。在视频编辑方面，AI 系统能够自动识别视频中的关键帧、过渡效果和音频配乐，自动完成视频的剪辑和拼接，减轻创作者的工作负担。在视频分析方面，AI 技术可以分析观众对视频内容的喜好、行为模式等信息，为视频内容的优化和推荐提供数据支持。

AIGC 动态影音视频实践的应用场景广泛，包括电影、电视剧、广告、教育、娱乐等多个领域。通过引入 AI 技术，这些领域可以更加高效地生成高质量的视频内容，提升观众的观看体验，同时降低制作成本和时间周期。随着技术的不断进步和应用场景的不断拓展，AIGC 动态影音视频实践将在未来发挥更加重要的作用。

一、AI 视频制作与风格转换

（一）概述

在数字艺术的蓬勃发展浪潮中，AI 视频转绘、重绘技术凭借其独特魅力和前沿性，已成为该领域的重要分支。本小节旨在深入探讨 AI 视频转绘重绘技术的专业解析、核心功能和实现手法。

当前，AI 视频转绘重绘技术正经历着前所未有的发展。通过深度学习算法的不断优化和大规模数据集的训练，AI 模型已经能够实现对视频内容的精准识别和高效转换。这一技术不仅支持多样化的艺术风格转换，如油画、水彩、素描等，而且在保持转换效果逼真自然的同时，大幅提升了处理速度和效率。

1. 主要功能

（1）视频风格转换：AI 视频转绘重绘技术能够将原始视频转换为多种不同的艺术风格，如古典油画、现代抽象等，为观众带来丰富多样的视觉体验。

（2）视频内容重绘：该技术能够对视频中的特定内容进行重绘，如人物、场景等，实现细节上的个性化处理，提升作品的艺术价值。

（3）高清输出：支持高清输出，确保转绘重绘后的视频质量达到专业水准，满足各种应用场景的需求。

2. 应用意义

（1）推动数字艺术创新：AI 视频转绘重绘技术为艺术家和创作者提供了全新的创作工具，降低了创作门槛，激发了他们的创新灵感。通过该技术，艺术家可以更加便捷地实现自己的创作理念，创作出更多具有独特风格和魅力的作品。

（2）丰富观众视觉体验：该技术为观众带来了前所未有的视觉盛宴。观众可以通过观看转绘重绘后的视频，欣赏到多种艺术风格的魅力，感受不同艺术形式所带来的情感共鸣和审美愉悦。

（3）促进文化交流与传播：AI 视频转绘重绘技术有助于打破地域和文化的限制，促进不同文化之间的交流和传播。通过该技术，可以将不同国家和地区的视频内容进行转绘重绘，展示其独特的艺术风格和文化特色，增进不同文化之间的理解和尊重。同时，该技术也为传统文化的传承和创新提供了新的途径和手段。

AI 视频转绘重绘技术作为数字艺术领域的一项重要技术，具有广阔的发展前景和深远的意义。未来，随着技术的不断进步和应用场景的不断拓展，该技术将在艺术创作、文化传播等领域发挥更加重要的作用。

（二）使用在线工具转绘、重绘视频

首先，我们介绍一些在线生成转绘、重绘视频的工具。在线视频转绘与重绘工具以其即时性、便捷性和互动性，在数字化时代展现出显著的优势和特点。这些工具无需复杂的安装步骤，用户只需通过网页或移动应用即可轻松访问，实现视频内容的即时转换和个性化处理。在线生成不仅提高了工作效率，还使得视频转绘与重绘技术更加普及和亲民，让更多人能够体验到这一创新技术带来的乐趣和价值。

1. Viggle 高效复刻人物动作

Viggle 不仅能够通过文字指令轻松控制角色的动作和场景的细节，而且生成的动画遵循物理规律，展现出高度的真实感。这种技术的运用，为用户提供了无与伦比的创作自由度。

Viggle 还具备创建三维角色和场景的能力。Viggle 的三维状态模拟技术非常先进，能够精确还原角色在视频中的动态表现，包括身体旋转、四肢交叠等复杂动作，使得动画效果更加自然流畅。

对于想要将现有视频与自定义角色相结合的用户来说，Viggle 同样提供了强大的功能支持。用户只需上传一个视频和一张角色图像，Viggle 便能自动将视频的动态赋予给这个角色，生成一段全新的、独具特色的动画视频。这种功能的实现，极大地拓展了用户的创作空间，使得动画视频的制作更加灵活多变。

下面我们就详细介绍使用方法。

如下图，打开 Viggle 官网：“www.viggle.ai” 点击 “Join the beta” 接受邀请后进入 Discord 中。Viggle 也需要借用 Discord 平台来实现其生成功能。

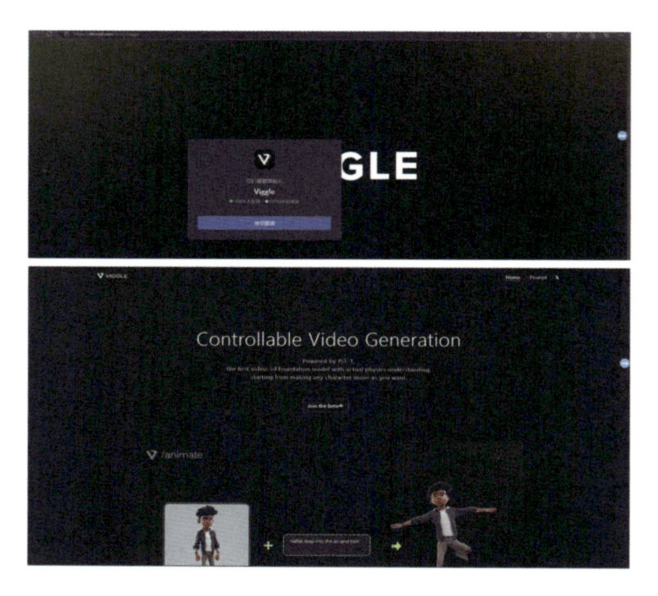

如下图，在 Viggle 中任意选择一个房间进入。

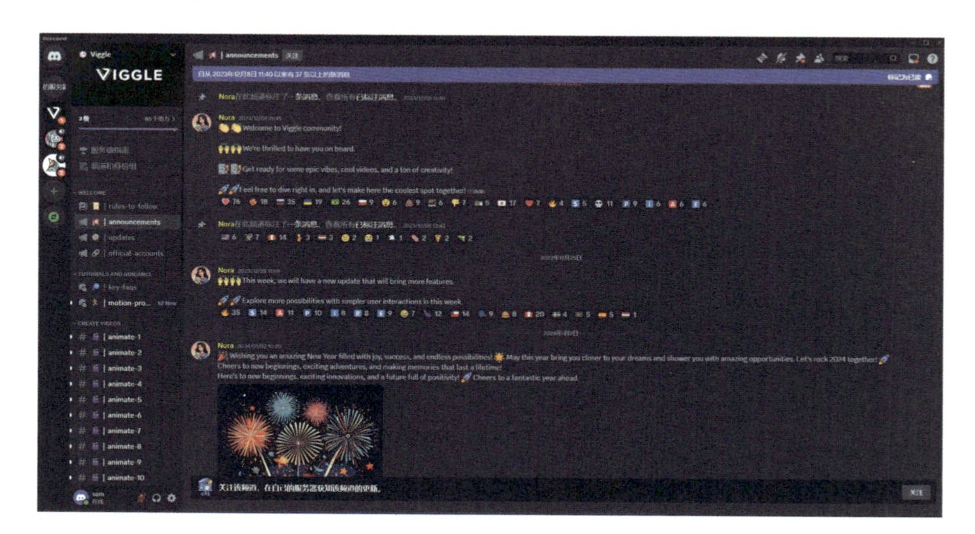

如下图所示，输入“/mix”，便会弹出分别载入图片和视频界面。

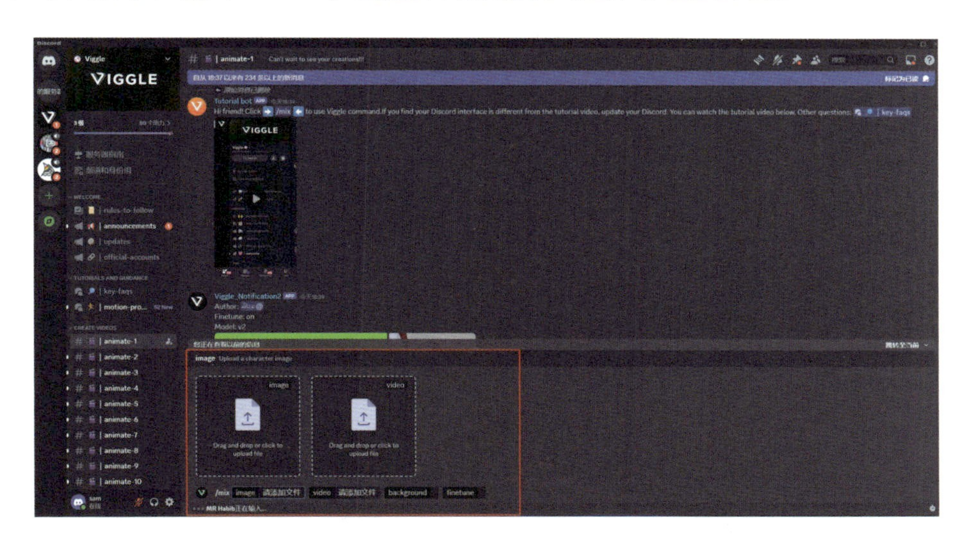

我们可以在下图中编号“1”“Image”中上传图片，编号“2”“video”中上传参考视频，编号“3”background用来输入背景颜色，纯色背景便于抠像合成使用。如“White”编号“4”“finetune”是否开启微调，我们可以输入on开启。

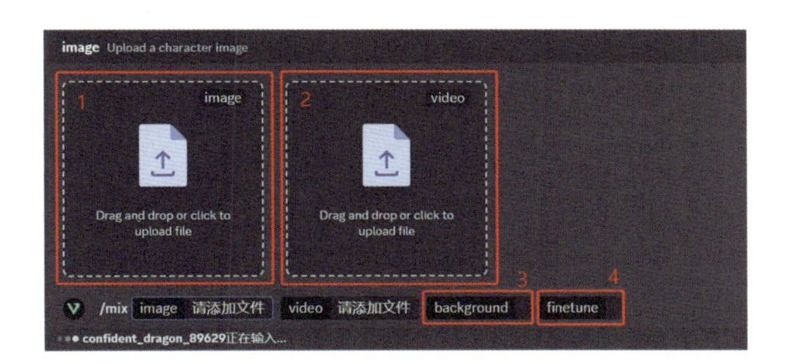

上传一段跳舞的视频和一个卡通形象，如下图。

融合，得到了下图结果。生成界面右侧会展示参考图和原视频，左侧是生成视频预览。上方还会显示用户信息及系统信息。

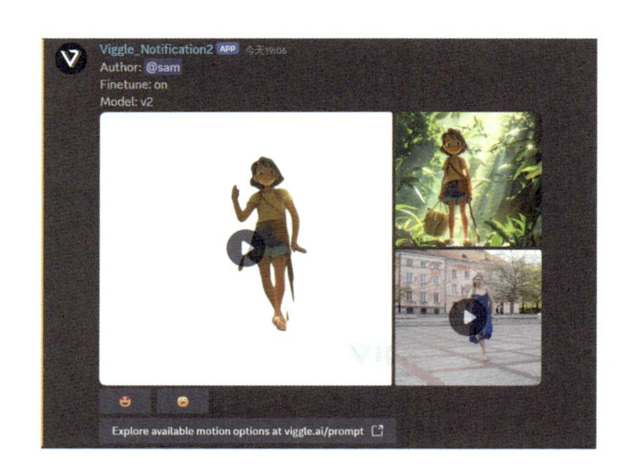

以下是生成视频的单帧截图。

可以看出，人物动作的识别比较准确，虽然底图是二维动画图像，生成的人物动作与原视频仍然很贴合。我们再生成一个写实人物的效果对比一下。

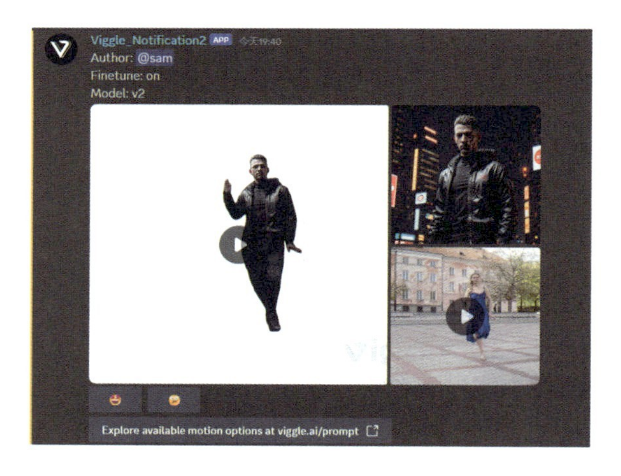

值得注意的是，我们上传的人物照片不一定要是同样画幅的，比如上图中我们只上

传了一个半身像，同样可以生成如视频预览中的人物全身动作，系统会为我们脑补出人物的下半身状态。

最后，可以将这个人物视频下载，放到任意的视频背景中，进行再次创作。

2. Domo AI 视频转换卡通风格创作

DomoAI 是一款高质量视频转视频工具，它可以将原视频转换为动漫风格，并支持 3D 动画和舞蹈动作的还原。该工具操作简单易用，用户可以在提示词中添加特定词条进行个性化编辑，同时提供丰富的风格和时长选项。

此外，该工具还支持视频编辑功能，用户可以将热门舞蹈视频转换为高质量的动画作品。该工具为创作者们带来了前所未有的创作自由度和便捷性。

使用 DomoAI 需登录官网“https://domoai.app/”，点击“Get started”如下图所示。

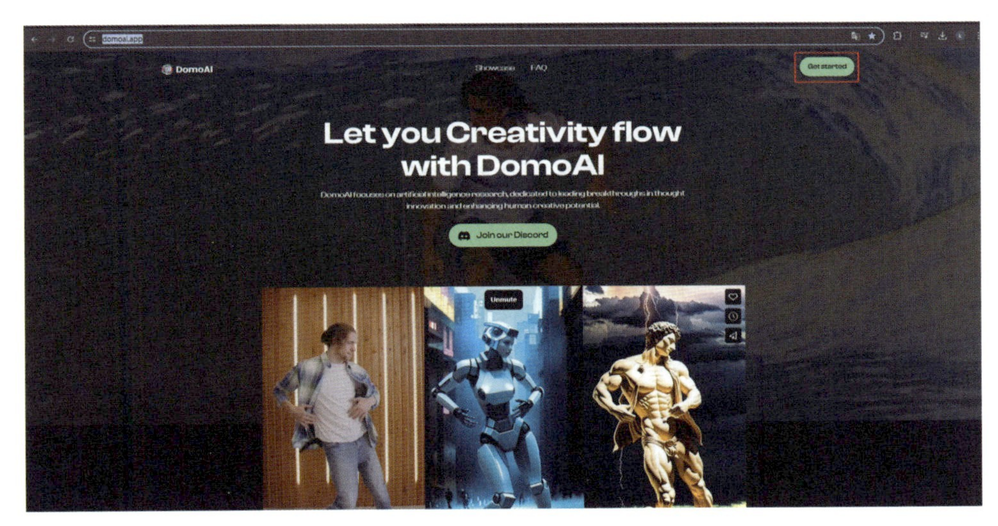

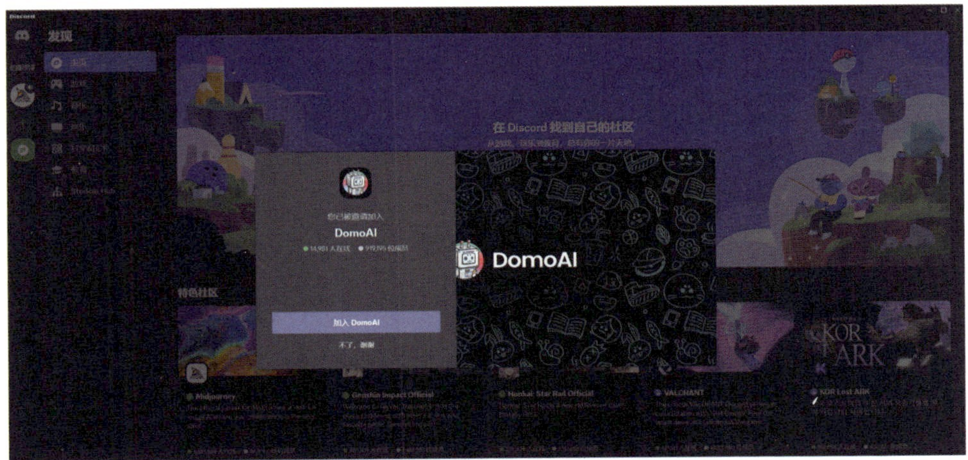

点击加入 DomoAI，即可将 DomoAI 加入到 Discord 中开始创作。如下图。

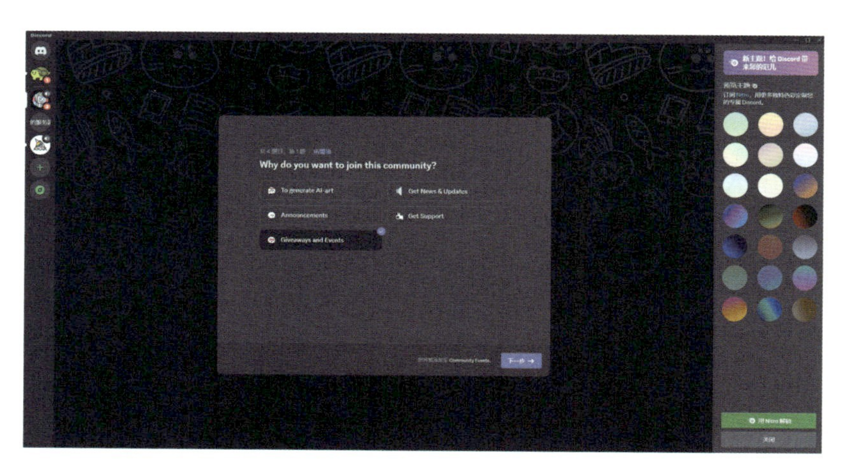

我们可以在以下任意频道创作。

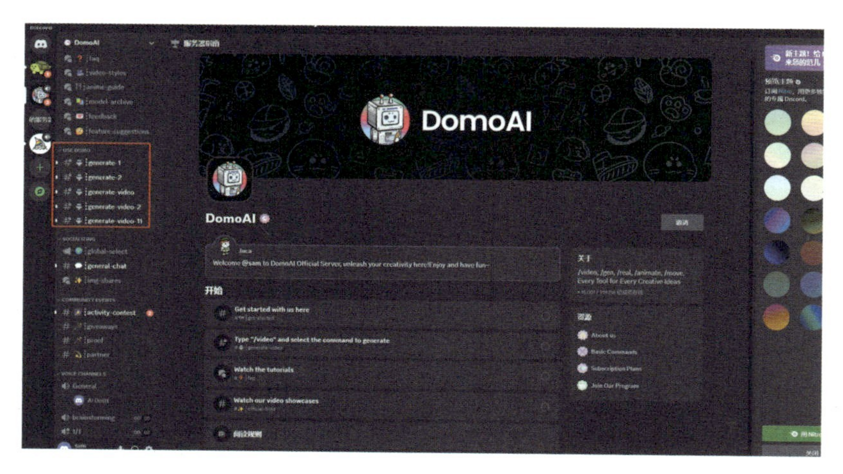

如下图，在下方输入“/video”，选择“video prompt”上传需要变换风格的视频，输入提示词。这里的生成操作和 MD 是非常类似的。

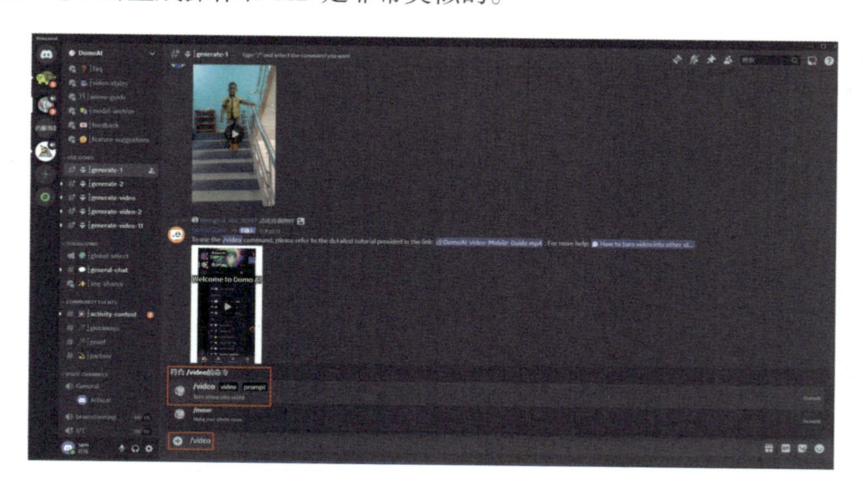

我们上传一段电影预告片，提示词为卡通风格（cartoon style），回车生成，看一下效果。如下图所示，生成正在进行中。这款工具要付费才能转换视频。

最后我们得到了下图中的真人转动画效果。

接下来，我们再来尝试另一种风格，上传素材视频，输入提示词，赛车，3D 动画效果。点击回车。点击三角符号弹出很多种转换风格可供选择，比如日漫、水墨风等等。我们选择 Pixel 风格，在下方选择生成的时间长度。

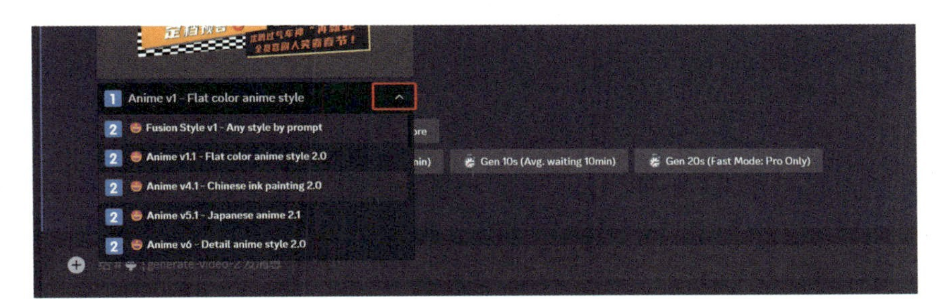

如下图所示。两种模式一种是更偏向于影片发挥创意，一种是更偏向于提示词。生成时长最长可以 20 秒。这里我们生成 10 秒即可。

最终生成了下图中的人物效果。可以看出虽然生成的是三维人物，但是每个人物的面部特征并没有太明显的区别，包括服装造型也没有和视频保持的很一致。不过整体风格转换已经做到了，而且流畅度还是不错的。

我们可以通过添加更多的描述词，来对视频进行细致的描述词对出片效果加以控制。

类似功能的视频工具类网站还有 GoEnhance AI 他有免费的体验积分，测试效果也不错，这类型的工具特点就是操作更为简单易于上手，大家可以多多尝试。这是它的官网："https://www.goenhance.ai/"。以下是生成的最终效果。

想要更加精细精准的控制视频转换或生成还是推荐使用 SD，后续教程我们会讲到 SD 生成视频的用法。

3. Runway Gen-2 精准控制人物表情

使用运动笔刷控制人物表情的方法，可以通过面部勾选和添加关键词来实现各种表情，如高兴、悲伤和愤怒等。另外，使用多运动笔刷可以更精准地控制人物表情，比如控制眼珠、嘴角等部位的运动。最后，通过给环境加一些变化，可以实现更精细的控制效果。这种方法在真实人像方面非常有效，可以实现精准的人像表情控制。

下面我们就来以一个案例来演示一下制作的流程。如下图。打开 Runway Gen-2 界面，我们仅通过 Motion Brush 去控制人物的表情。

在 Motion Canvas 中选择笔刷，点击 Auto-detect area 滑块关闭自动选择区域功能。这里我们必须要手动控制细节动作。

“Brush 1”控制左眼，点击向右向下箭头，分别点击一下即可，数值不宜过大，0.2–0.3。“Brush 2”控制右眼，点击向左向下箭头各一次，笔刷最好点在眼睛中心的位置，这样他对眼睛会进行整体方向上的控制。“Brush 3”我们用来控制左侧嘴角，在左侧嘴角用画笔点击一下，再点击向左箭头一次，向上箭头一次，数值控制在“0.2”左右，我们可以让向上的幅度更大一些，体现微笑的感觉，但是都不能超过“0.3”，否则表情变形会比较夸张。“Brush 4”同样右侧嘴角用画笔点击一下，向右向上再输入相同的运动幅度，同样数值均在“0.2”左右，针对所有面部的表情控制数值都要尽可能小些。“Brush 5”最后一个笔刷我们可以用来控制角色的头发或者周围的花朵模拟风吹动的效果，向右向上移动比较小的幅度。这里的数值可以适当大一些“0.5”左右。配景的动作控制不需要太细致，需要让幅度适当大一些来看到动画的效果。设置完成后我们点击“Done”，完成设置。

借助提示词描述一下人物变化状态，输入如下图“微笑的，嘴角上扬的，眨眼的”提示词。

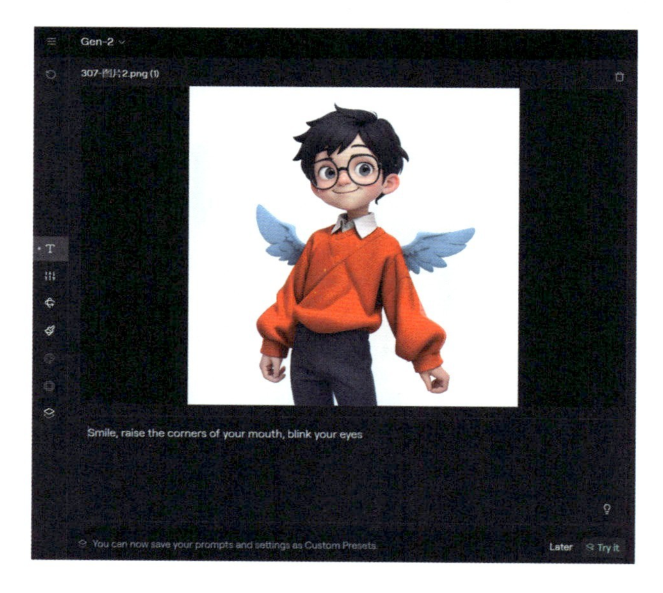

如果画面中有其他可以增加动效的或者想要产生变化的位置，我们也可以用多余的笔刷添加一些动作，用于活跃画面的整体氛围。这是完成之后我们点击“Done”完成设置。点击“Generate 4s”生成最终的视频效果。最后我们来看看生成的效果，根据最终效果我们还可以进行多次尝试，得到最满意的效果。

原图效果

视频生成效果

（三）使用本地部署工具转绘、重绘视频

1. AI 换脸工具案例教学

（1）概说

AI 换脸技术是近年来人工智能领域的一项重要成果，它通过深度学习和计算机视觉技术，实现了在视频中将一个人的脸替换为另一个人的脸，使得视频编辑和特效制作变得更加灵活和高效。这项技术的发展经历了从最初的简单替换到如今的高度逼真和精细化，背后蕴藏着大量的算法优化和模型训练工作。本节将介绍 AI 换脸技术的基本原理和发展历程，帮助大家更好地理解和应用这一领域的前沿技术。

本次教程我们以一款离线本地安装的换脸软件为例，首先介绍一下安装部署的流程。下载 AI 人脸替换工具安装包。如下图。

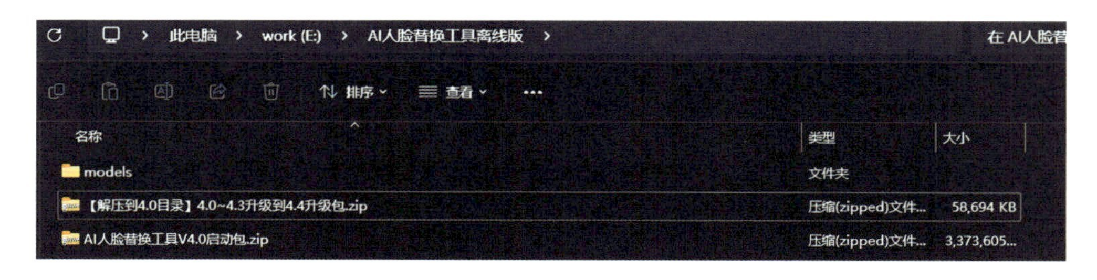

解压 4.0 程序启动文件（注意解压目录存储目录均不要含有中文韩文等特殊字符）然后再解压 4.4 升级包，解压的文件全部复制到 4.0 程序包的解压文件夹根目录中并选择替换。

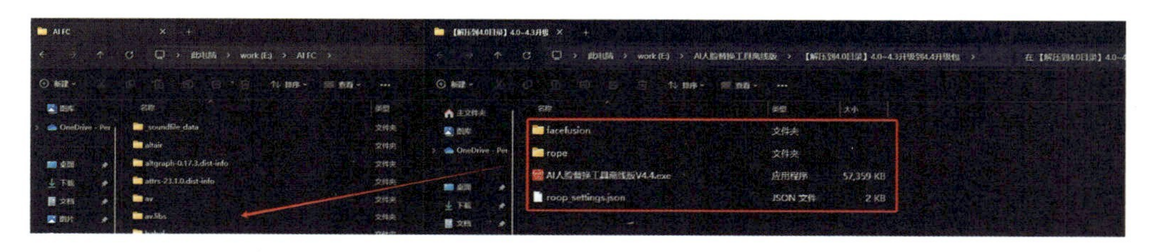

最后把模型文件夹（models）也复制到 4.0 程序包的解压文件夹根目录中。最后点击 AI 人脸替换工具离线版 V4.4.exe 打开运行，就可以看到软件的启动界面了。

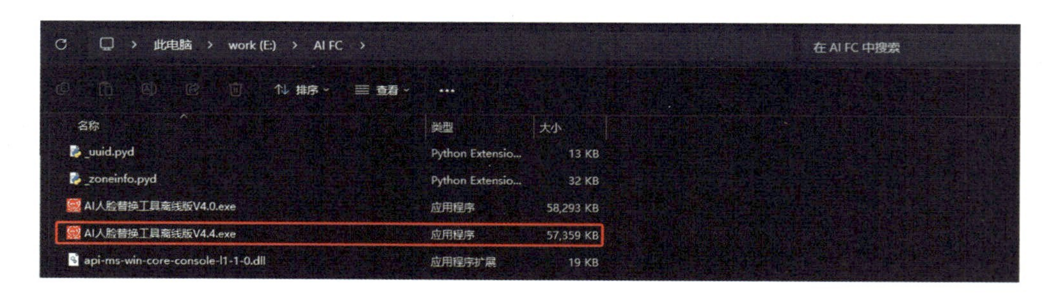

注意：后台的代码窗口不要关闭，需要在后台保持运行。

（2）照片换脸操作流程

如下图所示，这里是用于我们导入素材路径的，人脸图片指的是我们需要替换的目标人脸，目标视频 / 图片指的是我们想要换人脸的照片基础素材，路径文件名都不要包含中文字符。处理策略需要勾选人脸替换和人脸高清修复，效果会更好一些，背景高清修复一般不需要勾选。换脸模型、人脸高清修复模型等这些模型我们可以逐一尝试一下看看哪个效果更好，针对不同五官特征适合的模型也不太一样。

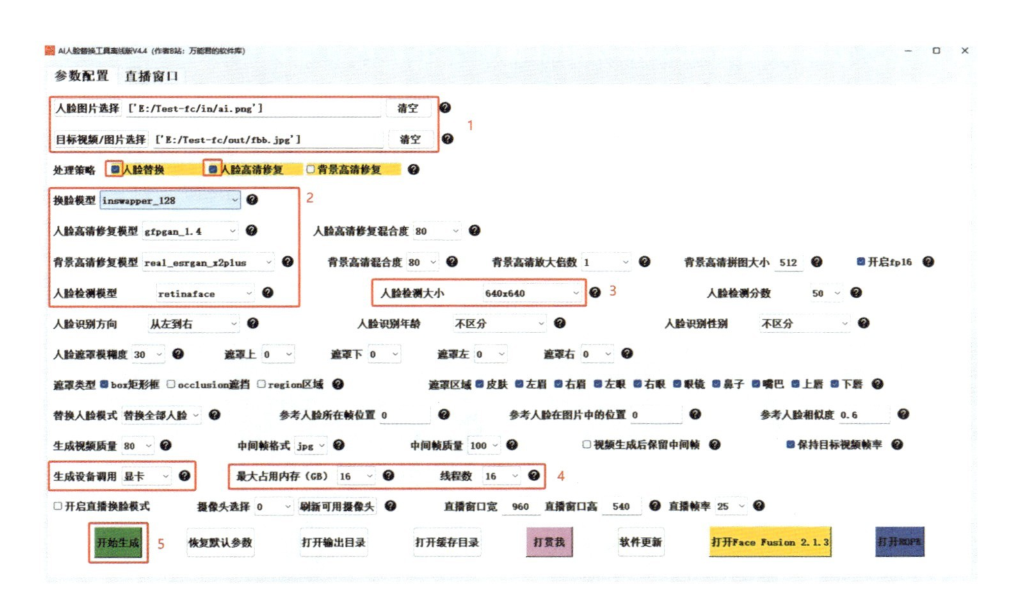

人脸检测大小根据照片的尺寸和人脸所占比例来决定。

生成设备调用，根据自身的硬件配置设置即可，越高生成速度越快。最后点击生成即可。我们以一张 AI 生成的照片为例把人脸换成两位演员，看一下效果。

素材照片

生成前的照片　　　　生成后的照片

最终融合效果很好，可以很容易识别出人物的样貌特征。

（3）视频换脸操作流程

接下来我们再来演示一下视频换脸生成的过程。人脸图片我们还是选择刚才的人脸照片。目标视频我们选择一个之前的案例素材。其他设置先保持和照片换脸一样。点击生成，生成过程中后台会对视频进行重新演算，最终导出一个换脸后的视频。

换脸前的视频素材如下图。

换脸后生成的视频如下图。

可以看出最终成品的效果很好，几乎没有什么违和感，并且脸部较原视频更加清晰锐利了。

2. SD — Temporal-Kit 视频转换风格创作

文字生成视频的技术面世已久。例如知名的 Runway Gen2 以及 Pika，而借助 Stable Diffusion 的开源，很多开发者开发出了基于 SD 可以生成动画和视频的应用技术，可以实现各种类型的视频重绘，这其中当下热门的就是利用 Temporal-Kit 插件转换视频风格。

Temporal-Kit 插件的安装方式和其他插件一样，在拓展的可下载中搜索安装即可。

当然也可以选择从网址安装，安装好后需要重启页面才能生效。我们还需要安装 ffmpeg 并在环境变量中添加路径。

首先我们需要新建一个工程目录，路径中要避免出现中文字符、空格及特殊字符等。如：“E：\Test\CP01\”。把我们需要用到的原始视频放入 Test 文件夹中，CP01 文件夹备用，后续我们会在这个文件夹中生成很多关键帧及序列文件夹。

开始使用插件之前，如下图，需要先依次操作“设置”的“图像保存”，然后把“在文件名前添加序号”的勾选取消掉。这样生成的序列就不会改变文件名，影响后续 EBSynth 预处理的正常工作。保存设置，重载 UI。

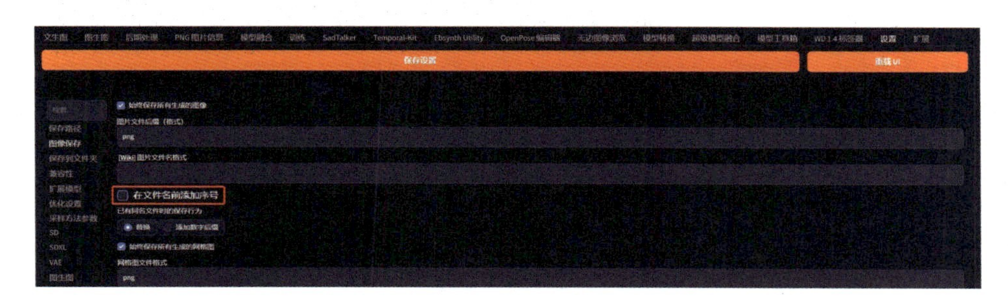

我们正式开始转绘操作。如下图。

①在主界面中选择 Temporal-Kit 插件栏。

②首先选择预处理。

③在输入窗口点击从我们设置好的路径中导入，导入需要转绘的视频文件，

④每边张数选择“1”意味着我们每个单帧即为一张图片，

⑤高度分辨率我们输入原视频分辨率即可。每几帧提取 1 个关键帧，默认为 5，这里根据视频动作幅度可以按需设置，一般情况下默认即可。

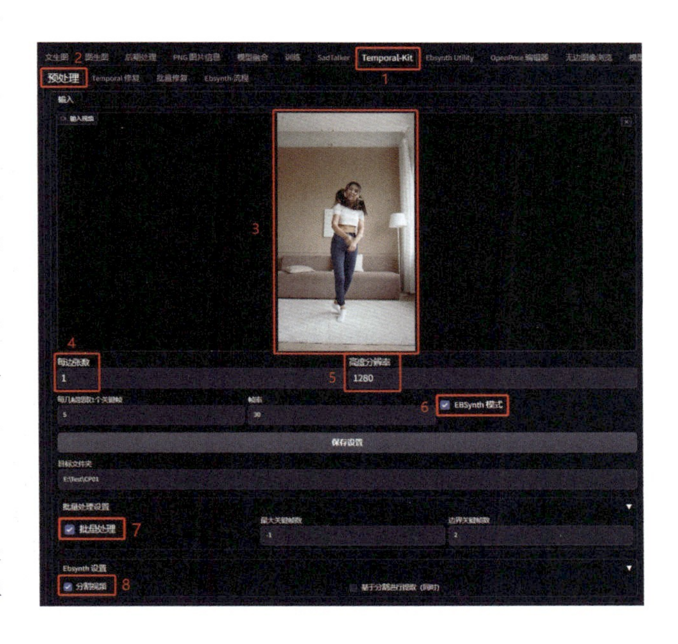

⑥帧率是生成视频的帧率一般视频 30 即可。这里需要勾选 EBSynth 模式。点击保存设置。

目标文件夹即刚才我们设置的 E:\Test\CP01（一定不能有中文路径）。勾选批量处理及分割视频。其他保持默认即可。

⑦勾选批量处理。

⑧勾选分割视频。如果视频长度比较长，系统会把视频切割为好

几段来分开运算。

如下图，设置完成后我们点击右侧运行。

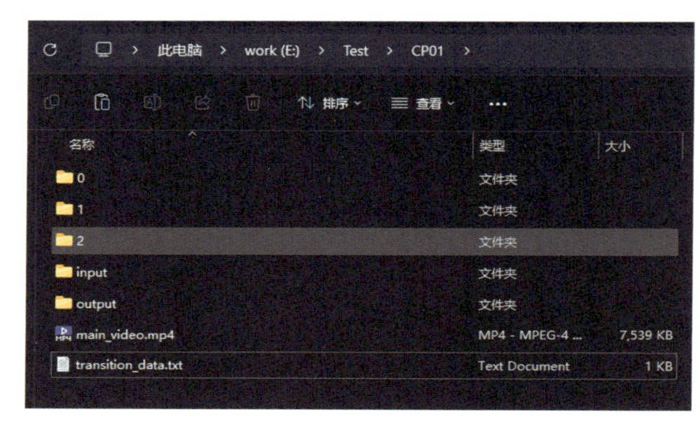

运行结束后我们会在之前设置好的文件夹中看到系统创建出了好多子文件夹，如下图，input 文件夹，放的是原图的所有关键帧图像，output 文件夹放的是重绘后的所有关键帧图像，0 和 1、2 的子文件夹是 Ebsynth 自己拆分出来的，每个子文件夹放 20 个关键帧图像，依此类推，超过 20 张图的话，就会再分一个文件夹出来，文件夹里还有很多子文件夹。

接下来的步骤就是我们之前学到过的图生图，把拆分出来的关键帧图像转换为三维卡通风格，在 input 文件夹中我们把第一帧图像拖入图生图中重绘。

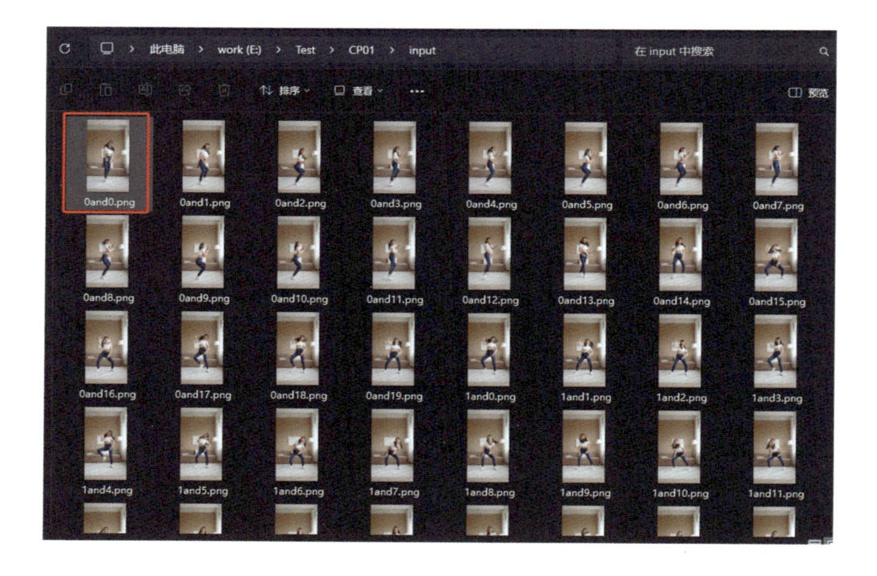

选择一个合适的大模型，这里我们想要生成三维卡通人物效果，就选择了“realcartoon3d_v15”这款大模型。提示词比较重要，我们想要参考原视频就要尽可能把原视频中的元素都表达在正向提示词中，比如衣着，行为动作，身材比例，环境背景等。这里我只想要改变角色的发色其他的特征尽可能接近原视频，所以我对他的发型、衣服、裤子、袜子都进行了描述，这样可以保证生成的图像与原图基本大致相符，否则我们生成的人物会有时衣服不一样，有时穿鞋或不穿鞋这种情况存在。这对我们生成其他关键帧，提升或保持角色一致性都有显著的作用。下图为提示词设置界面。

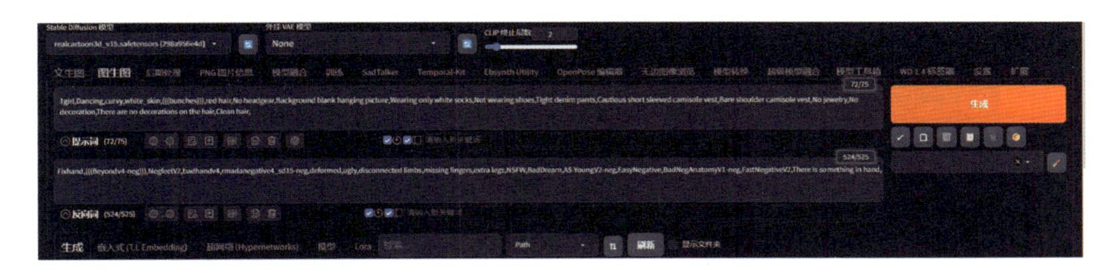

如下图，这里图生图的设置和之前我们学习的方法一样，尺寸点击三角尺图标，读取原视频的高度、宽度，这里需要着重注意的是重绘幅度，不能调的过大，超过 0.4 画面生成的变量就会比较多，很难保证画面的一致性。这对我们生成流畅连贯的视频非常不利。

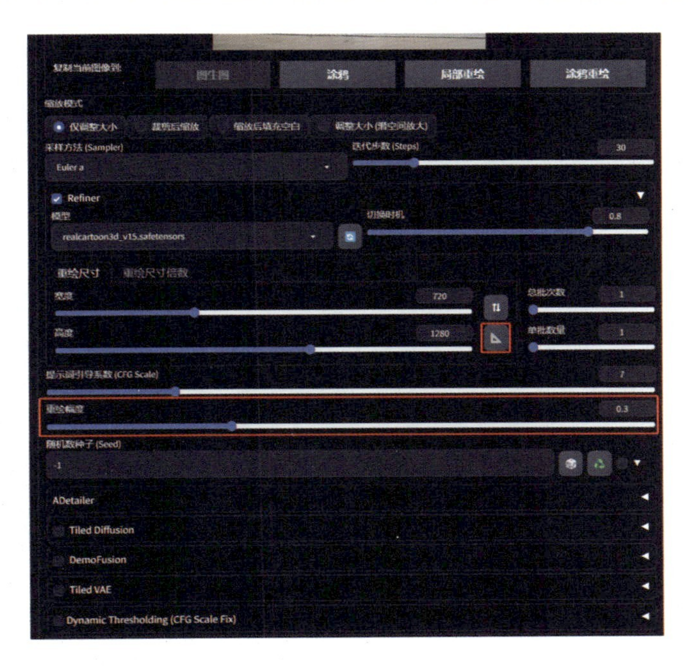

接下来我们分别设置两个 ControlNet 来控制角色的动作和背景，“lineart” 控制动作和细节，“depth_zoe” 控制背景和环境。选择更偏向提示词模式。勾选风格对其。如下图，如果人物面部崩坏可以勾选上脸部修复插件。

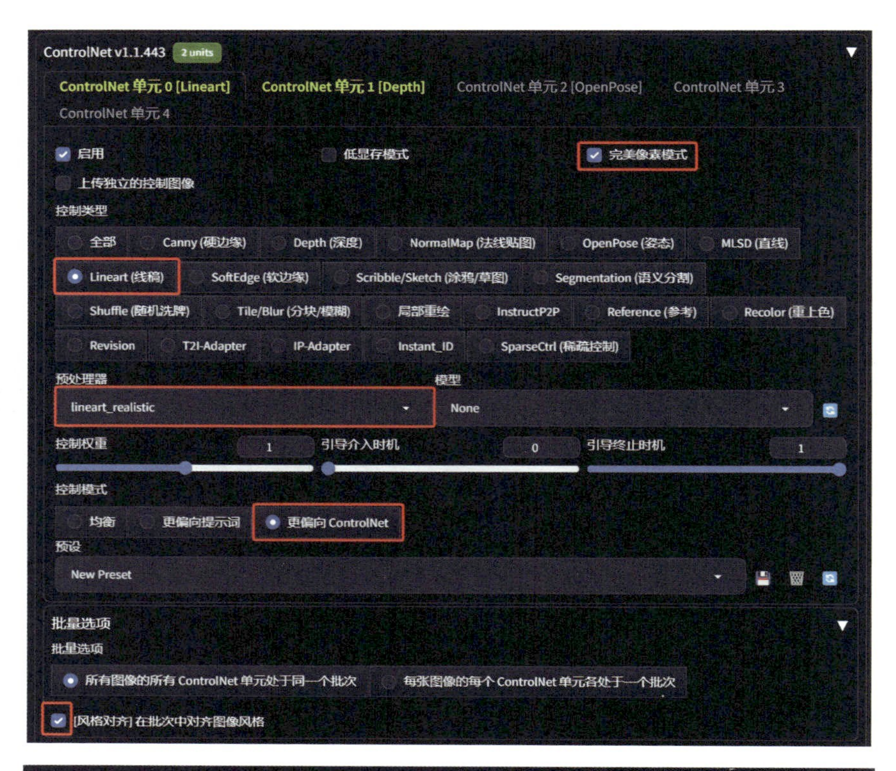
ControlNet v1.1.443
2 units
ControlNet 单元 0 [Lineart]
ControlNet 单元 1 [Depth]
ControlNet 单元 2 [OpenPose]
ControlNet 单元 3
ControlNet 单元 4
启用
低显存模式
完美像素模式
上传独立的控制图像
控制类型
全部
Canny (硬边缘)
Depth (深度)
NormalMap (法线贴图)
OpenPose (姿态)
MLSD (直线)
Lineart (线稿)
SoftEdge (软边缘)
Scribble/Sketch (涂鸦/草图)
Segmentation (语义分割)
Shuffle (随机洗牌)
Tile/Blur (分块/模糊)
局部重绘
InstructP2P
Reference (参考)
Recolor (重上色)
Revision
T2I-Adapter
IP-Adapter
Instant_ID
SparseCtrl (稀疏控制)
预处理器
lineart_realistic
模型
None
控制权重
1
引导介入时机
0
引导终止时机
1
控制模式
均衡
更偏向提示词
更偏向 ControlNet
预设
New Preset
批量选项
批量选项
所有图像的所有 ControlNet 单元处于同一个批次
每张图像的每个 ControlNet 单元各处于一个批次
[风格对齐] 在批次中对齐图像风格

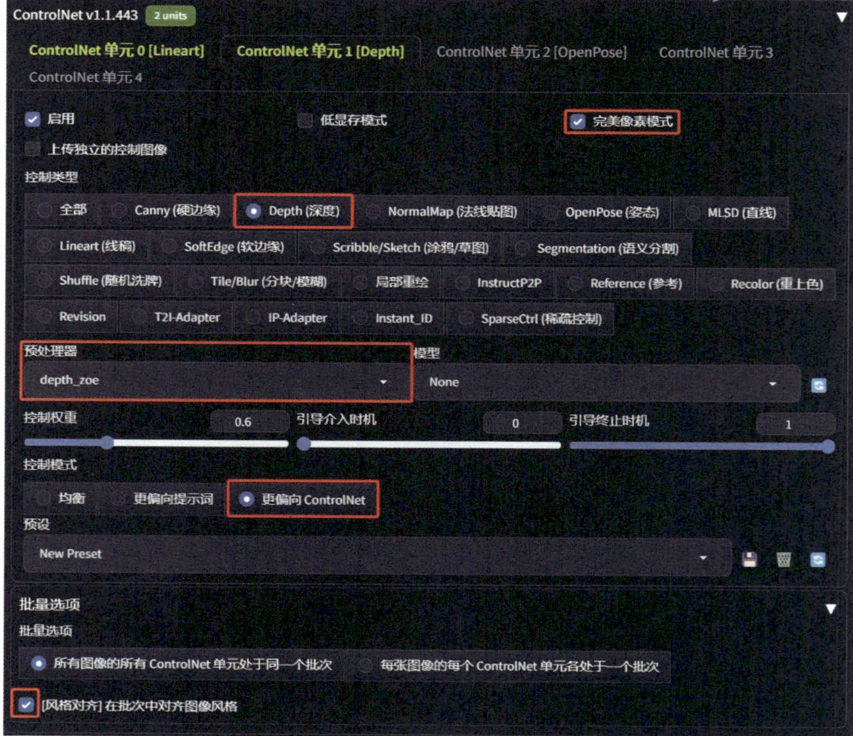
ControlNet v1.1.443
2 units
ControlNet 单元 0 [Lineart]
ControlNet 单元 1 [Depth]
ControlNet 单元 2 [OpenPose]
ControlNet 单元 3
ControlNet 单元 4
启用
低显存模式
完美像素模式
上传独立的控制图像
控制类型
全部
Canny (硬边缘)
Depth (深度)
NormalMap (法线贴图)
OpenPose (姿态)
MLSD (直线)
Lineart (线稿)
SoftEdge (软边缘)
Scribble/Sketch (涂鸦/草图)
Segmentation (语义分割)
Shuffle (随机洗牌)
Tile/Blur (分块/模糊)
局部重绘
InstructP2P
Reference (参考)
Recolor (重上色)
Revision
T2I-Adapter
IP-Adapter
Instant_ID
SparseCtrl (稀疏控制)
预处理器
depth_zoe
模型
None
控制权重
0.6
引导介入时机
0
引导终止时机
1
控制模式
均衡
更偏向提示词
更偏向 ControlNet
预设
New Preset
批量选项
批量选项
所有图像的所有 ControlNet 单元处于同一个批次
每张图像的每个 ControlNet 单元各处于一个批次
[风格对齐] 在批次中对齐图像风格

通过多次测试我们得到了如下和参考图较为接近的图。

复制它的种子数，粘贴到随机种子数中，点击下图中绿色图标锁定种子。

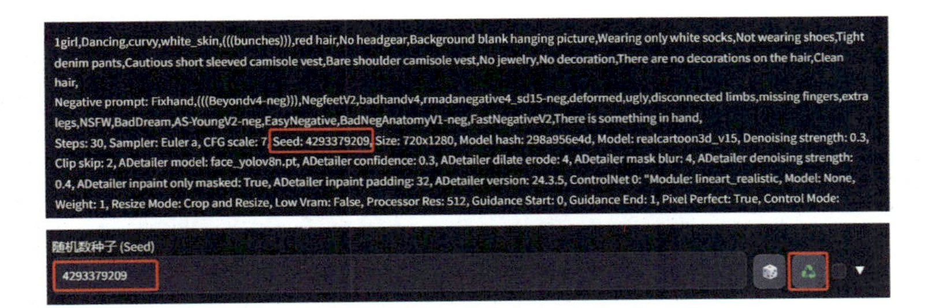

接下来，我们就要对单帧进行批量处理了。在生成界面选择批量处理，把输入和输出目录分别粘贴到对应位置，点击生成。等待进度条跑完。

如下图，我们看到 output 文件夹里已经有关键帧陆续生成了。

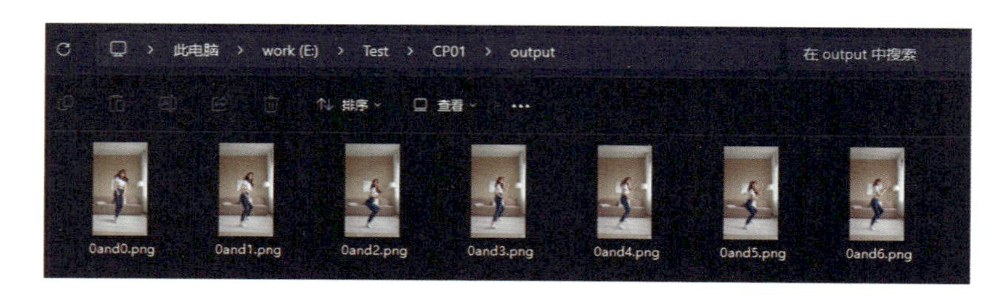

如下图。①生成好所有关键帧之后，选择 Ebsynth 流程。②输入文件夹输入我们的工程目录路径。③点击上传路径中的原视频（注意一定要是路径中这个视频文件 main_video.mp4），这个视频中会存在之前的设置信息。④最后点击载入上次设置，设置出片分辨率。⑤点击预处理 Ebsynth，这个过程就是把刚才我们拆出来的关键帧再重新放回去，主要是把我们刚才生成的 output 里面所有这些关键帧的新图重新写到这几个子目录的文件夹下，它的名称就是每隔 5 帧一个，所以关键帧被拆到了每个文件夹里。Ebsynth 的运算一次只能处理 20 帧图像，所以 20 帧就是一个文件夹。

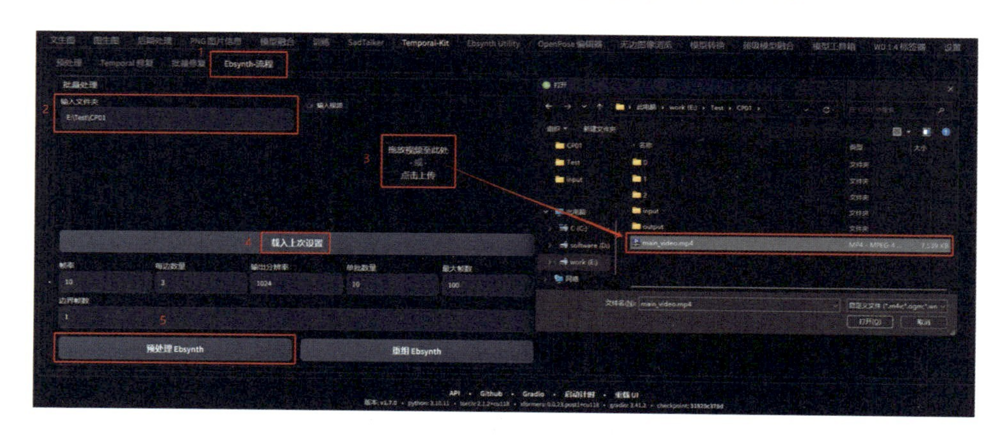

然后我们就需要用到 EbSynth.exe 这个软件，下载地址：“Ebsynth.com”点击下图 Download 即可下载。

下载完成之后无需安装，如下图，解压后点击 EbSynth.exe 即可使用。

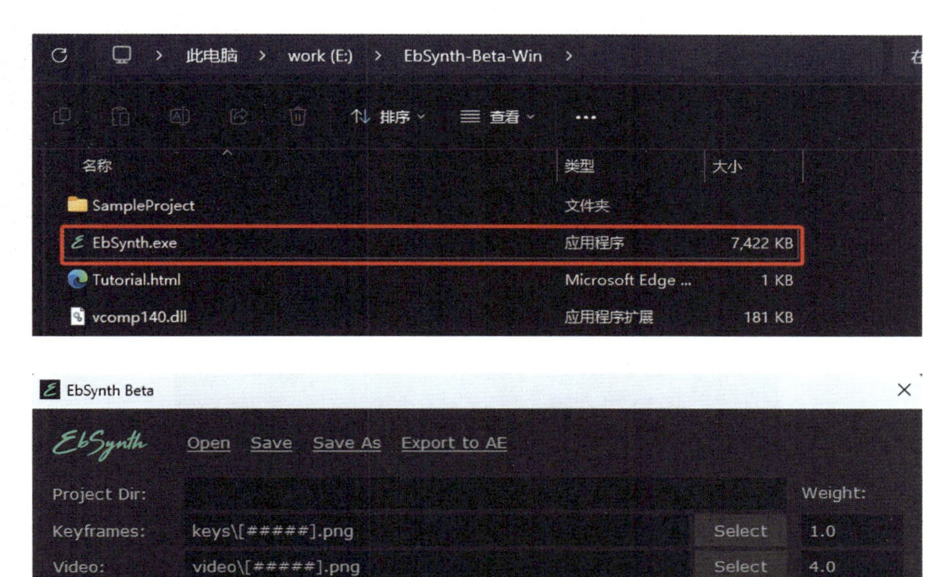

在工程 0 文件夹中分别把 frames 拖入 EbSynth 中的 video 中 keys 拖入 keyframes 中，点击“Run All”运行，在 1 和 2 文件夹中进行同样操作，如果你要转换的视频帧数更多会有更多文件夹也都要进行同样操作。如下图。

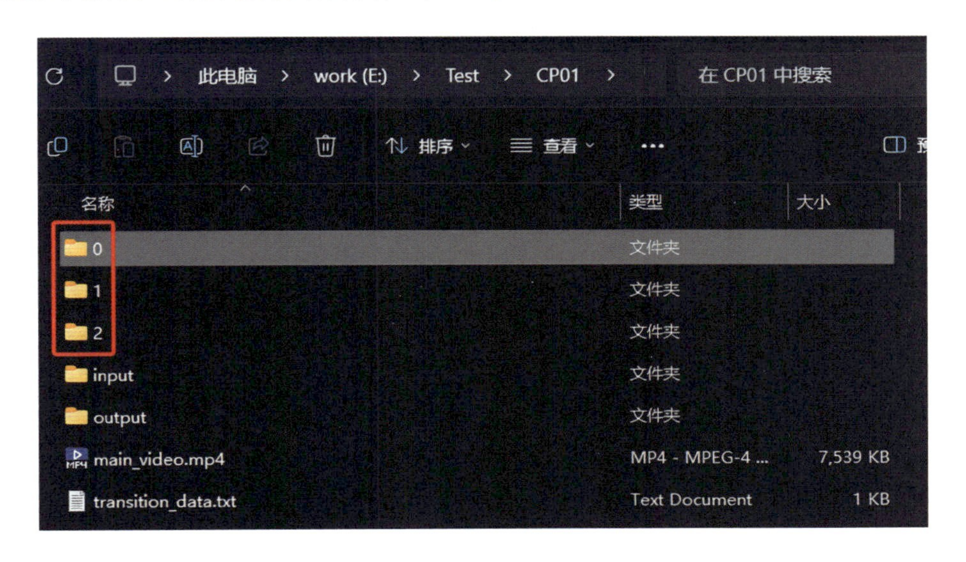

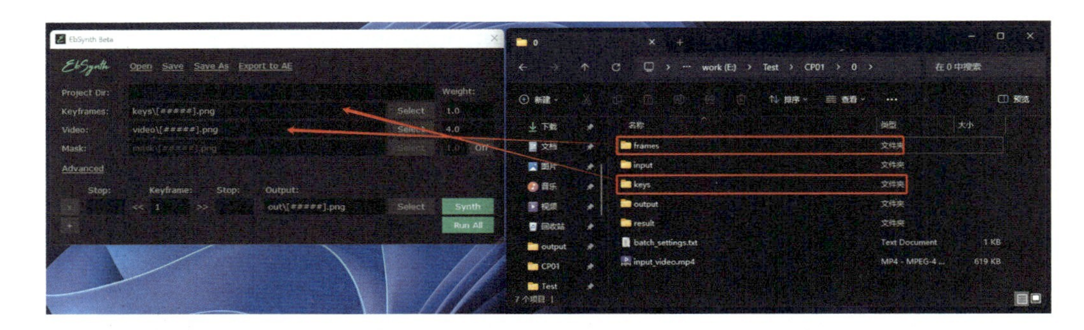

运行结束后回到 SD 界面，点击下图中的重组 EbSynth。

即可合成如下的最终成片。

3. 巧用 Comfyui 工作流进行短视频转绘

在之前的章节中我们也曾简单介绍过 Comfyui，下面我们系统地介绍 Comfyui 工作流的使用方法。Comfyui 的操作界面初次呈现时，是一个基于节点的文生图工作流，整个界面宛如一张巨大的画布，节点以不同颜色线条相连，形成了一幅复杂的网络图。这些节点实际上代表了不同的处理环节，它们共同协作，如同流水线一般，将各个步骤的结果整合成一个完整的作品。

下图为 Comfyui 操作界面。

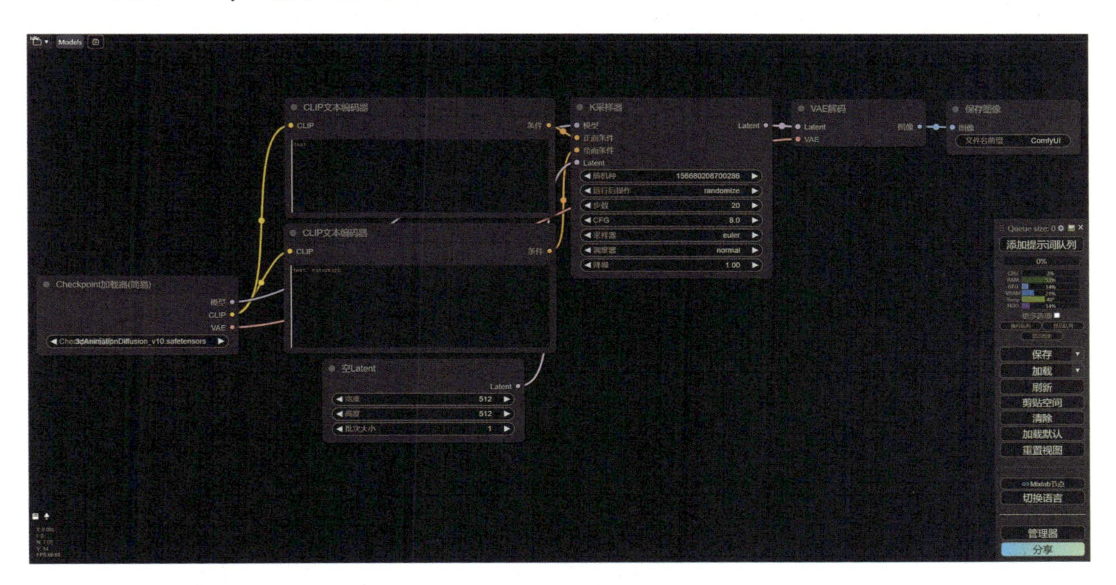

默认情况下，Comfyui 界面可能以英文展示，但如果是安装了如秋叶等整合包版本，通常包含了汉化包。用户只需点击右侧设置图标，在语言选项中选择中文，界面便会自动切换为中文模式。然而，熟悉英文模式同样重要，因为某些节点或功能在翻译后可能不易检索。

在操作界面时，用户可以使用鼠标滚轮缩放画布，左键点击并拖动来移动画布。按住 Ctrl 键并点击左键可进入选择模式，方便选择多个节点。单独点击节点会使其高亮并显示白色外框，表示已被选中。节点可随意拖动至画布任何位置，连接线也会相应变长或变短。此外，节点支持堆叠，新添加的节点默认位于最上层。右键点击节点还可以选择改变其颜色，以满足用户的个性化需求。当你需要新增一个节点时，只要在空白处单击右键，选择要新建的节点即可。

我们先试试用默认参数和描述语生成一张图，只需要单击右侧的提示词队列，系统就会按照我们节点的链接顺序依次运行每个节点，如下图所示，运行到哪个节点，哪个节点的显示边框就会亮起来，最后生成出来的图片也会显示在预先设置好的图片预览节点和页面的最下方。如果我们的操作有误或某个节点的线连接错误，系统就会提示报错，而且会把出现错误的这一步以红色边框的形式显示出来。

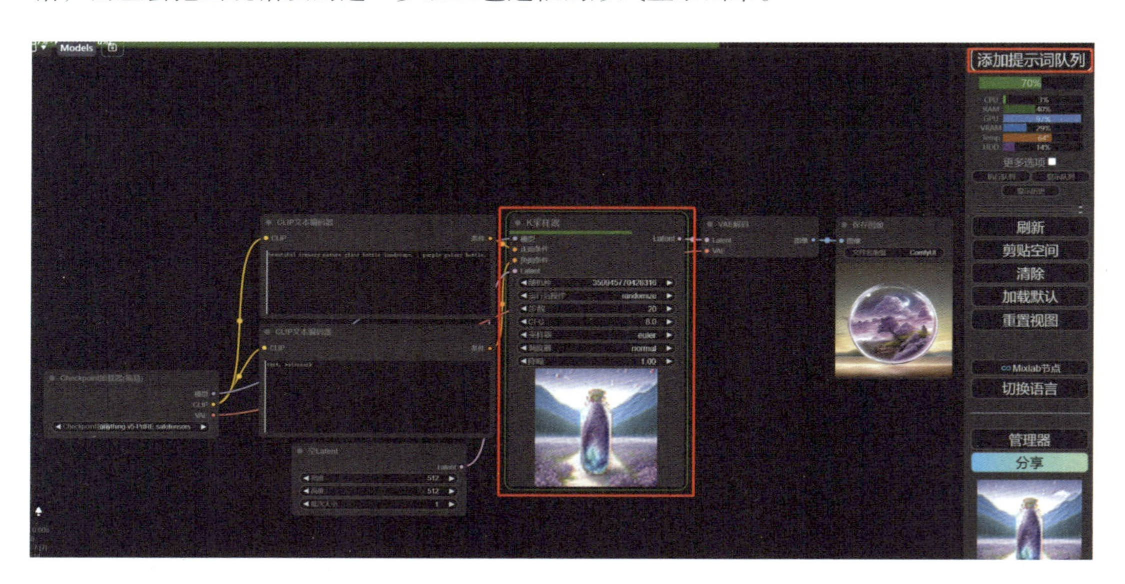

Checkpoint 模型加载器节点就是我们选择大模型的地方，单击就会出现我们预装载的模型文件，两个 CLIP 文本解码器就是正向和反向描述语输入框，空白 Latent 节点可以设置宽高比和生成数量，K 采样器节点可以设置其他的类似于种子迭代步数，cfg 值采样器等参数。这些和 WebUI 里的操作是一致的。

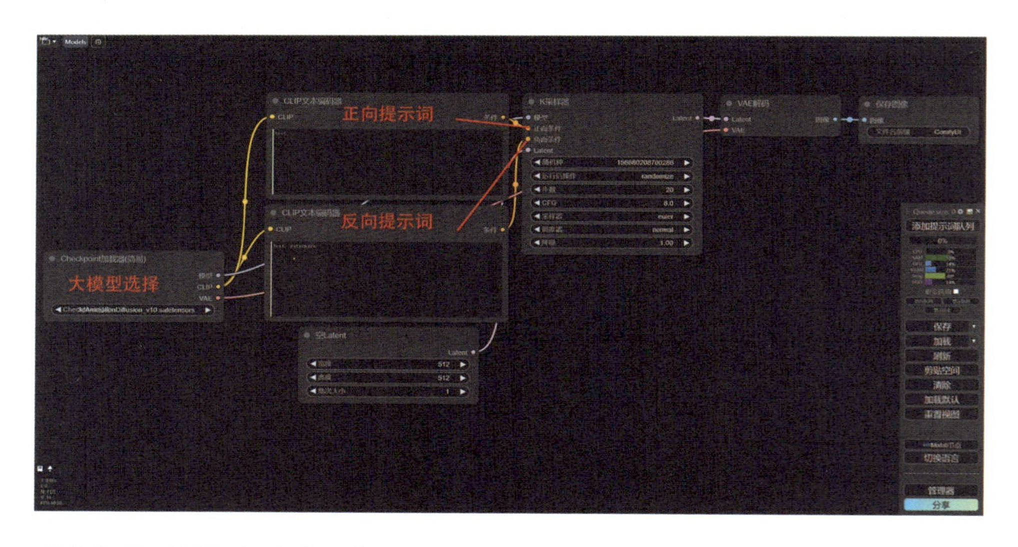

当我们需要添加新内容比如要选择一个 LORA 时，我们就需要新增一个节点，如下图，鼠标左键双击空白部分搜索“LORA”或右键单击调出菜单，选择新建节点“LORA 加载器”就可以创建一个新的 LORA 节点。

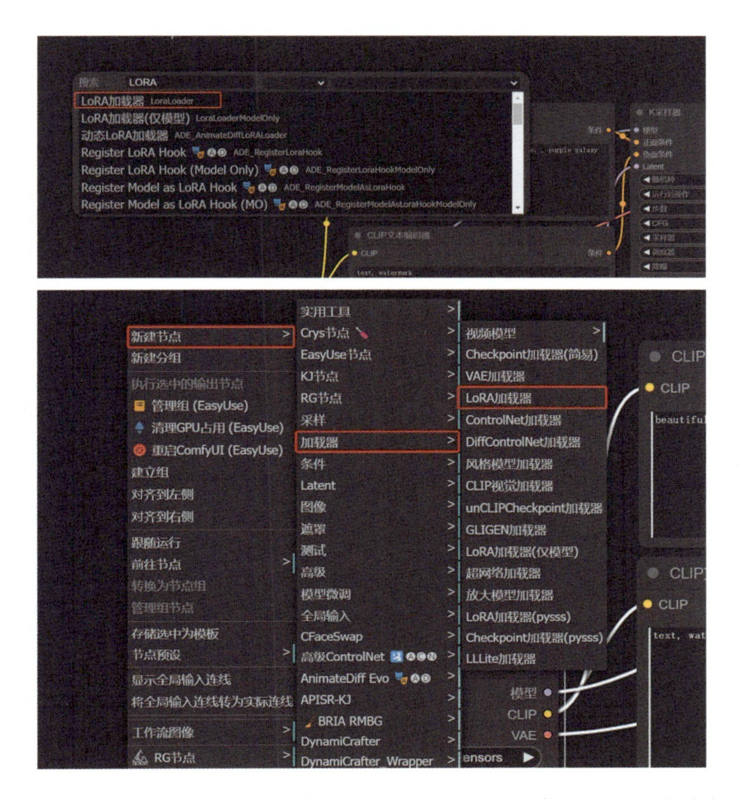

LORA 的接入应该是在大模型之后就要进行，所以我们改变连接线把模型对应的连接线接上，如下图所示，再把大模型 CLIP 连接点连到 LORA 上，把 LORA 的 CLIP 连接点与正、反向描述词连接上，这样 LORA 就正确的串联进工作流中了，我们再次点击生成 LORA 模型已经正常的生效了。

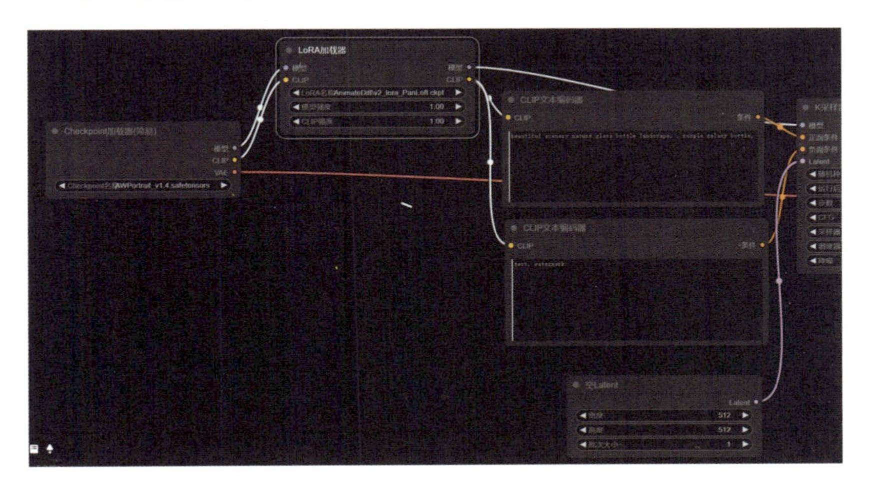

尽管 Comfyui 的操作流程在表面上看起来可能稍显复杂，但在实际应用中，我们并不需要逐个手动构建每一个节点。为了提升效率，我们可以直接利用他人已经构建好的工作流。

实现方法有两种。

其一，我们可以直接将包含工作流的 PNG 文件拖放到 Comfyui 的界面中。举个例子，如果我们访问 AnimateDiff 的 GitHub 主页，就可以将作者提供的标准文生视频工作流图片拖入，此时页面会自动将当前的工作流替换为导入的工作流。

其二，如下图，在界面的右侧选择“加载”功能，通过此功能，我们可以加载已经下载或保存好的 json 格式的工作流文件，从而达到同样的效果。

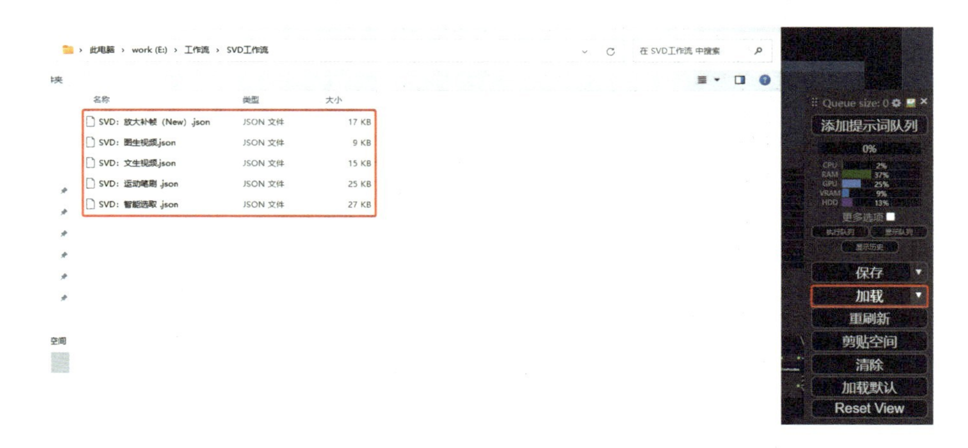

当我们想要将当前的工作流页面保存为一个文件时，只需点击右侧的“保存”按钮，它就会被保存为 json 格式的文件。此外，我们还可以在页面的空白处右键点击，从弹出的菜单中选择“工作流图像”下的“导出”选项，从而导出多种格式的文件。

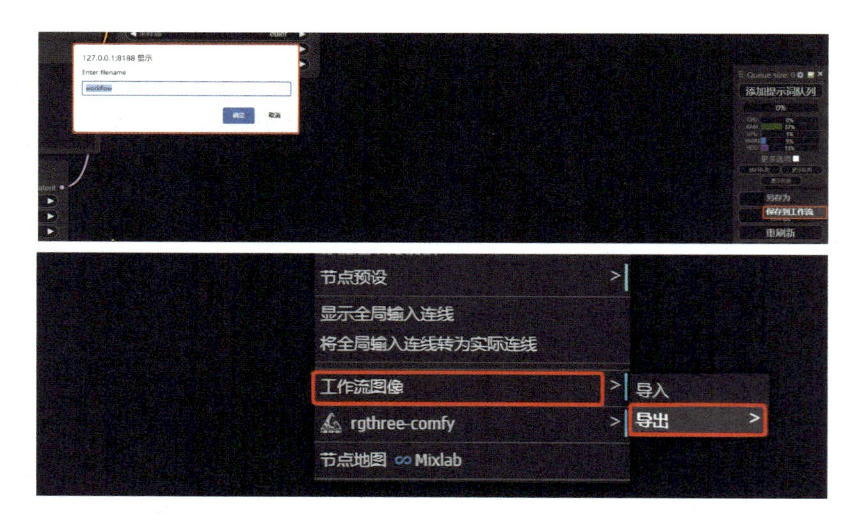

此外，Comfyui 还提供了自定义节点颜色的功能。我们只需右键点击任何一个节点，然后选择“颜色”选项，就可以为节点选择新的颜色，以便更好地进行区分和管理。

接下来，我们以一个网上下载的比较简单的工作流为例，这个工作流的功能是用一张参考图，生成一段动画的工作流。如下图所示：首先，在模型处载入一个 SVD 模型，然后，载入我们想要生成视频的参考图，注意生成视频尺寸比例与参考图一致。此外，由于 SVD 动画生成模型的参数限制，诸如帧数、帧率，所有其他参数保持默认即可。

最后，点击添加提示词队列，就能看到工作流开始运算了。

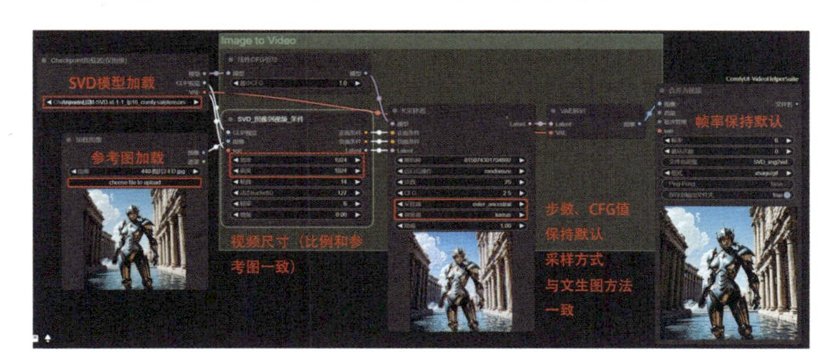

最终在最右侧预览窗口会生成如下图所示的一段时长 2 秒的动画。

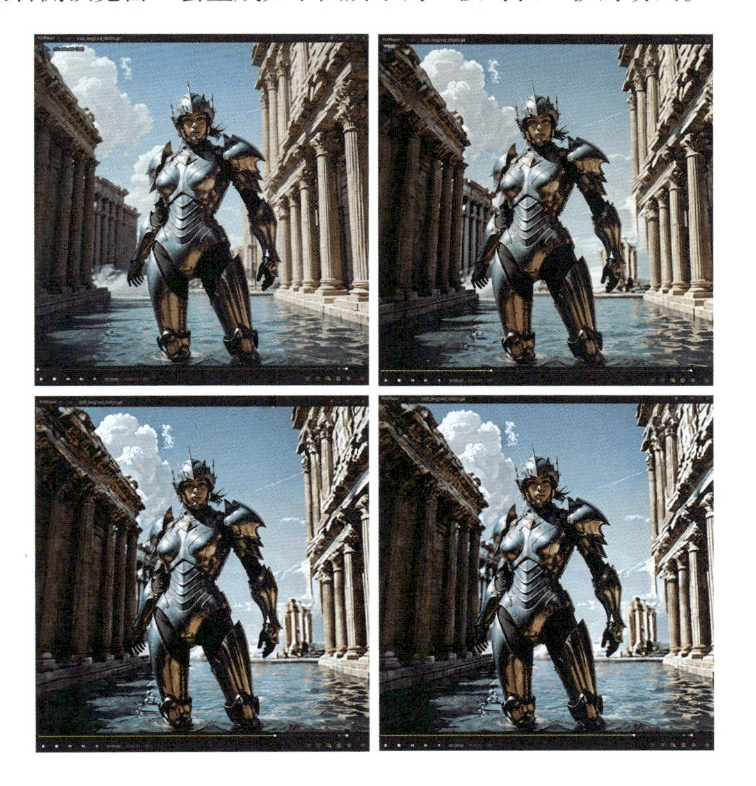

二、AI 动画、短视频制作案例

随着科技的飞速发展，AI 动画与短视频制作已成为创意产业的新宠。通过先进的算法和强大的计算能力，AI 技术不仅为动画制作带来了前所未有的效率提升，更为创作者们提供了无限的创意空间。从概念设计到场景渲染，从角色动作到音效配乐，AI动画正以其独特的魅力，引领着视觉艺术的新潮流。同时，短视频作为当下最受欢迎的媒介形式之一，结合 AI 技术，正以其短小精悍、内容丰富的特点，迅速俘获了广大用户的喜爱。本节旨在探讨 AI 动画与短视频制作的案例，揭示其背后的技术原理与创意灵感，为相关领域的从业者提供有益的参考与启示。

（一）AI 动画制作实例

在本节中，我们将一步一步教大家用 AI 工具制作三维动画短片。我们用到的工具有 ChatGPT、Runway、Pika、stablevideo、Midjourney、SD、Photoshop、剪映等。

1. 制作思路

故事构思和剧本编写：首先需要一个好的故事和剧本，作为动画短片的基础。这包括确定主题、角色设定、情节发展等。

角色设计和场景设定：根据剧本需要设计动画角色的外观、服装、动作，以及背景场景的构图和设计。

音频素材：准备好需要在动画中使用的音效和配乐素材，确保它们与故事情节和氛围相符。

声优和配音：如有需要，准备好声优和配音演员，并录制他们的声音以配合角色对话和情绪表达。

动画制作流程：制定好动画制作的流程和时间安排，包括分镜头、动画帧的绘制、色彩设计、动画效果等。

我们依照这一流程做适当的简化，首先需要确定一个故事情节，让 ChatGPT 帮我们写一个简短的小故事，再让他通过故事剧本写出大致的脚本和分镜，最后再依据分镜对每个镜头进行具体构思和制作。

前期我们可以把自己的想法通过手绘或者文字简单记录下来，把每一个镜头在脑海中有一个初步设想。比如在脚本中我们可以把每个镜头的光线、镜头运动的轨迹都尽可能细致的记录出来。这样有助于我们在 MJ 或 SD 中填写提示词时，思路更加清晰明确。我们也可以同时对每个镜头的背景音乐和旁白做一个大致的描述，一段合适的背景音乐可以起到烘托影片整体氛围的作用，给观众带来沉浸感和代入感。

下面我们就正式开始制作。首先，打开 ChatGPT，让 ChatGPT 编写一段简短的故事梗概，只要简单描述我们的需求，如故事的主题，受众群体，大致篇幅（时长），可以让他生成多个版本供我们筛选。最后发送给 ChatGPT 生成即可。

以下是生成的结果，我们选取了其中一段。

（1）标题：笑容的力量。

（2）故事梗概：在一个平凡的城市里，住着一个乐观开朗的小女孩，名叫小妮。小妮的家庭虽然并不富裕，但她总是带着灿烂的笑容面对生活。一天，小妮在街头偶遇了一只流浪狗，它看起来受伤且无家可归。小妮决定带着这只狗狗回家，并开始了一段温馨感人的故事。

（3）故事情节

①开场：介绍小妮和她乐观开朗的性格，展示她与家人的温馨互动。

②偶遇流浪狗：小妮在街头发现了一只受伤的流浪狗，心生怜悯并带它回家。

③关怀与陪伴：小妮开始照顾流浪狗，给它治疗伤口，并陪伴它度过每一天。

④社区帮助：小妮向社区寻求帮助，让更多人关注流浪动物的保护和关爱。

⑤成长与感动：通过与流浪狗的相处，小妮变得更加成熟和有责任心，同时也感动了周围的人们。

依据这一故事情节，我们让 GPT 再为我们生成一个对应的动画分镜脚本，根据具体的脚本内容，我们才能准确的生成相对应的画面，它也是我们书写提示词的基础框架。

（4）动画脚本

标题：笑容的力量

场景一：快乐小镇

展示快乐小镇的热闹和欢乐氛围，各种各样的小动物们在快乐地生活着。主角小妮是一个乐观开朗的小女孩，她总是笑容满面，与家人和朋友们一起度过快乐时光。

场景二：街头偶遇

小妮在街头偶遇了一只受伤的流浪狗，它看起来无助又可怜。

小妮决定带着流浪狗回家，并开始照顾它的伤口。

场景三：家庭互动

小妮和家人一起照顾流浪狗，给它喂食、治疗伤口，并取一个名字叫作“小飞”。小飞渐渐恢复健康，与小妮建立了深厚的友谊。

场景四：寻求帮助

小妮向社区寻求帮助，呼吁大家关注流浪动物的保护问题。社区的人们纷纷响应，组织义务活动和募捐，为流浪动物们提供更好的生活条件。

场景五：成长与感动

经过一段时间的陪伴和照顾，小飞完全康复，展现出快乐活泼的性格。小妮在与小飞相处的过程中，成长为一个更加负责任和有爱心的小女孩。故事结尾展示快乐小镇的动物们和社区居民们团结一心，共同为保护动物做出努力，场面温馨感人。

2. 分镜单帧制作方法

在 GPT 生成过程中，我们觉得哪里不合适可以随时做出反馈，让他做出相应的调整。接下来，我们再根据分镜脚本的内容让 ChatGPT 为我们编写一段符合 Midjourney 的提示词。我在这里先给 ChatGPT 提出要求，让他在后面生成的提示词中严格按照要求进行撰写，提示词要求包含：时间、地点、光线、环境背景、人物氛围等，提示词需使用英文并且简明扼要。由于我们后期需要通过图生视频，所以我们要对每个镜头进行描述和生成，工作量也比较大。

以第一个镜头为例。场景 1：快乐小镇。

镜头机位：航拍镜头，俯视整个快乐小镇。

镜头描写：镜头慢慢俯视，展现快乐小镇热闹欢快的氛围，各种各样的小动物们在街上活动，笑容满面，流露出快乐和和谐的氛围。

场景描写：快乐小镇是一个色彩鲜艳、繁华热闹的小镇，街道两旁是五彩斑斓的房屋，小店门口摆放着各种美食和小玩具，孩子们在街上奔跑玩耍，动物们互相打闹嬉戏，快乐的笑声不断传出，整个场景充满了生机和活力。

我们把这些提示词进行组合输入到 Midjourney，输入“/imagine”将提示词写入框内，由于我们希望成片有动画电影的效果，所以我们希望画幅是 16∶9，我们再在提示词后加上“– – ar 16∶9”这样生成的图像画幅就会是 16∶9 了。最后，为了统一画面风格我们需要在开头或结尾处加上对画面风格的描述，比如“Pixar 动画风格”等。最后点击生成。

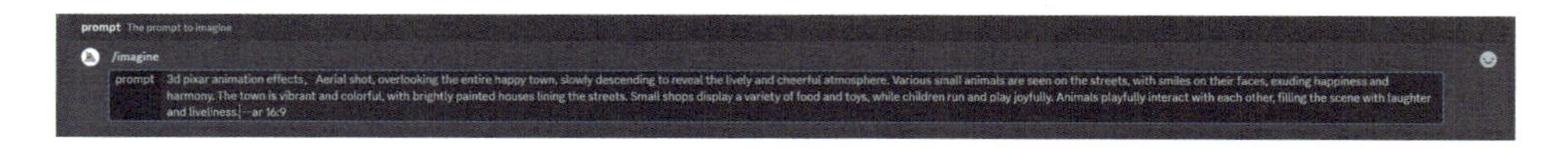

经过多次生成，我们筛选出符合要求的图像进行放大和调整。方法我们在之前的章节中详细讲解过。

选择图像 2 进行放大，这个画面更加符合我们开场镜头的氛围，细节也相对丰富真实。

按照这样的思路去生成每一个画面。

由于我们制作的是一个动画短片，所有角色人物包括画面风格都需要统一，这里就必须要用到 Midjourney 画面一致性功能进行操作，比如镜头 2 中小妮在街头发现，抱起救助小狗，这两个镜头中小狗和街道背景环境必须是相近的，包括整个动画过程中的主角小妮的形象也必须是尽可能相近或相同的，具体怎么操作呢，我们来演示一下：

通过“cref”指令 Midjourney 可以简单有效的生成一致的角色。首先生成一张自己想要的角色图片，或者上传一张已经准备好的角色图片，我们简单描述角色延展的关键词，然后我们输入“– – cref”空格复制粘贴角色参考的图片链接（图片需要拖入 Midjourney 中生成链接），如果你想更好的控制角色生成，那就需要在关键词后面加上杠“– –cref”参数。cref 参数的默认值是 100，这时 Midjourney 会参考角色的脸部、发型、服装等元素 cref 值为 0 时 Midjourney 只会捕捉面部，类似于人脸替换。我们还可以与“– – sref”结合使用，同时改变图片的画风，只需要在关键词的后面加上空格“– – sref”空格粘贴我们想要参考的风格图片链接就能生成角色和风格都一致的图片了。

如下图，在生成镜头素材图片过程中，我们可以边生成，边对照着脚本分镜观察，发现有用的图片就可以存下来备用，Midjourney 生成的图片具有一定随机性，某个镜头描述生成的图像也许会在其他镜头中可以用到。

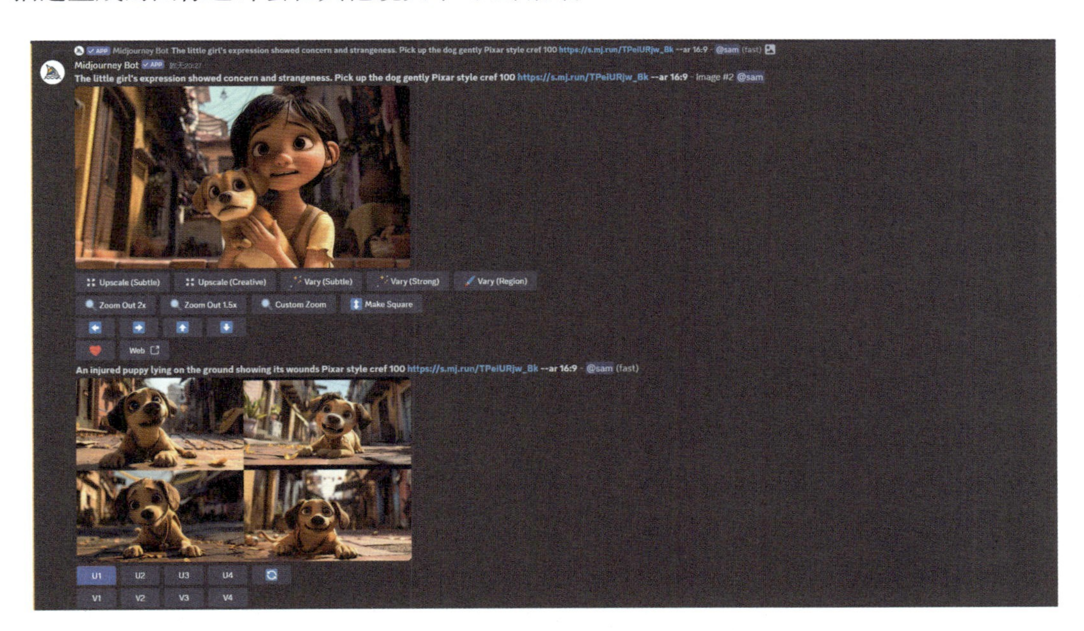

然后，用 Photoshop 针对一些镜头画面进行精修和调整，把一些可能会出现不协调或者颜色、光线等等不匹配的进行再次构图或者修改，让整体画面看上去更加和谐统一，保证动画短片一致性。

最后，如下图，把生成的图片按照镜头表现的需求进行分类。

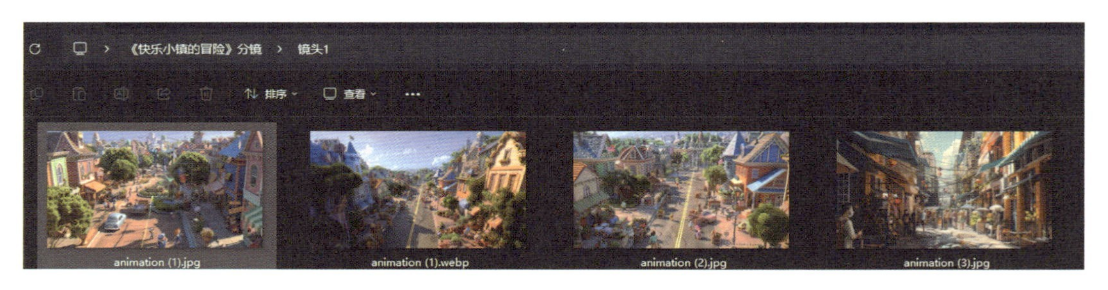

3. 动画生成

打开 Runway，将得到的图片上传，加入合理的镜头运动以及准确的提示词。

如下图所示。

用笔刷在想要精准控制的部分进行调整。

如果想生成对口型的效果和环境音，可以使用 Pika 来尝试。

根据不同的分镜及镜头选择尝试多种生成工具组合使用，如下图，比如 stablevideo 制作相机运镜效果比较好，我们在中大场景镜头运镜时就可以尝试使用，目前 stablevideo 每天赠送 40 积分可以免费生成四个动画。

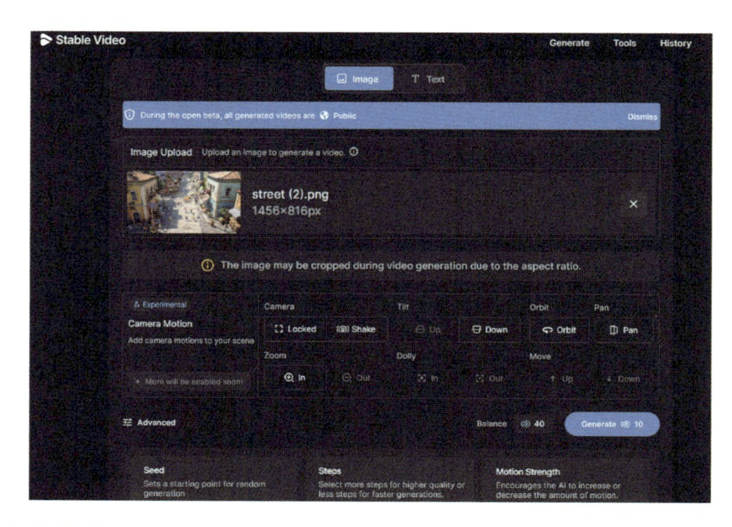

4. 后期合成输出

我们把所有分镜画面都做完相应的视频处理后，进入音频的处理和最终的剪辑合成阶段，在一部影片中，画面和声音占据了很重要的作用。首先我们需要给短片旁白和校色台词配音，根据我们之前章节中讲到的内容，可以用 ttsmaker.、llElevenLabs 等工具生成。我们可以根据画面的内容，情感递进，画面风格，灯光颜色等，在剪辑的音频音效中寻找合适的背景音乐，同时在特定画面中加入音频混响等。比如人流声，鸟叫声，使音频更贴近于画面所展示的内容。

以第一个镜头为例，如下图，我们用 GPT 生成了一段开场白：“在一个风景如画、和谐宁静的小镇上，生活着一群善良乐观的人们。他们相互关怀、互相支持，共同创造出了快乐小镇的美好生活。而这个小镇的故事，则由一个乐观开朗的女孩，小妮，来讲述”。我们用 ttsmaker 转换成一个女孩儿的音频素材，再选择一个舒缓的背景音乐把我们准备好的镜头 1 的素材进行组合剪辑。

在场景中我们还可以加入背景环境音的素材，加上字幕，尽可能让每个镜头多一些场景感和代入感。用这种方式，把所有场景组合后，我们就得到了一个完整的动画小短片。

最终生成一部时长一分钟左右的动画短片。以下是镜头预览效果。

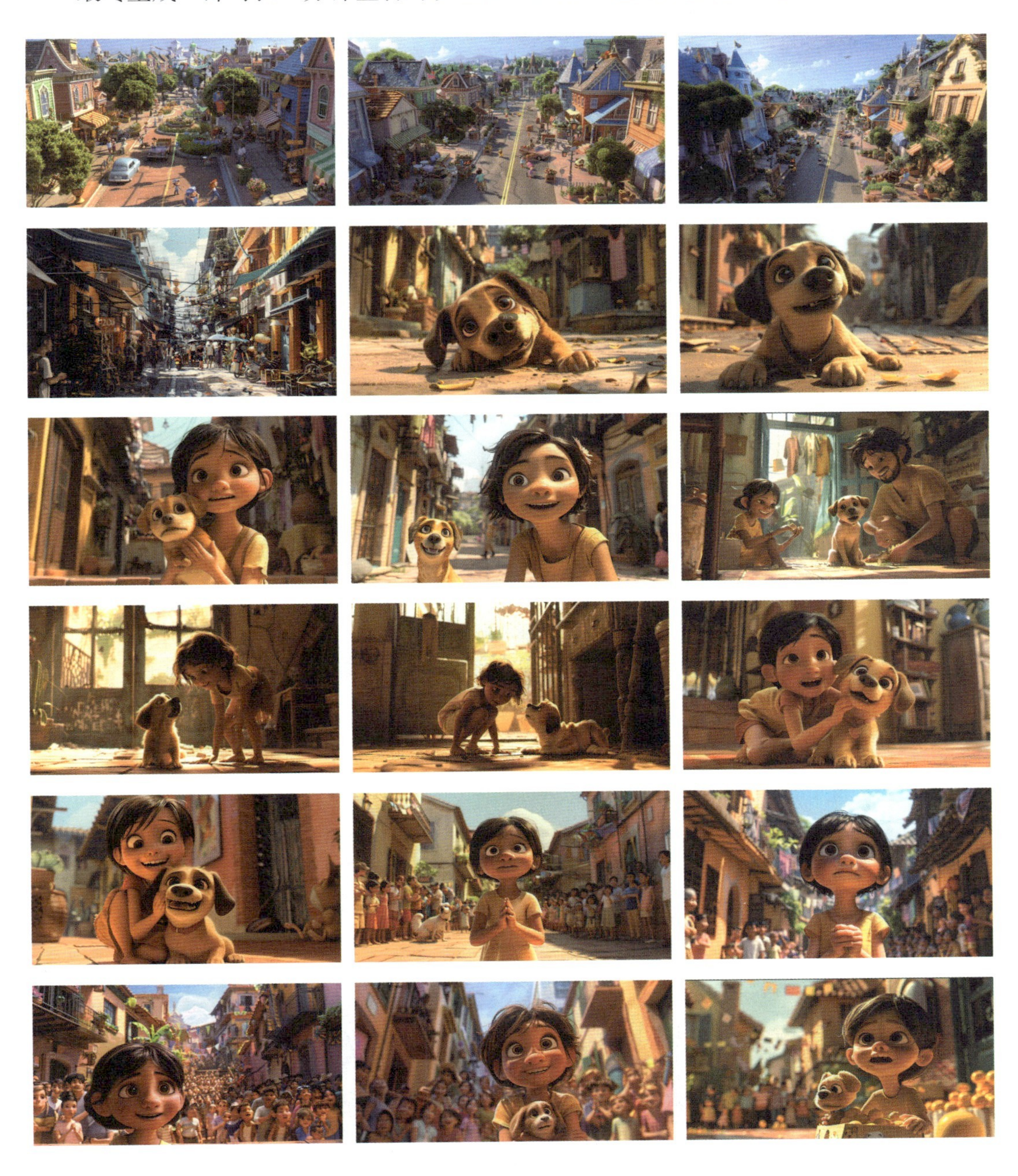

5. 二维动画实例及延展

熟悉了以上工作流程之后，我们再用一个二维动漫短片案例作为对以上知识点的巩固和制作思路的延展。

第一步仍是使用 GPT 或其他平台为我们撰写一个脚本分镜。

动画名称：丛林之心

场景一：丛林入口。镜头一：场景：阳光斑驳的丛林入口。角色：活泼的乡村女孩小丽准备进入丛林。

场景二：神秘邂逅。镜头二：场景：小丽迷路，遇到一只神秘小动物。

场景三：探险之旅。镜头三：场景：小丽和小动物一起探险，跨过溪流，发现美丽景色。

场景四：危机与救援。镜头四：场景：小丽陷入沼泽，小动物紧张营救。

场景五：告别与约定。镜头五：场景：夕阳下，小丽和小动物告别，相约再会。

镜头单帧制作：我们先来生成场景一的镜头画面，在 midjourney 对话框输入“/imagine” 输入以下提示词“2D animation style A sunny jungle entrance，dappled with sunlight filtering through the dense foliage. A young，lively country girl stands at the threshold，wearing a determined expression on her face. She's dressed in a simple，rural style，holding a basket in one hand and a staff in the other，ready to embark on an adventure into the unknown depths of the jungle --ar 16:9”“--ar 16:9”仍是为了锁定画幅比例。

如下图，在生成的四幅图像中选择两个比较满意的，再重绘四张进行比选。

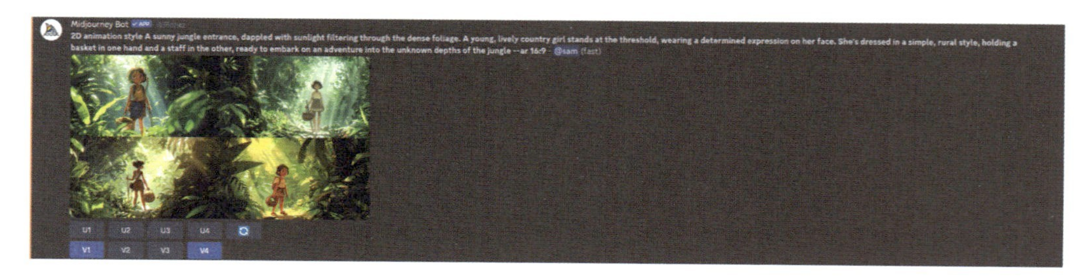

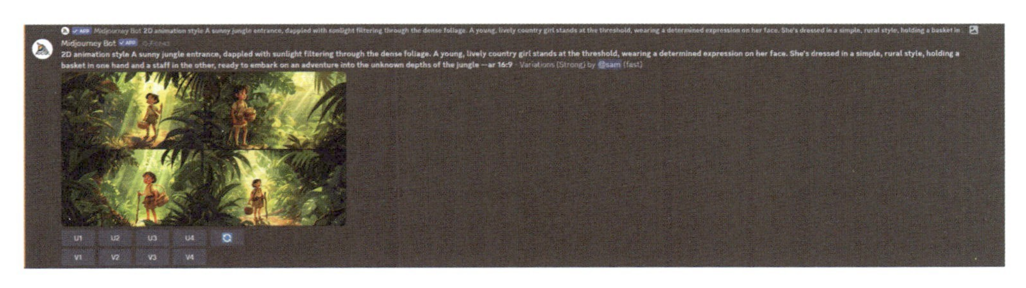

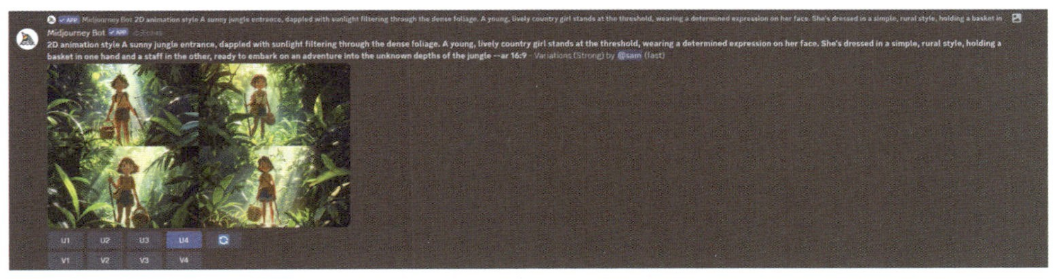

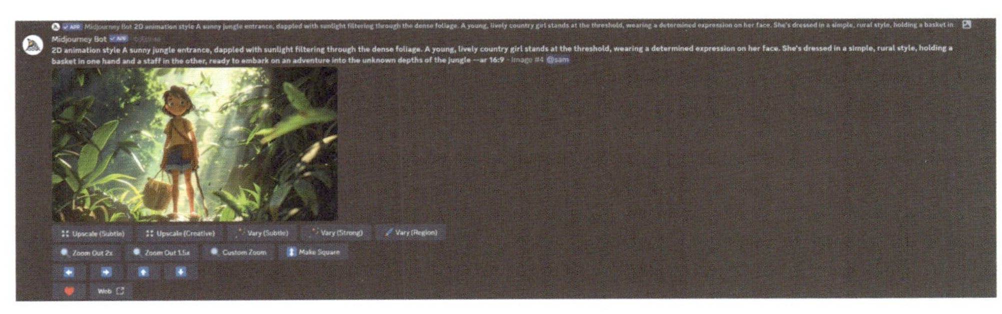

同样的方式我们继续生成镜头二的单帧画面，不同的是这次我们要加入一致性的约束，右键保存第一个画面图像的地址信息，输入“-- cref 100”空格加图片地址，然后输入提示词，“Deep within a lush green jungle，a lost country girl looks around confusedly. Suddenly，a cute，mystical creature appears before her，its eyes sparkling with intelligence. The creature seems to be speaking to her，although no words are exchanged，their communication is evident in their expressions and gestures”。如下图所示。

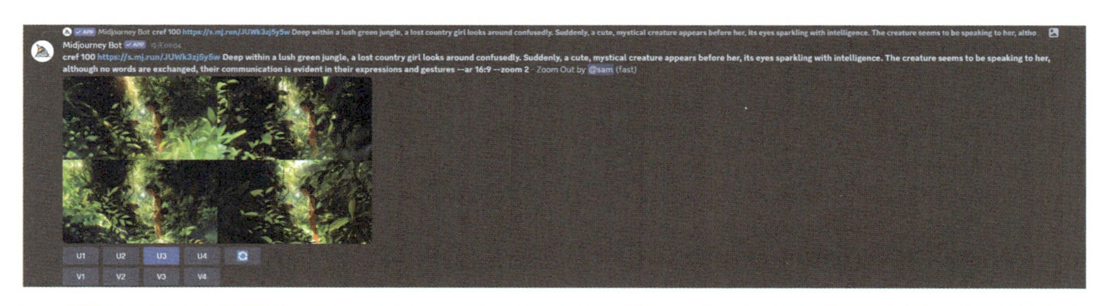

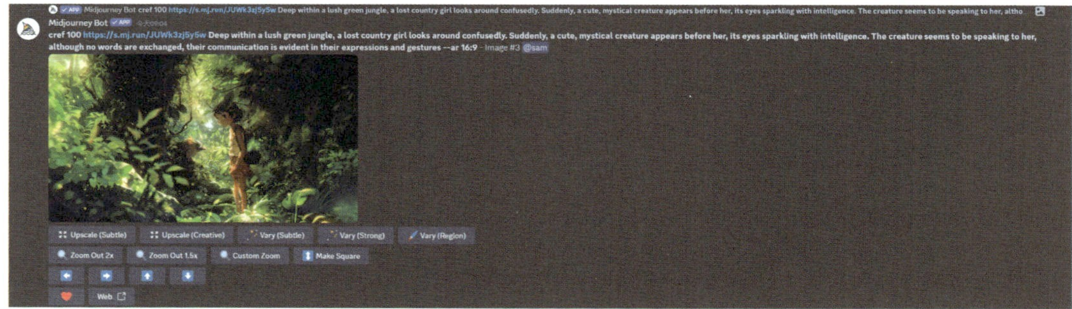

以此类推，我们把每个镜头都生成一个或多个关键帧备用。

动画生成我们可以使用 Dreamina、Gen-2、Pika、来制作。如下图，导入单帧，输入一段描述词，也可以用表述对象要生成动作的部位进行涂抹。最终生成镜头片段。

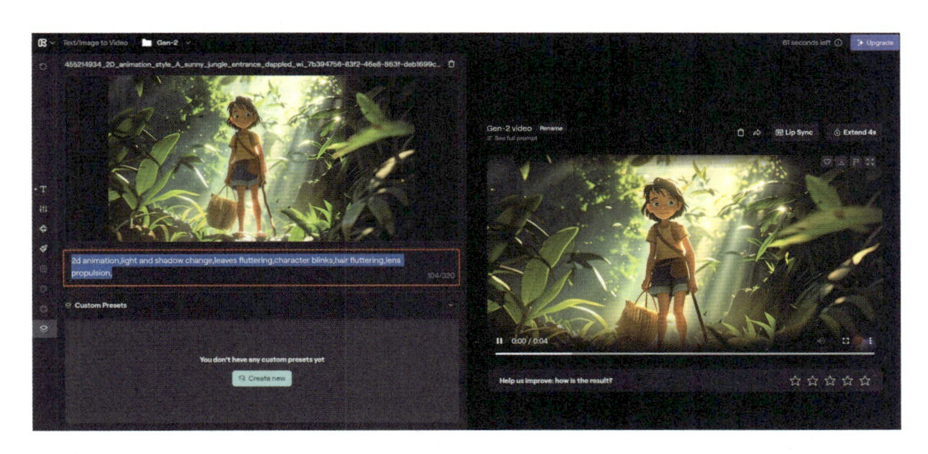

使用Dreamina同样可以以图像为参考，同时输入文字描述，相机控制生成动画。如下图。

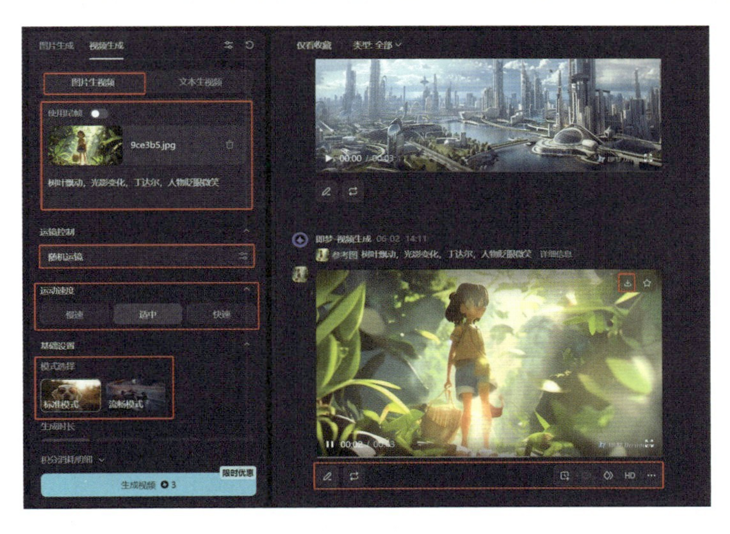

把每个镜头都生成完毕之后，我们加入背景音乐和旁白，输出完成最终的成品。以下是最终的成片效果。

（二）AnimateDiff 生成动画的流程

除了用以上图生视频或文生视频的方式，通过图像一致性的手段，制作这种中长篇幅的动画，我们还可以用本地部署的 SD 通过文生视频的方式生成一些短小的视频，或瞬息全宇宙、角色转换（提示词跃迁）等动画。

1. AnimateDiff 简介及安装部署方法

下面我们就来介绍一款制作这类视频的插件 AnimateDiff，安装方法和其他 SD 插件一样，可以在扩展列表中搜索下载。

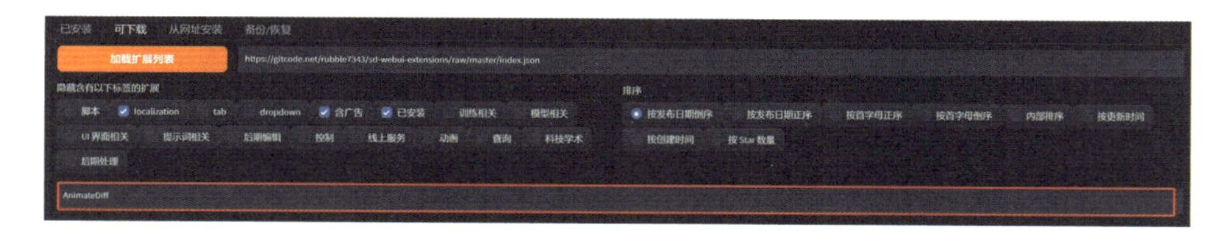

也可以选择从网址安装。以下是安装地址：“https://github.com/continue-revolution/sd-webui-animatediff”。

安装好之后我们还需要下载对应的模型并且做一些相应的设置。如下图，在设置中找到 animatediff，勾选如下三个选项，“webp quality” 设置为 “100”。

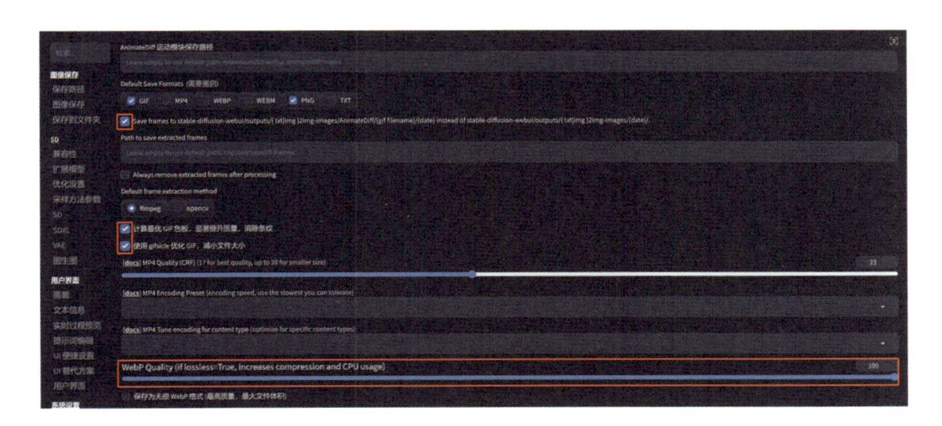

如下图，选择优化设置选项，勾选以下四项。

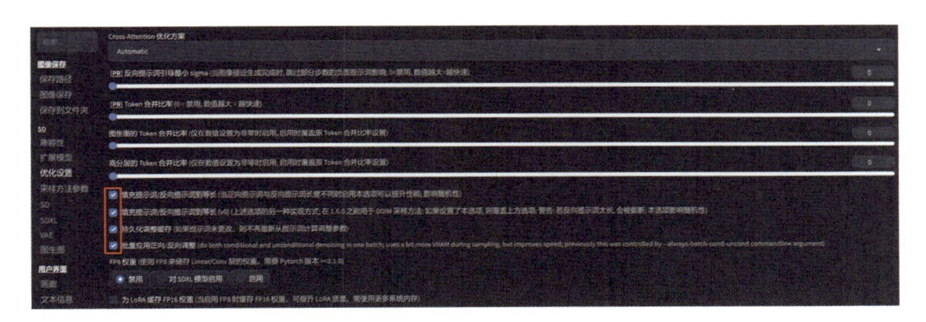

完成以上设置后，我们在文生图下找到 Animatediff 的操作设置界面。

2. AnimateDiff 的具体操作流程

（1）模型选择

如果你用的是 XL 的大模型的话就推荐使用 v1 的模型，如果是 v1.5 就用 1.5v2 的模型。下图为 AnimateDiff 的操作界面。

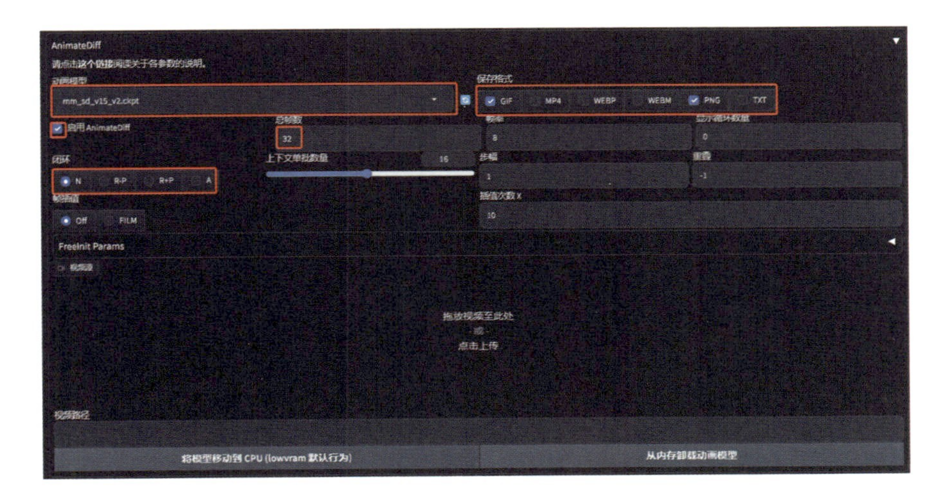

（2）设置功能

保存格式：即生成出的结果的保存格式，默认是 GIF 和 PNG，也可以保存为 MP4 格式，也可以同时勾选 MP4 格式，但是会增加我们的生成时间，FPS 就是每秒运动的帧数。

帧数：是视频一共有多少帧，比如我们总帧数是 16，16 帧，若每秒 8 帧即我们能生成时长 2 秒的视频，

显示循环数量：是生成出来的预览展示多少遍，如果是 0，默认一直循环播放。

闭环：比如我们生成 16 帧，就是把这个视频的第 1 帧和最后 1 帧尽量靠近，让整个的视频形成一个闭环。n 就不闭环，A 就是尽变成一个闭环。R+P 就是如果你有提示词跃迁的话就会帮你考虑你的提示词跃迁里面需不需要去补成一个闭环，如果是 R–P 就是不会补成闭环，如果是 R+P 就是你的提示跃迁会尽量形成一个闭环。大多数情况下我们选 N 或是 R–P 就可以，这里所说的提示词跃迁指的是用提示词生成个性化视频内容，与电影《瞬息全宇宙》的后现代艺术风格相似，但更注重技术的灵活应用与个性化创作。

步幅：可以把它理解为上下文的关联性，就是一个画面的变化大小，一般来说我们设置成 1 或 2 就可以，如果设置太大的话它的画面的跳跃会太大，画面就会不流畅。

重叠：就是上下文中的重叠帧数，如果是设置为默认 –1 的话，重叠就是 4 帧。可以改变你生成视频的流畅度。

插帧：这是视频制作里的专业名词，这里一般不需要设置。保持默认即可。

我们用上一个动画案例来简单实际测试一下，输入正反向提示词后，点击生成。以下是相同提示词下，两种不同二维卡通大模型生成的两段动画以及输出的序列帧。这种生成方式对电脑硬件配置要求较高，我们生成的均为 512 像素左右 2~4 秒的视频片段，但是整体的流畅度和画面效果还是比较好的，而且它的操作难度并不高。

以下是同时生成的 PNG 序列帧。要保留最好的视频效果推荐使用序列帧合成最终视频，用剪映、AE 等后期合成软件均可。

三、AI 建筑动画制作实践案例

AI 生成建筑动画相较于传统建筑动画展现出更高效快速、智能优化、创新展示的独特优势。利用 AI 技术，动画生成速度显著提升，同时智能分析和优化建筑设计，预见并解决潜在问题，为建筑师提供更广阔的创作空间，将创新理念以直观生动的方式快速转化为动画，而且高度还原真实光影和材质效果，为观众带来逼真的视觉盛宴，从而在建筑设计、展示和营销的各个环节中引领革命性的变革。

（一）用文生视频的方式制作建筑动画

同样使用 SD 中的 AnimateDiff 插件，打开 WebUI 界面。确保 AnimateDiff 插件已正确安装并在插件列表中启用。AnimateDiff 的安装与基本设置我们在前面的章节中讲过。选择合适的建筑类大模型和 LORA。

1. 设置动画属性

如下图所示，在 AnimateDiff 的设置面板中，配置动画的基本属性，如帧率等。目前帧率为 8 时效果最稳定。

使用文本详细描述你想要的动画效果，包括场景、运镜、色彩等。也可以使用提示词跃迁，制作四季或日夜更替的效果。

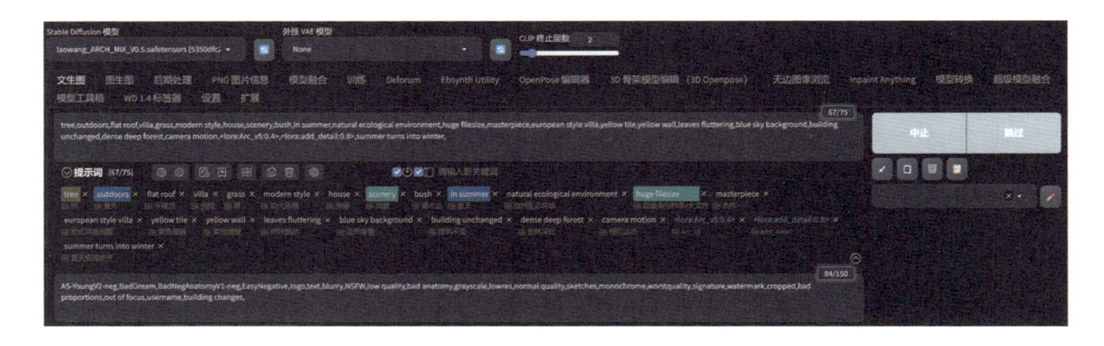

2. 选择运动模块

如下图，选择运动模块，如平移、缩放、旋转等，(可加载相机控制的 LORA）并设定动画的起始和结束状态。目前相机运动 LORA 左右还不是特别明显。

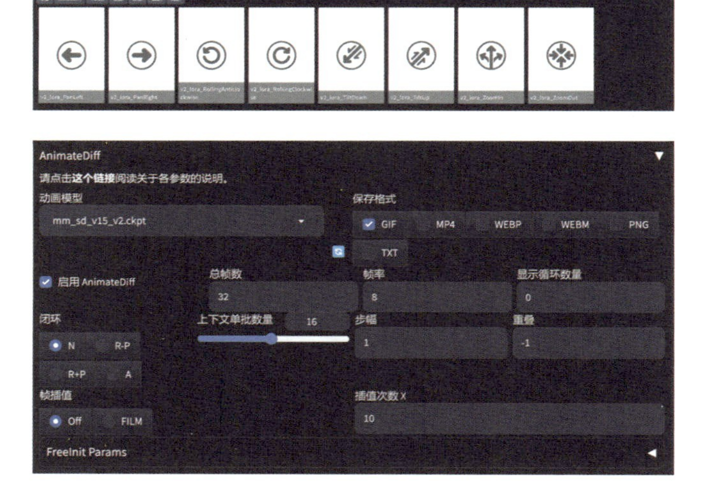

3. 导出动画

选择导出格式 MP4、GIF 等。一般我们推荐导出为 png 序列，用剪辑软件合成视频，设定导出质量和相关参数，然后导出动画。经过反复的测试，我们生成了如下一些以镜头切换为主的建筑动画镜头。

相对于线上其他视频生成工具，它的稳定性更高，也没有额外的会员费用，但是对本地部署的硬件配置要求比较高。8G 显存及以下的电脑配置只能生成较小分辨率的视频。

（二）图生视频制作建筑动画

相较于用文生视频的方式生成建筑动画，更实用的应该是图像生成动画，我们可以把已经生成好的图片，转换成展示效果更好动画视频，它不仅能够快速呈现建筑设计的细节和理念，还能有效促进项目的推广与认知。

1. 导入节点工作流

我们尝试使用 Comfyui 图生视频的工作流来生成一段建筑动画，把我们下载的一个 SVD 图生视频工作流 json 文件拖入到 Comfyui 画布中。下图为导入的图生视频工作流界面。

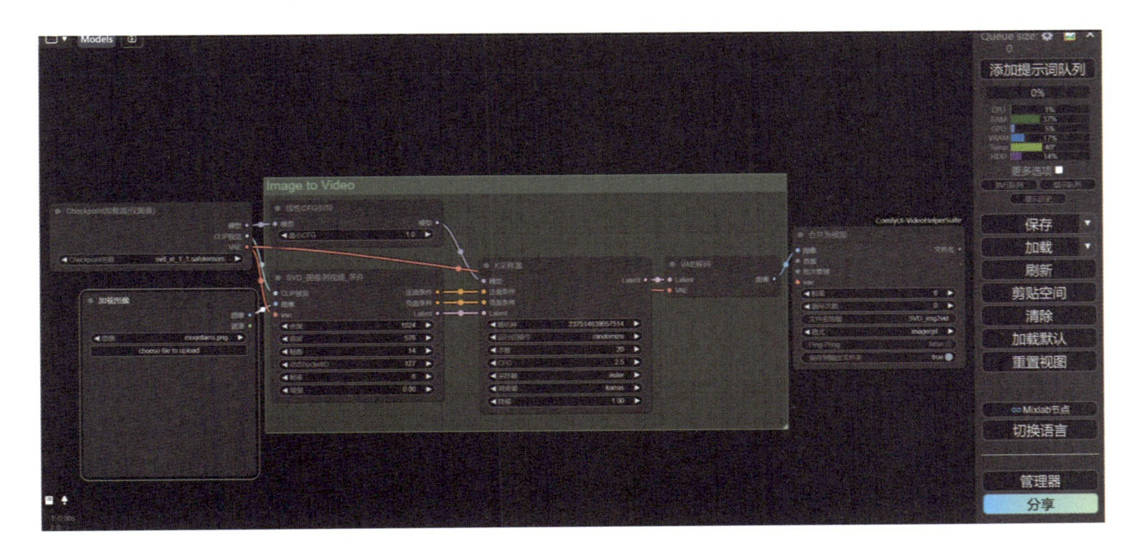

2. 导入图像及工作流参数设置

如下图所示，把之前用 SD 生成的一张建筑效果图导入到加载图像选框中，在模型加载器中选择“svd_xt_1_1”的模型文件并导入，设置输出视频的像素分辨率，要尽量与导入图片的长宽比相同。

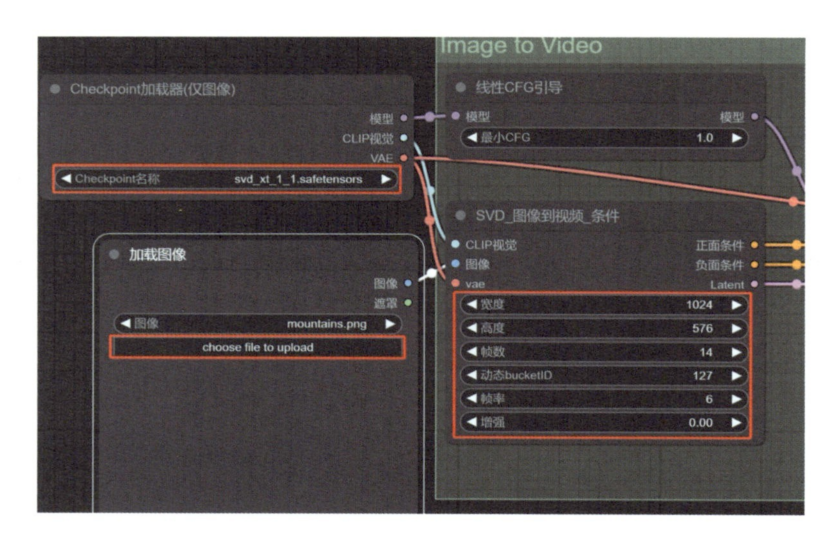

导入以下两张图片作为底图。

如下图，这里的 K 采样器和 webui 中的采样参数设置基本一致。我们使用一样的设置方式，进行采样步数和采样器、调度器的设置即可。

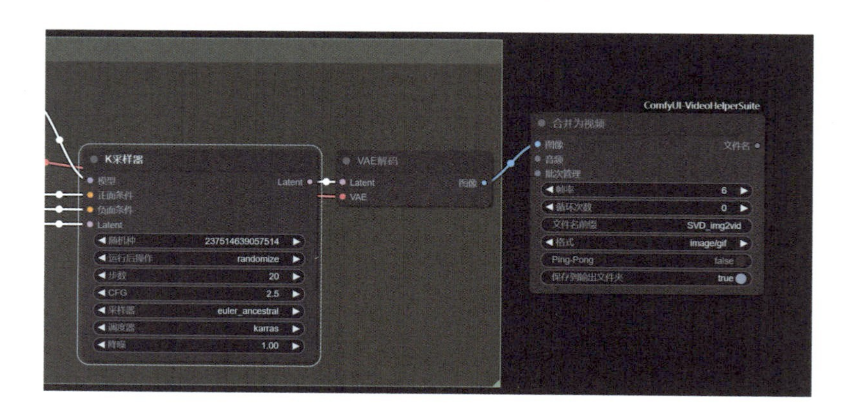

点击添加提示词队列，即可生成。利用两张静态图片我们分别生成了一个镜头平移及一个镜头旋转的动画效果。

（三）演变穿越建筑动画制作的案例

通常我们制作建筑动画都是简单的运镜和特写镜头，而现在利用 AI 技术，我们可以用相对低的成本，制作出更有创意的穿越镜头，无论是用于建筑方案设计还是项目汇报，都能更引人注意，为项目方案和建筑本身增加表现力。我们只需要准备多张建筑效果图，就能制作图片之间的穿越动画，中间的部分我们用提示词来描述，由 AI 来帮我们落地呈现即可。

这个案例我们需要使用 SD 中的 Deforum 插件来完成，如下图，在插件界面点击关键帧选项卡，可以看到这里有一个引导图像，启动引导图像模式，这时候我们就可以在这里加载多个图片进行过渡变化了。

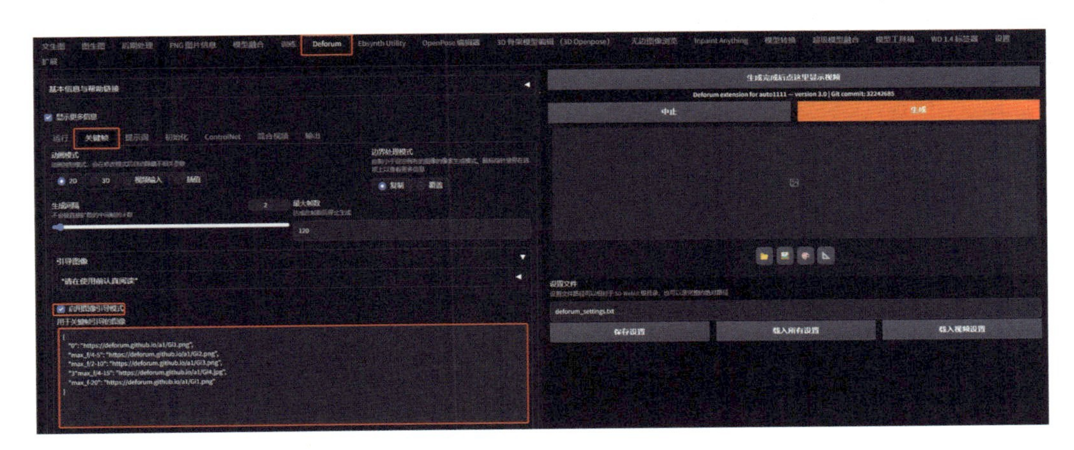

以下是默认的格式参考。

{
“0”：“https://deforum.github.io/a1/Gi1.png”，
“max_f/4-5”：“https://deforum.github.io/a1/Gi2.png”，
“max_f/2-10”：“https://deforum.github.io/a1/Gi3.png”，
“3*max_f/4-15”：“https://deforum.github.io/a1/Gi4.jpg”，
“max_f-20”：“https://deforum.github.io/a1/Gi1.png”
}

通过默认的关键词格式我们效仿这个格式来制作我们的关键词。

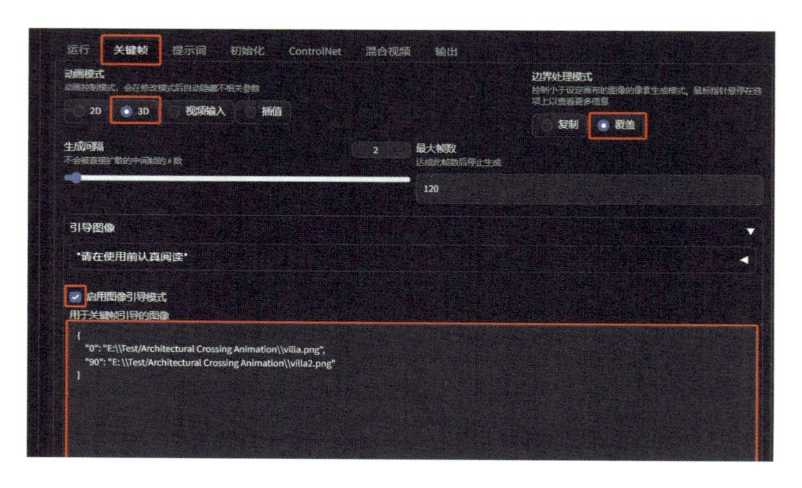

提示词模式这里做了提示，如下图，我们可以使用系统链接的 JSON 校验器检查提示词的格式对错。错误的书写格式是不会被系统识别的，并会在生成时报错。下图中我们做了演示。

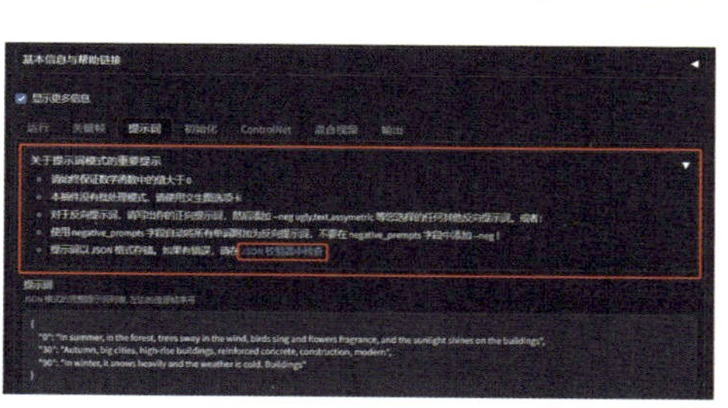

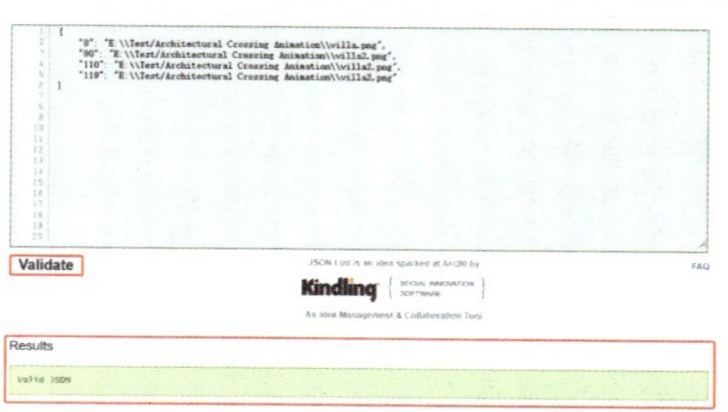

把我们准备好的两张图片放在一个文件夹中，右键复制第一张图片的路径，把它粘贴到这里，一定要确保图片的地址不含任何的中文字符和空格。

把斜杠都改成反斜杠。或把斜杠改成双斜杠，这样才能识别本地的这张图片。

总时长是 120 帧，如果我们想在 90 帧的时候开始转变第二张画面，那么第二行就输入 90，并改成第二张图片的路径，去掉最后的逗号。

点击 Validate，Results 如果是如图的绿色框提示 Valid JSON 即格式正确。

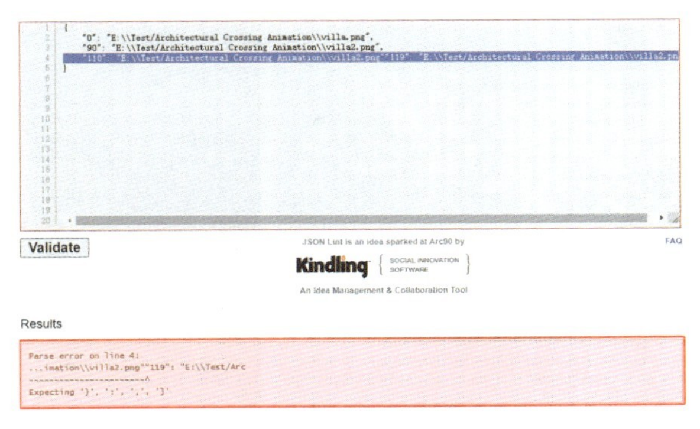

如右图所示，出现红框，上方的框内蓝色部分即标出的错误内容，下方的红框内则会写出具体的错误信息及修改建议。

作为测试我们先只设置 z 轴镜头向前推进，如下图，输入正数表示向前推进的速度，开始以 10 的速度推进，接着越来越快，在接近第二个画面的镜头 90 帧的时候推进速度降到 5，这样更便于画面的变化，最后 100 帧时速度降到 3。在提示词标签中输入 0 帧和 90 帧的画面变化，(提示词第一段结尾加上 “,” 最后一段结尾一定不要有逗号 “,”)。分辨率改为和图片一样的分辨率或比例。

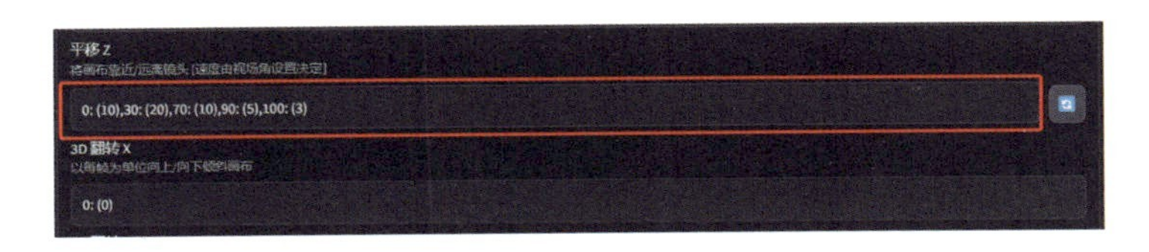

如下图，我们也可以在强度调度计划里添加一些代码，可以让画面变化程度在特定关键帧变化剧烈程度发生变化。

点击生成。可以看到穿越变化的效果还不错。场景会随提示词不断演变。从春天逐渐变化到秋冬。

我们可以充分发挥自己的想象，把对镜头和画面的创意想法转换成指令输入进来，通过反复测试制作一个原创的酷炫的建筑动画。

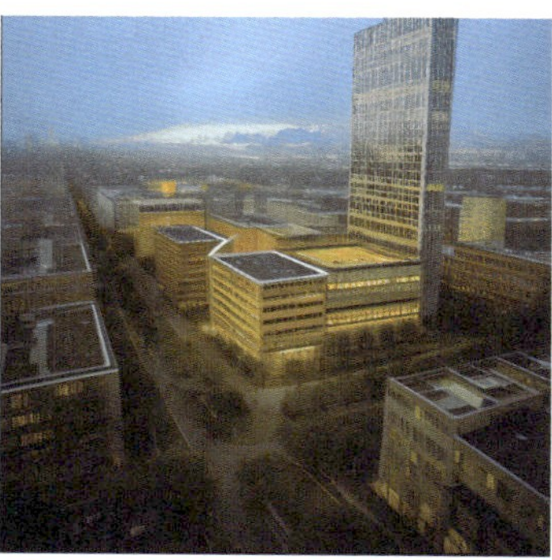

（四）制作四季更迭的建筑动画

通过上一个案例的学习，我们基本可以掌握 Deforum 的工作逻辑和基本参数设置方法了，接下来我们来尝试做一个建筑四季变化的动画。

这里我们只需要一张图片作为引导，如下图，勾选启用初始化，上传图片作为起始帧。在引导图像这里取消勾选。

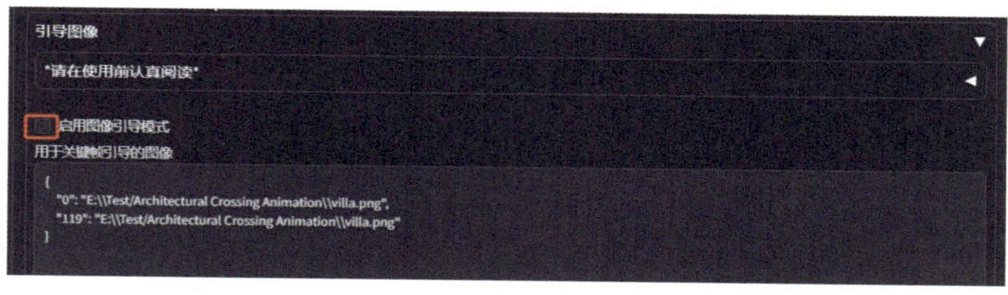

接下来我们对提示词进行调整。强化春夏秋冬的四季特征，让四季变化更加明显。

镜头的运动参数我们可以先取消掉，让镜头保持静止，类似延时摄影的效果，凸显季节和周围环境的变化。如下图。

总时长也可以尽量调长一些，可以设置为 400 帧，精度尽可能调高，和原图保持一致 1024 × 1024，尽量达到成片的标准。以下是新调整的提示词。

{

“0”：“no buildings，Many cherry trees，Many geese，Many swallows are flying”，

“100”：“no buildings，flowers trees，sway in the wind，birds sing and flowers fragrance，the sunlight shines on buildings，it is hot，and the flowers bloom with bright colors”，

“200”：“no buildings，In autumn，the ground is covered with fallen leaves，Trees and grass turn yellow，golden trees，gusts of autumn wind，falling leaves，and fewer leaves”，

“300”：“Without leaves and grass，no buildings，standing gracefully in a winter forest，surrounded by tall，snow-covered trees；geometric lines，sleek design，large windows framing the snowy landscape；falling snowflakes，icy branches，frosted ground，snow piled up around the villa；a soft，wintery light，casting long shadows on the snow，a sense of peace and tranquility；dense trees，their branches laden with snow，the forest floor carpeted with a thick layer of snow；a few bird tracks in the snow，no cars or people in the foreground，avoid busy scenes，no cluttered or outdated architectural details，exclude summer or autumn elements，A forest with only branches”

}

我们仍然使用一个写实类的大模型，如下图，加入一些常规的正反向提示词。

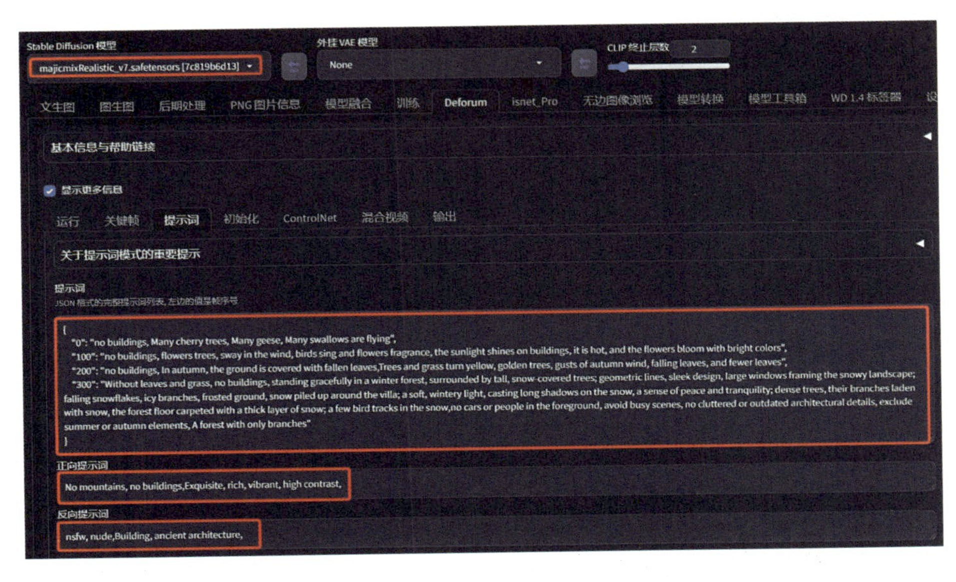

强度调度也可以恢复默认，让强度变化更线性。其他参数保持不变。

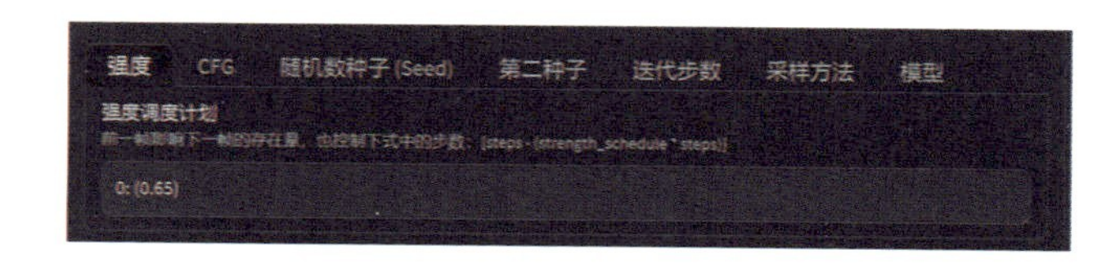

我们要做的是建筑的四季变化，所以建筑本身应该是不变的，为了让建筑尽量保持不变，我们需要加入一张蒙版图来对画面进行控制，蒙版的制作也比较简单，用 PS 将图片中的建筑部分勾选出来，填充为黑色其他部分填充为白色即可。如下图，选择启用蒙版，在蒙版文件中写入蒙版路径（注意输入斜杠为双斜杠或反斜杠）。

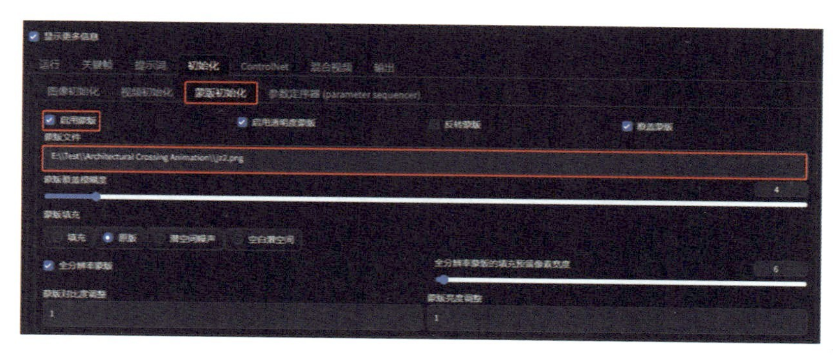

如下图，为了让画面控制的更加精准，我们还可以加入 ControlNet 对画面进行进一步的控制，和之前我们学习的控图方式一样，选择一个预处理器和模型，勾选完美像素模式，控制模式选择更偏向提示词，其他参数这里我们先不做调整。

第一个预处理器选择“depth（深度）”和相对应的模型，保证画面生成远近的空间关系与原图尽量接近。

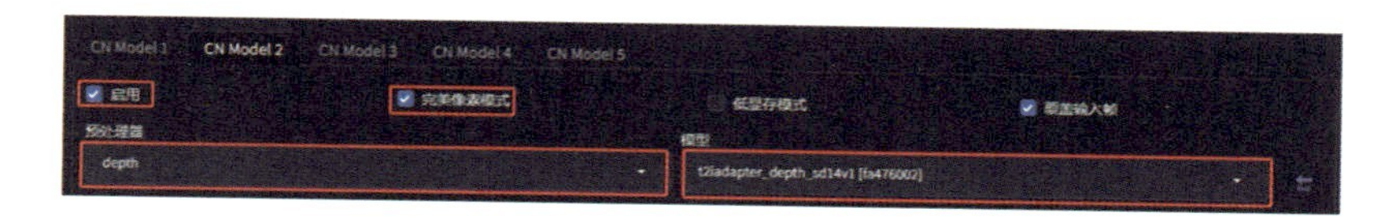

第二个选择“mlsd（直线）”和相应的模型，强化建筑轮廓线条的控制。

控制模式同样选择更偏向提示词。完成所有设置后，点击生成。

可以看到成片中的建筑（被蒙版区域）几乎没有任何变化的，并且在加入ControlNet后，画面的控制更加精准，同时还可以在建筑周围生成相应的景别元素，比如落叶、积雪，等等。

最后使用剪映等软件，把原片配上合适的音乐，调整到合适的播放速率，一段富有创意的建筑四季更迭动画就完成了。

四、AI 在影视传媒行业的应用案例

AI 技术在影视传媒行业的应用正日益深入和广泛，它不仅改变了内容创作的方式，还影响了影视制作的整个流程。从剧本创作到角色设计，从场景渲染到后期特效，AI 的应用让影视制作变得更加高效。

从电视台精心制作的 AI 短片，我们便能窥见这一技术的巨大潜力和无限可能。无论是为荆州量身打造的科幻短片，还是依托“央视听媒体大模型”转化的唯美国风动画《千秋诗颂》，AI 都在其中发挥了举足轻重的作用。这些作品通过 AI 的智能化创作和辅助生成，将传统影视制作与现代科技完美融合，不仅提高了制作效率，降低了成本，更在视觉效果、剧情创意等方面实现了突破。

（一）品牌 LOGO 演变动画制作

本节，我们使用 Stable Diffusion 中的 Deforum 插件来制作一个品牌 LOGO 的演变动画，这种演变动画不仅仅可以用于品牌宣传的 LOGO 动画，还可以用在很多影视媒体宣传片、发布会等的片头场景中。

1. 插件安装

首先我们要在 Stable Diffusion 扩展里面搜索 Deforum 插件，并安装。

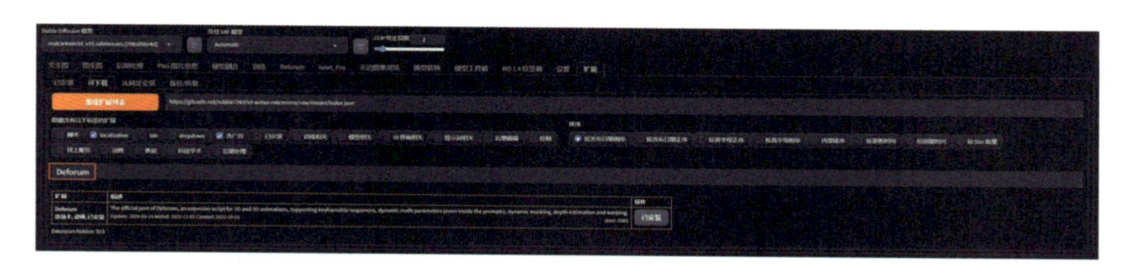

安装好后进入 Deforum 插件页面，首次运行 Deforum 时会自动下载和部署一些必备的部件。

2. 素材导入及参数设置流程

如下图，本案例主要设置前四个标签即可。初始化，在这里上传一张我们需要展示的 LOGO 图片，勾选启用初始化，强度即视频开始头几帧的变化与图片的相似度，数值越大，就越接近原图。

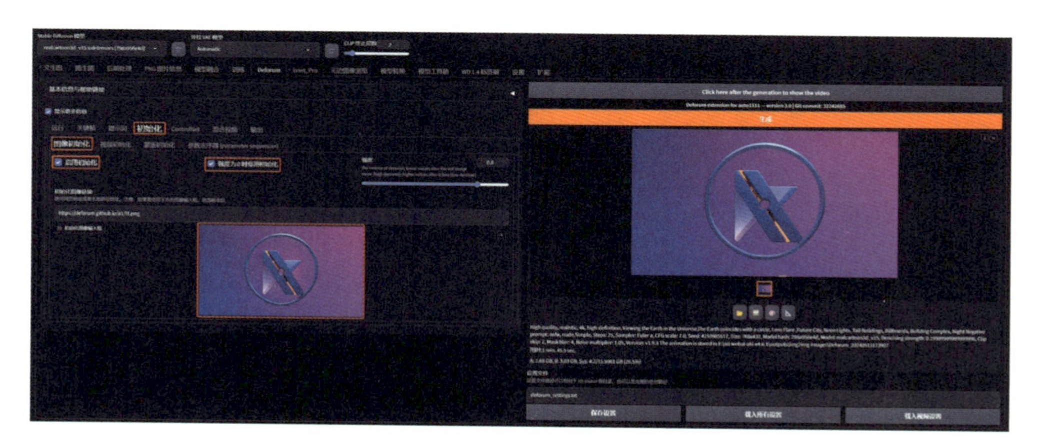

如果勾选上方的显示更多信息，每个选项上方就会显示每个功能的说明。辅助我们学习和理解每个功能选项的用法和功能。

如下图，运行标签设置整体视频的宽度和高度，注意一定要和刚刚上传的图片像素一致。增加迭代步视频细节会更好。这里的高度宽度要与导入的图片比例保持一致。其他参数先保持默认即可。

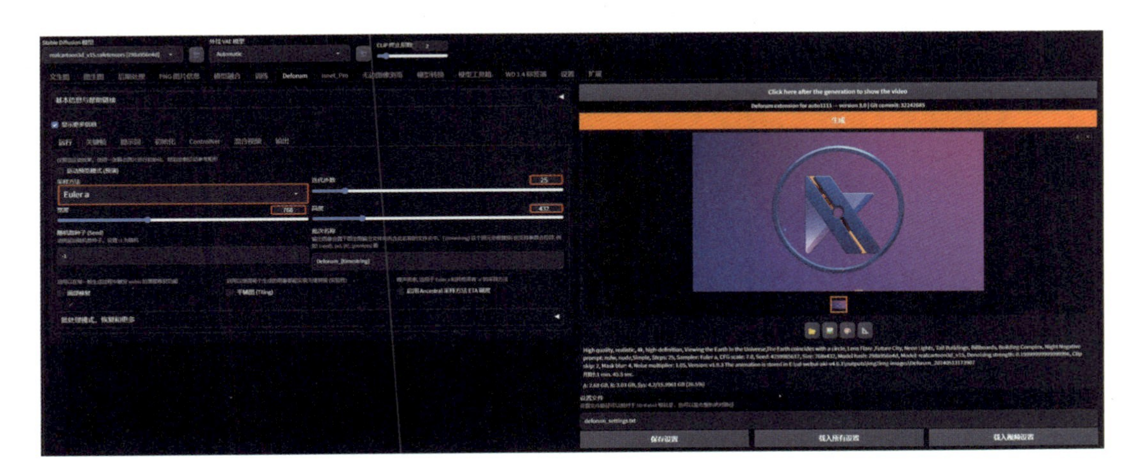

关键帧标签：如下图，在这里可以设置画面的镜头运动方式，我们先选择三维镜头，经过测试选择三维可控性最好。

边界处理模式：选择覆盖效果更好。

生成间隔：是每隔多少帧生成一个画面，数值越大，生成的帧数就越少，渲染速度也就越快。默认即可。

最大帧数：用以设置视频的总时长。

强度调度计划：它是一个非常重要的数值，数值越大，每个画面之间的变化程度就越少。数值越小，每一帧画面之间的变化就会越剧烈，为了保证画面变化的连贯性我们选择默认数值即可。在深度变形和视场角中把启动深度变形取消勾选，这样才能顺利使用三维（3D）镜头模式。

再往下就是镜头运动的参数调整，我们以镜头推拉的效果为例，即平移 Z 他的默认数值意为从第 0 帧（1 帧）开始，以 1.7 倍速向前加速推进，现在我们根据我们制作的设计构思路结合这个规律输入一串数字指令，如下图："0:(–5)，30:(–10)，80:(–20)，119:(–30)" 即第 0 帧（1 帧）开始以 –5 倍速向后拉远镜头，第 30 帧时，镜头向远（后）拉 –10 倍速，80 帧时，向后的速度为 –20，最后在 120 帧（119 帧）时，后退速度为 –30。中间要用"："和"，"隔开，就如同给相机 K 了关键帧一样，摄像机会以倍速状态持续加速后退。

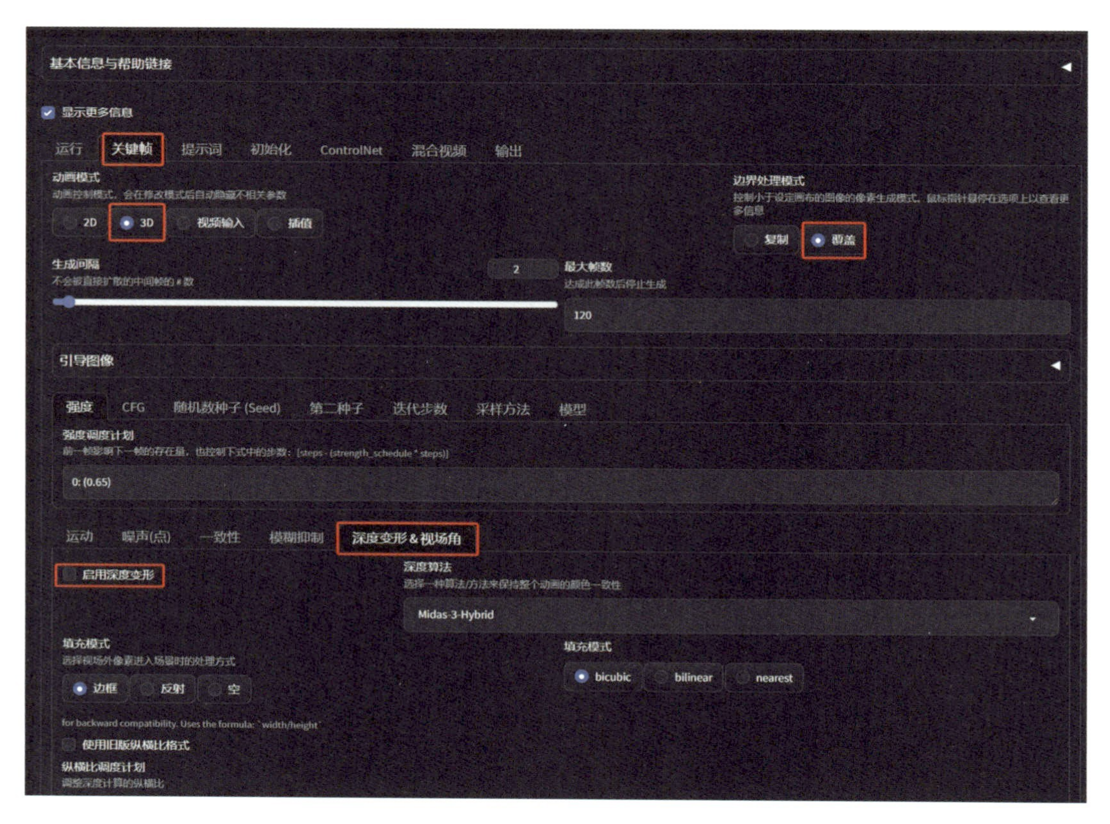

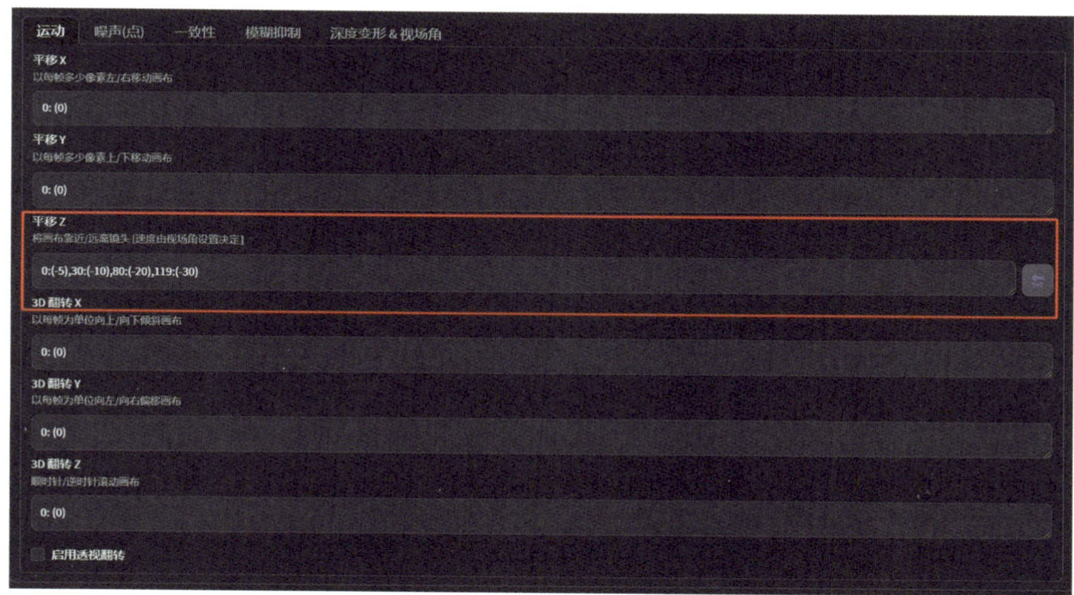

提示词如下图。提示词框中有默认格式实例，我们需要严格按照这个 json 格式填写。每段提示词后一定要加上英文逗号，输入到最后一段提示词时则不需要加逗号。

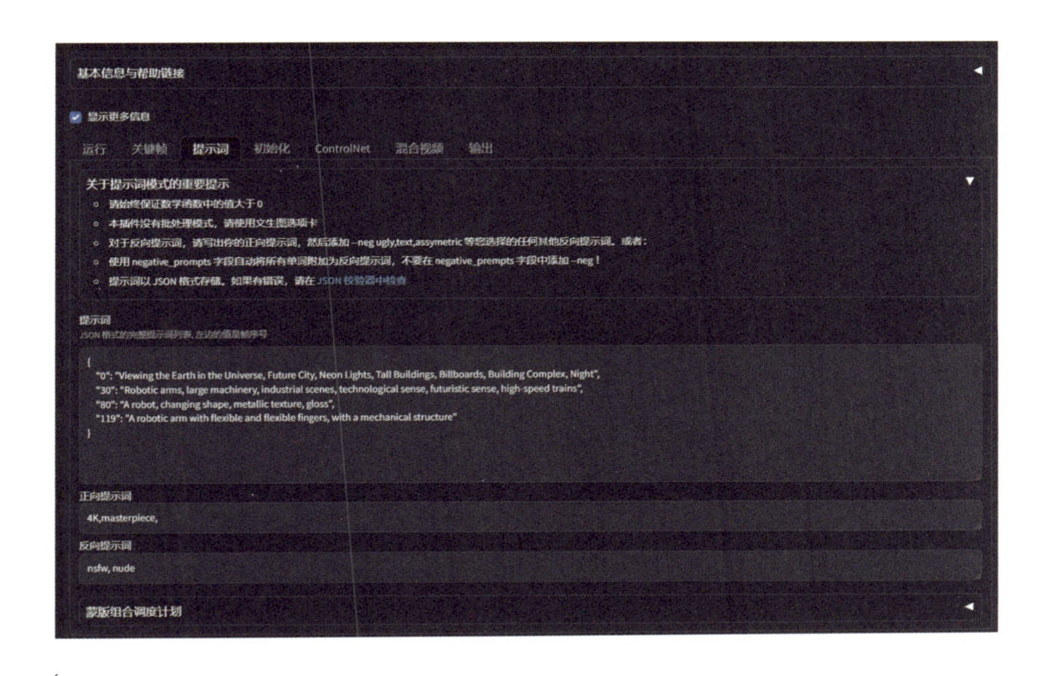

{

“0”：“tiny cute bunny，vibrant diffraction，highly detailed，intricate，ultra hd，sharp photo，crepuscular rays，in focus”，

“30”：“anthropomorphic clean cat，surrounded by fractals，epic angle and pose，symmetrical，3d，depth of field”，

“60”：“a beautiful coconut --neg photo，realistic”，

“90”：“a beautiful durian，award winning photography”

}

在下方的正向和反向提示词框内，输入常规的正反向提示词，点击生成。

最后，点击上方按钮播放查看视频生成效果。下图为生成的所有单帧图像。

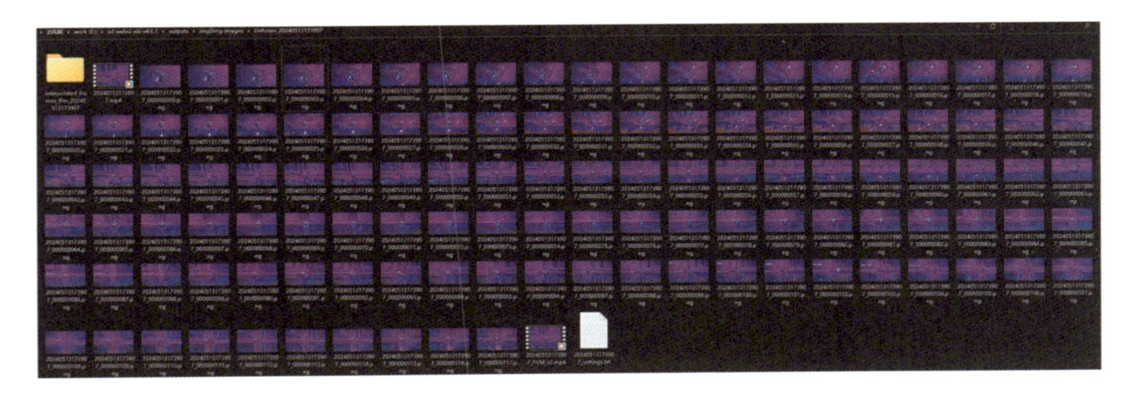

3. 后期合成

生成的文件中包含了压缩好的视频和所有生成的单帧，还有所有参数代码信息。

最后保存视频文件，将视频和 LOGO 原图导入剪映，将视频倒放。把 LOGO 的图片放在视频最后，做一些适当的变速，加入一些简单的特效就可以输出成片了。

以下是剪辑完成后的成片预览效果。

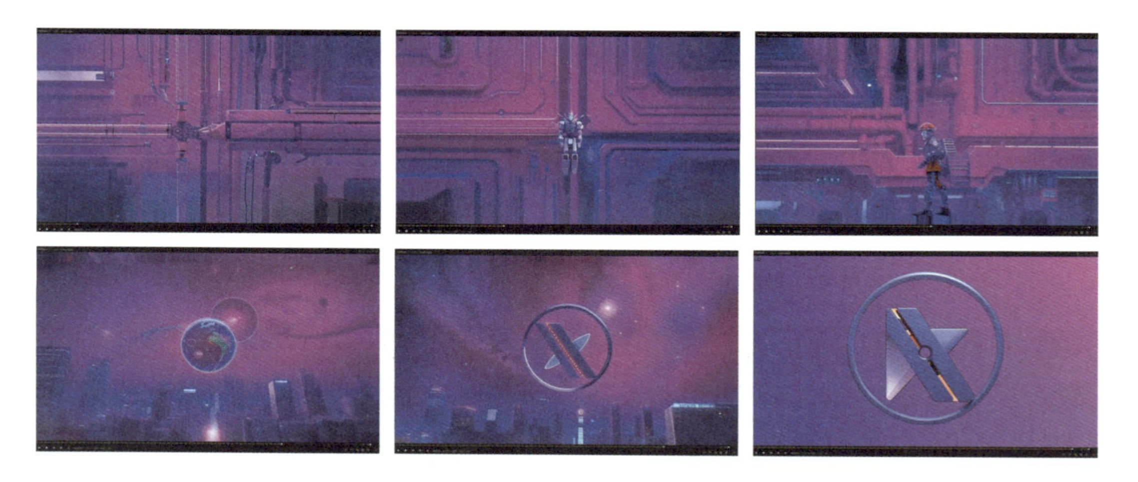

（二）制作移轴影视镜头效果

移轴摄影效果，即利用移轴镜头进行拍摄所得到的特殊视觉效果，其应用场景广泛且多样。在建筑摄影中，移轴镜头发挥着至关重要的作用。当使用常规广角镜头拍摄建筑物时，由于透视效果，建筑物往往会出现倾斜或倾倒的畸变错觉。而移轴镜头则能够精确控制这一透视效果，使拍摄出的建筑物仍然保持垂直，避免了畸变，同时还能够赋予建筑物独特的形式感和美感。高楼和人群在移轴摄影的神奇效果下，仿佛都变成了微缩的模型，整个大都市也仿佛变成了一个迷你都市，充满了趣味和想象力。

此外，移轴摄影也被广泛应用于各种场景创作中。通过将真实世界拍成像假的一样，移轴摄影能够营造出一种“人造都市”的感觉，使照片充满了艺术性和创意性。无论是在繁华的城市街头，还是在宁静的乡村田野，移轴摄影都能够捕捉到那些独特的瞬间，将平凡的场景变得不平凡。

总的来说，移轴摄影效果以其独特的魅力和广泛的应用场景，成了摄影界的一大亮点。无论是专业摄影师还是摄影爱好者，都可以通过移轴摄影来探索和发现更多的可能性和创意。

1. 生成移轴镜头单帧的设置方法

在 AI 绘图中我们可以通过文生图的方式尝试先生成移轴摄影的图像画面。

如下图，在 Midjourney 中我们输入以上对画面场景风格的一段描述后，最后再加入“Tilt-Shift Effect”“Miniature View”“Toy Camera Style”。

“Tilt-Shift Cityscape”或“Miniature Building”这类提示词，这些组合可以帮助 AI 更好地理解你想要生成的移轴镜头效果的图像。然后再加上对画幅比例风格等的约束。

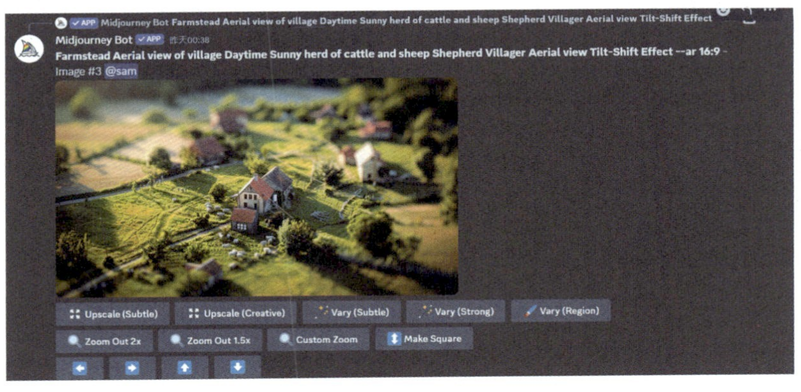

最终，生成了如下的图像。基本达到了我们想要的移轴效果，我们还可以对描述词进行细化不断测试更好的效果。

2. 镜头视频动态效果生成

单帧制作好之后我们导入视频生成网站或工具中进行动画生成，这里我们尝试用一个国内非常好用的视频生成网站来制作。

Dreamina 是一个由剪映推出的 AI 创作平台，支持文生视频和图生视频等。下图为 Dreamina 的网站主页界面。

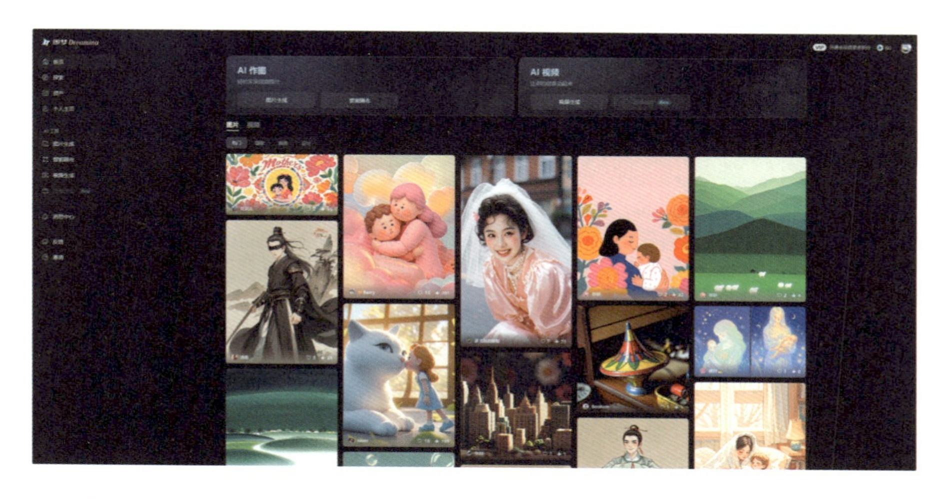

完成注册登录之后，选择图生视频，上传我们的单帧图片。新用户会赠送一些试用积分，如下图，可以看到这个平台的视频调节参数比较简单，简单进行如下设置之后，

点击生成即可出片。

它可以自动识别画面中的角色属性，给角色增加适合的动作效果，也可以同时结合图片，描述你想生成的画面和动作，配合镜头的推拉摇移。生成后，我们还可以对视频进行重新编辑和延长 3 秒的操作，这样我们最长就可以得到一段 5 秒的视频。

尽管我们不输入提示词，生成的视频中牛、羊也会自然地活动、吃草。除了给图片中的元素和镜头加动画之外，它还可以帮我们生成两张图片之间的自然过渡动画。如下图所示。

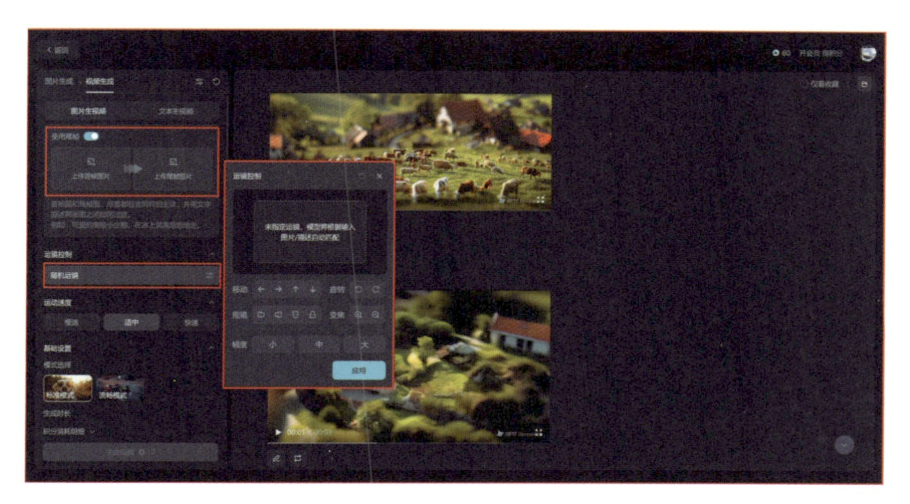

打开使用尾帧的开关，上传两张图片，根据说明文档提示，首帧图和尾帧图，尽量都包含同样的主体，并用文字描述两张图之间如何过渡。我们可以根据需要输入自己想要的效果，再点击生成。就得到了两张图自然衔接的过渡动画。

（三）AI 辅助企业宣传片的制作流程

在当今数字化时代，企业宣传片已成为展示企业实力、塑造品牌形象的重要工具。然而，传统的宣传片制作往往耗时耗力，成本高昂。幸运的是，随着人工智能技术的飞速发展，AI 制作企业宣传片正逐渐成为新的趋势。借助 AI 技术，我们可以更高效、更精准地制作出高质量的企业宣传片，从而更好地传递企业的核心价值与品牌形象。本教程将带您深入了解如何用 AI 制作企业宣传片，从策划到制作，从素材选择到后期剪辑，让您轻松掌握这一前沿技能，为您的企业打造一部引人入胜的宣传佳作。接下来，我们将一步步地为您解析 AI 制作企业宣传片的各个环节，帮助您快速上手，实现宣传片制作的升级换代。

我们尝试用 AI 制作一个简短的企业类宣传片。首先我们要知道制作一个商用的企业宣传片具体要分为哪些步骤，需要哪些准备工作和详细的工作流程。

1. 工作流程

（1）前期准备阶段

明确宣传目标：确定宣传片的核心目标，例如提升品牌知名度、展示产品特点或企业文化等。

定义目标受众：明确宣传片的受众群体，包括年龄、性别、职业等特征，以便更好地进行内容创作和传播。深入了解企业：对企业的核心价值观、历史背景、产品特点等进行全面的了解，为后续制作提供依据。

（2）策划阶段

策划创意构思：基于以上信息，进行创意构思，确定宣传片的内容和形式，选择适合的风格和叙事方式。

编写剧本大纲：根据策划创意，编写宣传片的剧本大纲，明确各个镜头的内容和顺序。

（3）后期制作阶段

剪辑：将拍摄素材剪辑成一段完整的视频，添加配乐、字幕、特效等元素。

特效处理：进行必要的特效处理，增强视频的视觉效果。

音频调整：调整音频，确保音质清晰，配乐与视频内容相协调。

发布：将宣传片发布到适当的平台，如公司网站、社交媒体等，进行广泛宣传。

根据这一流程我们一步步开始准备工作，首先我们用 GPT、文心一言等工具生成一份策划案，再把策划案撰写成细化的分镜脚本。根据我们的需求可以让 GPT 反复调整修改。

文案策划撰写：在 GTP 中经过多次调整，得到了以下一篇完整的策划文案，我们预估的宣传片时长为 1 分 30 秒。

在这个日新月异的时代，每个心灵都承载着无尽的潜能。

星钥科技，正是这样一个让创新之光在每个心灵深处熠熠生辉的地方。过往岁月中，我们不断碰撞思想，点燃智慧的火花，用无限的想象编织未来的篇章。

在星钥科技，我们深信数据与创意是梦想起航的双翼。每一份作品，都经过我们精心雕琢，旨在将那份深深的感动传递给每一个接触到它的人。我们不仅仅是科技的创造者，更是梦想的启航者，未来的拓荒者。与星钥科技一起，我们共同塑造属于每个人的未来。我们让每一颗星辰都闪耀出创新的光芒，每一次进步都是人类智慧的璀璨结晶。每一次创新，都让我们离未来更近一步，每一次探索，都让世界因我们而更加精彩。

星钥科技，照亮数字时代的每一个角落。我们坚信，二零二四，将是星钥科技创造无限可能的一年。让我们一起携手，用科技点亮未来，用创新引领时代，共同书写属于星钥科技的辉煌篇章。

定稿后，我们可以把策划文稿导入文生语音的工具中，选择一个合适的声音，生成画外音。实际的操作方法后续会具体介绍。

2. 分镜策划

根据这一定稿的文案，我们用 GPT 最终生成了如下一段分镜脚本，其中包含了每个镜头的旁白和时长。

镜头 1（3 秒）

画面：繁忙的城市景象，高楼大厦、车水马龙，展现日新月异的时代感。

旁白：在这个日新月异的时代，每个心灵都承载着无尽的潜能。

镜头 2（3 秒）

画面：星钥科技大楼外观，阳光照耀，显得庄重而现代。

旁白：星钥科技，正是这样一个让创新之光在每个心灵深处熠熠生辉的地方。

镜头 3（3 秒）
画面：星钥科技团队在会议室中热烈讨论，思想碰撞，火花四溅。
旁白：过往岁月中，我们不断碰撞思想，点燃智慧的火花。
镜头 4（3 秒）
画面：展示软件开发界面，智能设备的设计和制作过程，体现创新和技术实力。
旁白：用无限的想象编织未来的篇章，星钥科技引领科技潮流。
镜头 5（2 秒）
画面：星钥科技团队精心雕琢产品，专注而细致。
旁白：我们深信数据与创意是梦想起航的双翼。
镜头 6（2 秒）
画面：客户满意地使用星钥科技的产品，露出满意的笑容。
旁白：每一份作品，都经过我们精心雕琢，只为传递那份深深的感动。
镜头 7（2 秒）
画面：星钥科技团队站在新产品前，背景是璀璨的星空。
旁白：我们不仅仅是科技的创造者，更是梦想的启航者，未来的拓荒者。
镜头 8（3 秒）
画面：星钥科技的产品和服务在全球范围内广泛应用，展现其影响力。
旁白：与星钥科技一起，我们共同塑造属于每个人的未来。
镜头 9（2 秒）
画面：星钥科技团队在实验室中庆祝研发成果，星辰璀璨。
旁白：我们让每一颗星辰都闪耀出创新的光芒。
镜头 10（2 秒）
画面：星钥科技获得的荣誉和奖项，彰显其行业地位。
旁白：每一次进步都是人类智慧的璀璨结晶。
镜头 11（2 秒）
画面：星钥科技团队眺望远方，充满对未来的期待。
旁白：每一次创新，都让我们离未来更近一步。
镜头 12（2 秒）
画面：星钥科技的产品在改变世界，让世界更加美好。
旁白：每一次探索，都让世界因我们而更加精彩。
镜头 13（3 秒）
画面：星钥科技 LOGO 出现在全球数字地图上，照亮每一个角落。
旁白：星钥科技，照亮数字时代的每一个角落。

镜头 14（2 秒）

画面：星钥科技团队一起倒数，迎接 2024 年的到来。

旁白：我们坚信，2024，将是星钥科技创造无限可能的一年。

镜头 15（2 秒）

画面：星钥科技团队手牵手，共同迈向未来。

旁白：让我们一起携手，用科技点亮未来，用创新引领时代。

镜头 16（1 秒）

画面：星钥科技 LOGO 放大，背景是璀璨的星空。

旁白：共同书写属于星钥科技的辉煌篇章。

整个宣传片通过一系列画面和旁白的配合，充分展示了星钥科技在软件开发和智能设备领域的创新实力，以及其对未来的美好愿景和期待。

3. 生成单帧图像

接下来我们就按照这一分镜脚本，逐个镜头用 AI 生成相应的图像，这里我们也会利用网上合适的视频素材共同合成制作，背景音乐和旁白我们都可以用 AI 工具生成。

以几个有代表性的镜头为例。

（1）镜头 1

“繁忙的城市景象，高楼大厦、车水马龙，展现日新月异的时代感”。

这个镜头可能需要至少两到三个画面。

画面 1：现代化都市景象，车水马龙，繁忙，车流，人流，鸟瞰视角转到画面 2。

画面 2：人视视角，繁华街景，人头攒动，科技感强。可以转画面 3 一个科技元素镜头也可以就此结束。

我们让 Midjourney 或 SD 逐个镜头帮我们生成这几个画面，当然我们也可以结合一些视频素材穿插使用。

经过一番描述，GPT 为我们生成了 Midjourney 可以理解的提示词。结合这些提示词我们做一些补充发送给 Midjourney。输入“/imagine”在 prompt 后填入“A vibrant modern metropolis with a sweeping view of the future skyline，giving you a glimpse of future urban life Seamless bird's eye panoramic perspective --ar 16:9”（--ar 16:9 为生成画幅比例，字符前一定要输入空格）。中文含义为：“充满活力的现代化大都市，未来天际线一览无余，让您一瞥未来城市生活 无缝鸟瞰全景视角”输入后生成了如下的画面供我们选择。

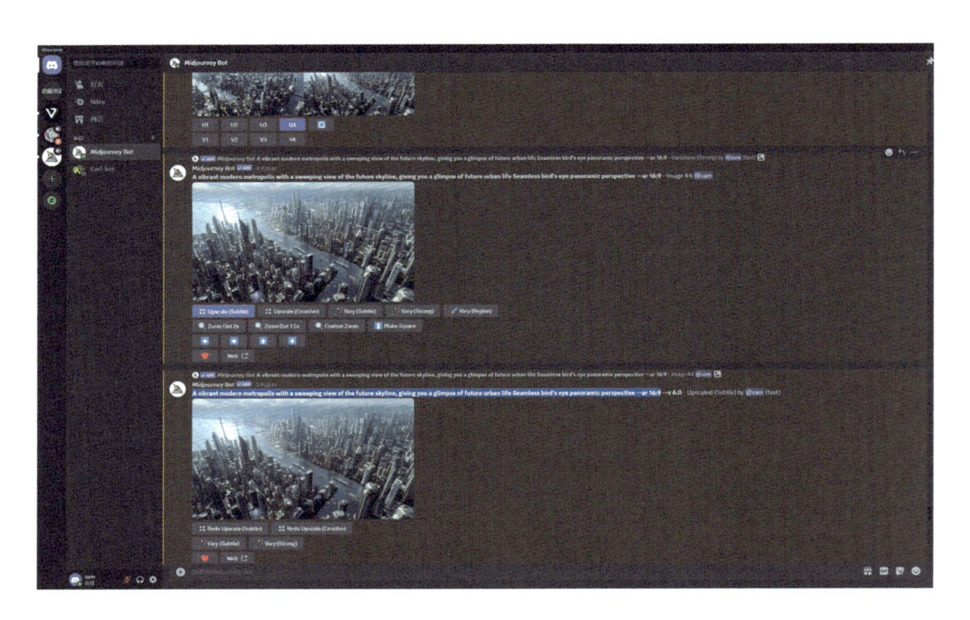

我们从中选择一些作为备用，接着再生成一些人视角街景画面。

（2）镜头 12

“星钥科技的产品在改变世界，让世界更加美好”。

我们构思以下大致的画面再让 GPT 为我们生成 Midjourney 可以理解的提示词。

我们先构思一下镜头 12 中可能需要用到的画面。

画面 1：智能机器人制作工厂。

画面 2：智能家居环境，家庭场景。

画面 3：蓝色星球，卫星，空间站，科技元素。

以下为我们细化画面 1 后的到的提示词。GPT 为我们生成了如下的 10 组提示词供我们组合使用。

① Futuristic Robot Factory Automation

② Precision Robotics Production Hub

③ AI–Driven Manufacturing Center

④ Robotic Arms in Harmony

⑤ Laser–Guided Assembly Lines

⑥ Hovering Inspection Drones

⑦ Digital Progress Tracking

⑧ Seamless Automation Workflows

⑨ Gleaming Metallic Machinery

⑩ Futuristic Glass & Steel Structure

根据语义，把它们组合起来一起填入 Midjourney 中，同样先输入“/imagine”在 prompt 后填入：“Futuristic Robot Factory Automation AI–Driven Manufacturing Center Seamless Automation Workflows Technological elements Futuristic Glass & Steel Structure --ar 16：9”大意为：“未来派机器人工厂自动化，人工智能驱动的制造中心，无缝自动化工作流程，技术元素，未来派玻

璃和钢结构。”生成了如下的镜头画面。

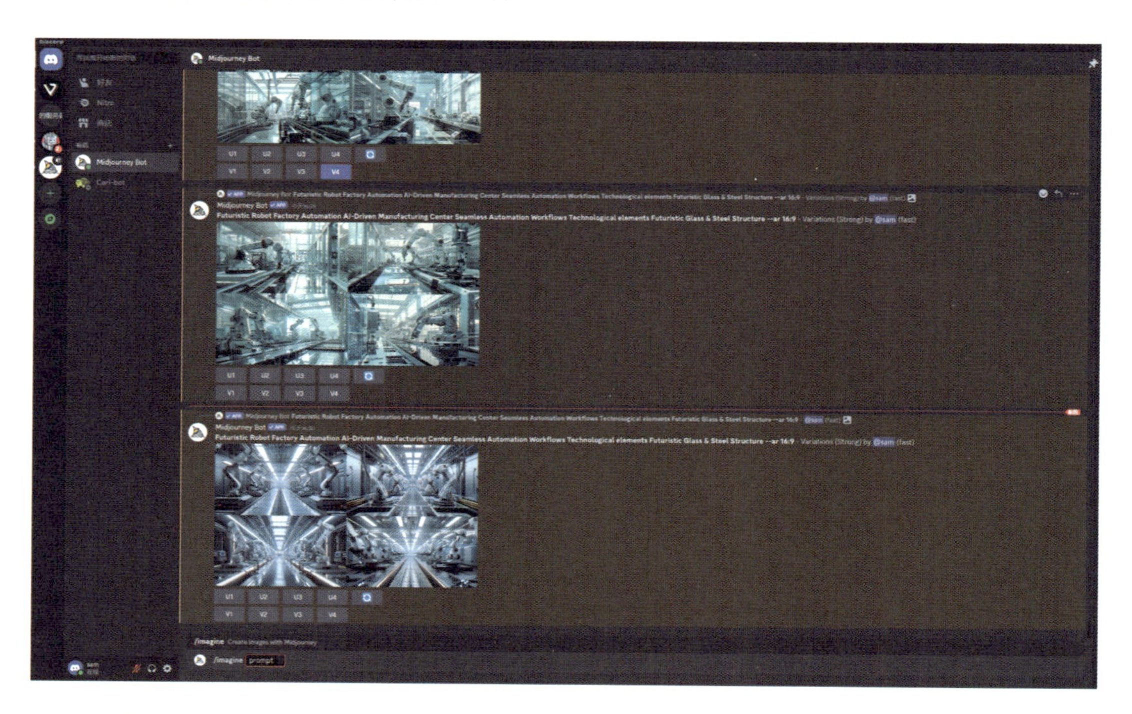

在得到的画面中我们选择一些作为备用。

当然，我们也可以用自己组织的语言翻译成英文，输入给 Midjourney，通过多次的尝试和优化关键词，同样可以得到非常好的镜头画面。

在合成最终成片之前，我们还要运用本章节中第一小节学习的演变动画，给企业 LOGO 做一个形象动画短片。插入到最后一个镜头中。

首先，使用 LOGO 作为底图，适当调整提示词。如下图所示，按照规范格式书写。生成一个符合本宣传片的，具有科技感、未来感的 AI 品牌 LOGO 动画。

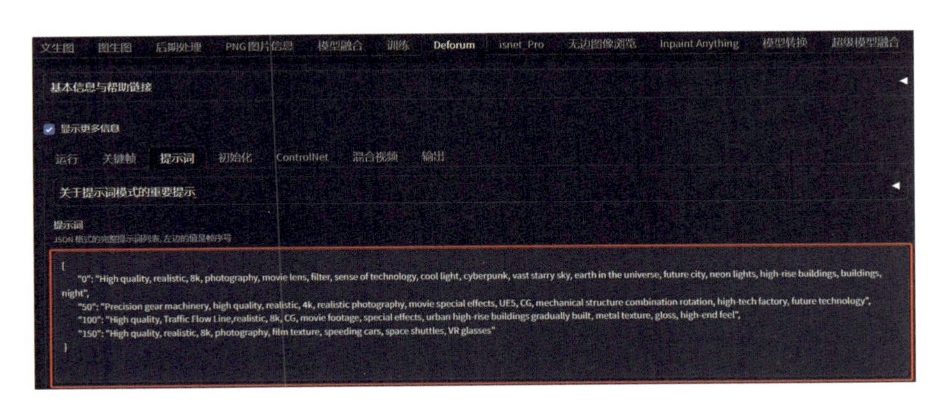

{

“0”：“High quality，realistic，8k，photography，movie lens，filter，sense of technology，cool light，cyberpunk，vast starry sky，earth in the universe，future city，neon lights，high-rise buildings，buildings，night”，

“50”：“Precision gear machinery，high quality，realistic，4k，realistic photography，movie special effects，UE5，CG，mechanical structure combination rotation，high-tech factory，future technology”，

"100"："High quality，Traffic Flow Line，realistic，8k，CG，movie footage，special effects，urban high-rise buildings gradually built，metal texture，gloss，high-end feel"，

"150"："High quality，realistic，8k，photography，film texture，speeding cars，space shuttles，VR glasses"

}

中文释义为：

"0 秒"："高品质，逼真，8k，摄影，电影镜头，滤镜，科技感，炫酷的光线，赛博朋克，浩瀚的星空，宇宙中的地球，未来的城市，霓虹灯，高层建筑，建筑，夜晚"，

"50 秒"："精密齿轮机械，高品质，逼真，4k，逼真摄影，电影特效，UE5，CG，机械结构组合旋转，高科技工厂，未来技术"，

"100 秒"："高品质，交通流线，逼真，8k，CG，电影镜头，特效，城市高层建筑逐步建成，金属质感，光泽，高端感"，

"150 秒"："高品质、逼真、8k、摄影、胶片质感、飞驰的汽车、航天飞机、VR 眼镜"

其他参数可以保持与之前一致。

LOGO 底图如下图。

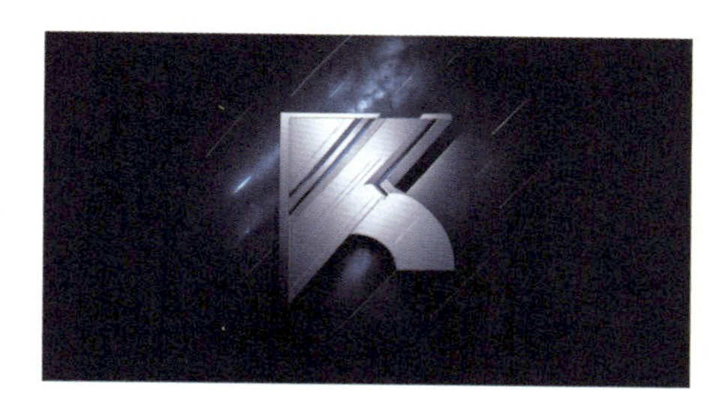

生成后的短片预览如下。

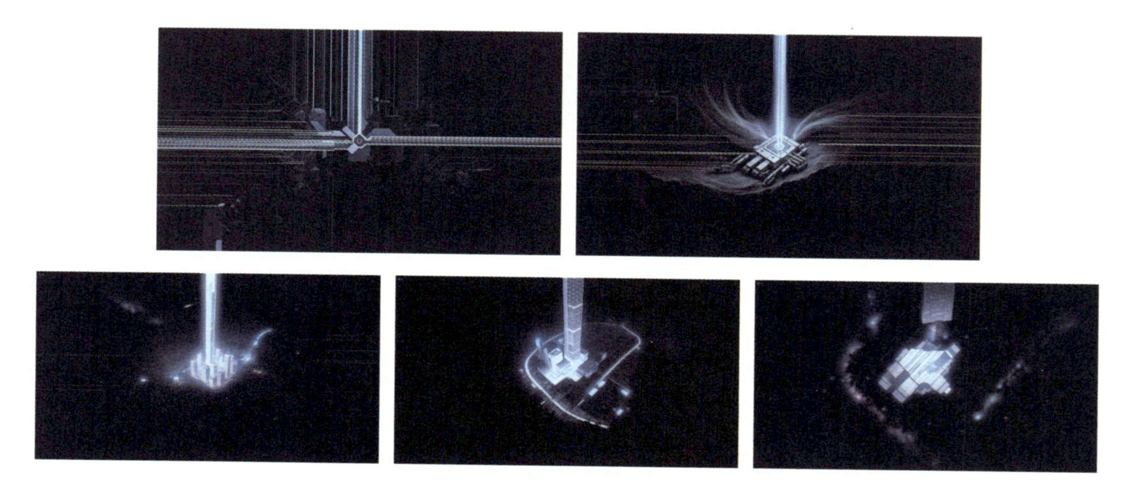

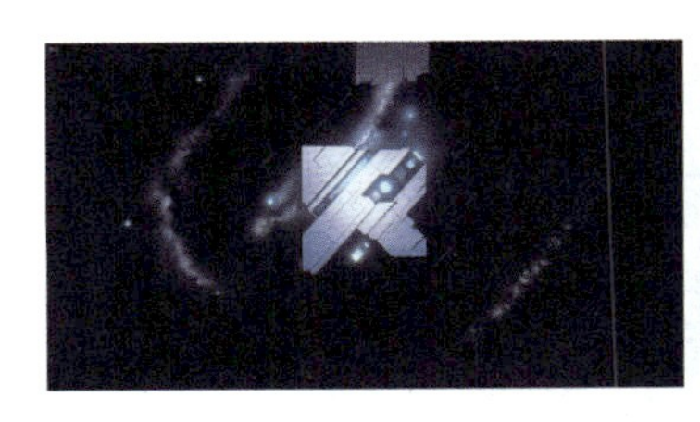

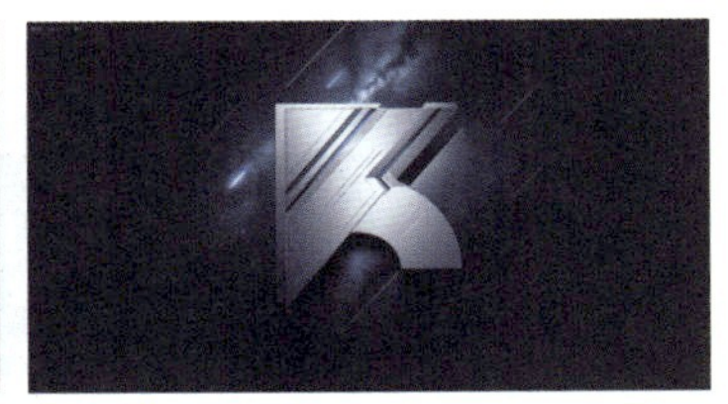

生成总时长共 17 秒。同样，我们可以将镜头倒放，得到一个从宇宙飞船，到机械工业，再到未来城市，最后到公司形象 LOGO 的变换过程动画。

4. 视频生成

（1）生成视频镜头

制作完所有镜头之后我们需要进行单帧到 AI 动画的生成阶段，这里我们可以使用 Runway、Pika、Dreamina 等工具来操作，我们把每个镜头想要的效果大致做一下分类，如镜头运动类、细节控制类、特效类。导入到 Pika 中进行生成。如果相对画面的细节进行精准控制可以使用 Runway Gen2 用笔刷进行精细控制。

如下图，导入图片之后我们可以在提示词栏中输入我们想要的效果和画面的描述，点击生成。生成后我们还可以对视频进行再次编辑，如延长动画时长等操作。

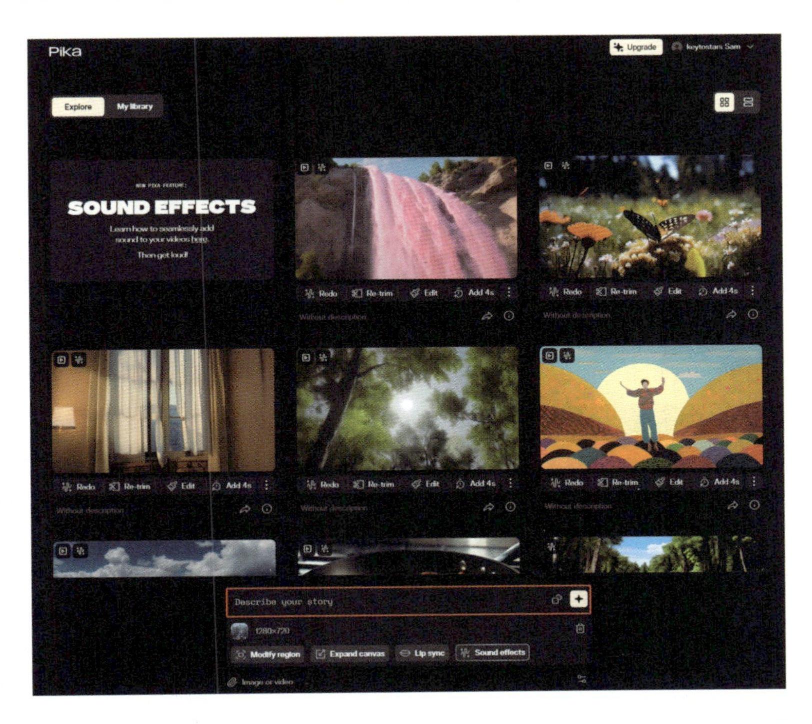

除了使用类似 Pika、Runway 的海外线上视频生成平台，其实我们还可以使用一款很好用且免费的国内视频生成平台，“Dreamina”，它完全支持中文输入提示词，操作简单，效果出众。

以下是 Dreamina 的首页，界面是全中文的，可以生成图像也可以生成视频。

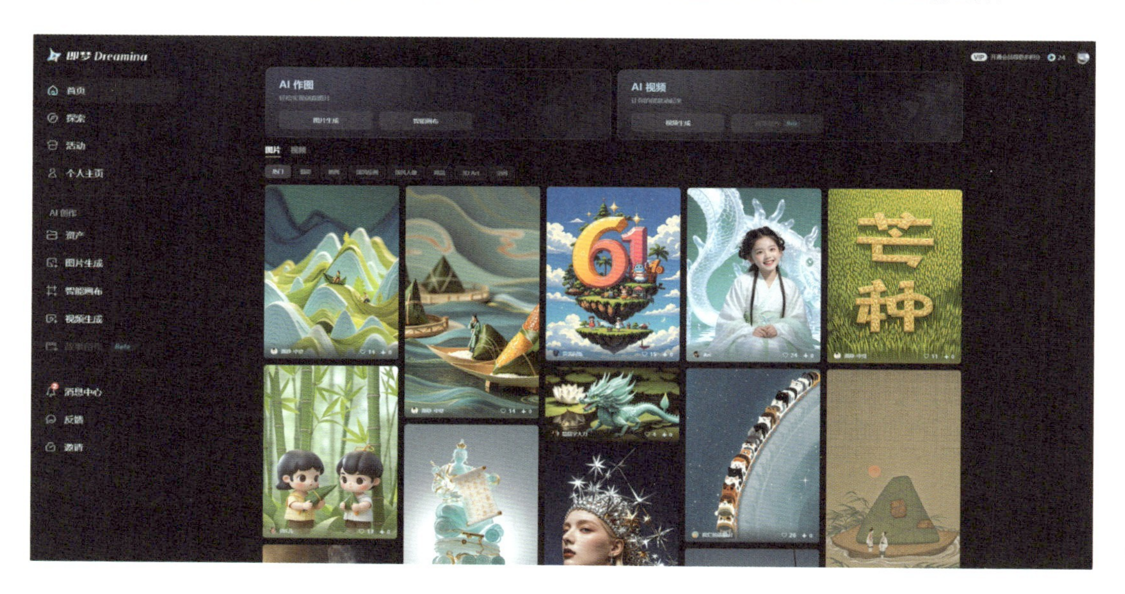

选择 AI 视频下的视频生成，就能看到非常清晰易懂的操作界面。这里我们可以选择文生视频，也可以选择图生视频，两者都可以自定义输入描述提示词，且完全支持中文输入，同样支持自定义相机运镜的类型调节、画幅比例调节等。

这里我们主要用到的是图生视频功能，非充值会员每天也会有 60 积分的使用次数可以生成五个三秒的动画。

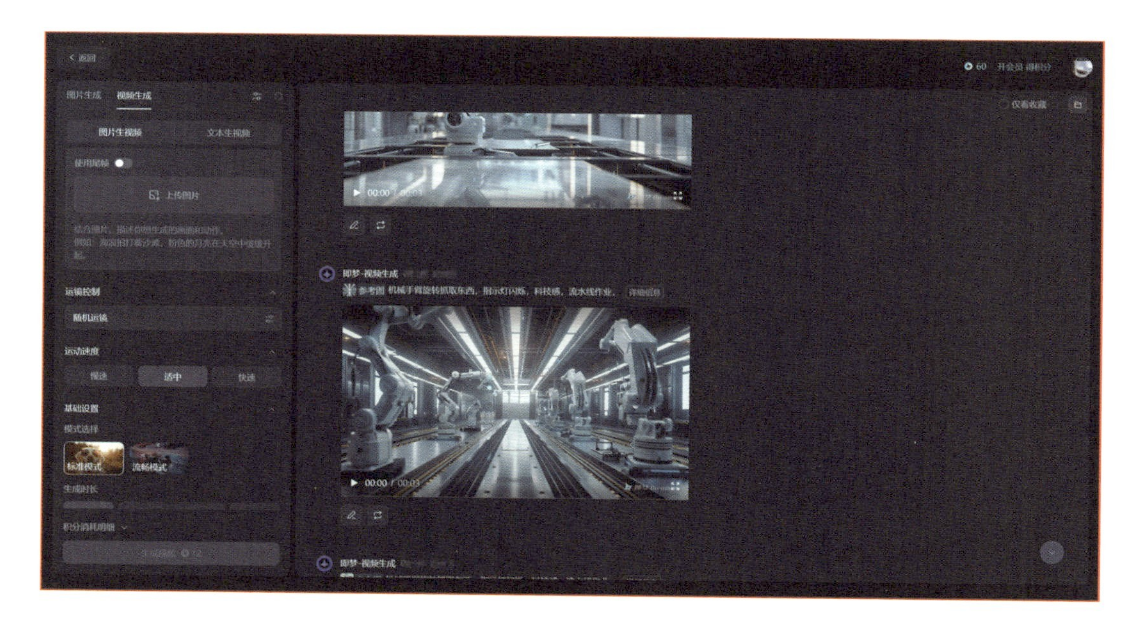

通过导入我们之前生成的单帧图像，结合恰当的动作描述，镜头控制我们生成了所有视频镜头。

（2）配音音效及后期合成

生成完所有镜头之后，进入到最终的后期合成环节。如果只是简单的后期制作我们可以使用剪映来完成，剪映的使用更加简洁高效，但是复杂的特效细节的控制就必须使用 AE 来操作了。我们首先找到一首合适的音乐作为宣传片的全片背景音乐，这个案例我们只需要一首背景音乐即可，音乐素材我们可以在 coverr 上搜索下载："https://coverr.co/free-stock-music"。

这里我们选择了"15-garden-adventures-CDB7Gw-preview"这首曲子，可以给人宏大悠远的感觉，比较符合我们目前的主题和品牌宣传的用途。文稿我们还是选择 Ttsmaker 网站地址："https://ttsmaker.cn/"来转换成语音，如下图，ttsmaker 使用简单，语音种类也相对丰富，对中文支持也相对比较好。输入我们的文稿，选择合适的人声类型，写入验证码，点击开始转换即可完成语音转换。

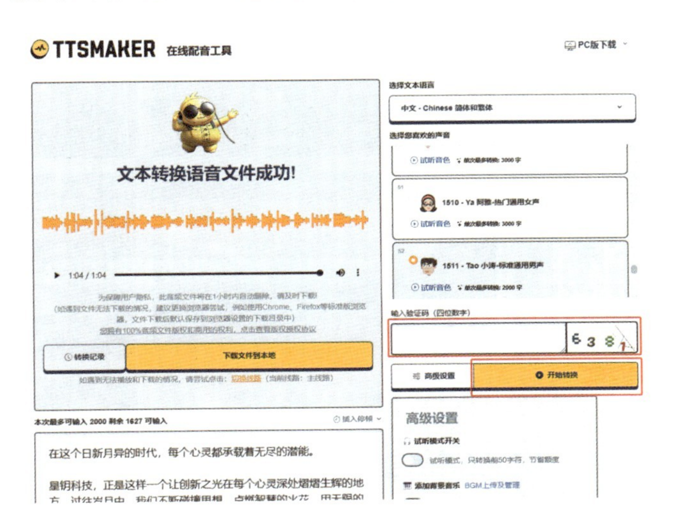

打开剪映把人声和背景音乐导入进行编辑。可以适当压低背景音乐，调高人声的音

量，通过变速来调节人声的语速，可能针对镜头的切换。我们还需要把人声拆分开插入一些适当的停顿。如下图。

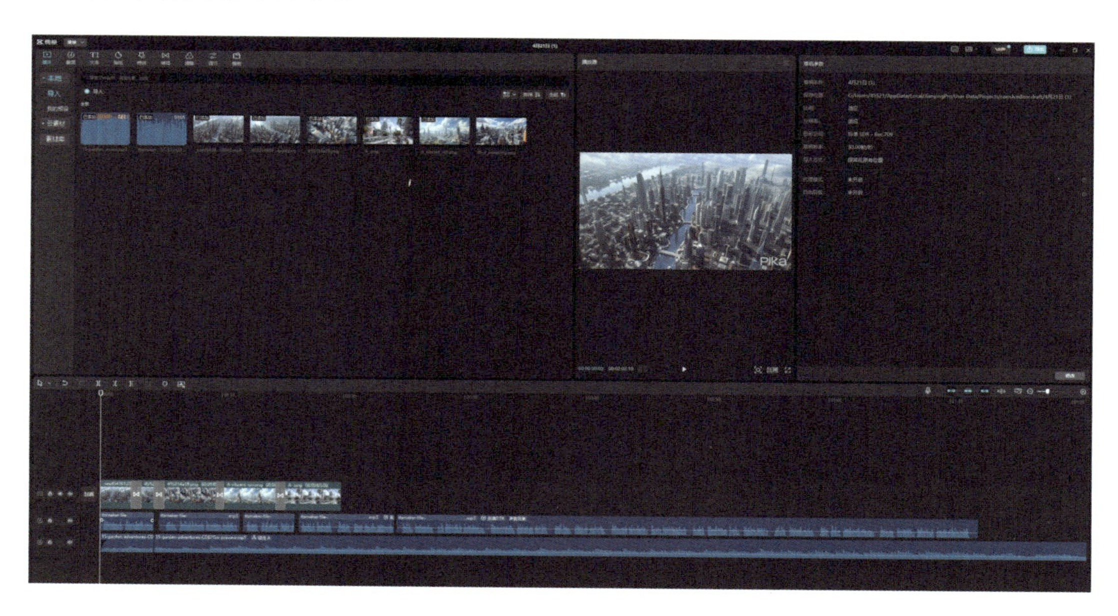

通过这种方式我们把每个镜头分别制作，最终合成到一起就完成了整个宣传片的合成。过程中我们需要反复测试输出效果，如果不合适可能还需要返回到生图或生视频阶段再做补充和调整。

以下是最终成片的剪辑片段预览。

KTS
KTS

最终我们完成了一部总时长 1 分 30 秒的企业宣传片。

以上的案例制作我们总结了 AI 生成宣传片、广告片的制作思路和一些优势。

AI 根据提供的文本信息自动生成视频脚本和对白，节省了人工编写的时间和成本。AI 用于图像处理和特效增强，提高视频的视觉效果和吸引力。当然 AI 还可以实现自然语音合成，为宣传片提供专业的配音效果，增强视听体验。AI 可以将数据转化为动态图表和图像，用于展示公司的业绩数据和成就，提升说服力。AI 工具不但可以辅助视频剪辑和后期制作，加快制作进程并提高效率，还可以应用到我们实际工作中的各个环节中，充分发挥我们的想象力，为我们带来创意的灵感。